武器系统效能评估理论及应用（第2版）

李志猛 徐培德 著

国防工業出版社
·北京·

内 容 简 介

本书结合作者多年研究和教学实际，系统地论述了武器系统效能评估的概念、理论、方法和应用。整体上分为四部分，首先介绍了武器系统及其效能评估的基本概念，其次阐述了武器系统性能评估的基本方法和典型模型，再次分评估框架、经典方法和评估指标三个部分阐述了武器系统效能评估的基础理论，最后针对武器装备体系和一些新类型装备系统，介绍了一些新的效能评估方法。

本书可作为军事运筹学、武器系统工程相关专业的本科生和研究生的教科书或教学参考书，也可供从事武器装备论证、研制、管理工作的相关人员参考。

图书在版编目（CIP）数据

武器系统效能评估理论及应用 / 李志猛，徐培德著. -- 2 版. -- 北京：国防工业出版社，2024. 10.

ISBN 978-7-118-13492-6

Ⅰ. E92

中国国家版本馆 CIP 数据核字第 2024J79M17 号

※

国防工業出版社 出版发行

（北京市海淀区紫竹院南路 23 号　邮政编码 100048）

北京凌奇印刷有限责任公司印刷

新华书店经售

*

开本 710×1000　1/16　**印张** 23　**字数** 409 千字

2024 年 10 月第 2 版第 1 次印刷　**印数** 1—1800 册　**定价** 160.00 元

国防书店：（010）88540777　　书店传真：（010）88540776

发行业务：（010）88540717　　发行传真：（010）88540762

国防科技大学迎接建校70周年系列学术著作

序

国防科技大学从1953年创办的著名“哈军工”一路走来，到今年正好建校70周年，也是习主席亲临学校视察十周年。

七十载栉风沐雨，学校初心如炬、使命如磐，始终以强军兴国为己任，奋战在国防和军队现代化建设最前沿，引领我国军事高等教育和国防科技创新发展。坚持为党育人、为国育才、为军铸将，形成了“以工为主、理工军管文结合、加强基础、落实到工”的综合性学科专业体系，培养了一大批高素质新型军事人才。坚持勇攀高峰、攻坚克难、自主创新，突破了一系列关键核心技术，取得了以天河、北斗、高超、激光等为代表的一大批自主创新成果。

新时代的十年间，学校更是踔厉奋发、勇毅前行，不负党中央、中央军委和习主席的亲切关怀和殷切期盼，当好新型军事人才培养的领头骨干、高水平科技自立自强的战略力量、国防和军队现代化建设的改革先锋。

值此之年，学校以“为军向战、奋进一流”为主题，策划举办一系列具有时代特征、军校特色的学术活动。为提升学术品位、扩大学术影响，我们面向全校科技人员征集遴选了一批优秀学术著作，拟以“国防科技大学迎接建校70周年系列学术著作”名义出版。该系列著作成果来源于国防自主创新一线，是紧跟世界军事科技发展潮流取得的原创性、引领性成果，充分体现了学校应用引导的基础研究与基础支撑的技术创新相结合的科研学术特色，希望能为传播先进文化、推动科技创新、促进合作交流提供支撑和贡献力量。

在此，我代表全校师生衷心感谢社会各界人士对学校建设发展的大力支持！期待在世界一流高等教育院校奋斗路上，有您一如既往的关心和帮助！期待在国防和军队现代化建设征程中，与您携手同行、共赴未来！

国防科技大学校长

2023年6月26日

前言

现代武器装备的研发与使用是一项复杂的系统工程，具有很强的探索性和综合性，涉及大量的评估与决策问题。武器系统效能评估是武器装备研究、制造、生产和装备使用过程中对有关问题进行判断、选择与优化的重要理论和方法。

国内外对武器系统的效能评估方法和应用都非常重视，在各类武器系统的规划、研制、生产、使用中都要求进行效能分析与评估。我军是从 20 世纪 70 年代末开始系统地进行相关研究的。20 世纪 70 年代末到 80 年代，各军兵种都相继成立了有关的研究机构，如各装备论证中心、系统工程研究所，近年来全军又成立了各军兵种的武器装备仿真模拟重点实验室，开展了大量的武器系统效能分析的实际工作，有了很多武器系统效能评估的应用案例与成果，提高了我国武器装备研制、评估与管理的水平。未来武器系统效能评估的发展趋势为：针对军队信息化发展与新军事变革的需要，除了继续开展武器系统效能评估的一般理论方法研究，将主要研究复杂装备体系的效能评估以及若干新类型武器装备的效能评估理论方法。

笔者基于多年研究和教学经验写成本书。本书具有如下特点：一是针对我国装备研制与应用的需要和特点，结合武器系统的发展趋势，对武器系统效能分析的理论、方法和经验进行了系统总结与集成，具有较好的完整性；二是针对武器装备体系的评估问题，给出若干新方法，进行有益的探索，具有一定的整体性；三是特别针对信息化装备的作战应用效能评估问题，不仅提出了应用一些新思想新技术的效能分析方法，如基于探索性分析的效能评估方法、基于场景的效能评估方法以及基于粗糙集的效能评估方法等，还包括一些应用案例，体现了武器系统效能评估领域的新进展，具有新颖性。

全书共分四篇 12 章。第一篇为概论篇，主要介绍相关基础知识，包括武器系统概述、效能评估的基本概念和基础支撑技术、效能评估方法的历史和现状以及武器装备体系及作战应用；第二篇为性能评估篇，主要介绍武器系统性能评估的基础与性能评估的方法，从侦察系统、指挥控制系统以及射击武器三个方面说明典型武器系统的性能度量模型，并在第4章中介绍了武器系统可靠性的基础理论；第三篇为基础理论篇，介绍武器系统效能评估的理论基础，包括效能评估的基本问题、一般过程、经典方法以及效能评估的指标体系的构建方法等；第四篇为体系评估与新方法篇，主要介绍了武器装备体系效能分析的一般方法以及几种武器装备体系效能评估的方法，具体包括探索性分析方法、场景分析方法、粗糙集分析方法以及基于偏最小二乘回归方法的通径模型法。

本书大部分内容源于笔者多年来的教学经验、科研成果，部分内容选用他人的工作经验。为此真诚地向这些前（同）辈，特别是本书所列参考文献的作者，表示衷心的感谢。

本书自2013年第1版出版以来，受到较大程度的欢迎，第2版中我们大篇幅更新了内容，也重新编排了篇章结构，使得本书不仅包括一些新理论新方法，也涵盖经典理论方法。由于武器系统效能评估方法涉及领域广泛，发展又非常迅速，限于编者水平，书中难免会有一些值得进一步研究和探讨的问题。不妥之处，敬请广大读者批评指正。

编著者

2023年6月

目 录

一、概论篇

二、性能评估篇

三、基础理论篇

四、体系评估与新方法篇

一、概论篇

第1章 绪论

现代武器系统的发展呈现日益突出的复杂化、体系化特征，如何有效地评价各类武器系统的效能，是充分认识相应系统的应用价值、清晰定位发展水平、制定顶层规划发展路线、明确发展方案与重点的基础性工作，研究与创新针对现代武器系统的效能分析理论方法具有重要的理论和实际应用价值。

本书对相关理论方法和应用，特别是面向包括军事信息系统在内的现代武器装备系统的效能评估新理念、新方法进行了阐述，期望为读者提供有益参考。第1章主要从武器系统的概念入手，介绍武器系统的相关概念、一般分类以及效能评估的基本概念、基础支撑技术、历史与现状等内容，为本书后面的论述奠定基础。

1.1 武器系统概述

武器系统作为人类遂行战争的工具，不同人员对其概念的理解既有共同之处，也有一定差异，本节说明武器、武器系统、装备等相关概念，并界定其内涵。当然，相关概念存在不同的理解，本书中尽量引用已有定义，如果权威辞书中不存在相关定义，我们将进行必要说明。

1.1.1 武器系统的概念

1. 武器系统的相关概念

武器（weapon），也称兵器，是能直接用于杀伤敌有生力量，毁坏敌装备、设施等的器械与装备的统称。这里是其狭义的定义，人们经常所说的武器，还存在广义的定义，具体是指所有直接或间接用于武装斗争的工具。

所谓武器系统（weapon system），是指由武器及其相关技术装备等组成，具有特定作战功能的有机整体。通常包括武器本身及其发射或投掷工具，以及探测、指挥、控制、通信、检测等分系统或设备。武器系统的根本作用在于完成包括杀伤人员、毁伤固定或活动目标、发布信号、施放烟幕、侦察、干扰等在内的各种预定作战任务，为了完成这些不同的作战任务，需要有不同类型的武器系统。

武器系统的形成和发展，是科学技术进步和武器装备多样化、现代化发展的结果。自第二次世界大战以来，由于现代科学技术，尤其是核技术、电子技术和航天技术的飞速发展，武器日益从单一化向综合化、系统化和高技术化的方向发展，武器的威力、射程和命中精度、自动化程度等空前提高。

装备（equipment）也是一个常见概念，装备是武器装备的简称，也是用于作战和保障作战及其他军事行动的武器、武器系统、电子信息系统和技术设备、器材等的统称。其主要是指武器力量编制内的各类设备器械。一般来说，装备是比武器系统更为宽泛的概念，总体上包括用以杀伤敌有生力量、破坏敌方各种设施的战斗装备和实施技术与后勤保障的各种保障装备，其中战斗装备包括刺刀、枪械、火炮、坦克和其他装甲战斗车辆、作战飞机、战斗舰艇、鱼雷、水雷、地雷、火箭、导弹、核武器、化学武器、生物武器等各种武器和武器系统；保障装备不仅包括通信指挥器材、侦察探测器材、雷达、声呐、电子对抗装备、情报处理设备、军用电子计算机、辅助飞机、勤务舰船、运输车辆，以及防核、化学、生物武器的观测、侦察、防护、洗消等装备，也包括如布雷、探雷、扫雷、爆破、渡河、测绘等方面的器材设备。

本书中如果没有特别说明，研究的对象是武器系统，部分内容涉及更大的武器装备的概念，我们会特别说明。

2. 武器系统的一般组成

武器系统通常由多个功能不同但又存在有机联系的子系统组成，这些子系统相互关联，需要在指挥、操作人员的使用与控制下共同完成作战任务，必要时还需要车辆或车辆底盘、飞机、坦克、舰艇等运载平台。不同类型武器系统的组成不尽相同，但从完成作战任务的过程和功能角度来看，可分为侦察系统、指挥控制系统、火力系统、辅助系统等类别。

1）侦察系统

侦察系统是指获取目标信息和进行相应信息处理的相关系统，相对于人的“眼睛”和“耳朵”，一般包括搜索系统与跟踪系统，常由无线电器材和/或光学器材组成，如警戒雷达、炮瞄雷达，测距机、瞄准具、指挥镜、望远镜等，主要用途是搜索、发现、识别、瞄准、跟踪目标，测定固定目标坐标（距离和高低角、方位角等）、运动目标航迹（距离、高度、速度、方向等）等目标信息，同时将这些信息传输给指挥控制系统。

如机械类的直瞄射击武器系统，其侦察系统的功能一般靠瞄准具和射手眼睛完成。

相对而言，比侦察系统更大的概念是侦察情报系统或称侦察情报体系，《军语》中是指由侦察、情报各组成要素构成的有机整体。它不仅包含侦察系统，还包含相应的情报生成和应用等系统。

2）指挥控制系统

指挥控制系统相当于对武器实施控制的“神经系统”，如对高炮武器系统而言，指挥控制系统由模拟或数字计算机组成，也称射击指挥仪或火力控制系统。其主要用途如下。

（1）接收侦察系统传来的目标坐标和运动信息。

（2）计算射击诸元（射角、射向、装药参数、引信作用方式或装定时间等）。

（3）通过电气联动装置（随动系统）控制火力系统追随目标、适时发射。

相较于其他电器系统，指挥控制系统具备上述所有功能，但不一定由计算机完成，可由人员根据射表等实现。

3）火力系统

火力系统是武器系统的实际施效部分，相当于人的手和脚，一般可分为发射平台（火炮、枪械、发射架、发射井等）和弹药两部分，其主要功能如下。

（1）在指挥控制系统的控制下，适时对目标或向预定地域、空域进行射击。

（2）在预定的位置或时间，按预定的方式，由弹药完成毁伤目标或其他作战任务。

4）辅助系统

辅助系统为武器系统的运用提供相关基础保障，如为电气装置供电（移动电站）、为武器系统的转移提供运载工具等。

武器系统的各个子系统，既相互独立，有自己的功能，又相互联系、相互制约，对整个武器系统的作战效能发挥着程度不同的作用，同时也起着约束作用。武器系统要完成作战任务，必须存在一个最小的系统组合，如一个独立的高炮武器系统，至少应包括一部警戒雷达、一部炮瞄雷达、一部指挥仪、一套供电设备、一门高炮和若干高炮弹药及通信设备等，其工作过程一般为：根据警戒雷达提供的目标信息和上级命令，打开炮瞄雷达，精确测定目标的位置和运动信息，同时传给指挥控制系统；指挥控制系统计算出设计诸元，并通过随动系统驱动高炮跟踪瞄准目标；当目标飞行至适当位置处时，根据指挥员开火命令，武器发射（发射瞬间的目标位置称为当前点或瞄准点），当弹丸飞行至接触或接近目标（满足命中条件）时，弹丸在引信（两者装配在一起，合称战斗部）作用下爆炸（此时，目标位于遭遇点），并对目标起不同程度的毁伤作用；若命中条件始终不能满足，则弹丸飞行一定时间后自毁，以免误伤我方地面人员、设施、装备等。在此过程中，需要移动电站不断地供电；在此之前，需要通过牵引车将高炮（牵引式）、弹药等运至阵地并及时完成行军战斗转换。

1.1.2 武器系统的起源与发展

从历史上看，自从有了人类，便有了战争，所以作为人类战争工具的武器，其历史与人类是同样悠久的。

武器在原始社会已经萌芽。在石器时代，武器与工具是合为一体的，在劳动时作为工具，在战斗时便作为武器。原始的器具兼有武器与工具双重作用，直到现在武器与工具也不能完全分离，但是从总体上看，武器在原始社会后期已从器具中分离出来，成为专用的作战器具，如石斧便是这样的早期武器。

武器的发展是随着人类社会的发展而发展的，其发展的力量是战争的需要，其发展的水平受当时社会经济和科学技术水平的制约。为了满足军事斗争的需要，人们通常将一切可能的经济力量和最先进的科学技术用于武器制造方面，因而，武器的发展水平常常是当时社会生产力的突出标志；与此同时，武器的发展还有自身的规律，例如，进攻性武器总是和防御武器装备与设施的发展此消彼长，武器的构造由简单变为复杂，射程由近到远，杀伤的威力由小变大。

人类最早制造武器的材料是木、竹、石、陶、皮、骨等简单的初级材料，其代表性的武器有石刀、石铲、石斧、石戈、石棒等。人类从公元前21世纪进入青铜时代，从此有了金属武器，如当时的古埃及已经拥有用青铜制造的短剑、长矛、长斧、圆锤、投石器、盾牌等。

公元前10世纪—前8世纪，一些发达地区已进入铁器时代，而铁器一出现，就首先应用于军事，出现了铁兵器。在中国，春秋时期已有铁兵器。

随着金属武器的出现，武器的形状、结构、技术等都有了发展。

火药的发明引起了武器发展的一个新时代，导致冷兵器时代结束，在中国，10世纪（宋朝初年）人们就已经普遍地了解火药的杀伤威力，并经常用于战争。在宋朝已出现了突火枪等火器。中国西夏时期（1038—1227年）则制成了世界上最早的管形火器——铜火枪。中国元朝和明朝时期出现了各种形式的火器，并与战车结合造出了“雷火车”“火炬攻敌车”等。到了清代，中国兵器的发展处于停滞状态，而同一时期西方的武器却得到了飞速发展。

15 世纪欧洲出现了炮身与药室合为一体的青铜炮。17 世纪法国造出了燧发炮，并发明了刺刀，与此同时出现了轮式火枪和舰炮，滑膛枪取代了长矛，机动炮代替了攻城炮，从此披盔戴甲的骑士时代过去了。

18 世纪 30 年代，美国制成了第一艘螺旋桨战舰。1800 年，德国制成了第一艘飞艇——齐柏林飞艇，并正式装备各军事部门。1850 年左右，美国和德国造出了子弹壳，其后，发明了来福枪和圆顶子弹。1846 年意大利造出了第一门线膛炮。19 世纪中叶，出现了铁路并用于军事运输。19 世纪 80 年代，在无烟火枪和金属子弹的基础上出现了自动机枪。1906 年，英国、法国同时生产出坦克并用于作战。

1911 年 10 月 23 日，飞机首次在战争中使用。1917 年，战斗轰炸机制造成功并成了地面战斗的主要参加者，自此，战斗从地面扩展到天空。

20 世纪初，毒气开始应用于军事领域。20 世纪 20 年代，生物战剂也应用于军事领域，武器库中又增添了化学和生物武器。

第二次世界大战爆发后，在战争的刺激下，武器的发展水平又达到新的高度，出现了火箭筒、无后坐力炮、快速坦克、自行反坦克火炮、弹道导弹、战略轰炸机、雷达、电子计算机、航空母舰和潜艇等。

由于核能、电子计算机、航天技术以及激光、红外和新型材料等现代科技成果在军事上的应用，以及超级大国的军备竞赛，武器装备发生了巨大变化。1945 年，美国制造出了第一颗原子弹，并在同年的 8 月 6 日和 9 日分别在日本的广岛和长崎投下了一颗原子弹，从此世界进入了核武器时代。氢弹、中子弹、洲际导弹以及核导弹等也先后出现；新式武器装备层出不穷，采用高精度制导系统的防空导弹、反坦克导弹、制导炮弹、制导炸弹等精确制导武器迅速发展，大大提高了作战效能，在实战中发挥了重要作用。

战争的范围从地面、海洋、空中进而向外层空间发展。在作战方式上也有了很大的改变，并给军事思想、军队编制、战略战术、指挥方式和后勤保障等带来了极大的变化。军用卫星自 20 世纪 60 年代中期以来也发展很快，已广泛用于实战，提高了军事指挥和作战能力，成为赢得现代战争胜利必不可少的手段。在 1991 年的海湾战争中，多国部队使用了不同类型的多颗卫星，执行侦察、预警、通信、导航定位和电子对抗等任务，在战争中发挥了重要作用。

步兵轻武器实现了通用化、枪族化、口径小型化、点面杀伤和破甲一体化。夜视器材得到了广泛应用。新的主战坦克较普遍地采用了复合装甲、大功率发动机、大口径火炮和火控系统，并配有较完善的防核、化学、生物武器的装置。各种战术导弹大量装备部队，作战飞机也装备了空空武器和空地（空舰）武器，武器火控系统和操纵系统的自动化程度不断提高。直升机广泛用于空运、空降、反坦克、反潜作战，垂直/短距起落飞机的出现，为复杂条件下使用飞机开辟了新途径。水面舰艇和潜艇装备了各种导弹，潜艇采用了核动力，各种舰艇加强了反潜、防空和电子对抗能力。电子计算机广泛应用于武器自动控制的各方面，形成了包括指挥、控制、通信和情报的军队指挥自动化系统（C^3I系统）。同时，利用电子、光电技术的电子对抗装备也迅速发展起来，成为一种重要的作战武器。

近年来，随着人类在高技术领域的不断进展，以军事信息技术、军用新材料技术、军用新能源技术、军用生物技术、军用海洋开发技术和军事航天技术为代表的军事高技术正在蓬勃发展，引发高技术武器装备的快速进步，一批新类型的武器正在研制或已被研制出来，如激光武器、粒子束武器、微波武器、动能武器及气象武器等。

随着现代科学技术的进步，特别是军用高技术的迅速发展和军事上的需要，现代武器装备正朝着综合化和与高技术相结合的方向发展。武器装备中高技术，特别是电子信息技术的含量，越来越成为武器装备总体实力的决定因素。

枪炮主要是通过探索新的杀伤机理和新型结构的弹种，提高火力密度和增强杀伤威力；采用轻质高强度合金和纤维增强工程塑料等非金属材料可以减轻质量，提高机动性。有些国家正在研究高压电能、声能或激光等非火药能源的枪炮。

坦克和其他装甲车辆将增强摧毁力、生存力和提高适应性；推进系统将进一步提高越野机动能力；坦克武器系统将继续提高威力、增大射程、缩短射击反应时间、提高行进间的首发命中率和全天候作战能力。

军用飞机的机载武器和火力控制系统将进一步完善；歼击机的发展趋势是提高机动性 、高敏捷性和超声速巡航能力；轰炸机将广泛采用“隐身”技术，提高突防和生存能力；垂直/短距起落飞机将得到发展；无人驾驶飞机的地位和作用将进一步提高；武装直升机将迅速发展。

一些大、中型舰艇将装备中、远程巡航导弹，舰艇将普遍搭载直升机。核动力航空母舰将进一步发展。核动力潜艇将增大下潜深度。常规动力潜艇将向噪声低、速度快和攻击力强的方向发展。

运载火箭将朝着高可靠性、低成本、多用途和多次使用的方向发展。战略弹道导弹将研发多种发射方式，并进一步改进分导式多弹头和发展机动式弹头，采取抗核加固措施，以提高命中精度和突防能力。战术导弹将进一步改进制导系统，提高命中精度，增强抗干扰和攻击能力，并将发展新型普通装药弹头和中子弹等新型弹头。反弹道导弹导弹防御系统除采用多层次、多种手段和以地面、空中、外层空间为基地的系统外，定向能和动能武器技术，如激光武器、非核拦截导弹、中性粒子束武器、微波束武器和电磁炮等的发展，将提供新的反导系统。

核武器系统的发展将着重提高武器的生存能力和命中精度，并进一步改进和提高核战斗部和引爆控制系统的可靠性，其抗核加固能力将受到普遍重视，还将研究出适合战场使用的各种核武器。航天技术的发展，为建立航天站和载人航天器进行军事活动创造了条件。

随着微电子技术的发展、高功能材料和精细加工技术的进步，武器装备的性能将不断提高。以侦察、反侦察，干扰、反干扰，“隐身”、反“隐身”等为主要内容的电子对抗装备，是今后发展的一个重要方面。电子计算机技术的进一步发展，将使武器装备向高度自动化和智能化方向发展。随着新型材料、生物工程等新技术成果在军事上的应用，有可能出现基因武器、环境武器等新型武器。

随着信息化时代的到来和深入发展，武器发挥作用越来越离不开各类军事信息系统的支持，后者是指由信息获取、信息传输、信息处理、信息管理和信息应用等部分组成，用于保障军事作战和日常活动的信息系统。其效能发挥有着间接和链条较长的特点，是效能评估领域的新课题，本书后面将针对这一问题给出若干新方法。

武器装备的发展，是与人类生产的发展密切相联系的。随着社会生产力的发展、科学技术的进步和战争的需要，武器装备从原始的冷兵器、火器发展到导弹、核武器等现代武器装备。武器装备在整个发展过程中，始终贯穿着自身的矛盾运动。

1.1.3 武器系统的分类

武器发展到现在已成为一个非常庞大的家族，其总数已达到数十种上百类。按照武器不同的特征，可以将武器分为不同的类型，下面介绍的是几种常用的分类方法。

现代武器种类繁多，有多种分类方法，如：按主要装备对象可分为陆军武器、海军武器、空军武器等；按能源和构造原理可分为射击武器、爆炸武器、生物武器、化学武器、激光武器和粒子束武器等；按用途可分为压制武器、反坦克武器、防空武器、反舰武器、反潜武器、反导武器和反卫星武器等；按杀伤范围可分为大规模杀伤破坏性武器（核武器、化学武器、生物武器等）和常规武器等；按操作人员数量可分为单兵武器（手枪、步枪、手榴弹等）和兵组武器（火炮、坦克等）；按可携行程度可分为轻武器（枪械、火箭筒、榴弹发射器等）、重武器（坦克、火炮等）等。

（1）按时代分类。

其可分为古代武器、近代武器、现代武器和未来武器等。

（2）按制造材料分类。

其可分为木兵器、石兵器、铜兵器、铁兵器、复合金属兵器和非金属武器等。

（3）按武器的性质分类。

其可分为进攻性武器、防御性武器与保障性武器等。

（4）按武器的作用分类。

其可分为战斗武器和辅助武器等。

（5）按能源分类。

其可分为冷兵器、火药武器、核武器、化学武器、生物武器、激光武器、粒子束武器、声波武器等。

（6）按原理分类。

其可分为打击武器、劈刺武器、弹射武器、爆炸武器、定向能武器和动能武器等。

（7）按杀伤力分类。

其可分为常规武器和非常规武器等。

（8）按作战任务分类。

其可分为战略武器和战役、战斗武器等。

（9）按使用空间分类。

其可分为地面武器、水域武器、空中武器和太空武器等。

（10）按主要装备对象分类。

其可分为陆军武器、海军武器、空军武器和导弹部队武器等。

（11）按用途分类。

其可分为压制武器、反坦克武器、防空武器、反舰艇武器和反卫星武器等。

（12）按操作人员数量分类。

其可分为单兵武器（手枪、步枪、手榴弹等）和兵组武器（火炮、坦克等）。

（13）按携行方便程度分类。

其可分为轻武器（枪械、火箭筒、榴弹发射器等）、重武器（坦克、火炮等）。

现代武器系统已发展成为庞大而复杂的武器装备体系。所谓武器装备体系，是指在功能上相互关联的各类各系列装备构成的整体。通常由战斗装备、综合电子信息系统、保障装备构成。在体系中，预警探测、情报侦察、指挥控制、通信导航、战场环境信息保障、机动作战、综合防护、战斗和技术保障等各功能要素高度集成，综合电子信息系统为作战体系提供全面的信息支援，主战装备和保障装备普遍能够遂行多种任务，并可成为作战网络中的传感器节点、通信节点、指挥控制节点，作战网络上的各类资源通过组合，可集成为面向特定任务的特定能力。

本书中，将讨论的武器系统主要为三种类型：侦察类系统、指挥控制类系统及打击类系统。其中，侦察类系统根据指挥控制类系统的指令，从目标获取目标信息，从外界环境获取环境信息，以信息流的方式提供给指挥控制类系统和打击类武器系统。指挥控制类系统则根据侦察类系统获取的信息，经由作战指挥人员指挥决策，生成指挥控制命令，以指挥控制流方式对侦察类系统与打击类系统进行指挥控制。打击类武器按照指挥控制流进行任务行动，对目标施加物质流、能量流或信息流等作战影响。最终，在完成作战后，一般还需要再次对目标实施侦察，根据实际情况决定是否开展下一轮次的武器作战。

1.1.4 武器系统寿命周期

武器系统效能分析的一个重要目标是保证武器的发展计划达到预期目标，满足对武器的需求。

对于每个武器发展计划而言，其间均要经历若干阶段，在各个阶段中，有可能采用武器系统效能分析来支持决策。所以在每次具体的武器系统效能分析工作中，它都会有很多更具体、更直接的目的，有必要了解一下武器系统的研制采购过程和武器系统寿命周期的各阶段的一些问题。

对于任何国家和军队来说，其所需的武器装备不一定都是自己研制或自己制造的，一般来说，军队的武器可用以下四种方法之一获取。

（1）对现有标准产品的改进。

这一般指的是产品的改型，即研制部门对现在军队作为装备的产品进行改进设计与生产以提高该型号产品的性能，从而使部队以后可获得性能更好的武器。

（2）购买已经研制出来的装备。

这指的是直接购买现有的武器准备，这些装备可以是国内的，也可以是国外的或是其他军种的武器装备。

（3）修改或改装现有装备产品。

这指的是对正在部队使用的武器进行修改或改装，提高其性能水平，接着继续使用。这种方法无须增加新的武器数量来提高武器装备水平。

（4）制订与实施新装备的研制计划。

这一般是在前述三种方法均无法实现或无法得到军队对某种武器的需求情况下采取的行动，对于武器采购来讲，这也是最为复杂的情况。

无论哪种方式，军队为满足需求而寻求武器的过程统称研制采购过程或采办过程。

武器系统的全寿命，是指从系统的论证阶段开始，经过研制阶段、生产阶段、使用阶段，直到退役为止的整个过程。在武器系统寿命周期的不同阶段，其管理工作是不同的，对于不同的武器类型其管理项目和具体目标也有所不同，我国按常规武器与战略武器对武器研制过程分类管理，但基本上都划分成论证阶段、方案阶段、工程研制阶段和定型阶段，每一阶段将有不同负责部门来审查决策，完成特定的工作，以保证研制工作达到预定的目的。

美军是按照投资费用的多少，将武器系统分为重要武器系统和非重要武器系统，在美国国防部内，重要武器定义为：按财年度美元计算，当系统研究、研制、试验与评价的预算费用或采办费用超过一定数额时，该武器称为重要武器系统，对于重要武器系统，其寿命周期的划分和需要完成的任务分为以下六个阶段，这一划分具有典型性，中国军队很多类别的武器装备采办与此类似，下面进行详细说明。

（1）任务范围分析与项目开始阶段。

任务范围分析是指根据国家和国防政策、外部威胁和科技能力的变化，研究现有武器装备的作战能力，从中发现不足，或者在分配的任务范围内决定能更有效地完成指定任务的方法而进行的工作，当发现装备不足或时机确定时，就提出了对系统的性能要求。

是否需要开始新的研制项目，应考虑到现有军队装备的重新部署、选用民用系统，或者改变战术技术指标等替代方案，当没有适当的现有武器方案时，任务范围分析工作就为新武器系统论证做了准备，一般可确定对新武器系统的任务要求、约束条件，并提出发展战略纲要。

（2）方案探索阶段。

在这个阶段，要为进一步的研制过程确定和选择好系统方案，首先由项目负责办公室通过与工业部门和国防研究与研制机构合作论证所有能满足任务要求、合理的系统方案，然后由项目负责人选择那些符合费用、风险、进度和战备完好性等目标的系统方案作为进一步的研制对象。

各种系统设计方案通过竞争、对比、短期合同等方式来探索。各种后勤保障方法通过后勤保障分析来考查，可生产性通过可生产性工程和规划进行分析，作战部署目标、任务性能准则、寿命周期费用和估计参数等信息在此期间提供给各承包商，此外要评估承包商的承制能力，并对各竞争方案的全寿命费用进行预算，按费用限制进行设计，同时指出要求的可生产性和生产的有效性。

在此阶段，工业部门根据工作说明书提出的系统要求开展系统工程活动，通过功能分析、综合和权衡分析把这些系统要求换成各种设计方案，政府管理部门则依据相应的风险、费用及研制时间的预计来建立功能基线，该基线确定了可行的、可承担的费用范围和系统的有效性。

系统工程管理计划、综合后勤保障计划、试验与评价总计划和其他的功能计划通常在方案探索阶段制订。选定的承包商、提出的设计方案、规定的任务要求，都需要通过系统要求评审来判断。

此阶段的主要成果是系统方案报告。

（3）论证与确认阶段。

论证与确认阶段的目的是确认和分析重要武器系统方案，审查有风险的子系统，并且决定是否转入全尺寸研制阶段，该阶段的工作成果是建立了分配基线，形成一批符合使用和保障要求的、稳定且切合实际的子系统的性能规范，分配基线也是“设计要求”或“设计目的”，它与技术方法相结合用来满足根据功能基线在系统级上建立的要求。

此阶段结束时的另一主要成果是制订了工程管理计划，该计划已包括减小风险计划，并且为保障各工程专业而要求制订的所有计划确定了进度表。此外的成果还有修改后的后勤保障计划和试验评价总计划。

在此阶段结束时，要进行系统设计评审，对硬件技术状态项目、数据技术状态项目、软件技术状态项目、人员和设施等的初步分配要求进行评审。

（4）全尺寸研制阶段。

全尺寸研制阶段的目的是为批量生产提供必要的设计文件，并为作战和全面后勤保障系统提供综合后勤保障文件，这时，已完成系统的详细设计，并已达到可靠性、可生产性、可保障性和性能等方面的要求。

假如在论证与确认阶段没有实施系统工程管理计划，则应该在全尺寸研制阶段开始时实施，要通过详细的系统仿真来预计系统的性能，并建立明确的性能参数，前面各阶段拟订的计划要在此阶段得到实施。在此阶段还要制订和实施试验计划。在试验完成后，需审核和收集整理试验数据。

初步设计评审在详细设计之前进行，软件规范评审通常在系统设计评审之后进行，计算机软件技术状态项目初步设计在评审之前进行，后勤设计评审是不可缺少的。系统的关键设计评审，要评审前面进行的各项关键评审的完整性，并保证各技术状态项目之间合适的接口。

全尺寸研制阶段要在系统部署前，通过在预期的使用和保障环境下进行系统或设备的试验，验证其作战效能和适用性，对试验结果通过评审和审核来进行评估，以确认系统设计是成熟的，从而可以转入生产阶段和使用保障阶段。

在全尺寸研制阶段结束时，或者在试验结果充分有效时，根据使用的试验和评价信息进行系统正式鉴定评审。全尺寸阶段的工作成果是符合合同要求的经过试验的设计，并且形成了转入生产阶段和使用保障两个阶段需要的文件，这些文件包括产品、工艺和材料规范、生产计划、综合后勤计划以及生产阶段的招标书。

（5）生产阶段。

生产阶段的最主要成果是以最低的费用生产和交付有效的、全面保障的武器系统，在生产期间，有许多项目需要提供，因此制造工作常常可分为两个阶段完成，第一阶段是从最初的小批量生产开始。在第二阶段，随着初始的作战使用、测试、试验、评审、审核和生产试验等经验结合在一起，提出必要的更改，提高生产速度，从而达到大批量生产。

（6）使用保障阶段。

使用保障阶段从武器系统的部署开始，一直延续到系统退役处理（这标志着系统寿命周期结束），此阶段的主要工作是在部署时进行必要的改型和产品改进，也包括保障作战使用的项目，如工具、备件和技术文件等。

1.1.5 现代武器系统的特点

由于现代科学技术的飞速发展，特别是信息技术的普遍应用，现代武器系统出现一些不同于传统武器的特点。

（1）新武器普遍使用先进的技术。

同历史上的武器发展进程一样，现代武器中也大量使用目前人类所掌握的各种最先进的科学技术，这使武器的各种战术技术性能得到了不断提高，从而大大提高了军队的远程精确打击能力、机动能力、通信指挥能力、情报侦察能力、后勤保障能力等；同时新技术也为军队提供了很多新的武器系统和装备，为部队提供了新的战斗能力，如美军使用的全球定位系统（GPS）便在海湾战争中发挥了重要作用，GPS主要由分布在太空的24颗卫星构成，美军的各个作战单位无论在什么时候和条件下，利用GPS提供的信息都能准确地定出本部所在的位置，给部队的行动带来了很大的方便。

（2）现代武器系统研制过程规模庞大、研制周期长。

由于现代武器使用的先进技术多、功能齐全，武器系统结构变得越来越复杂，这样要研制一种新型的武器，往往要涉及非常多的研制机构，所需的协作面很广，例如美国在20世纪50年代进行的北极星导弹研制工作，有1万多家承包商和转包商参加，涉及几十亿个管理项目，可见这是一个非常巨大的工程。

由于工程复杂，现代武器的研制周期都比较长，如一些典型的高技术武器装备的研制周期为："爱国者"地空导弹系统15年，F-22战斗机从启动立项到开始投产接近30年。需要说明的是，本书中这一时间仅指从立项到开始投产的时间。

（3）武器系统中信息化水平越来越高。

武器装备信息化：在武器装备中，采用电子信息技术和产品，有效开发和利用信息资源，促进武器装备性能和能力的提高，其标志是电子信息技术和产品在武器装备成本中的比例和作用逐步上升直至占有主导地位。

武器系统信息化水平的提升为军队训练以及实际作战带来重大变化，同时，要求使用武器的人具备更高的信息素质和相关能力。

（4）现代武器的发展耗资巨大。

武器中大量新技术新材料的采用，不仅使系统的结构复杂化，而且使系统的研制费用变得非常高，例如"爱国者"导弹系统的研制经费为20亿美元，美国MX战略导弹的研制费用为74.3亿美元，美国的"三叉戟"导弹（D5）的研制费用为94.5亿美元，F-22战斗机的研制费用则高达200多亿美元。

（5）成体系建设与综合集成。

由于现代武器系统日益复杂，运用大系统的思想和方法整体考虑武器系统的研制全周期发展成为核心思想，注重将若干独立的武器装备集成为功能齐全、高效运转、优势互补、宏观有序、整体最优的装备体系，可以达到各种兵器的有机协调使用，提高一体化作战能力。研制过程中普遍采用现有技术与新技术总体集成的方式保障研制的顺利实施。

（6）现代武器的发展必须综合考虑多类风险。

由于客观条件的突然变化或研制中技术攻关的受挫，武器的发展计划经常会失败或更改，这在武器研制工作中是不可避免的，这就是武器发展中的风险问题，确切地说，所谓风险就是指危及计划或工程项目的潜在问题，对武器发展而言，可能的风险包括下面三种类型。

一是效能风险，是指武器系统某项（或某几项）性能指标达不到设计要求这样的风险，将会对部队装备的计划发生不利影响，使部队的作战能力无法按计划达到一定的水平；二是费用风险，是指武器系统在研制过程或生产、装备期间所耗费用超过预期目标这样的风险，它可用费用超额的数量的概率分布来表示，产生这种风险的原因是威胁态势的变化、经济形势的变化及设计、研制或装备计划的变更。三是进度延迟风险，是指由于研制或部署进度推迟带来的风险，进度推迟带来的风险包括我方技术落后造成的服务期缩短或者相对性能降低等问题。

1.2　效能评估的基本概念

武器系统的效能评估要回答武器系统能否完成任务的问题，但这一问题并不简单，总体上涉及两个方面：一是任务如何界定，特别是在新研武器系统往往没有实战数据可用的情况下；二是武器系统的能力度量问题，它还可以进一步区分为性能评估、效能度量等。在本节，我们对相关概念进行界定，并具体说明武器系统效能评估的重要价值。

1.2.1　效能评估的定义

目前，学界并没有对效能（effectiveness）的概念达成共识，存在多种常见定义，但无论哪种定义，均有共同的一点，即认为效能是“完成任务的程度”，本书统一界定武器系统的效能为“在规定的条件下使用武器系统时，系统在规定的时间内完成规定任务的程度”。效能描述的是武器系统完成特定作战任务的能力，反映了武器系统在一定阶段内总的特性和水平，说明了该武器装备对军事领域的有用程度。

1. 效能的层次

根据研究问题的需要，效能可分为以下三类。

（1）单项效能。

单项效能是指运用武器系统时，就单一使用目标而言，所能达到的程度，如防空武器系统的射击效能、探测效能、指挥控制通信效能等。单项效能对应目标单一的作战行动，如侦察、干扰、布雷、射击等火力运用与火力保障中的各个基本环节。

（2）系统效能。

系统效能是指武器系统在一定条件下，满足一组特定任务要求的可能程度，是对武器系统效能的综合评价，一般通过对单项效能进行综合计算获取，反映的是“平均”意义上武器系统的综合能力水平，有些时候系统效能也称综合效能。

（3）作战效能。

作战效能是指在规定条件下，运用武器系统的作战兵力执行作战任务所能达到预期目标的程度。这里，执行作战任务应覆盖武器系统在实际作战中可能承担的各种主要作战任务，且涉及整个作战过程，因此，作战效能是任何武器系统的最终效能和根本质量特征。需要指出的是，关于武器系统的作战效能，目前尚缺乏统一的定义。有的定义局限于武器系统的火力毁伤效能，有的定义则把综合效能看作作战效能，本书把武器系统的作战效能定义为运用武器系统的作战兵力的效能，因而也称兵力效能。

2. 效能评估的概念

效能评估是指在给定条件下，构建效能度量指标，对武器的能力与效果进行定性定量分析与评价的过程，相关结论为武器系统的研发与应用提供决策的依据。

经常使用的术语还有效能分析的概念，很多时候与效能评估混用，本书中由于将效能分析界定为更为一般的分析判断的工作，因此其比效能评估范围略大，且在实际应用时没有效能评估这么正式。

在武器系统研究中，常用的概念还有能力、效益、效率等，下面说明它们与效能的区别与联系。

能力是人们在日常生活和工作中应用非常广泛的一个词语，用于描述个体、团体（组织）、系统所具有的行为（活动）的某种特征，如人的工作能力、领导能力、指挥能力，作战单元的作战能力、机动能力等。关于能力的定义，在《辞海》（2001年版）中为：成功地完成某种活动所必需的个性心理特征。其分一般能力和特殊能力。前者是指进行各种活动都必须具备的基本能力，如观察力、记忆力、抽象概括力等。后者是指从事某些专业性活动所必需的能力，如数学能力、音乐绘画能力或飞行能力等。人的各种能力是在素质的基础上，在后天的学习、生活和社会实践中形成和发展起来的。一般认为，能力具有客观性、潜在性、相对独立性等特征。

效益（也称收益）是指由于实现特定武器系统而使用户得到的好处。一般包括直接效益、间接效益和无形效益。直接效益主要表现为在武器系统应用性能方面得到的好处。如提高机动性、提高生存能力等。间接效益是对于非武器系统用户而言的好处，如销售利润等。无形效益是由于武器系统的技术可在其他方面应用而得到的好处。

效率是用给定量的资源所能得到的系统输出的量度，隐含单位资源所得到的效能的意思。例如，单发命中概率既可表示武器的射击效能，也可表示武器的射击效率，效率和效能的区别在于效率明确规定了系统运用的资源消耗约束，而效能则没有这个规定。

综上所述，效能、能力、效益、效率都是对武器系统使用价值的评价，但在内涵上，各有侧重点，彼此有明确的区别。

1.2.2 性能评估与效能评估的区别

在逻辑层面，武器系统的效能评估总体上可分为两个层次：一是对武器的性能（performance）分析与评估；二是对武器的效能（effectiveness）分析，前者是后者的基础。

武器系统的性能，是系统的行为属性，即系统物理上和结构上的行为参数和任务要求参数，或“系统按照执行某行动的要求执行这一行动能力的度量”。性能是确定系统效能指标的前提和基础。以火炮系统为例，典型的性能指标有口径、射程、射速、精度、威力、机动性、可靠性、可维修性、生存能力等。知道了这些性能指标，就可以选择一个适当的系统效能指标，计算出系统效能值。

过去系统效能仅仅是根据传统的性能指标计算出来的，不突出考虑可靠性、可维修性等因素。这样所得到的系统效能是不真实的。一个武器系统，如果可靠性不高，纵然有最好的性能，也无法完成规定任务；如果可维修性不高，在发生故障时，需要花费很长时间修理，不能随时做好战斗准备，也无法完成规定任务。按照新的系统效能概念，可靠性和可维修性对系统能否完成规定任务具有十分重要的作用。从本质上讲，可靠性和可维修性指标（例如，平均无故障工作时间 MTBF 和平均修理时间 MTTR）也应当属于系统的性能指标。

武器的性能指标可分为单一的性能指标和综合的性能指标两种。单一的性能指标有口径、射程、射速等，综合的性能指标有命中概率、毁伤概率等。命中概率综合了射击精度、目标的大小和形状、射程大小、环境条件等。毁伤概率是命中概率、命中即毁伤的条件概率和射速三个指标的乘积，因而是更高一级的综合指标。最高级的综合指标就是系统效能指标，它综合了所有的性能指标。在武器系统效能分析中，往往把综合的性能指标作为系统效能指标。

武器系统的效能指标取决于为武器系统规定的任务要求。不同的武器系统，需要选用不同的性能指标。单功能的武器系统，可以选用一个效能指标。例如，反坦克导弹可以用首发毁伤概率作为效能指标。多功能武器系统，需要选用几个效能指标。例如，主战坦克系统可以选用平均无故障发数（MRBF）作为火力系统的效能指标，选择平均无故障行驶里程（MMBF）作为底盘的效能指标，选用平均无故障工作时间（MTBF）作为通信系统的效能指标。

在武器系统效能分析中，建立或者选用适当的效能指标，是建立正确的效能模型的前提，是系统分析人员的一项重要任务。效能指标选得不适当，会在系统分析中得出错误的结论，从而产生错误的决策。在第二次世界大战中，英国的商船为了减少在德军的空袭中可能遭受的损失，提出在商船上安装高炮。但这样做，需要一大笔费用，因而，把这个问题提交运筹学小组进行分析。运筹学小组根据高炮主要是打飞机这样一个简单道理，选择高炮在有效射程上对敌机的平均毁伤概率作为效能指标。分析结果表明，平均毁伤概率仅为 0.04。由此得出结论，在商船上装高炮很不合算。进一步的研究表明，在商船上装高炮的真正目的是保护商船，而不是消灭敌机。因此，应当选用商船被击沉的概率的减少幅度作为效能指标。按照这个效能指标进行分析，得出了完全不同的结果：不装高炮，商船被击沉的概率为 0.25；安装高炮之后，商船被击沉的概率减少到 0.10。由此得出结论：在商船上装高炮是很合算的。

1.2.3 效能评估的意义和作用

武器系统效能评估是解决武器系统“有什么用”的问题，这一问题是武器系统发展论证、研制生产、使用维护等活动中的核心问题，有着重要的理论和实践意义。

1. 武器系统效能评估是支持武器发展战略、 规划计划的重要手段

未来的战争是信息化战争，是武器装备体系与体系的对抗。武器装备体系中诸多要素之间的关系错综复杂，这些关系包括结构与比例，数量与质量，新装备与老装备，主战装备、电子信息系统与保障装备等。对于打赢信息化战争，建设信息化军队，效能分析是一种必不可少的手段，通过效能分析，可以发现体系的薄弱环节，优化武器装备体系的结构，检查战略和计划的效果与缺陷，确定武器装备发展方向和重点，为武器装备发展战略、规划计划的制定提供依据，为武器装备体系建设提供决策支持。

2. 武器系统效能评估是武器全寿命管理的关键支持技术

为实现武器装备全寿命管理，在武器装备全寿命管理过程中的不同阶段，对相应的决策环节进行论证分析，为实现宏观层次的科学管理提供咨询建议。利用效能分析方法、技术和环境，可以在模拟未来武器装备使用环境中，建立各种重大武器装备效能分析与预测模型，对重大装备项目特别是新型武器装备立项论证、研制进度、技术风险等进行综合分析和比较，优选武器装备发展方案，逐步实现基于仿真的武器装备全寿命管理，为武器装备发展决策提供可靠的技术支撑，提高管理决策的科学化水平。

3. 武器系统效能评估是保障武器作战应用的重要方法

高新技术的迅猛发展及在军事领域的广泛应用，使新的武器装备概念和作战使用概念不断涌现，运用效能分析等多种定量分析方法，分析武器装备在近似实战条件下的作战作用及其效果，可以指导各类武器装备建设发展协调，保障武器装备能够有效地作战应用。

效能评估的理论方法研究要提供有效的方法论和实际技术，支撑各类武器系统的效能评估，为武器装备的发展与应用提供决策支持，具体来说武器系统评估通常要达到下述几个目的中的一个或几个。

（1）分析武器装备的发展规划与计划。

武器装备的发展规划与计划主要用于分析确定装备体系的能力水平；规划武器系统的能力，分析能否满足作战需要；分析与确定武器系统的具体任务，建立装备部队的方案和计划等。

（2）明确武器系统的性能要求。

明确武器系统的性能要求是指分析武器系统为完成规定的任务应具备的工作特性和辅助特性，确定武器系统的性能要求，确定武器系统的战术技术要求。

（3）评价武器系统的建设方案。

评价武器系统的建设方案包括利用效能分析方法估算武器装备效能；确定和评价装备的固有能力、可靠性、维修性、安全性、保障性等因素对装备效用以及全寿命周期费用的影响；进行效能等因素（固有能力、可靠性、维修性、安全性、保障性等）的权衡研究；对各备选方案进行评价，并进一步分析效能及其主要影响因素；确定和评价研制单位所实现的固有收入，可靠性、维修性、保障性等因素对效能及其主要部分的影响，作为提供转入生产阶段的决策依据之一。

（4）为武器系统运用提供措施建议。

为武器系统运用提供的措施建议包括武器要完成的任务或新的使命分析，评价实际使用过程中装备所能达到的效能；评价并改进使用与保障方案；进行武器装备体系的优化配置，为执行任务选择优化的使用与保障方案；为改进设计、现代化改装、封存决策和新装备的研制提供信息；评价退役时机和延寿方案；对装备更新提出建议。

1.3 效能评估的基础支撑技术

效能评估总体上涉及对评估对象进行分析与建模、对对象完成任务的行为或过程进行研究（常采用仿真模拟方法）以及对获取的评估数据进行综合计算等方面，下面说明其采用的主要方法。

1.3.1 系统分析技术

1. 系统分析的概念

系统分析（system analysis，SA）是一种辅助决策工具，它是由系统分析人员按照系统思想、观点和理论，用科学的分析方法和工具，探索出一些可供选择的方案，并从各个方面对这些方案进行评价，由此得出结果和建议，可供决策者选择方案时参考。所以系统分析就是要按照系统的观点，用科学的分析方法，对确定的目标进行综合分析与评价，寻求最佳的可行方案，帮助决策者进行决策。

进行系统分析时要应用多种学科知识，如管理工程、运筹学、工业工程及其他各种专业知识，在定量计算与科学分析的基础上，结合成本/效益（费用/效能）分析，为选择具有特定目的多种方案提供决策支持。

对于一项计划项目而言，有两种应用系统分析的情况，一种是工程项目实施部门为使设计合理化而进行的预先研究工作，另一种是管理决策部门审查方案时进行的研究，这通常是委托专门的系统分析部门进行的。

2. 系统分析的基本内容与步骤

系统分析是一个有目的有步骤的探索与分析过程，其目的是为决策者的决策提供依据，为此要对各备选方案的费用、性能、可靠性、技术可行性和风险等方面进行分析评价，最后提出研究结果，供决策者在选择最佳方案时参考。

系统分析的主要内容有六项：目标、方案、费用、准则或效能量度、模型、结果与建议，也称系统分析的基本要素。

（1）目标。

这里的目标指的是系统的目标，即系统的决策者（包括组织者、使用者）希望系统达到的结果状态的定性描述或定量指标，系统的目标也是系统分析的出发点，在进行系统分析时，为了合理地决策，必须明确系统的目标，并尽量以定量指标表示。

（2）方案。

方案指的是达到系统目标的一些方案，这些方案不一定能互相替代，或者说，不一定能精确构成相同的功能，在系统分析中要鉴别所有可以想象到的合乎逻辑的方案，因为没有方案就没有进行分析的基础。

（3）费用。

费用指的是一个方案所需花去的费用，通常是评价一个方案的重要因素，可用许多方法来估算费用，一般可用货币来表示，也可用其他方法，但在一次分析中，对于所有的方案必须用同一种方法或等价的方法估算各方案的费用。

（4）准则。

准则是效能的量度，是评价所有竞争系统（方案）的度量标准，用来评价各个系统达到目标的程度，因此准则必须定得恰当，可以度量。恰当地选定效能量度，往往是系统分析技术中最难把握的工作。

（5）模型。

模型是对一项工作的一种物理关系（实体）的描述或抽象，而且往往是对实体中所要研究的特定特征的定量抽象。模型的作用是使人们了解到所研究实体的本质，而且在形式上更便于人们对实体进行分析和处理。

模型按其表达形式，一般可分为实体模型和符号模型。其中，实体模型又可分为物理模型和模拟模型，实体模型是按照模型相似性原理构造的原系统的小型（或放大）复制品，符号模型是在不同的物理领域之间进行比拟类推的一类模型；符号模型可以分为数学模型、结构模型、仿真模型、其他符号模型等。

在系统分析中，模型的建立与问题的识别和理解具有紧密的关系，所以建立系统模型是进行系统分析或决策的前提，而建模的成功与否表明了研究领域的知识水平。

（6）结果与建议。

结果是通过系统分析得到的，即对各备选方案进行评价的结论，对于分析的结果，一定不要用过于专业的术语来表达，以免让人难以理解，也不应采用不必要的高深的数学，而要根据决策部门的实际目标来说明研究的结果，同时分析人员要根据足够多的分析结果，提出关于行动方向的科学建议。

3. 武器系统分析

现代武器的发展计划一般都是一个庞大的工程，在实施这类工程中，均应当采用系统工程的管理方法，所以系统分析的工作量是很大的。

武器系统分析是指根据武器系统预期的效能或利益与要求或预测的系统费用和风险间的关系，对武器系统的发展计划或方案，进行的一种分析研究和定量的估计与比较。

实际上，武器系统分析是对一类特殊的系统——武器系统进行的系统分析工作，所以它不仅具有一般的系统分析的规律，也有自身的特点，它主要是从武器的效能、费用和风险等因素来进行分析研究的，在实际工作中，武器系统分析不仅要有大量的定量分析与估计，也要进行充分的定性分析。

一般的武器系统分析可采用这样的方式：费用-效能研究（分析）、参数设计与费用-效能研究、费用和性能研究、权衡研究或最优组合研究、现有装备的定量组合研究与分析、产品改进判定、风险分析、发展计划评价等。

对于不同类型的具体武器系统而言，系统分析内容的深度和广度会有所区别，即使是同一种武器系统在不同情况下（或不同阶段）其分析的着重点也会有所不同。例如，对于导弹武器系统来说，如果是为了发展新型导弹武器系统，在系统设计之前进行系统分析，那么将着重比较与选择各种方案，寻找满足战术技术要求的最优方案；如果是在现有导弹武器系统装备部队之前进行系统分析，将着重研究其最佳的战斗使用方案，以便最大限度地发挥导弹武器系统的作战效能；如果是在生产、制造或产品改进换代过程中进行系统分析，则需对各分系统、部件、设备及各环节进行分析研究，应着重分析比较费用、效能，寻求满足导弹武器系统总体性能的要求并达到最佳费-效比的指标；如果是在制定规划、计划或在确定研究发展方向之前进行系统分析，则应在考虑技术基础、环境、条件、费用、风险、寿命周期等各种因素时，进行全面深入的分析研究，寻求最理想的方案和决策。

4. 系统分析的优点和局限

系统分析与传统分析方法相比其不同点便是强调定量化的分析，即通过对问题建立适当的模型进行定量分析。采用系统分析的主要优点是能使做出的决策具有更合理的基础，系统分析往往能有效减轻决策者负担，提高其决策能力和工作效率。系统分析中所采用的灵敏度分析方法可显示出按最佳值所选择的最优方案是否有效和稳定，还可显示出在决策过程中存在的风险。

传统的运筹学和系统分析方法对定量方法有不恰当的期望，认为所有的问题都能用定量分析方法来解决，在处理问题时单纯地依赖模型及最优化，但在很多实际问题（包括相当的军事问题）中是很难或根本无法用精确的数学模型来描述的，对于这些情况，经验、知识、判断能力往往非常有用和有效，所以对于实际问题的解决应注意根据实际情况采用定量或定性的分析方法。

有鉴于此，目前在军事运筹学与系统分析中已开始注重定性与定量方法的结合；在方案的评价与可行性研究中，也有很多定性与定量相结合的方法，如德尔菲法、层次分析法、模糊综合评判法等。

1.3.2 系统建模方法与仿真技术

1. 系统建模方法

系统的构成是复杂的，建立模型的方法也是千变万化的。即使同一对象系统，因目的、条件不同，系统模型也有各种不同的形态。因此，没有固定的建立模型的方式，只有通过实践探索与创造出好的、新的模型。下面是几种常用的系统建模方法。

（1）直接分析法。

对于内部结构和特性清楚的系统，即所谓白盒（多数的工程系统都属这种系统），可以利用已知的一些基本定律，经过分析和演绎导出系统的模型。

（2）类比法。

有些系统模型的结构性质虽已清楚描述，但对模型的数量描述及求解却很困难。如果能找到一种结构性质与其相同、模型也与之类似的系统，就可以互相类比，利用后一种系统来模拟前一种系统，并对其模型进行试验分析和求解。如物理学中的机械系统、气体动力学系统、水力学系统、热力学系统及电路系统之间就有不少类同的现象。

（3）数据分析法。

有的系统结构性质不是很清楚，难以确定模型的结构形式时，可通过描述系统功能、特性等的数据分析，或各种统计数据的分析，确定系统各参量之间的关系，并依据数据分析和推理结果，建立模型结构。这些数据可以是本系统具备的，也可以通过收集整理同类系统而得；可以是绝对参数，也可以是无量纲参数或系数。例如，在导弹设计中，通过大量同类产品的数据分析，求出系数或常数，而建立的经验或半经验公式就是很好的例子。

（4）试验分析法。

当系统中有的数据不够完整，或不能确定时，以及有的因素对系统特性的影响关系不够明确或其指标难以确定时，可通过试验确定参量及其对系统的影响关系。在导弹系统设计中进行空气动力计算时，大量的计算公式是通过实验结果经分析整理而构造的模型。

（5）想定（构想）法。

当有些问题的机理不清，既缺少数据，又不能做试验来获得数据时，如一些社会、经济、军事问题，人们只能在已有的知识、经验和某些研究的基础上，对将来可能发生的情况给出逻辑上合理的设想和描述，然后用已有的方法构造模型，并不断修正完善，直至比较满意。

2. 系统仿真技术

系统仿真是以相似原理、模型理论、信息技术、系统理论与工程及应用领域有关的专门技术为基础，以计算机和专用设备为工具，利用真实系统或概念系统的模型进行动态试验研究的一门多学科综合的技术性学科。

从广义上讲，仿真是模型化的继续。仿真是在已经建立系统模型的基础上，采用一定的方法，对系统模型进行测试和计算，并根据测试和计算结果，反过来对系统模型进行分析研究与改进，如此反复循环直到取得满意的结果。也有的人将仿真称为模拟，即根据建立的系统结构或数学模型，进行测试、实验或在计算机上进行试验与计算分析的方法。

按照模型的不同，仿真可以分为物理仿真和数字仿真两大类。所谓物理仿真就是用缩小（或放大）的且与原系统相同的模型，在与原来物理系统变量完全一样的条件下进行实验、测试。导弹及其他飞行器，通过模型进行风洞实验，以测量空气动力和力矩系数及气动压力分布等，就是一个很好的例子。所谓数字仿真，按模型不同又可分为符号模型仿真和数学模型仿真两种。前者用框图描述系统信息的流动和信息变量之间的关系；后者用数学方程式描述系统的运动或过程。在导弹系统分析中，常采用数字仿真，且以数学模型仿真为主。

军事运筹学的各分支，都是建立在数学模型的基础上，运用数学解析方法求解各有关变量，得到实际问题的最优答案和满意的方案。在很多情况下，往往由于问题本身的随机性，或数学模型过于复杂，或在求解、分析过程中需要进行人机对话，这时构造系统的仿真模型，通过计算机进行模拟仿真，便可求得该系统的动态特性，以及系统的主要参数或性能指标，从而求得该问题的满意解。

由于对实际系统的客观过程进行仿真实验时，不需要实际过程各环节介入，可以大量减少实物和经济消耗。因此，仿真技术特别适于庞大系统的模拟实验，导弹武器系统、航天飞行器的飞行试验，都必须在大量仿真模拟实验取得成功的基础上再进行。有的系统庞大复杂，不可能对实际过程进行试验，只有通过仿真模拟取得经验和分析资料。

如反弹道导弹的试验。大规模导弹武器的进攻与反击战、外层空间的战斗、两军对垒的战斗等，都通过仿真模拟实验；对未来社会、经济发展的预测，对未来先进武器系统发展的预测等，也只能通过仿真模拟。因此，仿真技术的应用范围极为广泛，特别是近年来，随着系统科学和计算机科学的发展，仿真技术进入了一个崭新的阶段，系统仿真成为系统工程、现代大型复杂系统进行系统分析的有力工具。

1.3.3 综合评价技术

综合评价是指对以多属性体系结构描述的对象系统做出全局性、整体性的评价，要求根据所给的条件，采用一定的方法给每个评价对象赋予一个评价值，再据此择优或排序。由于影响评价有效性的因素很多，而且综合评价的对象系统常常是社会、经济、环境、管理等一些复杂系统，因此综合评价往往是一件极其复杂的事情。

综合评价一般分为五个步骤：明确对象系统、建立评价指标体系、选定评价方法及相应的评价模型、进行综合评价、输出评价结果并解释。一般评价对象的特性直接决定评价的具体内容以及采取的方式方法。

目前，国内外常用的综合评价方法分为专家评价法、经济分析法、军事运筹学和其他数学方法。其中，军事运筹学中使用较多的有多属性评价方法、多目标决策方法、DEA 方法、层次分析法、模糊综合评价方法和统计方法等。各种方法都有一定的应用范围和优缺点。目前用于综合评价的方法比较多，而且在许多领域得到了广泛应用。

综合评价的研究包括综合评价方法的研究和综合评价方法应用的研究，有以下几个发展趋势。

（1）对现有综合评价方法加以改进和发展；

（2）尝试将几种综合评价方法综合应用；

（3）尝试探索新的综合评价方法；

（4）尝试将综合评价方法同有关先进技术方法综合起来以构成集成式智能化评价支持系统。

在军事领域中，现代武器系统很复杂，可从系统学的观点出发，用系统科学的相关理论和方法来解决武器系统的问题。当然，武器系统的效能作为自身功能的体现，也可以采用系统综合评价的技术进行研究。其相关方法、模型、工具等都可以用于武器系统效能综合评价，但武器系统本身又有着特殊性，需要对一般系统综合评价方法进行改进或提出新的方法，解决武器系统效能评估的个性化问题。

1.4 效能评估方法的历史与现状

效能评估方法源于第二次世界大战前后的军事实践，在几十年的发展中，已经形成一定规模的方法谱系，且随着战争形态的变化和相关理论方法的推动，仍处于蓬勃发展中，新理念、新发展层出不穷。这里简单介绍效能评估方法的相关历史和总体现状。

1.4.1 效能评估的起源与发展

1. 发展概况

武器系统效能评估是伴随军事运筹学的发展而产生与成长的，并由于系统工程的形成而逐步完善。

20世纪三四十年代，由于第二次世界大战的爆发，很多国家都全力以赴地进行战争，各自集中了大量的人才从事武器和弹药的生产与应用研究。当时，英国、美国等国家均有大批的科学家、工程师及各类专业人员参加到军队与国防工作中，支援国家进行战争。他们在进行武器的发展研究与作战运用问题研究中，采用了过去所从事专业方面的大量知识和研究成果，创造了许多新的思想与领域，其中军事运筹学就是在这期间创立起来的一门新兴学科。

在第二次世界大战初期，德国凭借空中优势向英国发动攻击，德国的飞机从基地起飞后只需17分钟便可达英伦三岛。为防御德国进攻，尽早探测到敌方的飞机，英国研制出了雷达并准备在战斗中使用，但由于配置不好，无法达到理想的效果，于是英国军方组成了一个研究小组，帮助解决雷达的应用问题，其中为首的是杰出的英国物理学家布莱克特（P. M. Blanket），他们的研究工作包括空袭雷达预警、雷达探测和夜间运行等方面的问题，其具体任务是确定预警雷达网络和英国陆军防空司令部的武器间的最佳协调方法，解决用机载雷达设备探索潜艇和水面舰只的问题。他们的研究工作取得了较好的效果，赢得了声誉，这个小组被后人看作历史上第一个军事运筹学小组。

1941年至1942年，英国空军所使用的反潜战术效果很小，这个问题被提出来研究了。各种不同的炸药量及飞机攻击方式，对攻击潜艇的效果都没什么提高。研究结果表明，敌潜艇在受到攻击时，通常还在水面上，或者刚刚潜入水中，而投下来的炸弹则是装定在100ft（1ft = 0.3048m）或更深的水下爆炸。在这样的深度，由于海水的缓冲作用，炸药对潜艇的作用变得微不足道，研究人员因而建议把炸弹的引信装定在约25ft的深度上爆炸，但是引信装置的最小装定为35ft，后来的实践说明，装定在35ft深度上爆炸，使反潜艇的效能提高了4~7倍。分析结果表明，有必要研制一个浅深度的发火装置或引信。

美国卷入第二次世界大战后，在其军队中也组建了很多运筹学小组，研究战争中所遇到的各类问题，到第二次世界大战结束时，他们已研究了范围很广的问题，其中有舰队护航、反潜搜索和摧毁战术、水面舰只探测、截断海上的航线、炸弹和引信的选择、轰炸精度、丛林战、飞机追击战术、两栖作战等问题。这些研究工作，给战争提供了支援，也构成了军事运筹学的基础。

这期间军事运筹学所研究的问题，主要是解决直接作战中遇到的问题，如武器的有效使用、军事行动的有效组织方式等。正是因为有了这么多武器应用的研究工作，才提供了对武器进行分析的经验和方法，为武器系统效能分析的发展打下了基础。

第二次世界大战之后，武器系统效能评估技术是以一种自然的方式发展起来的，因为战争结束后，军事部门所面对的一个很重要的工作便是武器的发展（开发），作为服务于军事任务的军事运筹学的一个重要任务也就成为给新武器的研制开发提供支持。由于科学技术的发展，新武器的功能越来越强，武器的研制越来越复杂，同时和平时期的战略分析也更具复杂性，因此正确的行动方案的选择，需要将科学的分析方法作为手段，由此促使武器系统分析蓬勃发展。

20世纪60年代，系统工程的出现使系统科学中的系统分析技术在各领域中得到广泛应用，也使武器系统分析这门应用学科得到完善和确立。

目前，武器系统效能评估方法已得到重视和广泛应用，美国陆军在1968年就已在原来的弹道研究所武器系统研究室基础上组建了美国陆军武器系统分析处，在1974年又将其扩建为陆军武器装备系统分析局。美国陆军在规划报告中就鼓励陆军武器装备研制与采购司令部所属的各个机构和研究单位更广泛地使用系统分析技术。

中国武器系统分析工作起步较晚，但随着军事工业和武器装备的发展，以及系统工程方法和思想的普及和深入，我国的武器系统分析工作也得到较快的发展，目前已具有相当大的规模，20世纪70年代末到80年代，我军的各军兵种都相继成立了相应的研究机构，如各装备论证中心、系统工程研究所等，并开展大量的研究分析工作，获得明显的效益，提高了国家武器的中长期规划水平，促进各种武器发展中的论证工作和分析工作开展，提高了我军装备管理水平和管理体制的合理化和高效化，为我国的武器装备的发展提供了有力支持。我们相信，随着时间的推移，武器系统分析方法必定会发挥越来越大的作用，得到更广泛的应用。

当前，针对传统武器系统的效能评估工作日臻完善，但对于不断涌现的新型武器系统，特别是新型作战力量的效能评估问题日益突出，需要不断发展和完善效能评估的理论和实践。

2. 国内武器系统效能评估的发展

武器装备效能评估，从武器装备单项作战性能的评估，如武器的射击效率、命中精度、毁伤概率等，到武器装备在对抗条件下的作战效能评估，再到武器装备体系的整体作战效能评估，现已经进入第三阶段。

第一阶段：20世纪50年代初到50年代末，其方法论就是概率统计和在第二次世界大战中发展起来的军事运筹学，包括规划论、排队论、网络与图论、随机试验统计法等。

第二阶段：20世纪60年代到80年代，由于系统工程的发展，逐渐形成了从军事运筹学到军事系统工程的方法论体系，蒙特卡罗方法、随机格斗理论、作战模拟（也称战争博弈）、费用-效能分析（PERT）、风险分析（GERT）、网络分析（VERT）等蓬勃发展。同时为了满足定量分析的需要，发展了一系列基于定性分析的定量分析方法，如德尔菲法、层次分析法、战史统计法及指数法等。因此，对对抗条件下武器装备作战效能的分析，使军事运筹的方法论体系得到很大的扩展和完善，其中由于信息技术和计算机的飞速发展，作战模拟得到特别关注和发展。

第三阶段：20世纪90年代初至今，由于高技术战争的出现，体系对抗和陆海空联合作战已经成为现代战争的主要方式，因此，武器装备体系建设就成为武器装备建设的焦点，武器装备体系效能评估也就成为武器装备体系建设中必须解决的问题。从20世纪90年代以来的发展趋势来看，武器装备体系效能评估方法论的发展，主要有两条线：一是基于分布交互网络的建模与仿真；二是综合集成研讨厅。前者主要是目前国外正在大力发展的，后者是在20世纪80年代末，由钱学森提出并倡导的，研究武器装备体系建设等复杂问题的论证及对策的重要方法论。这种方法论不仅包含了分布式交互建模与仿真的主要思路和技术途径，而且强调了战术与技术的结合、理论与经验的结合、定性与定量的结合。

21世纪，随着数据处理方法的发展以及系统工程实践的进步，国内效能评估呈现多元化、多样化发展的特点。目前，国内外对各类军事信息系统效能评估工作都比较重视，在军事信息系统的研制开发和应用过程中一般都会对其战术技术指标、应用方案和效果进行分析。在分析研究中，对系统效能的评估，一般采用静态效能评估方法，如ADC模型、AHP方法等；对系统作战效能的评估，多采用仿真手段来进行，通过建立一个仿真系统，特别是基于作战过程的仿真系统，来研究军事应用系统的动态特性，解决应用系统中的一些关键问题，揭示内在能力和薄弱环节，并根据一定的原则和指标评价其作战效能。

国内各军兵种单位、军工部门、院校把工作重点放在武器系统级、格斗级和少量战术级的作战效能评估上，并开发了一些效能评估模型。针对战役级的武器装备体系效能评估与体系优化的模型还比较少，已有模型一般基于Lanchester方程、系统动力学理论和兵力规划理论，所使用的方法一般是费效分析，并用多目标规划、仿真模拟等方法求解。这些模型的缺点是对具体交战过程和交战的时序性考虑较少，不能完全反映实际交战情况；也不考虑武器装备之间、武器装备与后勤综合保障之间、武器装备与C^3I系统之间、电子战装备之间的相互影响等，对大规模作战任务的刻画是粗线条的。

3. 国外武器系统效能分析的发展

以美军为代表的外军在武器系统效能评估的一般理论方法上与我军并没有明显区别，但在应用模拟仿真完成武器系统的效能分析工作方面，技术先进、效果明显，下面着重就这方面进行阐述。

美国国防部将计算机模拟仿真作为“五角大楼处理事务的核心方法的一种战略性技术”，长期给予重点投资。目前，为适应作战使命的新变化和高技术战争的特点，美军各军种都努力研制诸军兵种联合作战、适应多种想定、灵活方便的分布交互仿真系统，并将各种用途作战模拟仿真系统一体化，以便能够利用仿真技术和模拟手段对作战理论和武器装备进行研究、实验，并测试硬件和软件的实际效果。

自20世纪80年代起国外开始对武器装备的建模与仿真进行广泛和深入的研究，其中既有方法论的研究，又有实战的仿真。自20世纪90年代以来，世界各国纷纷重视分布式交互仿真（DIS）的发展。DIS是在飞行仿真器网络（SIMNET）技术的基础上发展起来的。先进分布式仿真（ADS）是美国目前正在发展的DIS更高级阶段。20世纪90年代后期引入了高层体系结构（HLA），旨在使所建立的体系结构将ADS扩展至国防部各个部门。HLA技术是建模与仿真的发展方向，它将大大推动仿真向高度集成化、标准化、规范化、一体化、自动化和智能化方向发展。它最终取代DIS并进而发展成为解决系统效能仿真关键问题的国际性标准。

美国联合建模与仿真系统（JMASS）是一个仿真支持环境，它包含一个定义严格、文件齐全的接口标准集，模型可按此标准集建立。JMASS提供的软件工具可帮助用户建立真实环境系统表示，组配模型块，将模型块组装成仿真系统，运行这些仿真系统，并且处理其结果。JMASS是美国陆军、海军、空军使用的产品，有近300户在册用户，其参与者有美国陆军、海军、空军、国防部、国防情报局和工业部门。JMASS目前以其标准的交战级和工程级仿真框架适用于采购、测试、评估部门及科研技术情报各界。它为美国“基于仿真的采办”（SBA）政策提供了技术方面的关键要素。JMASS遵从HLA的要求，以HLA提供的通用技术框架来保证各不同仿真部件的互操作性。

美国空军罗马实验室建立了一种合成战场环境（synthetic battlefield development environment），该环境采用了分布交互仿真的思想和技术，仿真工具中包括观察节点、传感器模拟节点、指挥控制节点、计算机合成兵力、操作节点等，各个节点通过分布交互仿真协议进行信息交换，该环境主要面向虚拟演习和人员的教育训练。

在特定领域，美军也建立有针对性的仿真模拟环境，开展相应武器系统的效能分析，以航天领域为例，美军一直很重视利用模拟仿真手段实施对先进航天武器装备的效能分析，已研究了很多的空间系统模拟模块，并将天基气象、通信及导航等模块组合到作战模拟系统中，于2005年左右开始将所有的空间任务集成到联合仿真系统结构中。美国利用先进的仿真手段已在2001

年1月22—26日进行了太空天战模拟仿真演习，为其制定空间军事装备发展战略及空间武器装备的发展规划提供了有力的支持，截至2019年，美军已经进行了13次“施里弗”空间作战系列演习，为相关武器系统的发展提供了有力支持。

美国航空航天局（NASA）哥达德空间飞行中心已经建立空间任务综合分析环境，并正在为空间任务的概念设计小组和项目评估小组开发高级的系统综合和评估工具（ASSET），以满足对空间任务快速分析的要求。欧洲航天界通过采用总体设计软件的系统集成，也大大提高了卫星的设计质量，降低了成本，缩短了研制周期，如马特拉-马可尼空间公司研制的SYSTEMA集成系统，使欧洲航天局系统的卫星研制能力得到明显提高。另外，国外尤其是美国、俄国、欧洲等航天部门和宇航公司非常重视航天系统的总体仿真与演示验证，如美国空军Phillips实验室开发的航天器仿真工具包（spacecraft simulation toolkit，SST）、美国Hammers公司研制的虚拟卫星仿真测试平台VirtualSat Pro、加拿大CAE电子有限公司开发的航天器快速原型仿真器（ROSESAT）、俄罗斯能源科学生产联合体的综合仿真测试平台和德国VEGA信息技术公司开发的仿真卫星等。

1.4.2 效能评估方法的现状

武器装备系统效能评估方法多种多样，从方法论的角度来说，其归纳起来可以分为五类：解析法、多指标综合评估法、指数法、统计法和作战模拟法。选择哪种方法主要取决于使用要求、系统参数特性、给定条件及精度要求等。有时可能是几类方法的综合使用。

1. 解析法

解析法的特点是将武器效能的单项指标表述成基本指标的解析公式，将总体指标表述成单项指标和基础指标的解析公式，然后对这些公式进行数值求解，得出效能指标值。如在随机格斗理论中，将获胜概率表述成一些单项指标的解析公式；兰彻斯特方程给出了交战后任意时刻双方武器装备尚存数所满足的常微分方程。

解析法的优点是公式透明性好、易于理解和接受、计算较简单、能够进行变量间关系的分析、便于应用。它的缺点是考虑因素少，特别是很多环境因素、战场因素及其他不易描述的因素，只在严格限定的假设条件下有效。因而多使用于不考虑对抗条件下的武器系统效能评估和简化情况下的作战效能评估。解析法的计算模型很多，如典型的WSEIAC效能模型（ADC方法）。

效能评价ADC模型，是由美国工业界武器系统效能咨询委员会提供的，它以系统状态划分及其条件转移概率为建模思想，具有严格的数学推理过程，旨在根据“系统有效性”（A）、“系统可信赖性”（D）和“系统能力”（C）三大要素评价武器系统，该模型把这三大要素组合成一个可反映武器系统总体性能的单一效能量度。ADC 模型已在国内的武器系统论证和指挥自动化系统效能评价中得到广泛应用，成为常用的效能分析方法，建立了许多针对实际问题的具体模型，近年来还有很多改进或拓展的研究。对于 ADC 模型，许多学者提出了多种变形，如演化出的 ARC 模型、QADC 模型、KADC 模型、CADS 模型等。

2. 多指标综合评估法

对于复杂的武器系统（如战略导弹等），其效能呈现出较为复杂的层次结构，有些较高层次的效能指标与下层指标相互影响，而无确定函数关系，这时只有通过对下层指标进行综合才能评估其效能指标。

多指标综合评估法包括线性加权和法、概率综合法、模糊评判法、层次分析法以及多属性效用分析法等。这些方法通过各种方式确定指标的权值，然后加权综合，进行效能分析。

多指标综合评估法的优点是使用简单、评估范围广泛、适用性强。其缺点是受主观因素影响较大，不宜保证评估工作的有效性。

3. 指数法

指数法也是一种解析法，由于突出的特点而成为一种独立的方法。20 世纪 70 年代末，美国从事军事系统分析研究与应用的科学工作者，在方法论上分为两个学派：一是以军事史学家、行为学家为代表的行为主义者（behaviorists），注重历史经验和专家判断的方法；二是以工程师、数学家为代表的专家治国论者（technocrats），偏爱数学和计算机模拟的方法。这两个学派在学术思想上的显著分歧，既促进了各自学术思想的发展，也限制了各自工作成果的价值。在 RAND 公司的赞助下，由美国国防高级研究规划局发起，美国科学家 G D Brewer 和 M Shubik 曾对美国军事系统分析方法学的状况进行广泛深入的调查；1979 年，有关方面曾鉴于美国国防部主管当局采取措施，改变两个学派的分裂局面，提出加强科学理论、经验和判断的结合。1987 年 8 月，美国著名军事史学家、运筹学家 T. N. 杜派（T. N. Dupuy）还著文批评美国陆军、空军和联合参谋部使用的陆战模型、空地作战模型缺乏历史依据。这些都表明，美国这两个学派思想上的分歧依然是明显的。

F. W. 兰彻斯特是第一个对战斗过程中对抗的力量关系进行数学分析的科学家。他分析研究了兵力与火力集中“效应”的测度，并建立了包括这一测度的数学方程式，用于描述和预测作战过程的发展趋势。1916 年他发表了描述战斗过程损耗的两组微分方程，分别是德国著名军事理论家卡尔冯·克劳塞维茨《战争论》（carl von clauseewitz）中两条作战经验的科学表达，是科学与经验巧妙结合的产物。尽管兰彻斯特的半经验理论，从冯·诺依曼的博弈论和后来蒙特卡罗汲取过智慧与营养，但由于作战问题的复杂性，今天能够应用的仍然是半经验理论，而从半经验理论过渡到严格理论，显然还有相当长的路要走。半经验理论，是在难以用严格数学方法处理的实际问题上，根据深入实际的经验和观察提出一种假设或猜想，用于说明影响物理过程的主要变量。如果从这种假设或猜想获得的结论与试验（经验）结果相符，就可以用于解决实际问题。

在研究“作战能力”时，过去用过的度量方法，有将帅个人的才能、参战人数和辎重多少、敌我伤亡人数之比、进攻时战术推进距离、某一武器对目标的毁伤概率、毁伤一个标准目标所需的弹药数、目标（飞机、舰艇、坦克、碉堡等）被毁伤的程度以及我方（飞机、舰艇、坦克、碉堡等）的生存概率等。可惜，这些单一的度量方法，却不能满足高级指挥员用于宏观地综合分析评估多兵种、多种武器装备条件下双方作战能力的对比。

为了适应现代战争模拟技术的需要，20世纪50年代末以来，美国从事军事系统分析的专家，创造性地将国民紧急统计中的指数概念移植于装备评估和作战评估，建立了一种新的作战能力度量方法，即杜佩指数方法。这一度量方法和别的方法相比，主要优点是与指挥员过去传统的度量方法接近、结构简单、估算分析和学习掌握容易等。因此，在美国首先为传统概念最强的陆军指挥人员所接受，并且很快推广到军队其他各个部门，包括武器装备研制和使用部门，至今仍在不断应用和发展中。

在美国，杜佩指数方法及其研究成果已成为军事决策部门的权威参考依据，大致表现在三个方面：一是被各种用途的权威性作战模型所采用，如美国陆军概念分析局的战术、后勤、空战模拟（ATLAS）模型、欧洲盟军最高司令部技术中心的空中和地面展区（AGTM）模型、美军太平洋总部的部队需要平衡分析（BALIF-RAM）模型等由指数度量；二是被权威性作战训练法规所采用，如美国陆军《机动控制》野战演习手册中列出了美国、苏联两国陆军各类武器的指数表；三是被权威性军事专著所采用，如美国前情报局局长撰写的《1977年世界国力评估》一书经分析计算给出了世界各国国力指数，美国国防部高级顾问、军事系统分析家邓尼根撰写的《怎样进行战斗》一书中列出了有关美国、苏联陆海空三军实力的指数。

随着国际军事学术交流的增多，杜佩指数方法引起了我国军事科学界的很大兴趣。军事科学院、海军论证中心等单位的专家学者，在近几年来连续撰文介绍、推荐杜派方法，并尝试运用指数法构造海上舰队编队作战模拟模型、陆上战役模拟模型以及陆军分队战术模拟模型，为我国军事系统分析、评估技术赶超世界前沿水平开辟了新途径。

指数模型曾作为“中美国防系统分析方法学术研讨会”研讨的重要内容之一，通过对不同种类武器装备性能或单项效能指标的类比和归一化，经简化处理，给出武器系统结构能力或潜力的间接描述，由此得到能够体现结构（组合）特征的系统有效性估计。

指数模型提出了一个建立在军事专家丰富经验上的统一的度量标准，在量化方面有所前进，具有结构简单、使用方便的特点，适用于对武器系统的宏观分析和快速评估。而且该模型的效能建立在武器系统的战术技术性能指标的基础上，避开了大量不确定因素的影响，从而增强了评估的确切性，对一些系数的确定也采用了层次分析法等其他方法。

4. 统计法

统计分析以武器装备效能分析数据和仿真数据为基础，辅助研究人员面向决策层关心的应用问题完成相关数据统计、分析、抽取及表现功能。

统计法的特点是应用数理统计方法，依据实战、演习、试验获得的大量统计资料评估武器装备效能。统计方法应用的前提是所获统计数据的随机特性可以清楚地用模型表示并加以应用。常用的统计评估方法有抽样调查、参数估计、假设检验、回归分析和相关分析等。统计法不但能给出效能指标的评估值，还能显示武器系统性能、作战规则等因素对效能指标的影响，从而为改进武器系统性能和作战使用规则提供定量分析的基础，其结果比较准确，但需要由大量的武器装备作战试验的物质基础，这在武器研制前无法实施，而且耗资太大，需要时间长。对许多武器系统来说，统计法是评估其效能参数特别是射击效能的基本方法。此外，统计法也广泛应用于实际的作战运筹研究中。

统计分析一般借助统计分析与处理软件来进行，近年来新发展的统计分析与处理软件能够实现以下主要功能。

（1）强大的数据整合功能。

提取系统中不同平台、不同结构的数据进行净化和转换。通过定制可以整合系统中武器装备性能、效能、费用、编制等论证数据，以及仿真过程及结果等数据。

（2）异构平台数据交换。

实现不同系统之间数据交换的通用平台。

（3）数据导入及导出。

将各种信息来源的数据导入指定的系统，支持格式化文本文件等各种类型的数据文件导入，以及将系统内部指定的数据或者查询结果导出到文件。

（4）数据同步。

不同数据库系统间进行数据交换，不同平台、不同结构的数据库系统之间进行数据提取、转换，实现系统间数据的传输和同步。

（5）先进的联机分析处理。

可从不同角度对武器装备数据进行整理分析，逐层（drill-up/drill-down）及多角度交叉分析（slice and dice），辅助武器装备效能分析研究深入武器装备体系的内在规律。

（6）基于Web的数据可视化。

提供基于Web的图像化功能：辅助深入分析各项数据，以打印、HTML网页、XML、Excel及网上浏览等形式为研究人员提供各种格式化管理报表，方便易用。

（7）数据挖掘能力。

可以挖掘隐含在数据资料背后的知识，将相关数据资料转化为有助于决策的有用知识；提供不同使用者对于特定决策所需的不同层次的资料，方便建立内部分析报表、即时查询。

5. 作战模拟法

数据模拟方法也称为作战仿真方法，模拟和仿真两词可以交换。作战模拟实质是以计算机模拟模型为试验手段，通过在给定数值条件下运行模型来进行作战仿真试验，由试验得到的关于作战进程和结果的数据可直接或经过统计处理后给出效能指标估值。

作战模拟法考虑了对抗条件，以具体作战环境和一定兵力编成为背景，能够实施战斗过程的演示，比较形象，但需要大量可靠的基础数据和原始资料作依托。要得到可靠结果需要有计划的、长期大量数据的积累，仿真时对作战环境模拟比较困难，如干扰环境的不确定性等直接影响结果。总之，作战模拟对于武器装备作战效能评估具有不可替代的重要作用，能较详细地考虑影响实际作战过程的诸因素，能在一定程度上反映对抗条件和交战对象，考虑了武器装备的协同作用、武器系统的作战效能诸属性在作战全过程的体现以及在不同规模作战效能的差别，因而特别适于进行武器装备或作战方案的作战效能指标的预测评估。

模拟模型与解析模型的本质区别在于模拟模型是通过“观察”系统的模拟运行，根据“实际”情况求得系统的效能。因此，从理论上讲什么都可模拟，可以计算任何系统的效能，但是建模工作量很大，不同系统有不同任务特点和运行特点，模型通用性差。

对于能用解析模型计算效能的系统，应尽可能地不采用模拟模型；而解析模型不能计算时，模拟模型则是强有力的工具。

参考文献

[1] 辞海编辑委员会．辞海［M］．上海：上海辞书出版社，2001.
[2] 顾基发．评价方法综述［C］//科学决策与系统工程——中国系统工程学会第六次年会论文集．北京：中国科学技术出版社，1990.
[3] 张最良，等．军事运筹学［M］．北京：军事科学出版社，1993.
[4] 刘俊先．指挥自动化系统效能评价的概念和方法研究［D］．长沙：国防科学技术大学，2003.
[5] 徐培德，谭东风．武器系统分析［M］．长沙：国防科技大学出版社，2001.
[6] 高尚，娄寿春．武器系统效能评定方法综述［J］．系统工程理论与实践，1998（7）：109-114.
[7] 胡晓惠，蓝国兴，等．武器装备效能分析方法［M］．北京：国防工业出版社，2008.
[8] 罗兴柏，刘国庆．陆军武器系统作战效能分析［M］．北京：国防工业出版社，北京，2007.
[9] PAUL K. Davis，JonathanKulick，Michael Egner. Implications of Modern Decision Science for Military，Project Air Force，RAND，2005：ch2-ch4
[10] 张子伟，郭齐胜，董志明，等．体系作战效能评估与优化方法综述［J］．系统仿真学报，2022，34（2）：303-313.
[11] 浣顺启，方哲梅，王剑波．基于功能依赖网的体系效能评估方法［J］．系统工程与电子技术，2022，44（7）：10.
[12] 梁彦刚，陈磊，唐国金．基于作战对象损伤分析的武器系统效能评估方法［J］．兵工学报 6（2008）：713-717.

第2章　武器装备体系及作战应用

所谓武器装备体系，是指功能上相互关联的各类各系列装备构成的整体。现代武器装备的发展与应用日益呈现整体性、体系化的特征，从体系的角度对武器装备进行效能分析成为重要的研究方向。本章主要介绍武器装备体系概念和分类、武器装备体系的主要特性、各类武器装备的作战应用特点和方法，为后面分析武器装备体系的效能提供基础支撑。

2.1　武器装备体系的概念和分类

武器装备体系作为一个越来越普遍使用的词语，其内涵需要更准确界定，外延需要进一步明确，本节主要阐述其相关概念，并简要分析其构成和大致分类，为后面的特性分析以及作战应用研究打下基础。

2.1.1　武器装备体系的概念

1. 武器装备体系概念的提出

各种武器系统按其总体功能的不同，构成不同的层次。任何一个武器系统都可视为它所从属的武器装备体系的一个子系统。例如，高射炮与炮瞄雷达、光电跟踪测距装置、火控计算机（或射击指挥仪与电源机组）等结合起来可组成高炮系统。高炮系统与地空导弹系统等结合起来，又可组成高一级层次的防空武器系统。它们各自的组成部分均可视为该武器系统的一个子系统。各层次的武器系统，尤其是高层次的子系统，各自具有独立的功能，但在总体上它们还是相互依赖和相互补充的。例如，在防空武器系统中，即使是精度高、威力大的地空导弹武器系统，其杀伤力也仅限于一定的空域，而对于超低空飞行的目标，就需要由高炮系统等来补充。所以武器装备一经产生，武器装备体系就客观存在。

随着武器装备技术的迅速发展，特别是信息技术的迅猛发展，各种武器装备之间的联系越来越密切，相互影响、相互作用、相互制约的程度大大增强，武器装备整体上日益呈现出由各种武器装备系统集成的更高层次系统或体系的特征。

自20世纪90年代以来，许多武器装备论证专家为了强调用大系统的方法研究武器装备建设问题，提出了武器装备体系的概念，并很快为研究人员和有关领导所采用。

2. 武器装备体系的定义

体系及系统，是一个基本名词。目前，有关体系的概念一直没有统一的定义，在国内外众多的文献中有不同说法。其定义主要如下。

（1）体系是若干事物互相联系互相制约而构成的一个整体（《辞海》的定义）。

（2）体系是若干有关事物或某些意识相互联系而构成的一个整体（《现代汉语词典》的定义）。

（3）体系是一组具有独立用途的系统的集合，它们结合到一起是为了达到进一步地突现。

（4）体系是一类同时在两个或多个级别的系统层次上研究的系统。

（5）体系是由系统组成的联系多样的超越综合的有机整体。

以上定义各有侧重，但都认为体系是一类特殊的系统，其特点是其组成部分的独立性和整体行为的不确定性。所以我们认为体系是由一组具有独立用途的系统组成的，能够满足多种功能，并能满足不断变化的需求的特殊系统。

武器装备体系是一类特殊的体系，国外文献一般使用军事体系（military system of systems）或联合系统（joint systems）和武器体系（weapon systems）等词组，国内统一使用“武器装备体系”一词，但定义不完全统一。

在这里，武器装备体系是指在一定的战略指导、作战指挥和保障体系下，为完成一定作战任务，而由功能上互相联系、相互作用的各种武器系统组成的更高层次系统。

从装备单体到装备系统，从装备系统再到装备体系，这是按照一定的机制进行综合集成，使装备趋于完备，功能得到跃升的过程。

3. 武器装备体系的特点

作为一类特殊的系统及体系，武器装备体系具有与一般的系统与体系不同的特点。在现代战场环境下，武器装备体系具有以下主要特点。

（1）完整性。

武器装备体系要覆盖所有军队使命和作战任务。它是各种不同功能的集合，是一个互相联系、互相配合的整体，要按照系统工程的思想建立完整的体系。

(2) 动态性。

武器装备体系的结构与功能呈动态性，它随着军事需求、技术水平、经济能力及经费投入的变化而变化。

(3) 结构复杂。

现代战争往往由多个不同的军兵种或作战单元联合起来协同作战，由各军兵种的武器装备系统共同构成的武器装备体系的结构非常复杂。

(4) 层次性。

武器装备体系结构的复杂性表现为结构的层次性以及相互关系的复杂性。从底层的武器装备作战单元，到顶层的武器装备体系，不同层次对应的是对武器装备实体不同程度的抽象，不同层次的武器装备实体之间及同一层次中各武器装备实体之间存在复杂的关系，通过协同配合构成整个武器装备体系。

(5) 涌现性。

组成武器装备体系的各组成成分按照一定的层次结构，相互作用、相互补充和相互制约，能激发出一种各个组成部分单独所不具备的特性。这种涌现性表现为武器装备体系不同的组成结构和配置，对不同的作战任务与能力需求的满足程度。

(6) 以信息为核心。

在现代战争中，任何一步作战行动都存在着各级作战单元之间的信息交换，获取更快更多的战场信息，将为指挥决策提供重要依据；同时，打击和破坏敌方的信息系统，也成为现代战争的一个重要任务和目标。

2.1.2 武器装备体系的构成与分类

1. 武器装备体系的构成

武器装备体系是为完成特定的作战任务、由功能上相互联系又相互补充的若干个不同的武器装备及其系统构成，按照作战原则和军事规律综合集成的有机整体。关于武器装备体系的构成，比较一致的倾向性意见是：武器装备体系由主战武器装备、电子信息装备与保障装备组成。

(1) 主战武器装备。

主战武器装备是指在战争中用于直接杀伤敌有生力量及摧毁其战斗设施的非电类武器装备及武器装备系统。它包括战略武器装备和常规武器装备。这些武器装备分布于陆、海、空、天、电多维战场。主战武器装备包括以隐身飞机、隐身舰艇等为代表的隐身武器装备，以飞机、舰艇、装甲战车装备等为代表的高机动武器装备，以精确制导导弹、精确制导弹药等为代表的精确制导武器装备，以空间作战飞行器、空天飞机等为代表的全球作战型航天装备，以及以激光武器、微波武器、动能拦截武器等为代表的新概念武器。

（2）电子信息装备。

电子信息装备是指在战争中为主战装备和综合保障系统提供信息支持或进行信息作战的装备，它是兵力的黏合剂与倍增器。电子信息系统包括预警探测装备、指挥控制系统、通信装备、导航定位以及电子战装备等。

（3）保障装备。

保障装备是为主战装备和综合电子信息装备提供作战保障和装备技术保障的装备。保障装备包括运输装备、工程保障装备、防化保障装备、野战修理装备及战场抢修装备。

2. 武器装备体系的分类

武器装备体系是和整个军队的编制结构融合在一起的。其主要分为五种类型。

（1）按任务层次分类。

按任务层次分类，其分为单元级装备体系和使命级装备体系。

单元级装备体系：以射击平台或传感器平台为中心构成的作战装备体系。

使命级装备体系：为完成给定使命由相同或不同功能武器装备系统和单元级体系组成的体系。如打击某机场的武器装备体系、反导作战装备体系等。

（2）按编制级别分类。

在一定部队编制或战斗编成范围内，为完成部队各种使命而由一定数量、类型武器装备系统/单元级体系组成武器装备体系。其可分为全军武器装备体系、军兵种装备体系、编制单位（军、师、团等）装备体系等。

（3）按完成作战任务中的作用即功能分类。

按完成作战任务中的作用分类，其可分为情报侦察装备体系、火力压制装备体系、突击杀伤装备体系、技术/后勤综合保障体系等。

（4）按作战规模或指挥层次分类。

按作战规模或指挥层次分类，其可分为战争或多战区战役层次装备体系、战区/战役层次装备体系、战术/作战单元武器装备体系。

（5）按体系的组成元素间耦合程度分类

按体系的组成元素间耦合程度分类，其可分为集成体系和集合体系两大类。

集成体系也称指导型体系，是为满足特定目标而构造并管理的若干独立起作用系统的集成。体系的组成系统间不只有功能关联，还有具体的信息联系。损失任何组成系统都会严重降低体系整个性能或能力。执行特定使命或实现特定功能的作战装备体系就是集成体系。如区域防空作战装备体系、战区 C^4ISR 体系等。这类体系中的某些系统如侦察装备、作战飞机等可用于其他作战装备体系。

集合体系是由更高层目标确定的具有独立目标、管理资金及开发过程的组成系统和系统族的集合。类似于美军的公认型（acknowledged）体系。这里的系统族（family of systems）是提供相似能力的一组系统，它们通过不同的方法实现类似效果或互补的效果。集合体系的组成系统之间只需有功能关联，不必有信息联系。全军和军种层次武器装备体系就属于集合体系。

集合体系与集成体系之间的关键区别：一是集合体系的组成要素的运行模式有可变的联系或连接；二是集合体系能以不同结构方式提供不同能力；三是集合体系可以剪裁成更小规模的集合体系或集成体系，以满足不同使命的需要。

2.2 武器装备体系的描述

武器装备体系具有综合性、网络化、集成性等特性，对其进行完整描述是一项具有挑战性的工作，当前常用的办法是基于体系结构框架的多视角描述方法，这里进行简要说明，并给出一些描述的示例。

2.2.1 武器装备体系的主要特性

1. 武器装备体系的基本特征

（1）由多种装备系统构成。

体系是具有各种功能用途的军事装备通过数量上的合理搭配、功能上的恰当组织而形成的组合系统。所以，体系应由具有独立功能的两个或两个以上的系统构成。例如，我军装备体系是由陆军、海军、空军、火箭军和航天装备体系等构成的，而各类装备体系又是由多种装备和武器系统构成的。

（2）结构网络化。

装备体系中的各要素既按职能区分各自组网，又按统一标准彼此联通，在物理上构成一个以公用信息基础设施架构、以信息化武器装备系统为节点的复杂网络。体系内各独立系统之间存在信息交流、功能互补等相互联系和相互作用。例如，陆军某集团军电子信息系统综合集成建设，形成了信息化程度较高的集团军装备体系，各兵种装备相互联系、功能互补，进一步提高陆军部队协同作战能力。

（3）体系功能集成。

在体系功能上，武器装备体系应具备单个系统所不具有的整体功能。

在武器装备体系中，预警探测、情报侦察、指挥控制、通信导航、战场环境信息保障、机动作战、综合防护、战斗和技术保障等各功能要素高度集成，综合电子信息系统为作战体系提供全面的信息支援，主战装备和保障装备普遍能够遂行多种任务，并可成为作战网络中的传感器节点、通信节点、指挥控制节点，作战网络上的各类资源通过柔性组合，可综合集成为面向特定任务的特定能力。

（4）体系整体关联。

各独立系统应通过一定的规则，进行组合或融合。如各级指挥机构、作战单元、武器平台集成融合为一个完整的作战体系，各要素之间相互支撑、相互依赖程度加深，单要素功能的发挥日益依靠其他要素乃至体系的支撑，装备系统的局部变化对相关要素会产生联动影响。

2. 武器装备体系的基本关系

就武器装备体系的构成及作战功能而言，其通常可以分为静态的层次结构关系和动态的网络关系。

（1）静态的层次结构关系。

静态的层次结构关系，主要描述武器装备体系内同一层次元素的组合关系以及下一层次若干元素与上一层次某一元素的继承关系等。

（2）动态的网络关系。

动态的网络关系，主要描述作战过程中武器装备体系所涵盖的武器装备子体系、系统、平台和单元级元素间的动态关系。主要从作战的角度描述同一级组成元素以及不同级组成元素之间的指挥控制、通信、信息交互关系等。

3. 武器装备体系的能力与能力指标体系

体系能力是在给定的标准和条件（包括条令、编制、训练和战法等）下，军队通过将武器装备体系与适用战法相结合，为完成一组任务而达成某种效果的本领，一般用概括性作战术语表达。

如何表征体系能力，是装备论证领域始终未能很好解决的一大难题。根据现代武器装备体系的特点，其能力可以从静态和动态两个方面进行描述。

静态的体系能力主要体现武器装备体系在非对抗条件下最基本要素的特征，是武器装备战术、技术性能的体现，一般来说，主要表现在以下几个方面。

（1）投送机动能力。

投送机动能力包括兵力投送、兵力机动和火力机动，是指完成某作战任务，适时快速将兵力或火力从一个地方转移到另一个地方的能力，有机动性、灵活性与敏捷性等特征。

（2）指挥控制能力。

指挥控制能力即通常所说的 C^4ISR 系统能力的综合，包括侦察预警、通信传输、指挥控制诸方面，完整性、及时性与准确性是其重要的衡量目标。

（3）打击突击能力。

打击突击能力主要指火力打击、兵力突击、电子与信息攻击能力，对陆军而言，通常区分为反步兵能力、战场压制能力、反装甲能力、防空能力和空中突击能力、地面突击能力、电子对抗能力等。

（4）防护生存能力。

防护生存能力包括防护能力、抗毁能力、抗干扰能力、伪装能力、维修能力等方面。

动态的体系能力主要体现武器装备体系对抗条件下的基本特征，主要由武器装备体系完成相应的任务来体现，与作战单位的具体使命任务有关。从我军现阶段的作战任务需求来看，其可以表现为以下主要几个方面。

（1）核威慑与核打击能力。

核威慑与核打击能力是指根据中央军委决策，适时组织核威慑行动、核反击作战的能力。

（2）联合火力打击能力。

联合火力打击能力是指利用多种不同装备武器，对敌实施全方位、大纵深、多层次的综合火力突击，有效摧毁或使之丧失战斗力，夺取战役控制权。

（3）联合封锁作战能力。

联合封锁作战能力是指按照统一的企图和计划，于一定时间和空间内，为切断敌对外交通联系而实施的联合进攻作战能力。

（4）联合岛屿进攻作战能力。

联合岛屿进攻作战能力包括临战准备和部署，兵力兵器的快速集结和机动，在岛屿登陆作战和进攻作战中，装备、物资器材的保障，火力支援作战。

（5）联合边境防卫作战能力。

（6）联合保交作战能力。

（7）联合防空作战能力。

（8）联合太空作战能力。

（9）联合信息作战能力。

2.2.2 基于体系结构框架的体系描述方法

1. 武器装备体系的结构描述

武器装备体系的体系结构是对武器装备体系内武器、装备系统的组成情况，及各组成部分间交互、关系结构的描述。主要包括两方面的内容：武器装备体系的组成元素（组成结构）、武器装备体系的结构要素（体系结构）。前者包括组成武器装备体系的武器、装备系统种类及其功能、作用；后者包括体系中各组成武器、装备系统的结构形式、相互间的关系。

（1）武器装备体系的组成要素。

武器装备体系的组成要素，是指武器装备体系的组成装备按一定粒度进行功能分类的类型和数量。如陆军装备体系按装备的功能分类有坦克装甲车辆、防空武器、压制武器、反坦克武器、陆航装备、轻武器、指挥控制通信装备、电子/信息战装备、情报侦察装备、战场监视和远程预警装备、战场环境保障、工程保障、防化装备、兵力投送装备、技术和勤务保障装备等。提高粒度，类型数目将大大增加，如压制武器进一步分为迫击炮、加榴炮、火箭炮、地地战术导弹等。进一步提高粒度，每类会有多种类别和型号，如迫击炮有60mm、82mm、100mm等不同口径和型号。

（2）武器装备体系的体系结构。

体系结构是组成单元的结构、它们的关系以及制约它们设计和随时间演进的原则和指南（IEEE STD 610.12）。体系结构可看作是体系运作的蓝图。体系结构强烈影响体系行为和性能，是体系开发和集成的重要基础。

武器装备体系的体系结构是体系中各组成武器、装备系统的结构形式、相互间的关系。

2. 体系结构框架

体系结构框架是关于体系结构开发的统一指南，是体系结构描述的规范。

体系结构框架是体系结构描述的规范，确保对体系结构的理解、比较和集成有一个统一的标准。

进行体系设计首先要搞好体系结构设计，犹如机械设计的成果用产品的三维投影视图表示一样。体系描述、设计的主要方法是体系结构技术。

体系结构技术是指导、规范和支持体系结构设计开发的各种理论、方法以及工具等的总称。

体系结构设计的成果可用多种视图表示，如功能视图、物理视图、技术视图、信息视图和组织视图等，如图2-1所示。

根据体系结构描述的含义、功能以及作用，建立体系结构描述的概念模型。一个系统只有一个体系结构。但系统的体系结构可以有一个或多个体系结构描述。一个系统有一个或多个利益相关者。利益相关者是指系统的投资者，与系统设计、实现以及使用维护等有利益关系的人员，团队或组织。在一个体系中，系统的利益相关者至少包括投资者、设计人员、实现人员、系统工程师、用户、维护人员等。利益相关者关心系统开发、操作或其他一些与自身利益相关的问题，即关注点。不同的利益相关者对系统的关注点有相同的地方，也有不同的地方。如投资者关注投资效益，设计实现人员关注设计实现的功能等。一个利益相关者可以有一个或多个关注点。一个关注点可能被多个利益相关者关注。

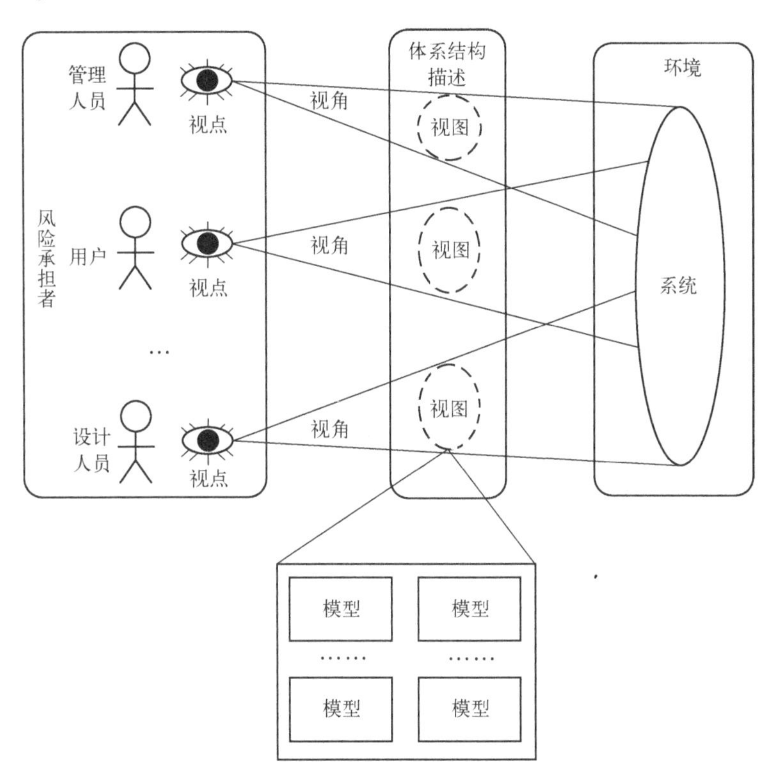

图 2-1　体系结构多视图方法示意

视点是利益相关者对系统体系结构关注点的体现。视点的选择以利益相关者的关注点为基础。一种体系结构描述可以选择一个或多个视点。

体系结构视图是通过视点来建立的，一个视点与一个视图相对应。视图表示系统体系结构各视点的具体内容。体系结构描述包括一个或多个体系结构视图。

模型是对系统一些方面的抽象或表示。一个体系结构视图包括一个或多个体系结构模型。视点定义模型的方法论、体系结构模型按照视点定义的方法建立。因此，体系结构描述包括一个或多个视图。每个视图表示系统利益相关者一个或多个关注点。体系结构描述是模型的集合。一个体系结构视图包括一个或多个体系结构模型。

武器装备体系结构框架也可以利用视图的概念来描述。体系结构框架由作战视图、系统视图和技术视图组成，这3个视图分别反映作战人员、设计人员和实现人员等利益相关者的视点。其中，作战视图是从作战过程的需求层次来描述系统的体系结构，以任务领域或以作战过程为基础，它描述了关于支持一个特定使命任务所要求的内容。系统视图主要是对提供或支持作战功能的系统及其内部各部分之间的相互关系的描述，它描述了功能和物理自动化系统、节点、平台、通信线路和其他关键要素，反映系统怎样利用物理资源来确保作战任务和作战行动的完成。技术视图确定了在系统设计过程中，必须遵循的具体的实现规则，确定了系统实现的技术指南。这3个视图在逻辑上结合在一起描述体系结构。图2-1表示三个视图之间的关系。

作战视图、系统视图和技术视图是通过体系结构产品来描述的。体系结构产品是指构筑一个指定的体系结构描述过程中以及描述有关用途的特性中所开发的图形、文字和表格等项目。体系结构产品和体系结构描述概念模型中的模型相对应。体系结构产品根据设计内容即视点选择最适合的描述方式。作战视图、系统视图以及技术视图都要根据各自的关注点选择模型，形成各自的体系结构产品集。

作战视图包括的体系结构产品有高级作战概念图、作战节点连接能力描述、作战信息交换矩阵、指挥关系图、活动模型等。系统视图包括的体系结构产品有系统接口描述、系统通信描述、系统功能描述、系统性能参数、物理数据模型等。技术视图包括的体系结构产品有技术体系结构轮廓、标准技术预测等。

由视图和产品构成的体系结构框架在概念上规范了军事综合电子信息系统体系结构的设计。由于框架只是指导性文件，可操作性不强。要真正保证系统体系结构设计的规范化，除了明确体系结构框架，还要有相应的技术支持体系结构设计。

美军在1996年6月发布了C^4ISR体系结构框架1.0版，并且规定其为一切军事信息系统集成的框架。1997年12月发布了C^4ISR体系结构框架2.0版，创建了作战、系统、技术三大视图，站在不同的视角描述C^4ISR系统的需求和结构，使不同领域的人员能够有一致的理解和沟通渠道。在此基础上，美军于2003年8月颁布了美国国防部体系结构框架（DoDAF）1.0版，将体系结构的应用范围从C^4ISR领域扩展到国防和军队建设的所有领域，起到军事能力提升的杠杆作用。随后，在2007年4月颁布了DoDAF 1.5版，它是一个过渡版本，在已有的体系结构视图和产品的基础上，提供了对网络中心化概念的支撑。

2009 年 5 月 28 日，美国国防部批准 DoDAF2.0 版正式投入使用，替代 2007 年发布的 1.5 版。该版本规定，在设计一种系统的体系结构时，要从作战、系统与服务和技术标准等 8 个视角对设计成果给予数据为中心的描述。该版本共提出了 52 种视图，包括全视图、作战视图、系统与服务视图、技术标准视图等。在进行体系结构设计时，可根据需要选用其中部分视图的格式。

随着一体化程度及数字化水平的要求提高，体系结构框架技术的发展越来越快，当前主要朝着面向更广领域的统一架构框架（unified architecture framework，UAF）以及云框架发展，为描述更复杂更高层面的武器装备体系提供了有力工具。

2.2.3 武器装备体系描述模型

虽然武器装备体系可以采用多种模型来描述，但为了更直观、更便于理解武器装备体系组成元素之间的关系，通常采用树模型、表模型、关系图或关系矩阵等典型模型描述武器装备体系组成元素间的复杂关系。其中：树模型、表模型通常用来描述武器装备体系静态的层次结构关系；关系图及关系矩阵通常用来描述武器装备体系同一层次或不同层次组成元素之间存在的动态的指挥控制、信息流向等关系。以下简要分析并给出一些示例。

1. 结构关系的树模型

结构关系的树模型主要是指武器装备体系组成元素的层次结构关系，对层次结构关系进行描述，是一个从上向下、从顶层向底层逐层分析和分解的过程，其树模型如图 2-2 所示。

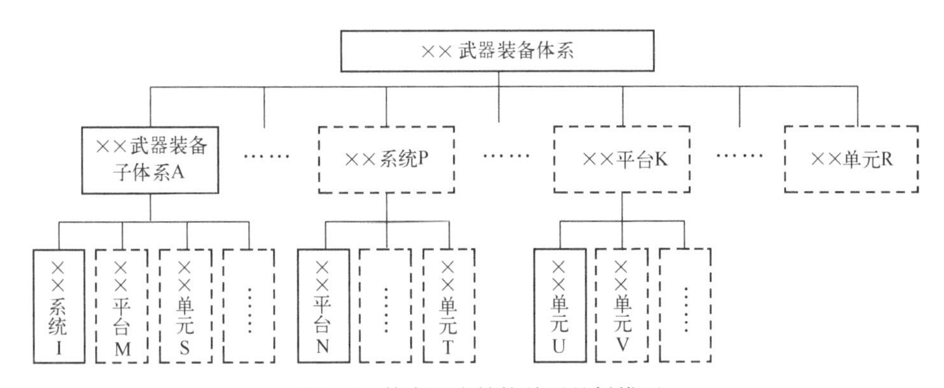

图 2-2　静态层次结构关系的树模型

说明：①图 2-5 中虚线框表示内容为该层可选项，包括一项或若干项虚线框内容，也可能不包含虚线框内容；②图 2-2 中的省略号代表树型图同一层的一个元素或多个元素；③树型图最底层的系统级和平台级元素还可再分，直到分为单元级结束。

以美军网络中心战的精确打击体系为例，其作战总体概念为：通过“护栏”战术侦察机群和高空无人机对敌方指挥控制中心实施侦察，并将获得的情报信息传回作战司令部，经过全源分析系统（ASAS）和战区作战管理中心系统（TB-MCS）等对情报数据的分析处理后分发给各个作战单位，最终引导陆军战术导弹系统（ATACMS）等对敌方指挥控制中心实施精确打击，并对打击效果进行分析与评估。该体系概括为侦察监视系统、通信系统、信息处理系统、火力打击系统和平台系统 5 大类，可进一步分为具体的体系层次结构关系图，如图 2-3 所示。

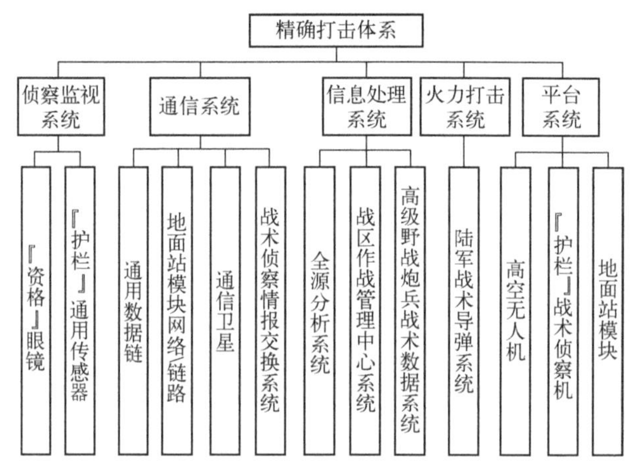

图 2-3　精确打击体系结构关系图

2. 结构关系的表模型

武器装备体系静态层次结构关系除了可以用树模型描述，通常还可用列表的形式描述武器装备体系的装备子体系、系统、平台和单元级元素之间的组合与继承关系，如表 2-1 所列。

表 2-1　描述静态层次结构关系的表模型

<table>
<tr><th>装备子体系</th><th>系统</th><th>平台</th><th>单元</th></tr>
<tr><td rowspan="5">××武器装备子体系</td><td rowspan="2">系统 A</td><td rowspan="2">平台 A_1</td><td>A_{11}</td></tr>
<tr><td>A_{12}</td></tr>
<tr><td rowspan="2">系统 B</td><td rowspan="2">平台 B_1</td><td>B_{11}</td></tr>
<tr><td>B_{12}</td></tr>
<tr><td>……</td><td>……</td><td>……</td></tr>
</table>

需要说明的是，树模型和表模型是描述武器装备体系静态关系的两种形式，二者是可以相互转化的。此外，还可以根据需要为树模型或表模型增加其他相关的元素，如单元级元素的功能、关键性能指标等。

3. 武器装备体系的作战应用概念图

在作战过程中，武器装备体系作为一个功能整体，从目标和环境接收信息，最终对目标施加作战影响，如图 2-4 所示。

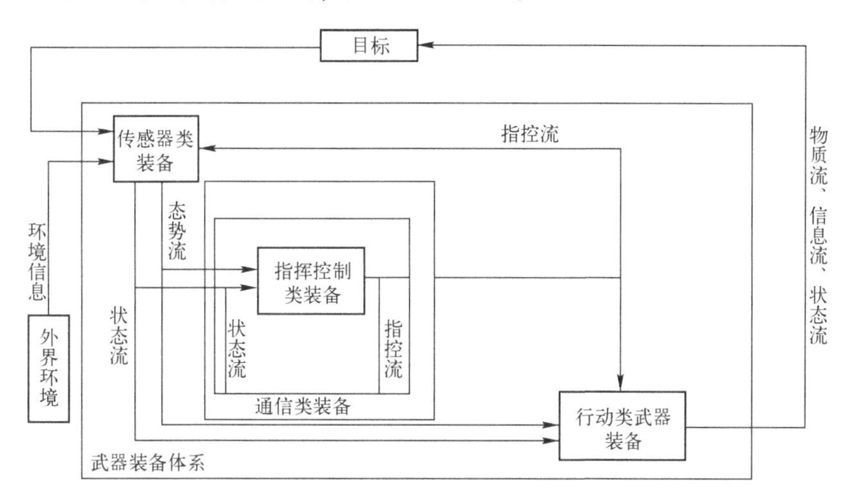

图 2-4　武器装备体系的作战应用概念图

在图 2-4 中，传感器类装备从目标获取目标信息，从外界环境获取环境信息，以态势流的方式提供给指挥控制类装备和行动类武器装备；传感器类装备、通信类装备和行动类武器装备将自身的状态信息以状态流方式传给指挥控制类装备；指挥控制类装备则根据态势流、状态流数据，经由作战指挥人员指挥决策，生成指挥控制命令，以指挥控制流方式对传感器类装备、通信类装备和行动类武器装备进行指挥控制；行动类武器装备在态势流数据支持下，按照指挥控制流采取任务行动，对目标施加物质流、能量流或信息流等作战影响；态势流、指挥控制流、状态流在传输过程中，都要经由通信类装备。

由此可见，武器装备体系的组成元素在作战过程中，各有功能分工，相互间通过各种信息流交互构成了一个有机的整体，完成特定的任务行动。

4. 联合作战中的武器装备体系

在联合作战中，武器装备体系一般由传感器系统、通信系统、攻击系统、后勤支持系统组成，呈现出不同的级别和层次。联合作战武器装备体系结构如图 2-5 所示。

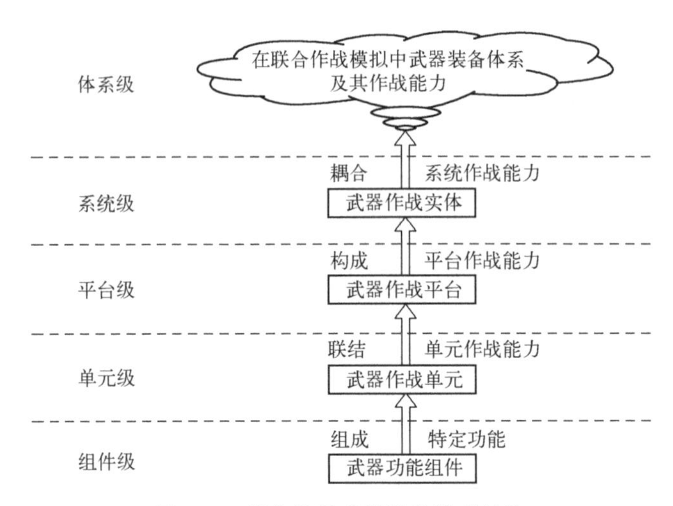

图 2-5　联合作战武器装备体系结构

5. 陆军装备体系结构分析

陆军装备体系是一个复杂的系统。目前，其从结构上分为功能层、种类层、品种层、系列层和型号层，形成了功能要素齐全、专业门类众多、品种系列完备的树状结构，如表 2-2、图 2-6 所示。

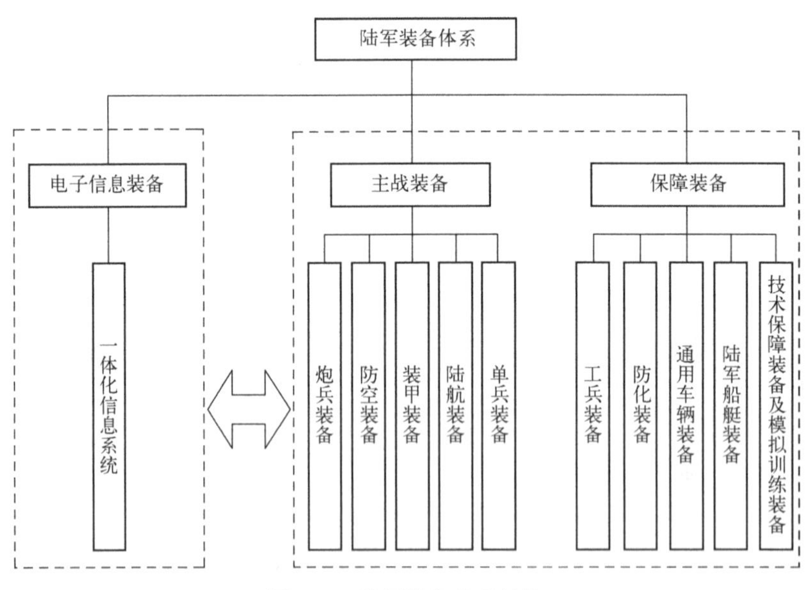

图 2-6　陆军装备体系结构

表 2-2 陆军装备体系结构关系的表模型

功能层	种类层	品种层	系列层	型号层
电子信息装备	侦察感知装备			
	指挥控制装备			
	通信装备			
	电子对抗装备			
	机要装备			
	测绘装备			
	气象水文装备			
主战装备	炮兵装备	战役战术导弹		
		火箭炮		
		加榴炮	122mm 火炮	牵引 122mm 火炮、车载式 122mm 火炮、履带式 122mm 火炮（陆用、两栖）等
			155mm 火炮	
			120mm 火炮	
		迫击炮		
	防空装备			
	装甲装备			
	陆航装备			
	单兵装备			
保障装备	工兵装备			
	防化装备			
	通用车辆装备			
	陆军船艇装备			
	技术保障装备			
	模拟训练装备			

功能层：按装备的功能和作用区分的装备层次，主要分为陆军主战装备、陆军电子信息装备和陆军保障装备。

种类层：按照装备的性质和特点分成的门类，如主战装备区分为炮兵、防空、装甲、陆航和单兵等装备，电子信息装备区分为侦察感知、指挥控制、通信、电子对抗、机要、测绘和气象水文等装备，保障装备区分为工兵、防化、通用车辆、陆军船艇、技术保障和模拟训练等装备。

品种层：对种类装备进一步区分的各种武器装备系统，例如，炮兵装备包括战役战术导弹、火箭炮、加榴炮、迫击炮等。

系列层：适应品种装备的系列化分类，如加榴炮分为 122mm 火炮、155mm 火炮、120mm 火炮等。

型号层：构成装备系列的具体装备。如 122mm 火炮系列分为牵引 122mm 火炮、车载式 122mm 火炮、履带式 122mm 火炮（陆用、两栖）等。

上述陆军装备体系，在要素构成上，基本涵盖了陆军各类部队的各种装备，总体适应陆军部队分类建设需要；在时代特征上，将电子信息装备从过去的战斗装备、保障装备中单独分立出来，突出了信息装备的重要作用；在结构特点上，将种类层置于陆军装备体系核心位置，对上体现装备的基本功能，对下规范和牵引品种、系列和型号发展，体现了兵种和专业装备建设的阶段特点。

陆军装备体系，可以根据陆军部队编制、任务需求，将不同型号按照一定的数量和比例进行组合与编配，衍生出部队装备体系，如摩步师（旅）、重型机步师（旅）、轻型机步师（旅）、装甲师（旅）、炮兵师（旅）等装备体系。

总而言之，陆军装备体系涵盖了炮兵、防空、装甲、陆航、单兵、陆军情报侦察感知和指挥控制、通信、电子对抗、机要、测绘、气象水文、工兵、防化、通用车辆、陆军船艇、技术保障和模拟训练等装备。总体上呈现出渐进性、复杂性和独特性。所谓渐进性，即陆军装备体系是一个动态演化的过程，随着时间、实践和认识而不断发展渐进，今后还将进一步演进。所谓复杂性，即陆军装备体系层次、要素众多，在一定程度上反映了陆军分类部队建设的客观需求。所谓独特性，即陆军装备体系不仅具备装备体系的一般特征，更具备独有的特殊性，从客观上要求我们必须深入研究其发展建设的特殊规律，并以此指导陆军装备体系建设。

2.3 武器装备作战应用分析

武器装备最终要为作战服务，其作战应用分析主要是回答如何使用的问题，本节概述了相关概念，区分常用的几个概念，并简略说明几类常见的作战样式以及相应的武器装备应用方式，期望为武器装备的作战应用提供一个总体性的图景说明。

2.3.1 作战应用的相关概念

1. 作战概念

作战概念是对作战的一种总体概括，也是对作战任务和作战样式的概括，是关于作战形式的最高层抽象描述，用于对未来可能的作战形式进行描述，可以为军队的建设与装备发展提供依据。

美军在《2020年联合构想》中提出新版本的作战概念，提出了主宰机动、精确交战、全维防护、集中后勤的新作战概念。

以航天作战领域为例，美军认为全面优势的取得依赖信息优势的取得，航天力量是获取信息优势的重要因素。为了支持《2020年联合构想》的作战概念，美国航天司令部提出四种航天作战概念：控制空间、全球交战、全面力量集成和全球合作：

（1）控制空间（COS）：保证美国及其盟军无阻挡地进入空间和在空间介质中的行动自由，以及若需要时阻止敌对国家拥有这样的能力。

（2）全球交战（GB）：利用航天系统进行全球监视、导弹防御和从空间使用武力。

（3）全面力量集成（FFI）：将空间力量与陆、海、空作战力量综合一体化。

（4）全球合作（GP）：利用民间、商用和国际空间系统增强军事航天能力。

在《2020年联合构想》所给的四种航天作战概念中，“控制空间”因夺取空间优势被列为首要任务，并首次明确提出了要从空间使用武力攻击敌方陆、海、空、天设施。该战略的实质是，在最大限度地发挥空间作战支援作用的同时，发展和利用空间的攻击与防御能力，以便牢固控制空间并以此控制地球。美军控制空间将要达到以下五个目标。

（1）确保进入空间。

该目标包括运输任务、在轨航天器的全球操作、航天器的服务和回收三项关键任务。运输任务是指能随时、便宜和快速地把有效载荷送入轨道。在轨航天器全球操作任务是指对在轨卫星进行全球范围的遥测、跟踪和指挥，并能根据军事作战的需要，及时调整在轨卫星的轨道和配置。在轨航天器的服务和回收任务是给在轨航天器更换部件和加注燃料等，并能回收昂贵的重要有效载荷。

（2）监视空间。

监视空间是指能近实时地了解和掌握空间的状况，提供轨道目标的位置和特性。监视空间的主要任务是：对重要空间目标进行精确的探测和跟踪，实时探测可能对美国航天系统构成威胁的重要目标特性，对目标特性数据进行归类和分发。

（3）保护美国及其盟国航天系统。

保护任务包括：近实时地探测和报告对国家重要航天系统攻击的威胁；能经受和防御对航天系统攻击的能力，包括航天器采取加固、机动和对航等方法；能在几天或几小时内重建和修复航天系统的能力。

（4）防止敌方使用美国及其盟国航天系统。

该目标包括探测敌方未经许可使用美国及其盟国航天系统的能力、近实时地评估对美国及其盟国航天任务的影响，以及及时地剥夺敌方使用美国及其盟国航天系统的能力。

（5）阻止敌方使用航天系统。

该目标是指扰乱、欺骗、破坏敌方的航天系统，或降低敌方航天系统的应用效能。

在全球交战作战概念中，提出实施以空间预警为基础的全球导弹防御和从空间使用武力攻击陆、海、空、天目标，发展各种空间武器，包括天基激光武器、天基微波武器、空间作战飞行器等，从外层空间攻击各种航天器、弹道导弹、巡航导弹、飞机、舰船等重要目标，并向地面投掷武器。

2. 作战样式

作战样式是按作战目的、作战任务、作战手段、使用兵力等不同情况，对作战类型的具体划分。

作战样式是我军对作战形式进行的一种概括性的描述，其含义与美军的作战概念基本类似。

我军现代作战的主要作战样式有联合作战、一体化作战、合同作战、远程精确打击作战、封锁作战、渡海登岛作战、打击海上移动目标作战等。

各军兵种也提出了相应的作战样式，以指导相应的部队发展、建设与研究。

3. 作战任务

任务是一个应用广泛的概念，在军事问题分析中，对于任务可以从两个不同的方面进行理解。下面分别给出两种定义，分析两种理解的区别，并确定本项目研究中的任务概念。

任务的第一个定义是：实体（组织、主体）在作战中实施的动作或者行动，可以根据作战的阶段分为需求（要求）任务、计划任务和任务实施。

任务的第二个定义是：实体（组织、主体）的使命、主要装备、组织的作战条令规定所能够进行的动作或者活动。其中的实体是军事问题中对军事行动有影响的真实世界的对象，包括军事组织、个体、各类装备和智能体等。任务反映的是实体的一种任务能力。

从上述定义可以看出，第一个定义强调的是具体的任务要求或活动，第二个定义强调的是一种任务能力。

作战任务是军队为达成预定作战目的所承担的任务，通常由上级指挥员下达，并明确完成任务的时限，是组织指挥作战的基本依据。

1）任务涉及的因素

任务涉及的主要因素（内涵）如下：

组织（主体）：一个任务总是由某个（些）组织（主体）来完成。

任务目标：是为了达到某种预期的状态，这种状态是对目标对象状态变量的一个断言或者函数关系判断（达成一定的组织目标）。

对象：从本质上讲任务是主体对环境及对象的作用，任意一个具体的任务总是与其作用的环境及对象联系在一起的，即任务完成的过程及任务的最终完成都是对环境及对象状态的改变。

目标对象可以包括敌我双方的作战部队、人工设施或者地理区域。

2）作战任务类型

作战任务按作战目的和作战规模可分为战略任务、战役任务、战斗任务，按作战类型可分为进攻作战任务和防御作战任务。

任务种类很多，按照不同的标准可以分为不同种类。

（1）按作战目的和作战规模可以分为战略级任务、战役级任务和战术级任务三种类型；

（2）根据组织的军种属性可以划分陆军任务、海军任务、空军任务和火箭军任务；

（3）根据组织兵种属性可以划分为炮兵任务、步兵任务、工程兵任务等；

（4）根据任务执行的活动分为进攻作战任务、防御作战任务、机动任务。

3）作战任务分解

作战任务就是由作战部队（作战单元）完成的任务，是作战单元为了满足一定的军事目标，从事的有目的的行为。因此，作战任务具有目的性。

作战任务是使命的细化，具有较强的目的性；作战任务可以分解为多个作战活动，作战活动是作战单元实施的具体动作，目的性较弱。

可将高层作战任务分解为一系列离散的、相互关联的、更加详细的低级的子任务，直至底层任务，也就是底层活动，如图 2-7 所示。

2.3.2 作战样式及武器装备应用方式

这里以空军作战为例来讨论不同作战样式及武器装备作战应用的情况。

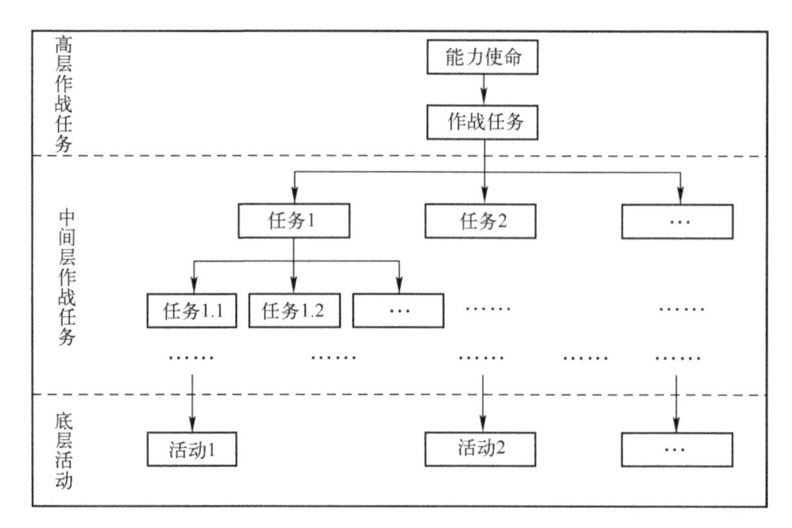

图 2-7 作战任务层次结构图

1. 空中进攻作战

空军进攻作战，是指以空军兵力为主，在其他军种及武装力量的配合下，为达成一定的战略、战役和战斗目的，按照统一的企图和计划实施的以空袭为主的作战行动。

空中进攻作战，通常是联合作战的重要组成部分，在特定的条件下，也可以独立组织实施。

对于空中进攻作战，空中战场是主战场，作战范围比陆、海战场更加广阔，便于发现和打击敌重要目标；主动进攻、先发制人是其基本属性，在作战发起时机、突击目标、兵力兵器使用、作战方法等方面都可根据己方的作战企图来确定，具有较大的主动权和选择性；空袭是其基本手段，通过大规模和连续的空中袭击直接摧毁敌地面、海上重要目标，杀伤敌有生力量，以达成战略战役目的。

现代条件下的空中进攻战役作战，虽然在多种情况下需要其他军兵种力量的支援配合，如常规导弹部队、陆军炮兵、空降兵部队，以及其他武装力量等，但起决定作用的是作战飞机（空中力量），作战飞机是执行空中进攻作战任务的主要作战平台。

空军进攻作战力量，通常组织一定规模的空中进攻作战，应以某一（几个）战区空军或空军的兵力为基础，可由若干个歼击、轰炸、歼击轰炸、强击航空兵师（团），一定数量的侦察、运输、电子对抗、预警指挥、空中加油等航空兵部（分）队和空军地面防空兵、空降兵等部（分）队组成，并可能得到陆军、海军和导弹部队部分兵力的支援与配合。

2. 空中封锁作战

空中封锁作战，是指以空军兵力为主，在其他军种和地方武装力量的支援配合下，按照统一的企图和计划，于一定时间和空间内，为切断敌对外交通联系而实施的空中进攻性作战。

空中封锁作战，通常是在我方空中兵力兵器占绝对优势的情况下组织与实施的，是联合作战的组成部分。必要时，也可以独立实施。通过持续而有重点的空中封锁，切断敌对外交通，限制其对外经济、军事联系，持续消耗其经济资源，削弱其战争潜力，达成迫其就范的政治目的。

空中封锁作战是进攻性作战，主要通过禁飞封锁、火力封锁、障碍封锁三种手段和空中禁飞、空中打击等进攻性作战行动，实现作战目的。通常情况下，作战行动不在于大量地歼灭敌有生力量，不是主动地寻求与敌决战；根据不同的敌对双方空中力量对比和作战需要，可以分别采取“只禁不打”“先禁后打”“先打后禁”“边禁边打”等方法，以达成作战目的。

空中封锁作战手段，是指为达到封锁作战的目的，在封锁作战过程中对兵力兵器运用的方式方法。空中封锁作战手段主要有禁飞封锁、航空火力封锁和障碍封锁三种。

在联合作战中，空中封锁作战任务包括夺取和保持制空权、实施空中禁飞、封锁敌海上和陆（岛）上交通、歼灭敌反封锁作战力量、组织防空常规导弹部队作战等。

空中封锁作战力量，通常以空军兵力为主，并得到常规导弹部队、海军、陆军以及武装警察部队、民兵、预备役力量的支援。参战兵力主要有歼击、轰炸、歼击轰炸、强击、运输、侦察航空兵，航空电子干扰飞机，空中加油机，预警指挥机，地空导弹兵，高射炮兵，雷达兵，电子对抗兵，常规导弹部队，海军航空兵，陆军地地战役战术导弹部队、远程压制炮兵部队等。

3. 防空作战

防空是指为对抗来自空中或太空的敌飞行器（如各种飞机、导弹和军用航天器等）而采取的各种措施和行动的统称。防空作战是指以空军兵力为主，由陆军、海军、常规导弹部队参加，在地方部队防空力量的支援配合下，按照统一的企图和计划，为挫败敌空袭所进行的防御性作战。

防空作战是待敌而动、后发制人的防御性作战，具有较强的被动性，也具有较大的联合性，需要集中和优化全军防空力量，建立多层立体防空体系，进行严密防护。

防空作战按任务划分，分为国土防空、战区防空和海上防空。其中，国土防空是保卫国家领土、领空和重要目标安全的防空，主要作战对象是敌人的轰炸机、战斗轰炸机、对地攻击机、巡航导弹以及弹道导弹等；战区防空作战，是指为对付敌空袭某一战区内的多个目标或目标系统所实施的防空作战，主要作战对象是敌武装直升机、对地攻击机和空袭战术导弹等；海上防空是海军为抗击敌人空袭，掩护海岸上和驻泊点的海军兵力及岸上目标免遭空袭而采取的措施和战斗行动，其任务包括对空中敌人进行侦察，消灭来袭的各型飞机及直升机、掠海飞行的反舰导弹等。

防空作战力量主要有空军航空兵、地面防空兵、空降兵和其他部队参加，并得到火箭军、陆军、海军和民兵、预备役力量的支援和加强。通常情况下，空军参加防空作战的兵力主要有歼击、轰炸、歼击轰炸、强击、运输、侦察航空兵，预警指挥机，电子干扰飞机，空中加油机，电子对抗兵，地空导弹兵、高射炮兵，雷达兵，技术侦察部队，空降兵部队等。

承担防空任务的系统称为防空系统。一个典型的防空系统通常由防空预警系统、指挥系统、控制系统、通信系统和计算机（C^4I）系统以及拦截武器两大部分组成。

4. 近海防御作战

近海防御作战是在近海海域进行的作战，其主要目的是消灭敌方海军兵力，夺取制海权、海上制空权和制电磁权。近海防御作战的性质是防御性的，主要任务是：维护国家海洋领土完整和海洋权益、维护国家海域内海上交通的安全、协同导弹部队抵御核威胁。海军防御性并不否认积极防御，海军防御作战的基本特点是可以通过各类战役、战斗中的进攻达成战略的防御，直至转入战略反攻。其主要的作战形式有海上封锁作战、进攻敌海上兵力集团作战、海上核反击作战、海上破交战与保交战、潜艇战与反潜战等。近海防御作战力量主要有海军的各兵种力量，如水面舰艇部队、潜艇部队、海军航空兵、海军陆战队及海防部队。

5. 远海防卫作战

远海防卫作战是海军未来作战的重要样式。远海防卫作战的性质是非侵略性的，根据作战对象、作战海区和作战样式的不同而采取进攻或防御的方式。其主要任务是有效保卫国家海洋领土完整和海洋权益，维护全球海域海上交通线的安全，实施有效的海上核反击，维护周边海上安全环境的和平与稳定。远海防卫作战力量主要有海军水面舰艇部队、潜艇部队、海军航空兵等兵种力量。

6. 常规导弹远程精确打击作战

常规导弹远程精确打击作战是利用常规导弹对敌实施全方位、大纵深、多层次的综合火力突击，能有效摧毁或使之丧失战斗力，夺取战役作战控制权。其主要任务是摧毁敌重要作战力量、有效防范与阻滞敌军事介入，主要打击目标包括空军基地、地地导弹基地和防空导弹阵地，指挥、控制、通信及情报中心和大型地面雷达、电子战、信息战设施，大型水面舰只，重要军事工业基地、后勤补给基地和能源等重要经济目标；以及交通枢纽等敌重要政治目标、军事目标。

常规导弹武器系统，包括弹道式常规导弹和巡航导弹。

地地常规弹道导弹，平时在中心库（技术阵地）贮存。战时机动至待机阵地，进行作战准备。按照作战命令，进入发射阵地，瞄准后即可发射。发射后需测量导弹的飞行轨迹，预示弹头落点，并进行打击效果侦察和评估，为下一波次的攻击提供依据。具有机动作战能力强、作战准备时间短、射击精度高的特点。

巡航导弹平时在中心库（技术阵地）贮存，根据目标点和发射点的位置，以及各种约束边界条件，进行航迹规划。战时机动至发射地域，择机发射。发射后需监测飞行航迹，并进行打击效果侦察和评估，为后续波次的攻击提供依据。具有机动作战能力强、命中精度高、航迹规划任务重、作战保障要求高的特点。

参考文献

[1] 张最良，等．军事运筹学［M］．北京：军事科学出版社，1993.
[2] 李明，刘澎．武器装备发展系统论证方法与应用．北京：国防工业出版社，2000.
[3] 徐培德，谭东风．武器系统分析［M］．长沙：国防科技大学出版社，2001.
[4] 胡晓惠，蓝国兴，等．武器装备效能分析方法［M］．北京：国防工业出版社，2008.
[5] 罗兴柏，刘国庆．陆军武器系统作战效能分析［M］．北京：国防工业出版社，2007.
[6] 张剑．军事装备系统的效能分析、优化与仿真［M］．北京：国防工业出版社，2000.
[7] 朱宝鎏，朱荣昌，熊笑非．作战飞机效能评估［M］．北京：航空工业出版社，1993.
[8] 邵国培，等．电子对抗作战效能分析［M］．北京：解放军出版社，1998.
[9] 田棣华．高射武器系统的效能分析［M］．北京：国防工业出版社，1991.
[10] 潘承泮．武器射击系统效能分析［M］．南京：华东工学院出版社，1982.
[11] 李廷杰．导弹武器系统效能及其分析［M］．北京：国防工业出版社，2000.

[12] Xiao H U, LIN. Research on the Efficiency Evaluation of Naval Vessel Targets by Satellite Reconnaissance Based on Perceptibility Models [J]. Computer & Digital Engineering, 2012, 40 (1).
[13] Yang S, Xiuhe L, Yong L . Research on simulation for countermine and its efficiency evaluation of early warning satellite [J]. Aerospace Electronic Warfare, 2013.
[14] 罗弋洋，赵青松，李华超，李勇，孙建彬. 武器装备运用知识框架及建模方法 [J]. 系统工程与电子技术 2022 (3)：44.
[15] 王建平，黄柯棣. 武器装备体系模型构建方法 [J]. 系统仿真学报，2007，19 (5)：5. DOI：10.3969/j. issn. 1004-731X. 2007. 05. 009.

二、性能评估篇

第3章 武器系统的性能评估

明确武器系统的性能是进行效能评估的基础，不同类别的武器系统的性能属性和度量标准有着很大差异，本章从侦察系统、指挥控制系统以及射击武器三个方面说明典型的系统、相关性能指标及其度量模型。

3.1 侦察系统的性能评估

本节介绍侦察系统的概念以及典型侦察系统的一般技术指标，并基于侦察与目标搜索的数学模型对侦察系统的性能进行分析，最后给出几个最常用的性能指标计算方法。

3.1.1 典型侦察系统

本节首先介绍侦察系统的概念和一般技术指标，然后对几类典型侦察系统进行简要说明。

3.1.1.1 侦察系统的一般技术指标

侦察系统是为了发现各种目标并测量其坐标的技术装置，军事搜索中的观察者从观察器材指示器的信号获取有关目标信息，从而发现目标，并基于目标特征，进一步识别目标、测量目标位置、确定目标运动要素等。

侦察中使用的观察器材的主要技术指标如下。

1. 观察器材的作用距离分布

在搜索过程中，观察器材发现目标的距离主要受到以下三方面因素影响。

（1）目标的特征因素；

（2）观察时的实际环境条件，如气象、水文、声波传播条件等；

（3）观察站的战术技术性能以及操作人员的熟练程度、警觉性等因素。

受这些随机因素的影响，发现距离本身是一个随机变量，根据观察器材以及观察条件的理论和实验研究，可以得到在一定条件下，在给定距离上发现目标的概率，如图 3-1 所示。

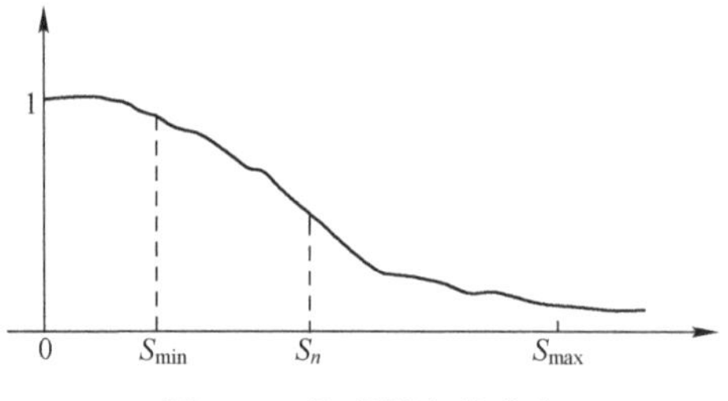

图 3-1　发现距离的分布

在图 3-1 中 S_{max} 称为最大（发现）距离，表示在大于 S_{max} 的距离上发现目标实际上不可能或几乎不可能。由 S_{max} 规定的区域称为可能区域。

S_{min} 称为最小（发现）距离，表示在小于或等于此距离上，目标的发现概率非常接近 1，也就是说目标在小于 S_{min} 的距离内不可能不被观察者发现，由 S_{min} 所规定的区域称为肯定发现区域。

发现距离分布的获得往往是很困难的，使用起来有时也不太方便，故实际上常常使用平均发现距离（图中 S_n），它表示在给定的观察条件下发现距离的数学期望。

2. 发现区域

观察器材能以给定的概率发现目标的空间称为发现区域。发现区域由观察器材的最大作用距离和最小作用距离以及水平面和垂直面的扫描范围确定。

3. 扫描（或观察）周期

扫描（或观察）周期是指完成扫描或观察指定区域一次所需的时间。

4. 可测目标坐标个数

一般的观察器材分为三坐标系、双坐标系和单坐标系，以及应用最广的球坐标系和柱坐标系，它们都是以天线为坐标中心的。

5. 坐标测量精度

坐标测量精度分测量的随机误差与系统误差，因为一般来说，测量的系统误差可以预先确定并在调校观察器材时予以考虑，所以在评价坐标测量精度时的主要精力集中在随机误差上。在大多数情况下，随机误差应服从正态分布，并用均方差或平均误差来评定。

6. 分辨力

观察器材的分辨力表示观察器（站）对不同的目标分别观察的能力，这些目标至少有一个坐标值或运动速度不同。分辨力还可分为

（1）距离分辨力：具有相同角坐标和运动速度的两个目标之间能够分别进行观察的最小距离。

（2）速度分辨力：在距离和角坐标相同的条件下，能分别进行观察的两个目标的速度最小差。

（3）角度分辨力：在距离和速度相同的条件下，能分别进行观察两个目标的最小角度差。

7. 可靠性

观察器材的使用可靠性是指在给定的技术条件下，观测站在一定时期内正常工作的能力，通常用连续工作时间以及在给定时间内无故障工作的概率来表示。

8. 抗干扰能力

抗干扰能力是观察器材的战术特性，在其他条件相同时，如果外界对观察器材的作用距离、坐标测量精度、分辨力等不良影响较小，则认为，此观察器材的抗干扰能力较强。

3.1.1.2 雷达及其性能

“雷达”（radar）这个词是无线电探测和测距（radio detection and ranging）的英文缩写，它是目前最常用的观察器材。

雷达系统的主要部件包括发射机、发射天线、接收天线、接收机、显示器等，根据战术应用，雷达发射的信号，可能是非脉冲式连续波、脉冲式连续波，调相波、调幅波或调频波。

雷达搜索的目标的主要特征是目标的反射能力，它决定了雷达对目标的发现距离。

目标的反射能力与雷达的波长、辐射方向、目标的外形和尺寸（体积）及目标的材料有关，要准确而严密地考虑上述因素实际上是不可能的，所以在测量目标雷达波的反射特性时，有必要引进一个专门的概念，称为有效反射面积，表示的是以雷达天线发现目标的距离为半径的球面的部分面积，该面积与实际目标雷达天线接收端上形成的反射能量密度相等。目标的有效反射面积很难用解析方法计算，通常要通过试验来测定有效反射面积，一般来说，实际的目标有效反射面积是一个随机变量，当然，目标越大，有效反射面积也就越大。

1. 一般雷达方程

在估计雷达的探测和跟踪能力时，需要了解雷达方程。雷达参数之间的关系以及雷达探测距离由雷达距离方程描述。雷达距离方程简称雷达方程，完整的雷达方程不仅考虑雷达系统参数的影响，而且考虑目标、目标背景、传播途径和传播介质的影响。

考虑上述因素后，一般雷达方程为

$$\frac{S}{N}=\frac{P_t G_t G_r \lambda^2 \sigma D}{(4\pi)^3 kTBR_t^2 R_r^2 LF} \tag{3-1-1}$$

式中 S/N——雷达接收机的输出信噪比，S 为平均信号功率，N 为平均噪声功率；

P_t——雷达发射机发射功率（W）；

G_t——雷达发射机天线增益；

G_r——雷达接收机天线增益；

λ——雷达波长（m）；

σ——目标的雷达散射截面（m^2）；

D——脉冲压缩雷达的脉冲压缩比，对于非脉冲压缩雷达，$D=1$；

k——玻耳兹曼常数，$k=1.38\times10^{-23}$ W/(Hz·K)；

T——系统噪声温度（K）；

R_t——雷达发射机到目标距离（m）；

R_r——雷达接收机到目标距离（m）；

B——雷达接收机的带宽（Hz）；

L——损耗因子，雷达系统欧姆损耗；

F——传播因子，考虑大气对雷达波的吸收衰减影响。

2. 雷达的发现概率

雷达对目标观察的发现概率公式如下：

$$p=p_0(S/N) \tag{3-1-2}$$

式中 $p_0(x)$——x 的单调递增函数，S/N 为信噪比。

3.1.1.3 声测装置及其性能

声测是通过测定目标自身发出的声音或反射回来的声音来探测目标的。声波的传播需要借助介质的特性。

1. 声测装置分类

声测装置也可分为以下两类：

主动式：先产生并发射一个信号，然后接收由目标反射回来的信号；

被动式：直接接收目标的声音信号。

2. 声呐

声呐（sonar）是利用水下声波判断海洋中物体的存在、位置及类型的设备，或者利用水声能量进行观测或通信的系统。

主动式声呐的工作方式是，首先发射一个已知的声音信号，当它照射到某个目标时，就反射信号（或称回声），并被接收；经过适当的处理，再由接收机显示出来，用于判断目标。

声呐广泛应用在海军武器装备中，如舰艇上的声呐、鱼雷引导头的声自导装置和水声对抗设备等。在估计声呐的探测能力时，需要了解声呐方程。声呐参数之间的关系以及声呐作用距离由声呐方程描述。声呐参数可分为三类，第一类由声呐设备确定，第二类取决于目标，第三类由环境传播介质决定。在声呐方程中，大多采用 dB 为物理量单位，dB 是一个无量纲的虚拟单位。声呐方程有主动声呐方程和被动声呐方程。

主动声呐方程为

$$\mathrm{TL}=(\mathrm{SS}+\mathrm{TS}-\mathrm{NL}+\mathrm{DI}-\mathrm{DT})/2 \tag{3-1-3}$$

被动声呐方程为

$$\mathrm{TL}=\mathrm{SL}-\mathrm{NL}+\mathrm{DI}-\mathrm{DT} \tag{3-1-4}$$

式中 TL——传播损失（dB）；
SS——声源级（dB）；
TS——目标辐射强度（dB）；
SL——目标辐射噪声级（dB）；
NL——自噪声（dB）；
DI——指向性指数（dB）；
DT——声呐检测阈（dB）。

对于声波球面传播，声呐作用距离 R 可由式（3-1-5）求得：

$$\mathrm{TL}=20\lg R+\alpha R+65.35 \tag{3-1-5}$$

式中 R——声呐作用距离（n mile）；
TL——传播损失（dB）；
α——海水吸收系数（dB/n mile）。

海水吸收系数 α 为

$$\alpha=\left(\frac{0.1f^2}{1+f^2}+\frac{40f^2}{4100+f^2}\right)\times\frac{1.852}{0.914} \tag{3-1-6}$$

式中 f——声呐频率（kHz）。

3.1.1.4 光探测器及其性能

1. 红外线

任何物质在 0K 以上的温度中都存在红外辐射，所以存在这样的可能，通过测定物体的红外辐射情况探知物体（目标）的存在、位置及特征。

在电磁波的波谱上，位于 $1\sim500\times10^6$ MHz 的电磁波称为红外线，由于频率单位太大，所以为称呼简便，习惯上以波长称呼红外线，常用的单位是 μm，即 10^{-6}米，红外波段从 0.75μm 到 1000μm。其分为三个分波段。

（1）近红外：0.76~1.2μm；

（2）中红外：1.2~7.0μm；

（3）远红外：7.0~1000μm。

在电磁频谱中，红外波段位于无线电波与可见光之间，近红外与可见红光相接，远红外正好与雷达的最高频率重合。

2. 红外探测器的分类

红外探测器按用途可分为探测系统、跟踪系统、搜索系统；按原理可分为量子探测器和热探测器。

1）量子探测器

量子探测器通过被吸收的入射红外光子引起的电路中电子的变化来探测目标，其种类有以下几种。

（1）光电发射型。

（2）光电导型。

（3）光电势型。

（4）光电磁型。

2）热探测器

热探测器用于测量元件的某些热敏特性、电阻率的变化、物理尺寸的变化，或电压等。这类探测器有下列六种。

（1）液体温度计。

（2）气动探测器（高莱探测器）。

（3）量热器。

（4）热电堆。

（5）热电偶。

（6）热辐射计。

3. 最常见的探测目标方式有主动式和波动式两种

主动式：由常用发射机发射红外波束，红外波束碰到目标后反射回来，再对其进行红外探测。

被动式：通过探测目标的红外辐射来探测目标。

3.1.1.5 光学观察器材及其性能

光学观察器材也是最为常见的观察器材，此时利用目标的反射或自己发出的可见光来发现目标。

1. 类型

这类器材有以下三类。

(1) 像增强装置，包括夜视仪、显微镜、望远镜、大型天文望远镜等。

(2) 像储存装置，包括录音（像）磁带、照相机等。

(3) 像测量装置，包括光学测距仪、激光探测器等。

2. 照相

照相在武器系统的使用与分析中起着极其重要的作用。照相可以在军事领域的很多方面进行应用，由于照相形成的图像是固定的，可以保存下来，以供以后进行详细分析，并可通过放大和化学显影作进一步处理，同时胶片对可见光波段内及该波段附近的各种电磁辐射的敏感度是变化且可控制的，因而通过特殊处理可发现很多人眼不能看到的目标。

3.1.2 侦察与目标搜索的数学模型

无论以上哪类侦察系统，其军事应用目的都是搜索与发现目标，本节对侦察与目标搜索的数学模型进行阐述，为下一节分析度量探测效率的相关指标打下基础。

3.1.2.1 侦察与目标搜索问题分析

获取情报的手段称作侦察，它是保障指挥员正确地选择作战决策的前提，所以也是战斗保障的重要环节之一。努力提高侦察情报的能力对各国军队来讲都是一个重要的目标。侦察按其获取情报的决策目的分为战略侦察、战役侦察和战术侦察。战略侦察的主要任务是围绕战略目的，获取有关外围（敌方）军事机构能力和意图的情报。战略侦察主要依靠（可达几十年）情报收集，它往往通过人员的渗透方式来进行，但现在由于技术的发展，有可能需要“实时”进行，以便能及时地发现突然性的攻击。战役侦察的任务是针对较短时间跨度内有限地区或有限类的对方目标（如敌海军舰队），察明敌情以及有关的地形、气象、水文和社会情况等。战术侦察的任务和对象的范围更加有限，但要求侦察内容更加具体和实时，无论是战役侦察，还是战术侦察，其任务都依上级的指示，受领的战斗任务和对情报的掌握程度，一般有以下几种。

(1) 查明一定地区内是否有敌方兵力和武器装备；

(2) 查明敌方目标的位置和运动方向；

(3) 查明敌方目标的类型、兵力、型号编成和部署；

(4) 查明敌方目标实力变化和被毁伤程度；

(5) 查明敌方意图及实现其意图的方法等。

在上述的各项任务中，前两项查明的情报是最基本的，往往可借助各种侦察手段，特别是各种现代技术手段来直接获取，完成这一侦察任务的行动称作“搜索行动”，这是本章所要着重讨论的问题。上述后面三项任务要求的情报除少数场合（如通过捕俘、间谍）可直接获取外，一般不能直接获取，而必须通过综合分析多种情报做出判断，这种综合分析多种情报、辨别真伪、做出情况判断结论的过程称为情报决策。

搜索发现目标是最基本的侦察手段，搜索论是研究利用探测手段寻找某种指定目标的优化方案的理论和方法。它起源于第二次世界大战库普曼及其同事的反潜战运筹小组的工作，该小组研究建立了搜索论中的许多概念，如搜索宽度和搜索率，分析了目力探测和雷达探测发现目标误差的统计规律，建立了随机搜索模型。从那时起搜索论便成长为军事运筹学的一个重要分枝。第二次世界大战后，搜索论的原理已成功地应用于许多重要领域，从在大洋深处搜索潜水目标到对外层空间的人造卫星进行监视、侦察，如 1966 年在西班牙帕洛玛斯附近的地中海海域搜索丢失的氢弹；1968 年在亚速尔群岛附近寻找核潜艇“天蝎座号”；1974 年治理苏伊士运河中，搜索水下残留的水雷等。搜索论还应用于其他非军事领域，如地下或水下的资源勘探、海上捕鱼，搜捕逃犯、检索文档、寻找故障等。所以搜索论是一门非常有实用价值的学科，对于武器系统分析研究来说，它是一个基本的工具特别在搜索、侦察器材的评价、论证及使用研究、作战模拟系统的研究中尤其重要。

战斗过程的关键问题是要及时地探测（搜索）与识别敌人目标，并对其实施有效射击。当敌人的目标出现在战场上时，如果不能及时发现它们，就不可能及时地使用我方的武器系统对它进行打击，因此提高目标探测的成功率与及时性是非常重要的，这需要提高探测、搜索器材的性能，也需要提高搜索的效率。搜索论对于如何提高搜索的效率具有指导意义。

3.1.2.2 搜索过程的数学模型

搜索是指为了发现所要寻找的物体而考查物体可能所在区域的过程，而发现就是与目标发生直接的能量接触，从而获得关于目标存在（位置）的信息。发现是依靠观察器材——光学、雷达、水声及其他器材实现的。

参与搜索过程的对象可分作两个方面，一方是被搜索的目标，另一方是进行搜索的观察者，其中任意一方都可能有多个成员。

各种不同的物体都可作为被搜索的目标，如飞行器、地面目标、舰船、各种鱼类和海洋动物等。被搜索的目标一般有两个特点。

（1）目标的特征随着搜索时环境条件的变化而不同。

（2）目标的位置信息从搜索开始到搜索结束通常是不定的。

由于这种不定性，要求观察者为获得目标的信息而采取搜索行动。

一般来说，被搜索的目标与所处的环境总是在某些方面具有不同的特征，从而存在被发现的可能性，搜索的任务就是能及时地探测出这种不同，及早地发现目标，提高搜索的成功率。

在实际的搜索过程中，具有很多的随机因素，在搜索过程中每个时刻，出现什么样的结果，通常是不确定的，故搜索过程是一个随机过程，可以用随机过程理论来讨论搜索问题。

把观察者和被搜索目标作为一个系统，则搜索的过程便是此系统由一个状态到另一个状态的转移，这样的过程可近似地看作马尔可夫过程，也就是说，在这个搜索的过程中，如在 t 时刻处于状态 A，则在下一时刻 $t+\Delta t$ 出现何状态的概率只取决于它在 t 时刻的状态 A。

当然实际的搜索往往并不是马尔可夫过程，但由于搜索过程中的有关信息经常是不充分的，故用马尔可夫过程来描述是比较合适的，也较方便。

在搜索过程中所有可能的状态均是可列的，而且状态的转移是突变的（如从未发现到发现），因此，搜索过程是离散状态的过程，而且在大多数的搜索过程中，系统可在任何时刻，由一个状态到另一个状态，因此搜索过程是时间连续的过程。

如设 $N(t)$ 为搜索过程 (t_0,∞) 中发现目标的次数（$t_0 \geqslant 0$ 表示初时时刻），则 $N(t)$ 也是随机过程，且取值为非负整数，称 $N(t)$ 为发现流。可以看出 $N(t)$ 是一个泊松过程。根据泊松过程的特征，我们将求出搜索时 (t_0,t) 内发现 m 次的概率 $P_m(t_0,t)$。

我们将一般的泊松过程中的过程强度 λ 记为 γ，称为发现率，表示单位时间内发现目标的平均次数。

设

$$P_m(t_1,t_2)=P\{N(t_1,t_2)=m\}, \quad m=0,1,2\cdots \tag{3-1-7}$$

表示在时间 (t_1,t_2) 内发现 m 次的概率，由 $N(t)$ 的泊松过程性质，可知

$$\begin{aligned} P_0(t,t+\Delta t) &= 1-P_1(t,t+\Delta t)-\sum_{t=2}^{\infty}P_j(t,t+\Delta t) \\ &= 1-\gamma\Delta t+o(\Delta t) \end{aligned} \tag{3-1-8}$$

设 $\Delta t>0$，有

$$\begin{aligned} P_0(t_0,t+\Delta t) &= P\{N(t_0,t+\Delta t=0\} \\ &= P\{N(t_0,t)=0, N(t,t+\Delta t)=0\} \end{aligned} \tag{3-1-9}$$

由于 $N(t)$ 满足独立增量性，故

$$P_0(t_0,t+\Delta t)=P\{N(t_0,t)=0\}P\{N(t,t+\Delta t)=0\}$$
$$=P_0(t_0,t)\cdot P_0(t_0,t+\Delta t)$$
$$=P_0(t_0,t)[1-\gamma\Delta t+o(\Delta t)] \tag{3-1-10}$$

即

$$P_0(t_0,t+\Delta t)-P_0(t_0,t)=P_0(t_0,t)[-\gamma\Delta t+o(\Delta t)] \tag{3-1-11}$$

现用 Δt 除以式（3-1-11），并令 $\Delta t\to 0$，得

$$\begin{cases}\dfrac{\mathrm{d}p_0(t_0,t)}{\mathrm{d}t}=-\gamma p_0(t_0,t)\\ p_0(t_0,t_0)=1\end{cases} \tag{3-1-12}$$

当 $\gamma=$常数时［$N(t)$为泊松流］，可得

$$P_0(t_0,t)=\mathrm{e}^{-\gamma(t-t_0)},\quad t>t_0 \tag{3-1-13}$$

如 $\gamma=\gamma(t)\neq$常数，［$N(t)$时为非平稳的，则］

$$P_0(t_0,t)=\mathrm{e}^{\int_{t_0}^{t}\gamma(t)\mathrm{d}t} \tag{3-1-14}$$

同样地，可以确定 $P_1(t_0,t)$。首先有

$$p_1(t_0,t+\Delta t)=p\{N(t_0,t+\Delta t)=1\}$$
$$=p\{N(t_0,t)+N(t,t+\Delta t)=1\}$$
$$=p\{N(t_0,t)=1,N(t,t+\Delta t)=0\}$$
$$+p\{N(t_0,t)=0,N(t,t+\Delta t)=1\}$$
$$=p_1(t_0,t)p_0(t,t+\Delta t)+p_1(t,t+\Delta t)p_0(t_0,t)$$
$$=p_1(t_0,t)\{1-\gamma\Delta t+o(\Delta t)+[\gamma\Delta t+o(\Delta t)]\}\mathrm{e}^{-\gamma(t-t_0)} \tag{3-1-15}$$

经整理得

$$\frac{\mathrm{d}p_1(t_0,t)}{\mathrm{d}t}=-\gamma p_1(t_0,t)+\gamma\mathrm{e}^{-\gamma(t-t_0)}$$
$$p_1(t_0,t_0)=0 \tag{3-1-16}$$

故

$$P_1(t_0,t)=\gamma(t-t_0)\mathrm{e}^{-\gamma(t-t_0)},\quad t>t_0 \tag{3-1-17}$$

同理对于任意一个 m，有

$$p_m(t_0,t+\Delta t)=p\{N(t_0,t)+N(t,t+\Delta t)=M\}$$
$$=\sum_{k=0}^{m}p_k(t_0,t)\cdot p_{m-k}(t,t+\Delta t)$$
$$=p_m(t_0,t)p_0(t,t+\Delta t)+p_{m-1}(t_0,t)p_1(t,t+\Delta t)+\sum_{k=0}^{m-1}p_K(t_0,t)o(\Delta t)$$
$$=p_m(t_0,t)[t-\gamma\Delta t+o(\Delta t)]+p_{m-1}t_0,t)[\gamma\Delta t+o(\Delta t)]+o(\Delta t)$$
$$\tag{3-1-18}$$

从而得到以下方程：

$$\begin{cases}\dfrac{\mathrm{d}p_m(t_0,t)}{\mathrm{d}t}=-\gamma p_m(t_0,t)+\gamma p_{m-1}(t_0,t)\\ p_m(t_0,t_0)=0,m\geqslant 1\end{cases}\tag{3-1-19}$$

如 γ=常数，有

$$p_m(t_0,t)=\mathrm{e}^{-\gamma(t-t_0)}\left[\gamma\int_{t_0}^{t}p_{m-1}(t_0,t)\mathrm{e}^{-\gamma(t-t_0)}\mathrm{d}t\right]\tag{3-1-20}$$

则

$$\begin{cases}p_2(t_0,t)=\mathrm{e}^{-\gamma(t-t_0)}\gamma\displaystyle\int_{t_0}^{t}\gamma(t-t_0)\mathrm{d}t\\ \qquad\qquad=\dfrac{1}{2}\gamma^2(t-t_0)^2\mathrm{e}^{-\gamma(t-t_0)}\\ p_3(t_0,t)=\dfrac{[\gamma(t-t)]^3}{3!}\mathrm{e}^{-\gamma(t-t_0)}\\ \qquad\cdots\cdots\\ p_m(t_0,t)=\dfrac{[\gamma(t-t_0)]^m}{m!}\mathrm{e}^{-\gamma(t-t_0)}\end{cases}\tag{3-1-21}$$

如 $\gamma\neq$常数，则有

$$p_m(t_0,t)=\frac{\left[\int_{t_0}^{t}\gamma(t)\mathrm{d}t\right]^m}{m!}\mathrm{e}^{-\int_{t_0}^{t}\gamma(t)\mathrm{d}t},m=0,1,2,\cdots\tag{3-1-22}$$

设

$$U=U(t)=\begin{cases}\gamma(t-t_0), & \gamma(t)=\text{常数}\\ \displaystyle\int_{t_0}^{t}\gamma(t)\mathrm{d}t, & \gamma(t)\neq\text{常数}\end{cases}\tag{3-1-23}$$

称 $U(t)$ 为发现势。

设 $P(m\geqslant 1)$ 表示在 (t_0,t) 搜索时间内至少发现 1 次的概率，通常称其为发现概率，可以看出

$$P(m\geqslant 1)=1-p_0(t_0,t)=1-\mathrm{e}^{-U}\tag{3-1-24}$$

3.1.2.3 目标发现概率基本模型

根据观察器材的结构特点及使用方式，搜索过程对空间的观察在时间上可分为连续观察或是离散观察。

如果使用全向作用器材，则观察是连续的。如使用的是定向作用器材（雷达、水声等）观察某个角度范围的空间，则观察是间断的，故此时的观察是离散的。当观察的间断时间非常小，可把它看作连续的观察。

1. 离散观察

设 g 是在给定距离上对目标一次观察的发现率，现假设在不变的物理条件下进行的各次观察中发现目标的事件是相互独立的，则 n 次对目标的观察，至少发现目标1次的概率为

$$p_0(n)=1-(1-g)^n \tag{3-1-25}$$

由式（3-1-25）可知，只要能保证每次的发现率为 $g(g>0)$，则无论 g 怎么小，当 n 足够大时，$p_0(n)$ 就可趋向1，从而最终发现目标。

设 ξ 为随机变量，其值 k 表示恰好在第 k 次观察中发现目标，设

$$p_{0\delta}(n)=p\{\xi=n\} \tag{3-1-26}$$

故

$$p_{0\delta}(n)=(1-g)^{n-1}g \tag{3-1-27}$$

ξ 的期望值为

$$m(\xi)=\sum_{k=1}^{\infty}kp_{o\delta}(k) \tag{3-1-28}$$

表示发现目标所需的期望（平均）观察次数。而

$$\begin{aligned}M(\xi)&=\sum_{K=1}^{\infty}k(1-g)^{k-1}g\\&=-g\frac{\mathrm{d}}{\mathrm{d}g}[1+(1-g)+(-g)^2+\cdots+(1-g)^k+\cdots]\\&=\frac{1}{g}\end{aligned} \tag{3-1-29}$$

所以期望观察次数是1次观察发现率的倒数。

ξ 的方差 $D(\xi)$ 为

$$D(\xi)=m(\xi^2)-[m(\xi)]^2=(1-g)/g^2 \tag{3-1-30}$$

2. 连续观察

在连续观察中，评价搜索效率的主要依据是单位时间内的发现率 γ。

设 $t_0=0$，则在 $(0,t)$ 时间内发现目标的概率（至少发现目标一次的概率）$p_{0\delta}(t)$ 为

$$p_{0\delta}(t)=1-\mathrm{e}^{-\gamma t},\quad \gamma=\text{常数} \tag{3-1-31}$$

与离散观察一样，当 $t\to\infty$ 时，$p_{0\delta}(t)\to1$，有

$$f(t)=p_{0\delta}(t)=\gamma\mathrm{e}^{-\gamma t} \tag{3-1-32}$$

是发现时间的分布密度，由此可知发现目标所需的平均时间（期望时间）$T_{0\delta}$ 为

$$T_{0\delta}=\int_{0}^{\infty}tf(t)\,\mathrm{d}t=\frac{1}{\gamma} \tag{3-1-33}$$

3. 观察条件不同的讨论

在观察者与目标在每次观察中的距离不能保持不变时，则发现率随观察次数或时间的变化而变化。

对于离散观察，可没 g_i 为第 i 次观察的发现率，观察 n 次发现目标的概率为

$$p_{0\delta}=1-\prod_{i=1}^{N}(1-g_i)$$

$$p_{0\delta}(n)=1-\prod_{i=1}^{N}(1-g_i)\cdot g_n \tag{3-1-34}$$

对于连续观察，则发现率 $\gamma(t)$ 将不是常数，故

$$p_{0\delta}(t)=1-\mathrm{e}^{-\int_0^t\gamma(t)\,\mathrm{d}t} \tag{3-1-35}$$

3.1.3 侦察系统的性能分析

搜索的最终目的是发现某个预定的目标，对此可采用不同的搜索方式，每种方式消耗的搜索力和时间等通常是不相等的，所以搜索的主要任务不仅是确保发现目标，而且是研究最合适的搜索方式，以便使发现目标的搜索时间最短或耗费的搜索资源最少，因而搜索的效率（效果）指标用于衡量侦察系统的性能高低。

3.1.3.1 搜索率

搜索率是指单位时间检查搜索面积的速度，分为理论搜索率和实际搜索率，它是确定搜索效率的基础。

（1）理论搜索率 W_T。

设有效发现宽度为 M_K，相对搜索速度为 V_P，则 W_T 为

$$W_T=M_K\cdot V_P \tag{3-1-36}$$

这一关系式经常用来选择观察者最有利的搜索速度，也就是使得 W_T 最大的运动速度。

（2）实际（有效）搜索率 W_R。

设 C 为给定搜索时间内发现目标的次数，S_P 为搜索面积，T_H 为搜索时间，S_P 中的平均目标数为 N_0，则 W_R 为

$$W_R=CS_P/(N_0T_H) \tag{3-1-37}$$

（3）搜索效果判断。

用实际搜索率与理论搜索率的比：

$$\mu = W_R / W_T \tag{3-1-38}$$

表示搜索的效果指标，它可以用来评价在搜索结束后所选择的搜索方式的优劣。

因为理论搜索率表示的是在最理想条件下搜索的能力，而实际搜索率取决于所采取的具体搜索方式，故总有 $W_R \leqslant W_T$，即 $\eta \leqslant 1$。η 越大，则所采取的搜索方式就越好。

实际搜索率的高低可以衡量搜索效果。在实际搜索中，同一种搜索方式在不同时间（或区域中）搜索率 W_R 的变化，往往预示着实际条件的重要区别，或敌方采取了不同的对抗措施，由此可促使观察者分析具体的原因，改进搜索方式，提高发现目标的成功率。

3.1.3.2 发现概率和发现期望时间

由于搜索的随机性，因此有很多衡量搜索效率的指标是用概率方法描述的，用于表示（估计）实现搜索的可能性的指标如下。

（1）在指定期限内发现目标的可能性 $P_0(t)$。

（2）在指定期限内发现目标期望数 M_0。

（3）发现目标所需的期望时间 $\bar{t}_0$。

在前面我们已知，单个观察者在时间 t 内发现目标的概率为

$$P_0(t) = 1 - e^{-U(t)} \tag{3-1-39}$$

式中 $U(t)$——发现势，$U(t) = \int_0^t \gamma(t)\,dt$。

如果现在有 N 个观察者，进行独立的搜索，则发现目标的总概率是

$$P_0^{Nn}(t) = 1 - \prod_{i=1}^{Nn} [1 - P_{0i}(t)] = 1 - e^{-\sum_{i=1}^{N} U_i(t)} \tag{3-1-40}$$

式中 $P_{0i}(t)$——第 i 个观察者发现目标的概率。

发现目标所需期望时间 $\bar{t}_0$ 一般由式（3-1-41）求得：

$$\begin{aligned} \bar{t}_0 = E(t) &= \int_0^\infty t\, p_0'(t)\,dt \\ &= \int_0^\infty t\,\gamma(t)\,e^{-\int_0^t \gamma(\tau)d\tau}\,dt \end{aligned} \tag{3-1-41}$$

式（3-1-41）是一个重要的搜索效率指标，表示期望发现目标所需的平均时间。

下面说明几种典型情况下发展概率的具体计算方法。

（1）随机搜索的发现概率。

随机搜索就是观察者以随机方式重复搜索同一个可能发现目标的地方，此时的发现率 γ 是一个常数。

这里我们只需讨论发现率 γ 的计算，为此设

- 搜索区域的面积为 S_P；
- 在搜索区域确实存在静止目标；
- 目标位置服从均匀分布；
- 观察者的轨迹是随机的，即在搜索过程中以相同的方式搜索地域中已经搜索过的或未经搜索过的每个点；
- 搜索是无后效的，即发现目标的概率只依赖搜索的持续时间，而不依赖搜索的时间起点。

在以上情况下，单位时间内观察者所搜索的区域面积为 $2R_0 \cdot V_H$，从而有

$$\gamma_0 = 2R_0 \cdot V_H / S_P \tag{3-1-42}$$

式中 R_0——观察器材的发现距离；

V_H——观察者的相对运动速度。

实际上，目标进入观察器材的发现区域不一定能发现目标，只有当目标与观察者具有能量接触时才能发现目标，故有

$$\gamma_c = (2R_0 \cdot V_H / S_P) \cdot P_K \tag{3-1-43}$$

式中 P_K——接触率。

对于随机搜索的发现率，由于 $\bar{t}_{o\delta} = \dfrac{1}{\gamma_c}$，故

$$P_0(t) = 1 - \exp\left(-\frac{t}{\bar{t}_0}\right) \tag{3-1-44}$$

（2）规则搜索的发现概率。

规则搜索是观察者对可能存在目标的地方均匀搜索一遍的搜索，搜索条件与随机搜索中的假设相同。

这时发现率 $\gamma(t)$ 不是固定的：

$$\begin{aligned}\gamma(t) &= 2R_0 V_H / (S_P - 2R_0 V_H \cdot t) \\ &= \gamma_0 / (1 - \gamma_0 t)\end{aligned} \tag{3-1-45}$$

式中 V_H——观察者的相对运动速度；

γ_0——式（3-1-42）中所示。

故发现概率为

$$
\begin{aligned}
P_0(t) &= 1 - \exp\left(-\int_0^t \gamma(t)\,\mathrm{d}t\right) \\
&= 1 - \exp\left(-\int_0^t \frac{\gamma_0}{1-\gamma_0 t}\mathrm{d}t\right) \\
&= 1 - \exp(\ln(1-\gamma_0 t)\big|_0^t) \\
&= \gamma_0 t \\
&= 2R_0 V_H \cdot t/S_P
\end{aligned} \tag{3-1-46}
$$

此时发现目标的期望时间是

$$
\bar{t_0} = \int_0^{1/\gamma_c} t\,f(t)\,\mathrm{d}t = \frac{1}{2\gamma_0} \tag{3-1-47}
$$

式（3-1-47）表明，在其他条件相同的情况下，规则搜索中发现目标的搜索持续时间只有随机搜索的一半，这是因为规则搜索只对同一区域搜索一遍。

上述这样的规则搜索在实际进行时未必合适，因为在目标企图逃脱被发现的情况下，每个区域上只搜索一遍往往是不够的，特别是在目标可能先敌发现时，它查明了观察者的动机后，可以再绕回刚刚搜索过的区域。

（3）发现运动目标的概率。

此时，可以将目标看作静止的，而把观察者看作相对运动的，这与讨论目标静止情况是相同的，设相对运动速度为 V_P，故发现率为

$$
\gamma = (2R_0 V_P/S_P)P_K \tag{3-1-48}
$$

再设目标航向在0~360°是等概率的，即航向差是在$[0,2\pi]$均匀分布的，故发现率应取 γ 的数学期望 $\bar{\gamma}$

$$
\bar{\gamma} = \frac{1}{2\pi}\int_0^{2\pi} \frac{2R_0 V_P P_K}{S_P}\mathrm{d}\theta = \frac{R_0}{\pi S_P}P_K\int_0^{2\pi} V_P\mathrm{d}\theta \tag{3-1-49}
$$

3.1.3.3 发现目标的期望次数

（1）多个观察者的情况。

假设现在有 n 个独立的观察者在面积 S_P的区域内进行搜索，分布有 N_0个相同的目标，每个观察者在连续搜索中只发现一个目标，搜索具有泊松性质。

设单个观察者对一个目标搜索的发现率为 $\gamma_i(i=1,2,\cdots,n)$，则 N_H个观察者在 t 时刻发现目标的概率为

$$
\begin{aligned}
P_{0n}(t) &= 1 - \prod_{i=1}^{N_H} \mathrm{e}^{-\gamma_i t} \\
&= 1 - \exp\left(-\sum_{i=1}^{N_H} \gamma_i t\right)
\end{aligned} \tag{3-1-50}
$$

当n个观察者相同时，有

$$P_{0n}(t)=1-e^{-n\gamma t} \tag{3-1-51}$$

现在区域中有N_0个目标，可认为对N_0个目标的发现是独立的，故发现目标的概率为

$$P_{0n}(N_0,t)=1-e^{-nN_0\gamma t} \tag{3-1-52}$$

发现k个目标的概率为

$$P_{0n}(N_0,t,k)=\frac{(nN_0\gamma)^k}{k!}\cdot e^{-nN_0vt} \tag{3-1-53}$$

发现目标的期望数为

$$M_0=\sum_{k=1}^{N_0}kP_{0n}(N_0,t,k) \tag{3-1-54}$$

（2）达到给定效果的搜索。

在许多搜索问题中，往往要从给定的搜索中发现概率来确定合适的搜索条件，如搜索持续时间等，我们知道，连续搜索时γ为常数的发现概率为

$$P_0=1-e^{-vt_0} \tag{3-1-55}$$

故

$$t_0=-\ln(1-p_0)/\gamma \tag{3-1-56}$$

对于一般随机搜索，因

$$\gamma=(2R_0V_P/S_P)P_K \tag{3-1-57}$$

从而有

$$t_0=-\ln(1-P_0)S_P/(2R_0V_PP_k) \tag{3-1-58}$$

如果已给定发现目标的概率和搜索的区域，就可以估计所需的搜索时间，也可以由给定的发现概率和搜索时间来确定需要的搜索范围大小，即

$$S_P=2S_0V_PP_Kt/[-\ln(1-p_0)] \tag{3-1-59}$$

3.2 指挥控制系统的性能评估

随着信息技术的快速发展，军事活动中指挥控制系统的作用越来越突出。本节对指挥控制系统的概念进行界定，并基于效能评估的需要分析指挥控制系统的一般能力和性能指标。

值得说明的是，无论是指挥控制系统的概念，还是指挥控制系统的作战应用，都在快速发展中，这里的阐述只是基本概念以及通用性能的分析。

3.2.1 指挥控制系统的基本概念

指挥作为军事术语有着不同的定义，但普遍认为，指挥是一种特殊的组织和领导活动，指挥主体是指挥员或指挥机关，指挥客体是所属部队的作战或其他军事行动，也包括非战争军事行动。

“控制”一词，最初作为技术术语使用，它产生于工业时代的中后期。1948年，美籍奥地利数学家维纳（Wiener N）创立了“控制论”（cybernetics）。控制论研究的对象是自动控制系统。“反馈”是控制论的基础和核心。维纳认为，一切有目的的行为都是需要反馈的。军事指挥活动也不例外。限于技术手段的落后，古代军事指挥中反馈控制的功能是有限的。将帅发布命令后，常常不知道命令执行的结果，对部队行动的后续指挥当然也无从谈起。从控制论的角度看，这种指挥体制是一种“开环系统”。

美国国防部将指挥控制定义为：指挥官在完成任务过程中对所属部队行使权力和下达指示的活动。在完成任务过程中，指挥官通过采用由人员、设施、设备、程序等组成的指挥控制系统，实现对作战力量的计划、指挥、协调和控制。

从20世纪50年代起，计算机逐渐向过程控制领域进军，并成为功能强大的控制器之后，西方军队将自动控制技术逐渐引入指挥领域，如美军早期建设的全球军事指挥控制系统（whole world minatory command control system，WWMCCS），就是利用计算机处理作战指挥信息、具有反馈控制功能的系统，后来西方国家将军事指挥中心或指挥所使用的自动化指挥系统称Command & Control System，通常译为“指挥和控制系统”或“C2系统”。

所谓指挥控制系统是指挥员借助以计算机为核心的信息技术设备、人员、运作的方法步骤，按照军事原则，对所属部队和武器系统进行指挥控制的人-机信息系统。指挥控制系统是指挥员实施指挥的主要手段，是各级指挥所信息化建设的重要内容。如上分析，指挥和控制是在不同时期、不同领域内产生的术语，表达了基本相同的内容。

按照不同的维度，可以从多种角度对C2系统进行分类。一是按系统的使用主体来分，有陆军、海军、空军、火箭军部队的C2系统；二是按系统性质和使用范围分，有战略级、战役级、战术级的C2系统（或者分成国家级、战区级、战场级）；三是按指挥控制的对象来分，可分为指挥所系统、武器平台指挥控制系统两大类，如按照装备的形态来分，可分为固定系统、机动系统、可搬移系统、可携行系统。

指挥员及其指挥机关指挥军队的作战一般都是在指挥所进行，当指挥控制的对象是下属部队的军事活动时，这类指挥控制系统就称为指挥所系统。

指挥所系统是由指挥所里各种电子信息装备及其附属的保障设备组成的。指挥所系统也称“指挥所指挥自动化系统”，或直接称为“指挥所”“指挥控制中心”“指挥部”。通常，我们在描述系统的物理能组成时，将一个或多个指挥所（车）组成的系统称为指挥所系统；在描述系统的技术组成时，通常直接用指挥控制系统的称谓。

武器平台或武器本身的指挥控制系统一般也称火力指挥控制系统（简称火控系统）。火控系统有自身的特点和规律，不同的武器系统的火控系统有着很大的区别，所以，武器平台的指挥控制系统也有很多的不同类型。如按所用计算机进行划分，可分为机械式火控系统、机电式火控系统、电子模拟式火控系统、小型数字机式火控系统、微型计算机式火控系统；按控制的武器对象划分，可分为火炮火控系统、导弹火控系统、飞机火控系统、舰船火控系统、鱼雷火控系统、深水炸弹火控系统。

不同任务、不同级别、不同军种、不同用途的指挥控制系统，尽管规模大小不一，功能各有千秋，设备配置也不尽相同，但根据上述作战指挥控制过程，其组成大体一致。一般指挥控制系统包括信息获取系统、信息处理系统、信息显示系统、决策指挥系统和执行系统等，其组成结构如图3-2所示。其中，决策指挥是指挥自动化系统的核心，它包括由辅助决策和方案评估与模拟等组成的决策准备阶段和作战计划文书辅助制定的决策阶段两个部分。

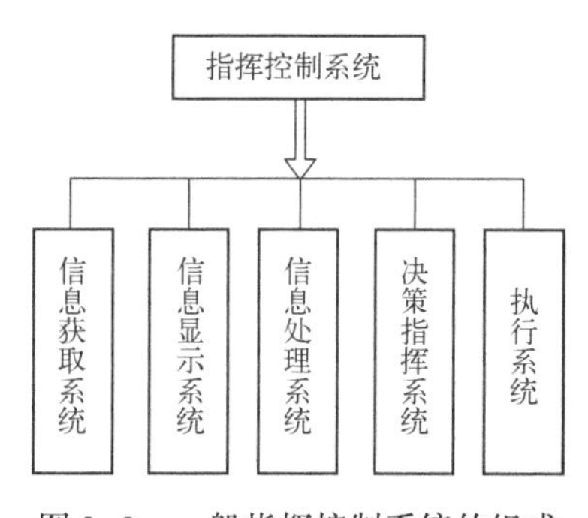

图3-2　一般指挥控制系统的组成

3.2.2　指挥控制系统的性能分析

指挥控制系统的性能是指挥控制系统的内在性质或特征。指挥控制系统的构成、特点、配置等的不同及自身的复杂性决定了其性能指标是多种多样的、数量众多的。下面给出指挥控制系统的主要性能指标及部分指标的解释和度量单位。

（1）与情报获取能力相关的性能指标。

与情报获取相关的性能指标可以从侦察探测手段、侦察探测范围、目标识别能力、情报综合处理能力等方面来描述，如图 3-3 所示。

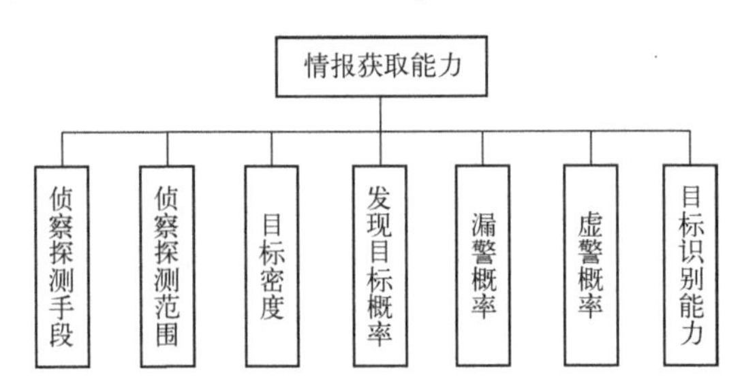

图 3-3　与情报获取能力相关的性能指标

其中：

- 侦察探测手段是探测目标、获取情报所用的各种方法的统称，如侦察卫星、预警卫星、预警机、气球侦察、无人驾驶飞机、地面雷达等。
- 侦察探测范围指采用多种手段、在多个领域获取情报信息和目标信息所覆盖的地域、海域、空域、天域和频域。度量单位：km、km^2、Hz。
- 目标密度是指单位面积内被侦察、探测、监视的目标的数目。
- 发现目标概率是指在侦察、探测、监视范围内，在噪声和杂波中的目标信号经过检测被发现的概率。
- 漏警概率是指在侦察、探测、监视范围内，在噪声和杂波中的目标信号经过检测未被发现的概率。
- 虚警概率是指在侦察、探测、监视范围内，在噪声和杂波中的非目标信号被误检测为目标信号的概率。
- 目标识别能力是指根据目标的内在特性（自然特性）和外在特性（其对存在环境产生的影响），正确判别目标并对目标进行分类的概率。

（2）与系统指挥控制能力相关的性能指标。

与系统指挥控制能力相关的性能指标可以从辅助决策能力、决策延时、作战范围、指挥规模、武器控制能力等方面来描述，如图 3-4 所示。

其中：

- 辅助决策能力是指以数据库技术、作战模拟、军事运筹学、信息处理技术为基础，以专家系统、计算机为工具，通过计算、仿真、推理等手段辅助指挥人员制定作战方案、组织实施作战指挥、支持部队训练等的

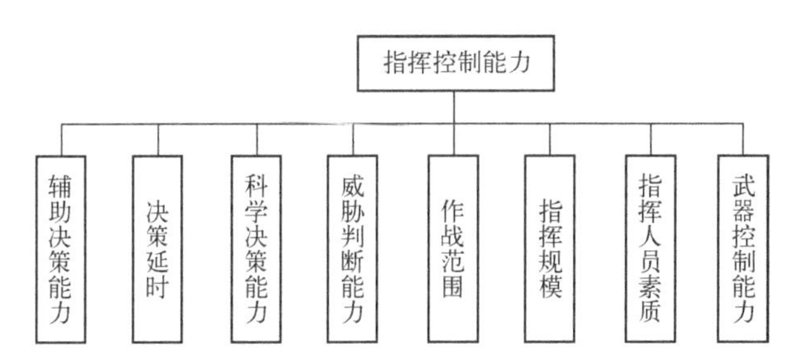

图3-4　与系统指挥控制能力相关的性能指标

能力。

- 决策延时是指指挥人员在辅助决策系统支持下作出威胁判断、制定作战方案所需的时间。度量单位：s、min。
- 科学决策能力是指指挥人员在已知情报信息的基础上判断受到的威胁，制定合理、正确的作战方案的能力。度量单位：%。
- 威胁判断能力是指指挥人员在已知情报信息基础上正确判断敌人作战意图的程度。度量单位：%。
- 作战范围是指指挥自动化系统作战任务所要求的指挥控制范围，可分为地域、空域、海域范围。度量单位：km^2。
- 指挥规模是指本级指挥所直接指挥下的下属指挥所、作战群、武器系统的数量。度量单位：个。
- 指挥人员素质是指指挥人员正确地进行威胁判断、决策及指挥和控制作战部队对敌攻击的能力。度量单位：%。
- 武器控制能力是指指挥控制系统给各类武器系统指示、分配目标并引导武器系统攻击目标的能力。度量单位：%。

（3）与系统通信保障能力相关的性能指标。

与系统通信保障能力相关的性能指标可以从通信覆盖范围、通信容量、业务种类、通信延时、通信保密性、系统互联互通性等方面来描述，如图3-5所示。

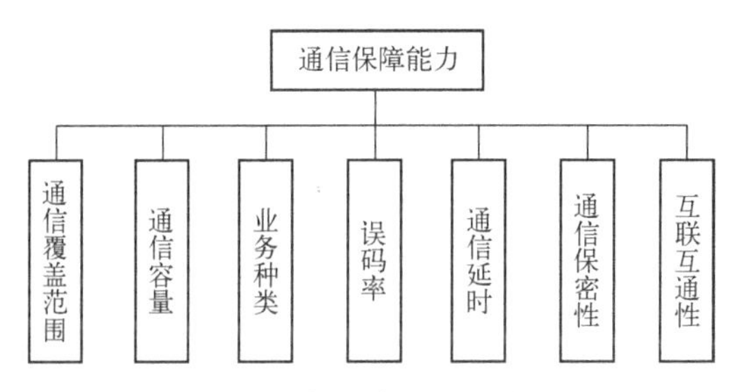

图3-5　与系统通信保障能力相关的性能指标

其中：

- 通信覆盖范围是指保证实施通信联络的范围。度量单位：km^2。
- 通信容量是指单位时间内输入输出系统的最大信息量。度量单位：b/s。
- 业务种类是指系统实现通信的方式。度量单位：种。
- 误码率是指信息经信道传输后出现数据错误的比例。
- 通信延时是指信息从发送到接收所需的平均时间。度量单位：s。
- 保密性是指对信息、通信设施、通信手段实施加密或保密的能力。
- 互联互通性是指系统间或系统内各子系统间相互连接，提供相互交换信息和服务的能力。度量单位：%。

3.3 射击武器的性能评估

相对于侦察系统的信息和情报获取、指挥控制系统的信息加工处理与军事力量控制，射击武器是军事对抗活动中的“施效器”，对军事任务完成程度的影响更直接。本节主要介绍射击武器的基本概念以及射击误差、射击毁伤以及射击效率等方面的问题，并说明相应的性能分析方法。

3.3.1 射击武器的基本概念

射击武器通常指枪械与火炮等以身管发射弹丸的武器。广义地讲，一切利用机械的、化学的或其他形式的能量，将弹丸（或战斗部）投射向目标的武器，如火箭、导弹、炸弹、鱼雷等的投射装置以及古代的弓、弩、抛石机等，都可以认为是具有射击武器特点的武器。

射击武器一般与发射能源、弹丸（或战斗部）和一些必要的配套设备组成射击武器系统，执行作战任务。发射能源用于提供弹丸或战斗部飞向目标的动力，通常使用的是火药的化学能；在古代还常用人力、弹簧、压缩空气以及一些其他机械能；现代人们还在寻找其他形式的新能源（如电磁能、光能等）。弹丸（或战斗部）是射击武器中接收发射能量，飞向目标，直接对目标起杀伤、破坏或其他战术作用的物体。狭义地讲，它包括常见的枪弹弹头、炮弹弹丸、火箭战斗部、导弹战斗部等；广义地讲，也应包括弓弩发射的箭、抛石机抛射的石弹等。多数现代射击武器使用的发射能源与弹丸（或战斗部）都组装在弹药中。

各种射击武器的共性是抛射弹丸（或战斗部），但其发射原理不尽相同，以现代枪械、火炮和火箭为主要研究对象的外弹道学和射击理论，基本上也适用于其他具有射击武器特点的武器。它们的发射体的运动规律，一般均可以视为枪、炮弹丸或火箭战斗部运动的特例。

按照武器的结构和抛射弹丸（或战斗部）的原理不同，可将进行射击的武器分为以下主要类型。

1. 枪械

枪械指的是口径在 20mm 以下的发射弹头或其他杀伤物体的身管射击武器，枪械按性能可分为手枪、步枪、冲锋枪、轻机枪、重机枪和高射机枪。

枪械是步兵的主要武器，主要用于射击暴露的有生目标和低空目标，有的枪械还可发射枪榴弹，摧毁轻型装甲目标。

2. 火炮

火炮是口径在 20mm 以上的以火药气体压力抛射弹丸的射管射击武器，用于对地面、水上和空中目标射击歼灭和压制敌有生力量和技术兵器，摧毁各种防御工事和其他建筑物，以及完成其他任务。

火炮的主要性能指标有射程、射击精度、弹丸威力和机动性等。

3. 火箭筒

火箭筒是单人使用的发射火箭弹的轻武器，筒内无膛线，发射时无后坐力，装有红外线瞄准镜，可在夜间进行射击，直射距离一般为 100~300m，用于摧毁近距离内的装甲目标和军用工事。

4. 火箭炮

火箭炮是炮兵装备的多发联装火箭发射装置，主要用于对大面积目标射击，口径为 107~273mm，可一次发射一发至数十发火箭弹，火箭炮射速快，管数（或框、轨）多，火力猛，突袭性好，射程较多，机动性强，但射弹散布大，炮后危险性大，易暴露阵地。

5. 导弹

导弹是依靠自身动力按反作用原理推进，并能自引导战斗部打击目标的武器，主要由战斗部、动力装置、制导系统和弹体组成，战斗部装药可以是烈性炸药，也可以是核装药，动力装置分为火箭发动机和空气喷气发动机。

导弹按发射点和目标所在位置的不同可分为地地导弹、空地导弹、舰舰导弹、岸舰导弹、潜舰导弹、潜地导弹、空潜导弹、舰空导弹、潜空导弹；按攻击的兵器目标可分为反坦、反舰、反潜、防空、反辐射和反导弹等导弹；按飞行轨迹可分为弹道式导弹和巡航式导弹；按作战任务可分为战略导弹、战役导弹和战术导弹；按射程可分为近程导弹、中程导弹和远程导弹、洲际导弹等。

导弹的主要战术技术性能指标有射程、威力、精度、突防能力、可靠性、生存能力、机动能力等。

3.3.2 射击误差分析

在每次进行射击时，弹落点（炸点）一般不会正好与瞄准点重合，所以射击或发射是有误差的。例如，当用步枪或反坦克武器对垂直目标射击时，或者用火炮或导弹对地面目标射击时，弹落点便形成一个二维散布图形，其散布程度取决于武器的射击准确度与密集度。

3.3.2.1 决定射击诸元误差（系统误差）和射击准确度

在射击准备阶段，要做许多测量、计算工作，每个环节都会产生误差，如决定目标位置和测地的误差、弹道准备时的误差、气象条件测定时的误差、瞄准装置使用时的误差等，这些误差综合形成散布中心对瞄准点的偏差$\overline{\Delta C}$，称为决定射击诸元误差或诸元误差，也称系统误差、瞄准误差（图3-6）。

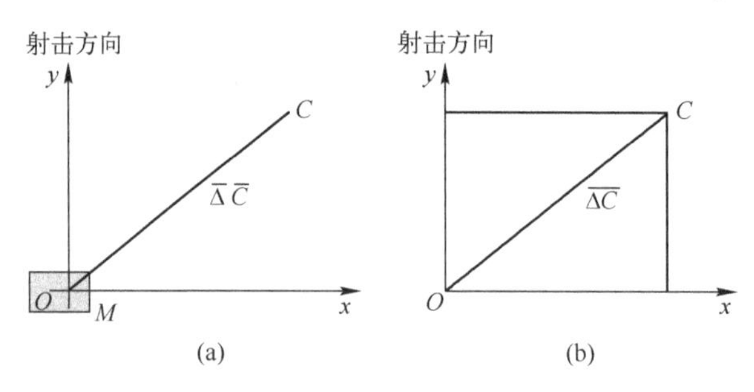

图3-6 诸元误差示意图

射击准确度指的是散布中心对瞄准点的偏离程度，由决定诸元误差的大小来衡量，因此射击准确度也称诸元精度。

射击的诸元误差是一个随机向量，它的起点在原点O，终点在散布中心C，根据概率论的中心极限定理可知，诸元误差是二维正态随机变量(x_C, y_C)。我们取瞄准点为原点O，y轴与射击方向一致，x轴与射击方向垂直，$\overline{\Delta C}$在x轴的投影为x_C，在y轴的投影为y_C，分别称为决定诸元方向误差和距离误差，再设σ_{x_C}，σ_{y_C}为x_C、y_C的均方差，$r_{x_c y_c}$为相关系数，则(x_C, y_C)的分布密度为

$$\phi(x_c, y_c)=\frac{1}{2\pi\sigma_{x_c}\sigma_{y_c}\sqrt{1-r_{x_c y_c}^2}}\exp\left[-\frac{1}{2(1-r_{x_c y_c}^2)}\cdot\left(\frac{x_c^2}{\sigma_{x_c}^2}-\frac{2r_{x_c y_c}}{\sigma_{x_c}\sigma_{y_c}}x_c y_c+\frac{y_c^2}{\sigma_y^2}\right)\right] \tag{3-3-1}$$

其中，x_C、y_C的期望值为0。

由上述分布密度可知x_C的边缘分布为

$$\varphi(x_c)=\frac{1}{\sqrt{2\pi}\sigma_{x_c}}\exp\left(-\frac{x_c^2}{2\sigma_{x_c}^2}\right) \tag{3-3-2}$$

设 E_d 满足：

$$P(|x_C-0|\leqslant E_d)=0.5 \tag{3-3-3}$$

则称 E_d 为 x_C 的中间误差，由

$$P(|x_C|\leqslant E_d)=\int_{-E_d}^{E_D}\frac{1}{\sqrt{2\pi}\sigma_{x_c}}\mathrm{e}^{-\frac{x_c^2}{2\sigma_{x_c}^2}}\mathrm{d}x_c=0.5 \tag{3-3-4}$$

得

$$\frac{2}{\sqrt{2\pi}\sigma_{x_c}}\int_0^{E_d}E^{-\frac{x_c^2}{2\sigma_{x_c}^2}}\mathrm{d}x_c=0.5$$

$$\Rightarrow\quad \frac{2}{\sqrt{\pi}}\int_0^{\frac{E_d}{\sqrt{2\sigma_{x_c}}}}\mathrm{e}^{-t^2}\mathrm{d}t\hat{=}\frac{2}{\sqrt{\pi}}\int_0^{\rho}\mathrm{e}^{-t^2}\mathrm{d}t=0.5 \tag{3-3-5}$$

则

$$\rho=\frac{E_d}{\sqrt{2}\sigma_{x_c}}\Rightarrow E_d=\sqrt{2}\rho\sigma_{x_c}$$

而由计算可知

$$\rho=0.476936$$

故

$$E_d=0.6745\sigma_{x_c} \tag{3-3-6}$$

同样，可设 E_f 为 Y_c 的中间误差，即有

$$E_f=\sqrt{2}\rho\sigma_{y_c} \tag{3-3-7}$$

则（x_c，y_c）的联合分布密度也可表示为

$$\hat{\varphi}(x_c,y_c)=\frac{\rho^2}{\pi E_dE_f\sqrt{1-r_{x_cy_c}^2}}\exp\left[-\frac{\rho^2}{1-r_{x_cy_c}^2}\cdot\left(\frac{x_c^2}{E_d^2}-2r_{x_cy_c}\frac{x_cy_c}{E_dE_f}+\frac{y_c^2}{E_f^2}\right)\right] \tag{3-3-8}$$

一般情况下，可假设 X_c 与 Y_c 是互相独立的，则有

$$\varphi(x_c,y_c)=\frac{1}{2\pi\sigma_{x_c}\sigma_{y_c}}\exp\left(-\frac{x_c^2}{2\sigma x_c^2}-\frac{y_c^2}{2\sigma y_c^2}\right) \tag{3-3-9}$$

和

$$\hat{\varphi}(x_c,y_c)=\frac{\rho^2}{\pi E_dE_f}\exp\left[-\rho^2\left(\frac{x_c^2}{E_d^2}+\frac{y_c^2}{E_f^2}\right)\right] \tag{3-3-10}$$

3.3.2.2 散布误差和射击密集度

由于各发弹每次发射时受很多随机因素的影响，如火炮的炮身温度、清洁程度的影响，弹药方面的弹头质量、形状、火药的质量等因素的影响，以及操

作、气象条件的随机影响等，因此用相同的射击诸元（同样的瞄准条件下）进行的连续多次发射中，各发弹的弹落点并不重合于一个点上，而是分布在散布中心周围的一定区域内，形成一种射弹散布现象，它使每枚弹的弹落点偏离散布中心，弹落点偏离散布中心的距离为 $\overline{\Delta}\overline{S}$，称为散布误差或散布偏差如图 3-7 所示。

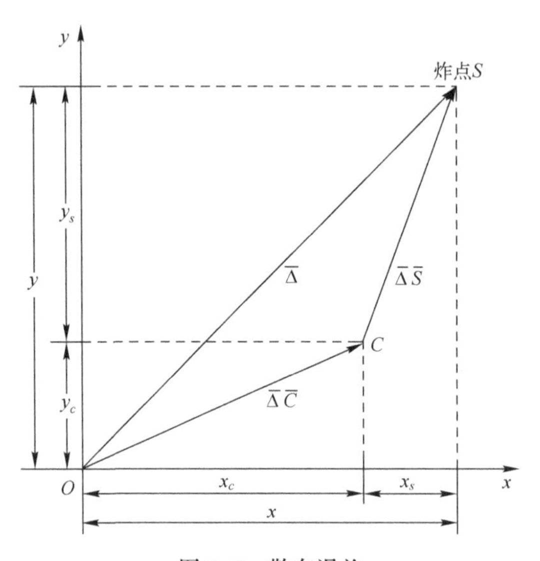

图 3-7　散布误差

将 $\overline{\Delta}\overline{S}$在 x 轴上投影后得到 x_S，称为散布的方向误差，$\overline{\Delta}\overline{S}$在 y 轴上的投影 y_S称为距离误差，一般认为散布的方向误差 x_S与距离误差 y_S是相互独立的正态分布，则 x_S与 y_S的联合分布密度为

$$\varphi(x_S,y_S)=\frac{1}{2\pi\sigma_{x_2}\sigma_{y_S}}\exp\left(-\frac{x_S^2}{2\sigma_{x_S}^2}-\frac{y_S^2}{2\sigma_{y_S}^2}\right) \tag{3-3-11}$$

式中　σ_{x_S}，σ_{y_S}——x_S和 y_S的均方差。

如设 B_d和 B_f分别是 x_S和 y_S的中间误差，则其密度可表示为

$$\widetilde{\varphi}(x_S,y_S)=\frac{p^2}{\pi B_d B_f}\exp\left[-\rho^2\left(\frac{x_S^2}{B_d^2}+\frac{y_S^2}{B_f^2}\right)\right] \tag{3-3-12}$$

射击密集度是指弹落点对散布中心的偏离程度，它是用散布误差的大小来衡量的，所以射击密集度也称散布程度，它反映了在同样的瞄准条件下射击各发弹对散布中心的离散程度。

3.3.2.3　射击误差和射击精度

任意一发弹的弹落点对瞄准点的偏差称作该发弹的射击误差（或发射误

差)。φ 是其误差在 x 轴上的投影；称为方向误差，φ 是其误差在 y 轴上的投影，称为距离误差，显然有

$$x=x_s+x_c,\quad y=y_s+y_c \tag{3-3-13}$$

则由前面所知的分布密度 $\varphi(x_c,y_c)$ 及 $\varphi(x_s,y_s)$ 可知射击误差的随机变量 (x,y) 的分布密度为

$$\varphi(x,y)=\frac{1}{2\pi\sigma_x\sigma_y\sqrt{1-r_{xy}^2}}\exp\left[-\frac{1}{2(1-r_{xy}^2)}\cdot\left(\frac{x^2}{\sigma_x^2}-\frac{2rxy}{\sigma_x\sigma_y}\cdot xy+\frac{y^2}{\sigma_y^2}\right)\right] \tag{3-3-14}$$

其中

$$\begin{cases}\sigma_x=\sqrt{\sigma_{x_s}^2+\sigma_{x_c}^2}\\ \sigma_y=\sqrt{\sigma_{y_s}^2+\sigma_{y_c}^2}\\ r_{xy}=\dfrac{k_{xy}}{\sigma_x\sigma_y}\end{cases} \tag{3-3-15}$$

式中　k_{xy}——x 与 y 的协方差。

由协方差的定义，可知

$$\begin{aligned}k_{xy}&=M(xy)-M(x)M(y)\\&=M(x,y)\\&=M((x_S+x_C)(y_S+y_C))\\&=M(x_S,y_S)+M(x_Sy_C)+M(x_Cy_S)+M(x_Cy_C)\\&=M(x_Cy_C)+M(x_C)M(y_C)\\&=k_{x_cy_c}\end{aligned} \tag{3-3-16}$$

故

$$r_{xy}=\frac{k_{x_cy_c}}{\sigma_x\sigma_y}=\frac{\sigma_{x_c}\sigma_{y_c}}{\sqrt{\sigma_{x_c}^2+\sigma x_s^2}\sqrt{\sigma y_c^2+\sigma y_s^2}}r_{x_cy_c} \tag{3-3-17}$$

现在设 E_x、E_y 分别表示 x 与 y 的中间误差，则有

$$\begin{cases}E_x=\sqrt{2}\rho\sigma_x=\sqrt{2}\rho\sqrt{\sigma x_c^2+\sigma y_c^2}=\sqrt{E_d^2+B_d^2}\\ E_y=\sqrt{2}\rho\sigma_y=\sqrt{E_f^2+B_f^2}\end{cases} \tag{3-3-18}$$

所以 (x,y) 的分布密度也可表示为

$$\hat{\varphi}(x,y)=\frac{\rho^2}{\pi E_xE_y\sqrt{1-r_{xy}^2}}\exp\left[-\frac{\rho^2}{1-r_{xy}^2}\left(\frac{x^2}{E_x^2}-\frac{r_{xy}}{E_xE_y}xy+\frac{y^2}{E_y^2}\right)\right] \tag{3-3-19}$$

式中　exp——指数函数。

需注意的是，上述随机变量 (x,y) 描述的并不是同一瞄准许条件下的多发弹的弹落点对瞄准点的散布，而是描述在相同的条件下多次独立射击（独立地决定每次发射的射击诸元）中，每次射击只发射一发弹的弹落点对瞄准点的散布特征。

在一般情况下，可假设 $r_{x_c y_c}=r_{xy}=0$，此时射击误差的分布密度具有标准形式：

$$\varphi(x,y)=\frac{1}{2\pi\sigma_{x_s}\sigma_{y_s}}\exp\left\{-\frac{1}{2}\left[\frac{(x-x_s)^2}{\sigma_{x_s}^2}+\frac{(y-y_s)^2}{\sigma_{y_s}^2}\right]\right\} \tag{3-3-20}$$

和

$$\hat{\varphi}(x,y)=\frac{\rho^2}{\pi E_x E_y}\exp\left[-\rho^2\left(\frac{x^2}{E_x^2}+\frac{y^2}{E_y^2}\right)\right] \tag{3-3-21}$$

射击精度表示弹落点对瞄准点的偏离程度，其大小就是用射击误差的大小表示的，所以射击精确度是射击准确度和射击密集度的总和。它是衡量武器装备的一个客观特征，在每一种型武器投入使用前都要通过试验等方法确定武器的射击精确度。

若单门火炮（火器）一次射击发射数发弹，则诸元误差（瞄准误差）是相同的，此时弹落点的分布可表示为

$$\varphi(x,y)=\frac{1}{2\pi\sigma_{x_s}\sigma_{y_s}}\exp\left[-\frac{1}{2}\left(\frac{(x-x_s)^2}{\sigma_{x_s}^2}+\frac{(y-y_s)^2}{\sigma_{y_s}^2}\right)\right] \tag{3-3-22}$$

其中期望值 (x_c,y_c) 是散布中心。

在实际应用中广泛使用的关于射击精度的描述指标是圆概率误差（CEP），它表示的是一个圆的半径 $R_{0.5}$，该圆以期望弹落点（或瞄准点）为圆心，弹落点有一半的可能落入该圆内。

在用圆概率误差描述射击精度的尺度时，通常都认为弹落点是满足“圆形”正态分布的（$\sigma=\sigma_x=\sigma_y$）。假设弹落点的分布密度有以下标准形式：

$$\varphi(x,y)=\frac{1}{2\pi\sigma^2}\exp[-(x^2+y^2)/(2\sigma^2)] \tag{3-3-23}$$

由圆概率误差的定义，可知

$$\begin{cases}\iint\varphi(x,y)\,\mathrm{d}x\mathrm{d}y=0.5\\ x^2+y^2\leqslant R_{0.5}^2\end{cases} \tag{3-3-24}$$

作变量替换

$$\begin{cases}x=r\cos\theta, & 0\leqslant\theta\leqslant 2\pi\\ y=r\sin\theta, & 0\leqslant r\leqslant R_{0.5}\end{cases} \tag{3-3-25}$$

式（3-3-24）变为

$$1-\exp[-R_{0.5}^2/(2\sigma^2)]=0.5 \tag{3-3-26}$$

故得到圆概率误差 CEP 为

$$\text{CEP}=R_{0.5}=\sqrt{2\ln 2}\,\sigma=1.1774\sigma \tag{3-3-27}$$

或

$$\text{CEP}=R_{0.5}=\frac{\sqrt{\ln 2}}{\rho}E=1.7456E \tag{3-3-28}$$

其中 $E=E_x=E_y$。

概率误差 PE 指的是随机变量 X 或 Y 的中间误差 E，其实际含义是将弹落点投影到 X 轴（或 Y 轴）上时，有 50%的投影坐标位于区间$[-E,E]$中，所以 $\text{PE}=E=0.67456\sigma$ 表示弹落点在一个方向上的散布量度。

如果弹落点不是圆正态分布，即 $\sigma_x\neq\sigma_y$，有时也使用圆概率误差来表示射击的精度。

3.3.3 对目标的毁伤分析

射击武器的性能最终要体现在对目标的毁伤上，如何准确刻画目标的毁伤是一个基础性问题，下面对相关要素和概念进行说明，然后给出两类定量描述模型。

3.3.3.1 描述目标毁伤的相关要素

1. 对非有生目标的毁伤标准

武器装备及工程设施的毁伤标准，通常根据作战目的和研究需要，分为若干等级，一般分为轻度毁伤、中等毁伤和严重毁伤，其具体标准为：

轻度毁伤：不妨碍装备设施立即使用的毁伤，使用人员稍加修理就可以使装备或设施恢复到正常使用状态。

中等毁伤：不对装备或设施进行大修就不能使用的毁伤。

严重毁伤：使装备或设施永远不能使用的毁伤。

受到中等程度毁伤的装备，通常都要停止使用，所以在一般作战条件下，使敌方的武器装备遭受中等毁伤就满足要求了，但在某些情况下，如在进攻构筑了防御工事的敌人阵地时，需要严重毁伤目标才能达到要求。

2. 人员的杀伤标准

人员的伤亡（战斗减员）不同于装备的毁伤，一般不能按毁伤程度来区分，凡是不能履行其职责的人员都可以认为是伤亡，当然在某些情况也对重伤和轻伤进行区分，在很多情况下，最好把人员的伤亡作为目标毁伤分析的基础，而不把装备毁伤作为基础。而有些重要目标，如导弹武器系统、桥梁和其他关键设施则应该主要讨论装备的损伤。

3. 弹头的效力

所谓弹头的效力（或称威力）指的是弹头毁伤一定目标的难易程度或效果的好坏，它主要与武器弹头的性能和种类有关，对于射击武器来说，应分别考虑与讨论各种武器的弹头效力。例如，炮兵的常规炮弹可分为榴弹、甲弹和特种弹，各类弹的效力是不同的。对于导弹来说，根据战斗部对目标的破坏作用，可将导弹的效力分为物理（机械）破坏效力（效应）、化学毁伤效力（效应）、光辐射效力、放射杀伤效力以及其他毁伤效力（如细菌、微生物等）。

4. 目标的易毁性

易毁性（易损性）是目标结构或武器装备在遭受特定武器攻击时毁伤的难易程度的定量量度。易毁性高（大）意味着目标容易被毁伤，易毁性低（小）则表示目标较难毁伤，目标的易毁性与目标的结构、坚固性、幅员、形状、关键部分的数量及位置有关。

目标的易毁性和炮弹（弹头）的效力是两个既有区别又有联系的概念，目标的易毁性是指在固定的某种武器的条件下，各种目标被毁伤的难易程度，而炮弹的效力是对于同一种目标而言，不同武器的弹头对目标的毁伤效果的大小。因此经常用一个数值来表示易毁性和炮弹（弹头）的效力，如平均必需命中弹数、毁伤面积等。

5. 目标易毁面积

目标实际形体在某一个我们关心的平面或曲面上（如地平面与射击方向垂直的平面上等）的投影面积称为受弹面积。

对于有些目标，在其实际幅员或受弹面积中，可明显地分离出一部分来，弹头命中这一部分后目标必然被毁伤，称这部分面积为易毁面积，而另外部分面积则是非致命的，弹头命中后不能毁伤目标。通常，易毁面积以其所占实际幅员或受弹面积的百分数来表示，记作 a。

对于有些目标不能清楚地划分为致命和非致命两部分时，可以用某些理论方法求出折算的易毁面积。

目标的易毁性常常用易毁面积来表示。

6. 毁伤半径

对于不击中目标也可毁伤目标的情况，通常使用一个简便的参数来估计，这个参数就是毁伤半径 r。r 是从弹落点起的一个距离，在这个距离上（内）目标遭受规定等级的毁伤的概率为50%。

由定义可看出，毁伤半径与目标的特性和弹头的类型两者都有关系，例如，对于一个特定的目标和毁伤等级来说，某弹头的毁伤半径 r 为一个值，而对于另一个目标和毁伤等级来说，该弹头的毁伤半径可能是另一个值。

7. 毁伤幅员

毁伤幅员是这样一个幅员，它的中心是目标的中心，只要一发弹落入该幅员内，目标必然被毁伤，落在该幅员外，目标肯定不被毁伤。在不同的情况下，毁伤幅员有不同的含义，如果弹落在目标幅员内一定毁伤目标，落在目标幅员外一定不毁伤目标，则毁伤幅员等于目标幅员，如果弹落在包含目标幅员在内的离目标幅员一定距离的区域内必然毁伤目标，则毁伤幅员等于目标幅员再向四周扩大毁伤半径的区域面积，对于依赖弹落点坐标的毁伤律的情况，毁伤幅员等于毁伤目标的条件概率 $P(x,y)$ 在全平面上的积分。

3.3.3.2 目标毁伤的量化分析——毁伤律

各种弹头毁伤目标基本上可分为两种情况：一种情况是只有当弹头直接命中目标时才能毁伤目标，如步枪子弹对坐标的毁伤、反坦克导弹对坦克的毁伤等，此时毁伤目标的概率与命中的弹数有关；另一种情况是弹头虽然没有命中目标，但能毁伤目标，毁伤目标的概率与弹落点相对于目标的位置有关。例如，有关炮兵发射的榴弹对人员或工程设施的毁伤。

根据以上两种情况，把目标毁伤概率的度量方法分为两类：数量毁伤律和坐标毁伤律，前者依赖命中弹数的毁伤律，后者依赖弹落点相对目标坐标的毁伤律。下面来简单讨论这两类毁伤律的一般性质。

1. 数量毁伤律

此时毁伤目标的概率为 $P(k)$，其中 k 表示命中目标的弹数。$P(k)$ 应具有以下性质。

（1）$k=0$ 时，$P(k)=0$；

（2）对任意 k，$P(k)\geqslant P(k-1)$；

（3）当 $k\to\infty$ 时，$P(k)\to 1$。

数量毁伤律又可分成零壹毁伤律、阶梯毁伤律和指数毁伤律。

1）零壹毁伤律

零壹毁伤律的一般形式为

$$P(k)=\begin{cases}0, & k<m\\ 1, & k\geqslant m\end{cases} \tag{3-3-29}$$

它表示当命中弹数少于 m 时，肯定不能毁伤目标；而当命中弹数大于或等于 m 时，必然毁伤目标。

一般来说，$m>1$ 的毁伤在实际中很少出现，也较少使用，仅有个别目标接近 $m=2$ 时的零壹毁伤律。例如，对某种较坚固的工事进行射击，命中一发不能破坏目标，再命中一发就很可能破坏目标，故后面讨论的零壹毁伤律，一般都是指 $m=1$ 的情况。

$m=1$ 的毁伤律，表示命中目标一发弹便可毁伤目标，而对于有的目标来说，如轻型工事、掩体、车辆等，不直接命中目标，也可毁伤目标，此时只要命中目标的毁伤幅员即可。

所谓毁伤幅员 S 指的是目标的幅员加上目标附近的一个区域，使一发弹命中此幅员 S 便能毁伤目标。目标毁伤幅员的大小与弹种（炮弹效力）、目标的易毁性有关，通常根据试验确定。

现设目标的毁伤幅员为 S，则 $m=1$ 时的零壹毁伤律可写成以下形式：

$$P(k)=p(x,y)=\begin{cases}0, & (x,y)\notin S\\ 1, & (x,y)\in S\end{cases} \tag{3-3-30}$$

式中　$(x,y)\in S$——至少有一发弹落点位于 S 中；

　　　$(x,y)\notin S$——各弹均落于 S 之外。

2）阶梯毁伤律

阶梯毁伤律的表示形式

$$P(k)=\begin{cases}0, & k<1\\ k/m, & 1\leqslant k<m\\ 1, & k\geqslant m\end{cases} \tag{3-3-31}$$

式中　m——参数。

当 $m=1$ 时，阶梯毁伤律与零壹毁伤律是相同的，均表示命中一发便能毁伤目标。

阶梯毁伤律的优点是体现了“毁伤积累”这一现象，因为前面命中的弹总会给目标造成一些损伤，从而使后面命中的弹更容易毁伤目标，即毁伤目标的可能性随着命中弹数的增加而提高。

阶梯毁伤律的缺点是很难通过试验确定 m，在试验中我们通常只能获得平均需多少弹才能毁伤目标，而很难获得一个绝对准确的毁伤目标所需的命中弹数。

3）指数毁伤律

假设命中目标的各弹没有损伤积累作用，则各次命中后毁伤目标的事件是相互独立的，表示命中目标的各弹毁伤目标的概率是相等的。

再设命中目标的各弹在目标的幅员内是均匀分布的，目标的相对易毁面积为 a，可知一发命中目标的弹毁伤目标的概率 P_1 为该弹落入目标易毁面积内的概率，故

$$P_1=a \tag{3-3-32}$$

如上假设，当目标被命中 k 发时，其毁伤的概率为

$$P(k)=1-(1-a)^k, \quad k=0,1,\cdots \tag{3-3-33}$$

设 $D(k)$ 表示命中目标 k 发弹，恰好在第 k 发命中弹毁伤目标的概率，则有

$$\begin{aligned} D(k) &= [1-P(k-1)]\cdot a \\ &=(1-a)^{k-1}a \end{aligned} \tag{3-3-34}$$

设 w 为毁伤目标所需的平均命中弹数，则

$$\begin{aligned} w = M(k) &= \sum_{k=0}^{\infty} k\cdot D(k) \\ &= \sum_{k=1}^{\infty} k(1-a)^{k-1}\cdot a \\ &= \frac{1}{a} \end{aligned} \tag{3-3-35}$$

故

$$\begin{aligned} P(k) &= 1-(1-a)^k \\ &=1-\left(1-\frac{1}{w}\right)^k \\ &=1-e^{k\ln\left(1-\frac{1}{w}\right)} \\ &\approx 1-e^{-k/w} \end{aligned} \tag{3-3-36}$$

称这样的毁伤律 $P(k)$ 为指数毁伤律。

当 $w=1$ 时，指数毁伤律为 $m=1$ 时的零壹毁伤律，此时应理解成命中一发即可毁伤目标，而不应理解成平均需要一发命中弹能毁伤目标。

指数毁伤律是建立在无损伤积累的假设基础上的，而且当 k 取有限值时，都有 $P(k)<1$，但实际上目标多少总有些毁伤积累作用，在命中的弹足够多时，总会将目标毁伤，所以在这方面指数毁伤律与事实有不太符合的地方。但由于指数毁伤律在计算射击效率指标时很方便，也比较准确，故得到广泛的应用。

2. 坐标毁伤律

坐标毁伤律可以分为平面的和空间的两种形式，现在讨论用炮弹攻击地面目标时的毁伤规律。假定目标位于原点 O，如发射一发弹，其落点在(x_1,y_1)，则用$P_1(x_1,y_1)$表示毁伤目标的条件概率，如发射两发弹，弹落点的位置分别为(x_1,y_1)和(x_2,y_2)，则毁伤目标的条件概率记为$P_2(x_1,y_1;x_2,y_2)$。

一般地，当发射 N 发弹时，N 发弹的落点分别为(x_1,y_1)，(x_2,y_2)，…，(x_N,x_N)，则毁伤目标的概率为

$$P_N(x_1,y_1;x_2,y_2;\cdots;x_N,y_N) \tag{3-3-37}$$

如果拟定各发弹毁伤目标的事件是互相独立的，不存在损伤积累，则 N 发弹的毁伤目标概率为

$$\begin{aligned}&P_N(x_1,y_1;x_2,y_2;\cdots;x_N;y_N)\\&=1-[1-P_1(x_1,y_1)][1-P_1(x_2,y_2)]\cdots[1-P_1(x_N,y_N)]\\&=1-\prod_{i=1}^{N}(1-P_1(x_i,y_i))\end{aligned} \tag{3-3-38}$$

在此情形下，只要讨论单发弹对目标的毁伤概率即可，故可记$P_1(x,y)=P(x,y)$。

与上述无损伤积累情况对应的是目标具有“损伤积累”的情况，所谓损伤积累，是指一发弹毁伤目标的概率与它前面发射的各发弹对该目标形成的毁伤程度有关，此时可能会出现这样的情况，尽管一发弹没有单独毁伤目标，但二发弹或若干发弹的联合作用就有可能毁伤目标，所以此时各发弹毁伤目标不是互相独立的事件，对于实际问题来说，完全无损伤积累的情况是不存在的。

坐标毁伤律具有以下一些性质。

1）$P(0,0)=1$

当弹头击中目标时，必定能毁伤目标，若考虑冲击波的作用，则还可能存在一个距离 R，使得当 $x^2+y^2\leqslant R_1^2$时，有 $P(x,y)=1$。

2）令 $P(x,y)=P(r\cos\theta,\ r\sin\theta)$，则对任意 θ，$0\leqslant\theta\leqslant2\pi$，有

$$P(r_1\cos\theta,r_1\sin\theta)\geqslant P(r_2\cos\theta,r_2\sin\theta),\quad 0\leqslant r_1\leqslant r_2 \tag{3-3-39}$$

这表示在以目标为中心的任意方向上，随着弹落点距目标距离增大，毁伤目标的概率 $P(x,y)$单调下降。

3）当$|x|\to\infty$，或$|y|\to\infty$时，$P(x,y)\to0$

此表示当弹落点离目标很远时，毁伤目标的可能性将很小。

4）设 y 轴方向与射击方向一致，则

$$P(x,y)=P(-x,y) \tag{3-3-40}$$

即 $P(x,y)$关于 y 轴对称，但 $P(0,y)$一般不是对称的。

坐标毁伤律 $P(x,y)$的类型很多，常见的有以下两类。

（1）高斯毁伤律（椭圆毁伤律）。

$$P(x,y)=\mathrm{e}^{-\frac{1}{2}\left(\frac{x^2}{\sigma_x^2}+\frac{y^2}{\sigma_y^2}\right)} \tag{3-3-41}$$

（2）区域毁伤律。

$$P(x,y)=\begin{cases}1, & (x,y)\in S\\0, & (x,y)\notin S\end{cases} \tag{3-3-42}$$

式中　S——某一区域。

上面讨论坐标毁伤律 $P(x,y)$ 时，都假设目标在原点 O，弹落点在 (x,y)，我们也可以把弹落点设在原点，则 $P(x,y)$ 就可表示为目标在 (x,y) 时该弹对其的毁伤概率，形式与前面讨论的一样，所以一般也可根据讨论问题的方便性来确定以哪个为坐标原点的毁伤律表示式。

3.3.4　射击效率分析基础

射击效率是指射击对目标的毁伤程度，或指完成给定战斗任务的有效程度。射击效率指标是用于评定武器在一定条件下的射击效率高低的定量指标，由于射击中受很多随机因素干扰，所以实际的射击结果是一种随机现象。一般用某种概率数值来表示射击的效率指标，用于表示武器在一定条件下的射击结果的统计规律性，通常用某种事件发生的概率或某随机变量的数学期望、方差等来表示。

3.3.4.1　射击效率指标的分类

1. 射击的可靠性

可靠性指标表示的是完成射击任务可能性大小的概率数值，如用 A 表示"完成射击任务"这一事件，则射击可靠性指标就是 A 事件出现的概率 $P(A)$。因为在某些射击情况下，由于弹药（时间）有一定的限制，故射击任务可能完成，也可能完不成，这时用可靠性指标就能反映出射击的效率，根据目标的情况不同，可靠性指标还可分为以下三种形式。

（1）对单个目标的射击。

此时毁伤目标表示完成了任务，所以完成任务的概率便是毁伤目标的概率。如对目标发射 N 发弹，则有

$$P(A)=\sum_{k=1}^{N}P(k)P(A/k) \tag{3-3-43}$$

式中　$P(k)$——发射 N 发命中 k 发的概率；

$P(A/k)$——在命中 k 发弹的条件下毁伤目标的概率。

（2）对集群目标的射击。

此时能否完成任务往往与毁伤单位目标相对数有关，而毁伤单位目标相对数 U 是一个离散型随机变量，故此时的可靠性指标表示为

$$P(A)=\sum_{i=1}^{n}P(U_i)P(A/U_i) \tag{3-3-44}$$

式中 n——集群目标中的单位目标数量；

$P(U_i)$——毁伤的相对目标数为 U_i 的概率；

（3）对面积目标的射击。

目标的毁伤程度此时用相对毁伤面积 U 来表示，它是连续型随机变量，故有

$$P(A)=\int_0^1 P(A/U)\mathrm{d}F(U) \tag{3-3-45}$$

式中 $F(U)$——U 的分布函数

$P(A/U)$——在相对毁伤面积为 U 的条件下毁伤目标的概率。

2. 对目标的毁伤能力

对目标的毁伤能力用于表示由射击造成的目标毁伤程度，主要用于集群目标和面积目，因为在对集群目标和面积目标射击时，总是希望尽可能多地毁伤集群目标中的单位目标数或相对数，以及面积目标中的面积或相对面积，故通常取目标毁伤部分的数学期望作为射击效率指标，并统一写成以下形式：

$$M(U)=\int u\mathrm{d}F(U) \tag{3-3-46}$$

式中 u——目标被毁伤部分 U 的可能值，若 U 的计量单位是单位目标的相对数或相对面积则积分限为 0~1；

$F(U)$——U 的分布函数；

$M(U)$——U 的数学期望。

另外，还用目标的毁伤部分的方差 $D(U)$ 或均方差 $\sigma(U)$ 作为辅助指标：

$$D(U)=\sigma^2(U)=\iint(u-M(U))^2\mathrm{d}F(U) \tag{3-3-47}$$

在对单个目标的射击中设集群目标的相对毁伤数为 U_i 条件下毁伤目标的概率为 $P(U_i)$，即

$$P(A/U_i)=U_i \tag{3-3-48}$$

则毁伤目标的概率

$$P(A)=\sum_{i=1}^{U}P(U_i)\cdot P(A/U_i)=\sum_{i=1}^{n}U_iP(U_i)=M(U) \tag{3-3-49}$$

所以从 $M(U)$ 中可以大致看出完成任务的可靠程度。

3. 射击的经济性

这一指标用于表示我方完成射击任务所付出的代价的高低，常用的经济性指标是在给定条件下完成射击任务所需的弹药消耗量的数学期望，另外还用弹药消耗量的均方差作为辅助指标。有时也用货币或其他价值形式表示射击的经济性指标。

4. 射击的迅速性

迅速性指标表示的是完成射击任务所需时间的长短，如完成射击任务所需的平均时间，或在给定的时间内完成任务的概率等。迅速性指标属于次要的指标，一般较少采用。

在评定武器的射击效率时，要选择合适的指标作为衡量的标准。合理地选择射击效率指标，具有重要意义，因为如错误地选择效率指标，就有可能导致错误的结论。经常有这样的情况，按某一个或几个效率指标来看，给定的武器射击效率是高的，但按另一个或几个指标来看，该武器的射击效率是低的。所以选择效率指标时一定要注意考虑具体的条件。

在选择射击效率指标时主要考虑的因素有研究目的、射击任务、目标的性质、武器的性能、弹药消耗量的限制、射击过程能否观察和修正射击等。

根据射击任务的不同，有时可选择单一的射击效率指标，有时也可选择几个指标，但这时应有一个是主要的指标，而对不同的目标射击时，应该给每类目标确定射击效率指标，并分别进行计算。

3.3.4.2　射击效率指标的评定方法

武器的使用条件是战斗中的对抗环境，最能反映射击效率的数据是战斗中的统计数据，但在实际工作中，一般不可能在战场上评定射击效率指标，特别是在武器研制中的论证与设计时，还没有实际的武器系统可供评定射击效率。因而此时要用其他方法来评定。评定射击效率指标的方法主要有试验法、解析法和统计试验法等。

试验法就是用进行专门的军事演习、实弹射击等试验，得出所要研究的随机变量（射击结果）的统计分布或经验值。

解析法是在分析与射击有关的各项条件和目标性质等基础上，用数学方法找出射击效率指标的数学表达式，然后计算各种不同条件下的效率指标及各种因素对指标的影响。这种方法虽然不能考虑影响射击效率的所有因素，但具有简单方便的优点，因而应用广泛。

统计试验法是按照事先规定的逻辑法则的数学模型，用计算机进行模拟，获得一系列随机现实，然后对这些现实进行统计处理，求出效率指标。

一般地，评定射击效率时大致包括以下步骤：①明确研究目的；②收集和分析资料，包括对目标的分析；③设定有关的战术、射击和其他条件；④选定效率指标；⑤建立数学模型，选择计算方法；⑥确定计算的基础数据，主要是有关射误差和目标毁伤方面的数据；⑦计算和分析结果，进行必要的试验，得出结论。

3.3.4.3 射击效率理论的用途

射击效率理论主要研究给定的条件下的射击效率和寻找使射击效率最大的条件。射击效率理论可有两个方面的应用。

1. 武器使用方面的应用

武器使用方面的问题有：对现有武器射击效率做出评价；确定武器的技术性能对射击效率的影响；确定战术和射击方法对射击效率的影响；比较各种射击方法的射击效率，从而确定最有效的射击方法和战术方法；估计参战双方的战斗效率及实力对比，确定最好的作战方案；确定完成任务所需的兵力，估计弹药消耗量，制定弹药消耗量的标准和确定较好的分配任务方案等。

2. 武器论证方面的应用

射击效率理论在武器论证方面，可确定武器系统方案的优劣。在新武器的设计阶段，可参与战术技术指标的论证和选定武器的合理结构方案，以及提出比较合理的战术技术要求。在武器的研制和试验阶段，可比较不同的设计方案，参与试验计划的制订，根据试验数据估计新武器的射击效率，评定它是否达到了战术技术要求及提出新武器使用方法的建议等。

参考文献

[1] 徐学文，王寿云．现代作战模拟［M］．北京：科学出版社，2001.
[2] 张最良，等．军事运筹学［M］．北京：军事科学出版社，1993.
[3] 李明，刘澎．武器装备发展系统论证方法与应用［M］．北京：国防工业出版社，2000.
[4] 徐培德，谭东风．武器系统分析［M］．长沙：国防科技大学出版社，2001.
[5] 胡晓惠，蓝国兴，等．武器装备效能分析方法［M］．北京：国防工业出版社，2008.
[6] 罗兴柏，刘国庆．陆军武器系统作战效能分析．北京：国防工业出版社，2007.
[7] 张剑．军事装备系统的效能分析、优化与仿真．北京：国防工业出版社，2000.
[8] 朱宝鎏，朱荣昌，熊笑非．作战飞机效能评估．北京：航空工业出版社，1993.
[9] 邵国培，等．电子对抗作战效能分析［M］．北京：解放军出版社，1998.

[10] 郭齐胜，等．装备效能评估概论［M］．北京：国防工业出版社，2005.
[11] 田棣华．高射武器系统的效能分析［M］．北京：国防工业出版社，1991.
[12] 万自明，廖良才，陈英武．武器系统效能评估模式研究［J］．系统工程与电子技术 22（2000）：3.
[13] 李廷杰．导弹武器系统效能及其分析．北京：国防工业出版社，2000.
[14] HU XIAO，LIN JIANFENG，WANG YUJU，LI KAI. Research on the Efficiency Evaluation of Naval Vessel Targets by Satellite Reconnaissance Based on Perceptibility Models［J］. Computer and Digital Engineering，2012，40（1）.
[15] XIANG Lei，YANG Xin，ZHANG Yang，YU Xiao-gang. Effectiveness Evaluation for Satellite System Based on Analytic Hierarchy Process and Fuzzy Theory［J］. Computer Simulation，2013，30（2）.
[16] Shen Y，Li X，Li Y. Research on simulation for countermine and its efficiency evaluation of early warning satellite［J］. Aerospace Electronic Warfare，2013.
[17] 常新龙，马章海，孙兵晓，等．某型导弹武器性能评估指标体系研究［J］．导弹试验技术，2008.（7）.
[18] 梁新，王恒，崔学良．基于系统效能指数法的大型武器装备价值评估［J］．海军工程大学学报，2021，33（5）：7.
[19] 沈丙振，缪建明，李晓菲，等．基于改进结构方程模型的陆军武器装备体系作战能力评估模型［J］．兵工学报，2021（042-011）.

第4章 武器系统的可靠性分析

由于武器系统越来复杂，成本和效能也越来越大，因此人们对其质量的要求也就越来越高，与此有关的可靠性分析、设计、试验以及可维修性和有效性等都是对武器系统分析评估的重要方面，了解有关可靠性的基本知识和理论对武器系统的性能分析具有重要作用。本章将介绍可靠性的基本概念和可靠性工程中的主要内容，还将介绍有效性和可维修性方面的问题。

4.1 可靠性的基本概念

武器系统的可靠性分析是应用广泛的可靠性研究的一个部分，清晰说明可靠性的相关概念以及可靠性的量化指标十分必要，本节主要阐述这两方面的内容，并针对武器系统的特点，补充了可维修性的相关研究内容。

4.1.1 可靠性的定义及数量化

4.1.1.1 可靠性的定义

产品的可靠性指的是产品在规定的条件下和规定的时间内，完成规定功能的能力。

这里的产品是指单独研究和分别试验的任何元件、器件、设备和系统，可以表示产品的总体、样品等。

可靠性与规定的条件有关，这里所指的条件包括使用时的环境条件如温度、湿度、振动、冲击、辐射等，使用时的应力条件，维护方法，贮存时的贮存条件，以及使用时对操作人员技术水平的要求。

产品的可靠性与规定的时间密切相关，因为随着时间的增长，产品的可靠性会下降，因此在规定的时间内，产品的可靠性将不同。另外，不同的产品所考虑的时间也是不同的，如导弹发射装置在发射时的可靠性的对应时间单位以分秒计算，而通信电缆的单位可以是年、月等。

产品的可靠性还与规定的功能有关，这里所指的规定的功能，指的是产品应具备的技术指标，怎样才算作完成规定的功能，事先一定要明确，只有对规定的功能作了明确的说明，才能对产品是否发生故障有准确的判断。

4.1.1.2 可靠性的数量化

上述可靠性的定义是一个定性的描述，其描述了产品质量的一个指标，所以应作定量化的描述。但是可靠性是很难用一个量来表示的，不同的场合和不同的情况要用不同的数量指标来表示产品的可靠性，同时系统的可靠性又具有不确定性，故可靠性的定量指标也是一个随机指标。可靠性的量化指标通常有可靠度、寿命和平均无故障工作时间等。

4.1.2 可靠性与寿命周期的关系

复杂系统的寿命周期可分为方案论证、审批、设计研制、生产试验、使用五个阶段，系统的可靠性与其寿命周期中各阶段的可靠性都相关。为了使研制的系统达到要求的可靠性水平，人们必须从方案论证到系统退役的整个寿命周期内，进行有效的可靠性活动。在寿命周期中，各阶段所进行的可靠性活动大致如下。

（1）方案论证阶段。

此阶段要确定系统的可靠性指标，对可靠性和成本进行粗略分析，制定投标申请时对可靠性的要求。

（2）审批阶段。

此阶段主要进行可靠性的初步评估，对可靠性和成本进行详细的分析，提出可靠性及其增强、验证试验等要求的指标申请要求，并评价和选择试制厂家。

（3）设计研制阶段。

此阶段主要对可靠性预测、分配和失效模式、效应及后果进行分析，进行可靠性增长和验证试验，对可靠性和成本进行更详细的综合分析，监督试制厂家的可靠性试验和评价，进行产品的具体设计。

（4）生产试验阶段。

此阶段按规范采购元器件和材料，不仅进行元器件的筛选和寿命试验，还进行系统失效分析和反馈，以及验收试验。

（5）使用阶段。

此阶段收集现场可靠性数据，以评定系统实际使用中的可靠性情况，为产品系统改进可靠性及改型工作提供依据。

在以上所述的系统寿命周期的各个阶段中，对可靠性影响最大的阶段是设

计研制阶段，其具体的影响程度为

	影响因素	影响程度
系统可靠性	1. 零部件、材料	30%
	2. 设计技术	40%
	3. 制造技术	10%
	4. 使用(运输、操作安装、维修)	20%

所以在实际工作中应把可靠性工作的重点放在系统的设计研制阶段，其主要原因是:

（1）设计规定了系统的固有可靠性。

系统固有可靠性是指系统从设计到制造整个过程中所确定的内在可靠性，它是产品的固有属性。如果在系统（产品）设计研制阶段没有认真考虑其可靠性问题，如材料、元器件选择不当，安全系数太低，检查、调整、维修不便等，则在以后工作中无论怎样注意制造、严格管理、精心使用，也难以使可靠性达到要求，所以在一定程度上可以说可靠性是设计出来的。

（2）现代社会中产品之间竞争激烈。

由于科学技术的迅速发展，产品的更新换代越来越快，寿命周期越来越短，因此要求新产品研制周期要短。在设计时如果不详细考虑可靠性维修性要求，等到试制、试用后发现问题时再来改进设计，势必会推迟产品投入市场和使用的时间，从而降低竞争能力。

（3）设计阶段提高可靠性的费用最低，效果最好。

据美国诺斯罗普公司估计，在设计研制阶段为改善可靠性与维修性所投入的 1 美元，将在以后的使用和支援费用方面节省 30 美元。

要提高可靠性水平，在设计中就要采用可靠性设计方法，所谓可靠性设计指的是，根据需要和可能，事先考虑可靠性诸因素的一种设计方法。

系统可靠性设计的主要工作内容包括可靠性分析（其中包括失效模式、效应及后果分析）与可靠性预测和分配等。

可靠性设计要做到基本确定产品的固有可靠性。设计时要对产品的性能、可靠性和费用等多方面的要求进行综合权衡，从而得到产品的最优设计。

4.1.3 可靠性的量化指标

4.1.3.1 可靠度与累积失效概率

可靠度是指产品在规定的条件下和规定的时间内，完成规定功能的概率。它是表示产品可靠性的一个数量指标，通常用 R 表示。由于可靠度是一个概率值，故 R 满足

$$0 \leqslant R \leqslant 1$$

产品丧失规定功能叫作“失效”（或称故障）。产品在规定的条件下，在规定的时间内丧失规定的功能的概率称为累积失效概率（或称不可靠度）记为 F。显然有

$$R+F=1$$

由定义可知，R 和 F 都是时间 t 的函数；R 和 F 的值一般要通过产品的大量试验来确定。

假设 N_0 个产品从 0 时刻开始在规定的条件下连续工作，$r(t)$ 表示时间从 0 到 t 产品累积失效个数，则从 0 到 t 时刻产品的累积失效概率为

$$F(t)=\frac{r(t)}{N_0}$$

可靠度为

$$R(t)=1-F(t)=\frac{N_0-r(t)}{N_0}$$

易见

(1) $r(0)=0, R(0)=1$;

(2) $r(\infty)=N_0, R(\infty)=0$;

(3) $r(t)$ 和 $R(t)$ 均是 $(0,\infty)$ 区间的单调函数。

假设 $r(t)$ 可微分，则

$$\begin{aligned} F(t) &= \frac{r(t)}{N_0} = \int_0^t \frac{1}{N_0} \mathrm{d}r(t) \\ &= \int_0^t \frac{1}{N_0} \frac{\mathrm{d}r(t)}{\mathrm{d}t} \cdot \mathrm{d}t \\ &= \int_0^t f(t)\,\mathrm{d}t \end{aligned}$$

称

$$f(t)=\frac{1}{N_0} \cdot \frac{\mathrm{d}r(t)}{\mathrm{d}t}$$

为失效（故障）密度函数，表示在 t 时刻的单位时间内，产品失效（故障）数与总产品数量的比。

易见 $F(t)$ 具有分布函数的性质，所以称其为累积失效分布函数。同时可看出：

$$f(t)=\frac{\mathrm{d}F(t)}{\mathrm{d}t}$$

$$f(t)=-\frac{\mathrm{d}R(t)}{\mathrm{d}t}$$

另外，设随机变量 ξ 表示产品的工作时间（失效前的时间），则有

$$F(t)=P\{\xi\leqslant t\}=\int_0^t f(t)\,\mathrm{d}t$$

$$R(t)=P\{\xi>A\}=\int_t^\infty f(t)\,\mathrm{d}t$$

4.1.3.2 失效率

失效率（故障强度）指的是，工作到某时刻尚未失效的产品，在该时刻后单位时间内发生失效的概率，记作 $\lambda(t)$。易知 $\lambda(t)$ 可表示为

$$\lambda(t)=\frac{\mathrm{d}r(t)}{N_s(t)\,\mathrm{d}t}$$

式中 $N_s(t)$——t 时刻尚未失效的产品数，$N_s(t)=N_0-r(t)$；

$\mathrm{d}r(t)$——t 时刻后，在 $\mathrm{d}t$ 时间内失效的产品数。

失效率一般取 10^{-5}/h 为单位，对高可靠度的产品，常用 10^{-9}/h 为单位，称为菲特（fit）。

对很多产品做大量试验后可知，失效率 $\lambda(t)$ 随时间的变化如图 4-1 所示，因其形状如浴盆，故称为浴盆曲线。

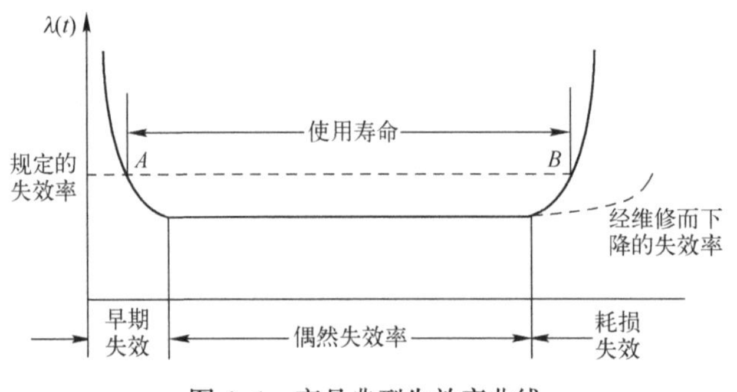

图 4-1 产品典型失效率曲线

由 $\lambda(t)$ 的定义，可得

$$\lambda(t)N_s(t)=\frac{\mathrm{d}r(t)}{\mathrm{d}t}$$

又由于

$$R(t)=\frac{N_s(t)}{N_0}=1-\frac{r(t)}{N_0}$$

故

$$\frac{\mathrm{d}r(t)}{\mathrm{d}t}=-\frac{1}{N_0}\cdot\frac{\mathrm{d}r(t)}{\mathrm{d}t}$$

$$\lambda(t)=-\frac{N_0}{N_s(t)}\cdot\frac{\mathrm{d}R(t)}{\mathrm{d}t}$$

$$R(t)=\mathrm{e}^{-\int_0^t\lambda(t)\mathrm{d}t}$$

当 $\lambda(t)=\lambda=\mathrm{cos}t$ 时，有

$$R(t)=\mathrm{e}^{-\lambda t}$$

这就是常用的指数分布可靠度函数。进一步有

$$F(t)=1-\mathrm{e}^{-\lambda t}$$

4.1.3.3 可靠性的寿命特征

寿命对于不可修复的产品指的是发生失效前的工作时间，对于可修复的产品指的是相邻两个故障间的工作时间，也称无故障工作时间。

平均寿命指的是寿命的平均值，对于不可修复产品是指失效前工作时间的平均值，其是指平均无故障时间（meantime to failure，MTTF）。对于可修复产品，是指无故障工作时间的平均值，称为平均无故障工作时间（meantime between failure，MTBF）

由定义可知，MTTF 为随机变量 ξ 的数学期望，即

$$\begin{aligned}\theta=\mathrm{MTTF}&=\int_0^{\infty}tf(t)\mathrm{d}t\\&=\int_0^{\infty}t\left(\frac{\mathrm{d}R}{\mathrm{d}t}\right)\mathrm{d}t\\&=-[t\cdot R(t)]\big|_0^{\infty}+\int_0^{\infty}R(t)\mathrm{d}t\\&=\int_0^{\infty}R(t)\mathrm{d}t\end{aligned}$$

若

$$R(t)=\mathrm{e}^{-\lambda t}$$

则有

$$\theta=\mathrm{MTTF}=\int_0^{\infty}\mathrm{e}^{-\lambda t}\mathrm{d}t=\frac{1}{\lambda}$$

对于可完全修复的产品，因修复后的产品的状态与崭新的产品完全一样，

所以有

$$\mathrm{MTBF}=\mathrm{MTTF}=\int_0^{\infty} R(t)\,\mathrm{d}t$$

4.1.4 维修性及其主要数量指标

产品一般分为可维修的和不可维修的两种，不可维修的产品是指产品失效后不能或不值得去修理的，对于可维修的产品，为了保持或恢复产品能完成规定功能的能力所采取的技术管理措施称为维修。

维修性指的是在规定的条件下使用的产品，在规定的时间内按规定的程序和方法进行维修时，保持或恢复到能完成规定功能的能力。

与可靠性一样，维修性也需要定量化，其定量化指标是维修度，记作 $M(t)$，其定义：在规定的条件下使用的产品，在规定时间内按照规定的程序和方法进行维修时，保持或恢复到完成规定功能状态的概率。

易见，维修度是时间的函数，时间越长，完成维修的概率越大，故 $M(t)$ 也称维修度函数。现假设修复时间为 T，则 T 是随机变量，且

$$M(t)=P\{T\leqslant t\}$$

可见 $M(t)$ 与 $F(t)$ 的数学形式是相同的，对维修度也可像讨论可靠度一样引入类似的概念。

首先 $M(t)$ 是非减函数，当 $f(t)=0$ 时，$M(t)=0$；当 $t\to\infty$ 时 $M(t)\to 1$，故 $M(t)$ 具有分布函数的特点。

对应于失效率，我们引入修复率的概念，修复率指的是修理时间已达到某个时刻但尚未修复的产品在该时刻后的单位时间内完成修理的概率，记为 $\mu(t)$，表示为

$$\mu(t)=\frac{\mathrm{d}M(t)}{[1-M(t)]\mathrm{d}t}=\frac{M(t)}{1-M(t)}$$

若修复率 $\mu(t)=M=$常数，则 $M(t)$ 为指数分布：

$$M(t)=1-\mathrm{e}^{-\mu t}$$

产品修理所需要的时间称为修复时间，而平均修复时间（mean time to repair，MTTR）是修复时间的平均值，当 $M(t)$ 为指数函数时，有

$$\mathrm{MTTR}=\frac{1}{\mu}$$

4.1.5 有效性

对于可修复性系统，除了要考虑可靠性还要考虑维修性，而有效性是综合

了可靠性和维修性的广义的可靠性概念。

有效性是指在规定的使用和维修条件下的产品，在某一时刻开始工作时，具有规定功能的能力。

对于可维修的产品，虽然发生了故障，但因为它在允许的时间内修理完毕，又能正常工作了，所以相当于增加了正常工作的概率。

有效性的定量指标是有效度，它也是时间的函数。在某给定的时刻，产品正常工作的概率实际上是瞬时有效度。

在实际工作中还经常使用稳定有效度（或称极限有效度，平均有效度），其表示为

$$A=\frac{\text{能工作时间}}{\text{能工作时间}+\text{不能工作时间}}$$

该式中的不能工作时间包括一切维修时间和停机时间。

当产品只因故障或修复故障而停机时，有

$$A=\frac{\mathrm{MTBF}}{\mathrm{MTBF}+\mathrm{MTTR}}$$

4.2 武器系统可靠性分析的基本模型

基于 4.1 节的可靠性相关概念，本节重点阐述武器系统可靠性分析的基本模型，大体包括不维修系统的可靠性分析和可维修系统的可靠性分析两方面内容。

4.2.1 不维修系统的可靠性分析

4.2.1.1 通用可靠性模型

在分析与研究系统可靠性时，往往要建立表示系统中各部分之间关系的各种图。例如，电子线路图表示的是系统中各电子元器件之间工作上的联系，原理方框图表示系统中各部分之间的物理关系，可靠性逻辑框图则表示系统中各部分之间的功能关系。

可靠性模型指的是系统可靠性逻辑框图（或称可靠性方框图）及其数学模型，利用可靠性模型可以定量地计算系统可靠性指标。

在进行系统的设计时，首先根据设计任务要求，构造出原理图，进而画出可靠性逻辑框图，建立数学模型，然后再作可靠性的预测和分配。

例如，收音机的原理如图 4-2 所示，其可靠性框图如图 4-3 所示。

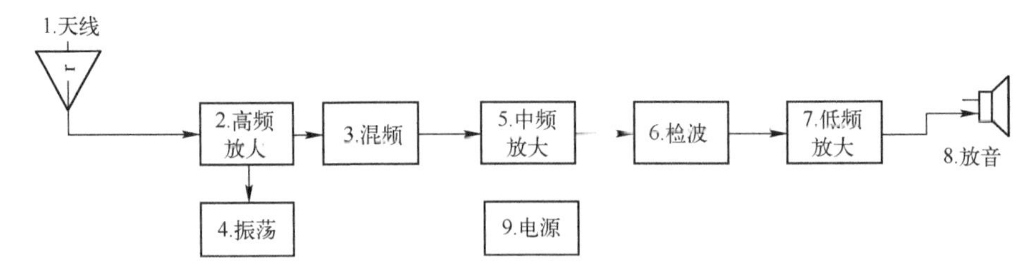

图4-2　收音机的原理

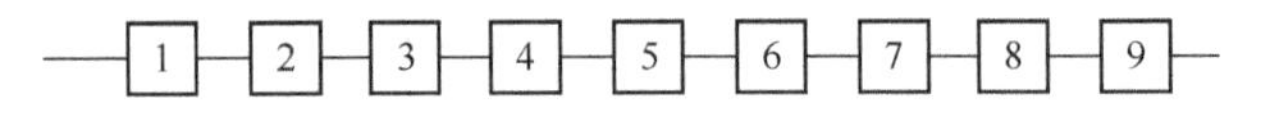

图4-3　收音机的可靠性框图

由图4-2和图4-3可以看出，系统内部之间的物理关系的功能关系是有很大差别的，在建立可靠性框图时需特别注意。随着设计工作的进展，需绘制出一系列的可靠性逻辑框图，这些框图越画越细，直至组件级的可靠性框图。若知道了组件中各单元的可靠性指标，就可由下一级的逻辑框图及数学模型计算上一级的可靠性指标，这样逐步向上推，直到算出系统的可靠性指标。这就是利用系统可靠性模型及已知单元可靠性指标预测或估计系统可靠性指标的过程。

下面讨论不维修系统可靠性模型时为了简化，作以下假设。

（1）系统和单元只具有正常或失效两种状态。

（2）各单元是独立的，即某单元是否失效不会对另一单元产生影响。

4.2.1.2　简单系统的可靠性模型

1. 串联模型

可靠性串联系统是最常见的和最简单的，许多实际工程系统都是可靠性串联或以串联系统为基础的。

在串联系统中，任意单元的失效均可导致系统失效。其逻辑框图为

—[1]—[2]—[3]——[n]—

根据串联系统的定义及逻辑框图，其数学模型为

$$R_s(t) = \prod_{i=1}^{n} R_i(t)$$

式中　$R_s(t)$——系统的可靠度；

$R_i(t)$——第 i 个单元的可靠度。

（1）若

$$R_i(t)=e^{-\lambda_i t},\quad i=1,2,\cdots,n$$

则

$$R_s(t)=\prod_{i=1}^{n} e^{-\lambda_i t}=e^{-\sum \lambda_i t}$$
$$=e^{-\lambda_s t}$$

式中　λ_s——系统的失效率，$\lambda_s=\sum_{i=1}^{n}\lambda_i$。

系统的平均无故障工作时间为

$$\mathrm{MTBF}_s=\frac{1}{\lambda_s}=\frac{1}{\sum_{i=1}^{N}\lambda i}$$

所以为提高串联系统的可靠性，应当提高单元可靠性，即减小 λ_i；尽可能减小单元数目；或等效地缩短任务时间 t。

（2）若 λ_i 不是常数，则

$$R_s(t)=\prod_{i=1}^{n}\exp\left[-\int_0^t\lambda_i(t)\mathrm{d}t\right]$$
$$=\exp\left[-\int_0^t\sum_{i=1}^{n}\lambda_i(t)\mathrm{d}t\right]$$
$$=\exp\left[-\int_0^t\lambda_s(t)\mathrm{d}t\right]$$

即系统失效率 $\lambda_s(t)=\sum\lambda_i(t)$。

2. 并联模型

组成系统的所有单元都失效时才失效的系统叫作并联系统。

$$F_s(t)=\prod_{i=1}^{n}F_i(t)$$

其中

$$F_s(t)=1-R_s(t)$$
$$F_i(t)=1-R_i(t)$$

故

$$R_s(t)=1-\prod_{i=1}^{n}[1-R_i(t)]$$

由 $R_s(t)$ 的模型可以看出，n 越大，$R_s(t)$ 就越大。

并联系统是最简单的冗余系统，从完成系统功能来说，仅有一个单元也能完成，而采用多单元并联是为了提高系统可靠性，即采取耗用资源代价来换取可靠性的提高。

如

$$R_i(t)=e^{-\lambda_i t},\quad i=1,2,\cdots,n$$

则

$$R_s(t)=1-\prod_{i=1}^{n}(1-e^{-\lambda_i t})$$

例 4.1 设 $n=2$，则

$$R_s(t)=e^{-\lambda_2 t}-e^{-(\lambda_1+\lambda_2)t}$$
$$=e^{-\int_0^t \lambda s(t)\,dt}$$

因

$$\lambda_s(t)=-\frac{1}{R_s(t)}\cdot\frac{dR_s(t)}{dt}$$
$$=\frac{\lambda_i e^{-\lambda_1 t}+\lambda_2 e^{-\lambda_2 t}-(\lambda_1+\lambda_2)e^{-(\lambda_1+\lambda_2)t}}{e^{-\lambda_1 t}+e^{-\lambda_2 t}-e^{-(\lambda_1+\lambda_2)t}}$$
$$=(\lambda_1+\lambda_2)-\frac{\lambda 1 e^{-\lambda_2 t}+\lambda 2 e^{-\lambda_1 t}}{e^{-\lambda_1 t-e^{-\lambda_2 t}}}$$
$$\neq \text{常数}$$

所以其寿命

$$\text{MTBF}_s=\int_0^\infty R_s(t)\,dt=\frac{1}{\lambda_1}+\frac{1}{\lambda_2}-\frac{1}{\lambda_1+\lambda_2}$$

是常数。

4.2.1.3 贮备系统的可靠性模型

为了提高系统的可靠性，可对系统中的某些部件或子系统增加一套或多套，作为系统的贮备（备份），进而构成贮备系统，提高系统的可靠性。贮备系统按工作特点可分为两种模式。

（1）工作贮备：与产品的基本成分处于同样工作状态的贮备。

（2）非工作贮备：与产品的基本成分不同时工作，仅在基本成分失效时才工作的贮备。

1. 简单并联贮备模型

设有 n 个单元并联，每个单元均有 $\lambda_i=\lambda$，则

$$R_s(t) = 1 - (1 - e^{-\lambda_t})^n$$

$$\mathrm{MTBF}_s = \int_0^{\infty} R_s(t)\,\mathrm{d}t = \frac{1}{\lambda} + \frac{1}{2\lambda} + \cdots + \frac{1}{n\lambda}$$

简单并联贮备模型的优点是：①结构简单；②可靠度明显提高，特别是当 n 从 1 增加到 2 时最明显。

2. n 中取 r（r/n）模型

当组成该系统的 n 个单元中，不失效单元数不少于 $r(1 \leqslant r \leqslant n)$ 时系统就不会失效，则称为 n 中取 $r(r/n)$ 系统。

例 4.2 有 4 台发动机的飞机，必有 2 台以上发动机正常工作，飞机才能安全飞行，这就是 4 中取 2 的系统。

若

$$R_I(t) = R(t) \quad i = 1, 2, \cdots, n$$

则

$$R_s(t) = \sum_{i=0}^{n-r} C_n^i R(t)^{n-i} [1 - R(t)]^i$$

当 $r=1$ 时，为并联系统，$r=n$ 时，为串联系统。

若 $\lambda_i(t) = \lambda$，则

$$\mathrm{MTBF}_s = \int_0^{\infty} R_s(t)\,\mathrm{d}t = \frac{1}{n\lambda} + \frac{1}{(n-1)\lambda} + \frac{1}{(n-2)\lambda} + \cdots + \frac{1}{r\lambda}$$

3. 混合式储备模型

(1) 串并联模型。

其逻辑框图为

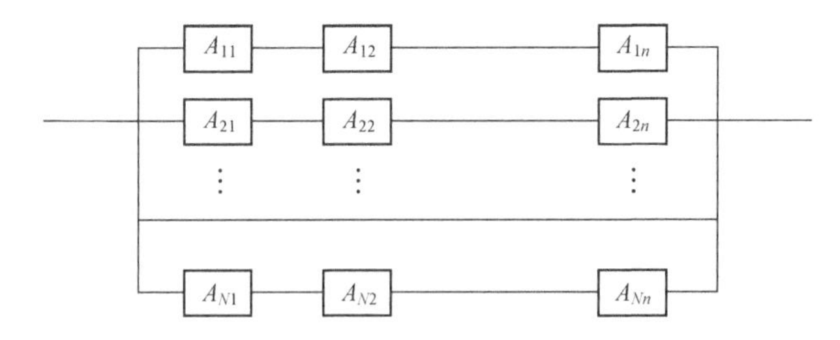

当 $R_{ij} = R$ 时，有

$$R_{sp}(t) = 1 - [1 - R^n(t)]^N$$

（2）并串联模型。

其逻辑框图为

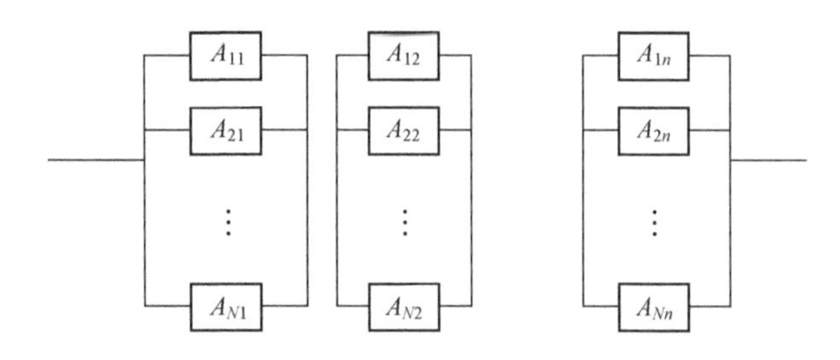

其可靠度的数学模型为

$$R_{ps}(t)=\{1-[1-R(t)]^N\}^n$$

比较 R_{sp} 和 R_{ps} 的表示式可以看出，并串联系统的可靠度要比串并联系统的可靠度高。

4. 变数表决贮备系统

它是 n 中取 r 的一个特例。系统将 $2n+1(n\geqslant 1)$ 个以上的并联单元的输出进行比较，把多数单元出现相同的输出作为系统的输出。

其逻辑框图如下。

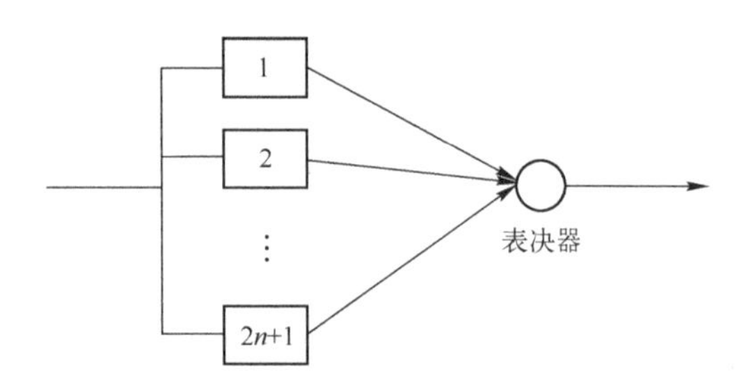

当 $\lambda_i(t)=\lambda(i=1,2,\cdots,2n+1)$ 时，则

$$\begin{aligned}R_s(t)&=\left\{\sum_{i=0}^{2n+1-r}C_{2n+1}^{i}R^{2n+1-i}(1-R)^{i}\right\}R_m\\&=\left\{\sum_{i=0}^{2n+1-r}C_{2n+1}^{i}e^{-\lambda t(2n+1-i)}(1-e^{-\lambda t})^{i}\right\}e^{-\lambda_m t}\end{aligned}$$

式中 r——使系统正常工作必需的最少单元数，$r>n$；

λ_m——表决器的失效率；

R_m——表决器的可靠度。

当 $R_m=1$ 时，该系统为 n 中取 r 模型。

5. 非工作贮备模型

非工作贮备系统，也称旁联系统，组成此种系统的 n 个单元中只有一个单元工作。当工作单元失效时通过失效监测装置及转换装置接到另一个单元进行工作。其可靠性逻辑框图如下。

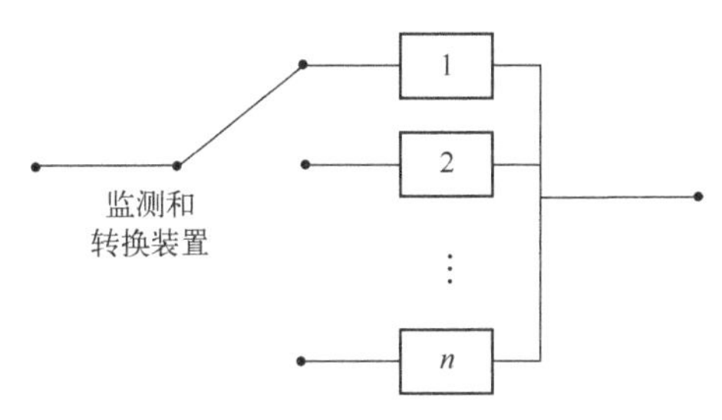

(1) 当 $\lambda_i(t)=\lambda$，$i=1,2,\cdots,n$ 且失效监测和转换装置的可靠度为 1 时，系统的可靠度服从泊松分布：

$$R_s(t)=\mathrm{e}^{-\lambda t}\prod_{k=0}^{n-1}\frac{(\lambda t)^k}{k!}$$

$$\mathrm{MTBF}_s=\int_0^{\infty}R(t)\,\mathrm{d}t=\frac{n}{\lambda}$$

(2) 设有两个单元：A_1和 A_2，其中，$R_1(t)=\mathrm{e}^{-\lambda_1 t}$，$R_2(t)=\mathrm{e}^{-\lambda_2 t}$，失效监测装置的可靠度为 1。

现再设 A 为系统正常工作事件（t 时刻），A_i为单元 A_i正常工作事件，则

$$A=A_1U(\overline{A}_1\cap A_2)$$

从而

$$P(A)=P(A_1)+P(\overline{A}_1\cap A_2)$$

其中

$$P(A_1)=R_1(t)=\mathrm{e}^{-\lambda_1 t}$$

$\overline{A}_1\cap A_2$表示 A_1单元从 0 一直工作到 t_1时刻发生故障，故此事件的概率为

$$f(t_1)\mathrm{d}t_1=F'(t_1)\mathrm{d}t_1=\lambda_1\mathrm{e}^{-\lambda_2 t_1}\mathrm{d}t_1$$

当 A_1发生故障时，A_2单元接着工作到 t 时刻，故其概率为 $R_2(t-t_1)=\mathrm{e}^{-\lambda_2(t-t_1)}$，事件同时发生时，其概率为

$$R_2(t-t_1)\cdot f(t_1)$$

t_1可从 0 到 t 变化，故

$$
\begin{aligned}
P(\bar{A}_1 \cap A_2) &= \int_0^t R_2(t - t_1) f_1(t_1)\,\mathrm{d}t_1 \\
&= \int_-^t \lambda_t \mathrm{e}^{-\lambda_2(t-t_1)} \mathrm{e}^{-\lambda_2 t_1} \mathrm{d}t_1 \\
&= \lambda_1 \mathrm{e}^{-\lambda_2 t} \int_0^t \mathrm{e}^{-(\lambda_1-\lambda_2)t_1} \mathrm{d}t_1 \\
&= \lambda_1 \mathrm{e}^{-\lambda_2 t} \left[-\frac{1}{\lambda_1 - \lambda_2} \mathrm{e}^{-(\lambda_1-\lambda_2)t} \right] \Bigg|_0^t \\
&= \lambda_1 \mathrm{e}^{-\lambda_2 t} \left\{ -\frac{1}{\lambda_1 - \lambda_2} \left[\mathrm{e}^{-(\lambda_1-\lambda_2)t} - 1 \right] \right\} \\
&= \frac{\lambda_1}{\lambda_1 - \lambda_2} (\mathrm{e}^{-\lambda_2 t} - \mathrm{e}^{\lambda_1 t})
\end{aligned}
$$

故

$$
R_2(t) = \mathrm{e}^{-\lambda_1 t} + \frac{\lambda_1}{\lambda_1 - \lambda_2} (\mathrm{e}^{-\lambda_2 t} - \mathrm{e}^{-\lambda_1 t})
$$

而

$$
\mathrm{MTBF}_s = \int_0^\infty R_s(t)\,\mathrm{d}t = \frac{1}{\lambda_1} + \frac{1}{\lambda_2}
$$

4.2.1.4 混联系统可靠性模型

下面用一个例子来说明混联系统可靠性模型。假设一个系统有以下可靠性逻辑框图：

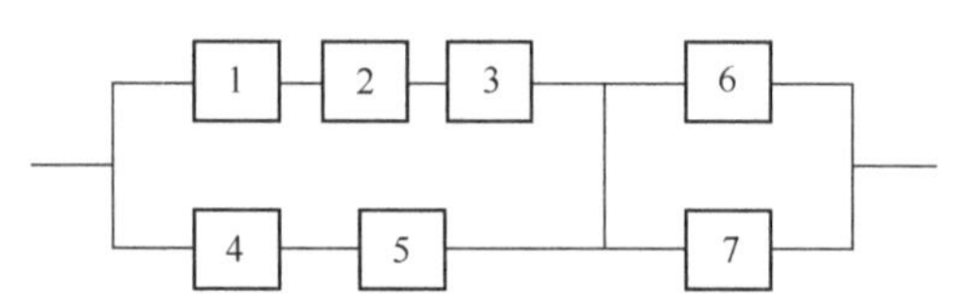

则此模型可看作以下简化模型：

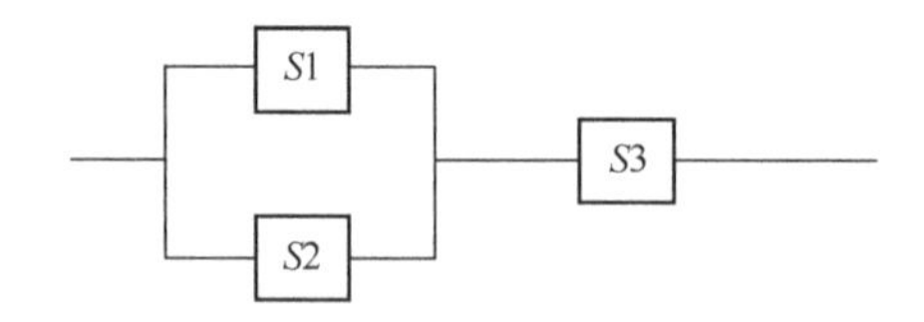

其中

$$
R_{S1} = R_1 \cdot R_2 \cdot R_3
$$

$$
R_{S2} = R_4 R_5
$$

$$
R_{S3} = 1 - (1 - R_1) \cdot (1 - R_7) = R_6 + R_7 - R_6 R_7
$$

故

$$
\begin{aligned}
R_s &= [1-(1-R_{S1})(1-R_{S2})] \cdot R_{S3} \\
&= (R_{S1}+R_{S2}-R_{S1}R_{S2}) \cdot R_{S3} \\
&= (R_1R_2R_3+R_4R_5-R_1R_2R_3R_4R_5)(R_6+R_7-R_6R_7)
\end{aligned}
$$

4.2.1.5 一般网络的可靠性

系统可靠性框图除了上述串并联、各种工作贮备、非工作贮备等典型结构外，还有一类不属于简单串并联的复杂系统，如通信网络、电路网络、交通网络等，在这种情况中，要建立其可靠性数学模型是比较困难的。通常用一般网络可靠性的求法，大体上有状态枚举法、概率图法、全概率分解法、最小路法、网络拓扑法和蒙特卡罗模拟法等。前几种方法仅适用于小型网络的手工计算，最小路法目前应用最广，而以图论方法为基础的网络拓扑法正在迅速发展。本节的讨论仍限于不可维修网络。为了便于讨论，下面首先介绍结构函数的概念。

1. 结构函数

为简化分析，设部件和系统都是两态的（故障或成功）。系统 S 由 n 部件组成，用二值变量 x_i 表示第 i 个部件状态，$x_i=1$ 表示成功，$x_i=0$ 表示故障，则系统状态可用下述结构函数表示：

$$\phi(\boldsymbol{X})=\phi(x_1,x_2,\cdots,x_n)$$

式中 X——n 维向量。$\phi(\boldsymbol{X})=1$ 表示系统成功，$\phi(\boldsymbol{X})=0$ 表示系统故障。

若 $\phi(\boldsymbol{X})\leqslant\phi(\boldsymbol{Y}),\boldsymbol{X}\leqslant\boldsymbol{Y}$，即 $x_i\leqslant y_i,i=1,2,\cdots,n$，其中 $\boldsymbol{X}$、$\boldsymbol{Y}$ 都是 n 维向量；则称结构（函数）$\phi(\boldsymbol{X})$是单调的。

若 $\exists\boldsymbol{X}$（存在某个 $\boldsymbol{X}$）使 $\phi(1_i,X)=\phi(0_i,X)$成立，则称部件 i 对于结构 $\phi(X)$无关。否则称为关联的。其中记号

$$
\begin{aligned}
(1_i,\boldsymbol{X})&=(x_1,x_2,\cdots,x_{i-1},1,x_{i+1,}\cdots,x_n),\\
(0_i,\boldsymbol{X})&=(x_1,x_2,\cdots,x_{i-1},0,x_{i+1}\cdots,x_n)
\end{aligned}
$$

若多单元系统的结构是单调的，每个单元对系统结构 ϕ 是关联的，则称为单调关联系统。

若多单元系统的结构是非单调的，每个单元对系统结构 ϕ 是关联的，则称为非单调关联系统。

对结构无关的单元不影响系统性状，所以为简单，可以取消无关单元，这里不予讨论。

最小路集是系统中单元状态变量的一种子集，当子集中所有单元完好时，系统完好，而其中任意单元故障时系统也发生故障。

结构函数可以用全部最小路集表示为

$$\phi(\boldsymbol{X})=\prod_{j=1}^{P}\rho_j(\boldsymbol{X}),\quad \rho_j(\boldsymbol{X})=\prod_{j\in\rho_j}x_j$$

式中 $\rho_j(X)$——最小路集；

P——最小路集个数。

最小割集是系统中单元状态变量的另一种子集，当子集中所有单元发生故障时，系统必然发生故障，而其中任意单元完好时系统不发生故障。

结构函数可以用全部最小割集表示为

$$\phi(\boldsymbol{X})=\prod_{j=1}^{p}k_j(X),\quad k_j(X)=\prod_{j\in k_j}x_j$$

式中 $k_j(X)$——最小割集；

p——最小割集个数。

设系统 S 的结构函数为 $\phi(\boldsymbol{X})$，而系统 S^p 的结构函数为

$$\phi^p(\boldsymbol{X})=1-\phi(1-\boldsymbol{X}) \tag{4-2-1}$$

其中

$$(1-\boldsymbol{X})=(1-x_1,1-x_2,\cdots,1-x_n)$$

则 S^p 称为 S 的对偶系统，$\phi^n(\boldsymbol{X})$ 为 $\phi(X)$ 的对偶结构函数。

容易验证，$\phi(\boldsymbol{X})$ 的一个最小路集是 $\phi^p(\boldsymbol{X})$ 的一个最小割集。$\phi(\boldsymbol{X})$ 的一个最小割集是 $\phi^p(\boldsymbol{X})$ 的一个最小路集。

要注意对偶和互补的概念是不同的。结构函数 $\phi(\boldsymbol{X})$ 的补函数为

$$\overline{\phi}(\overline{\boldsymbol{X}})=1-\phi(\boldsymbol{X}) \tag{4-2-2}$$

显然式（4-2-2）和式（4-2-1）是不同的，$\phi(\boldsymbol{X})$ 和 $\overline{\phi}(\overline{\boldsymbol{X}})$ 描述同一系统的成功和失效，而 $\phi(\boldsymbol{X})$ 和 $\phi^p(\boldsymbol{X})$ 则描述两个互相对偶的不同系统的成功。

例如，二单元 x_1 和 x_2 的并联系统：

$$\phi(\boldsymbol{X})=x_1\cup x_2=x_1+x_2-x_1x_2$$

$$\begin{aligned}\overline{\phi}(\overline{\boldsymbol{X}})&=1-\phi(\boldsymbol{X})=1-(x_1\cup x_2)=1-x_1-x_2+x_1x_2\\&=(1-x_1)(1-x_2)\end{aligned}$$

$$\begin{aligned}\phi^p(\boldsymbol{X})&=1-\phi(1-\boldsymbol{X})=1-[(1-x_1)\cup(1-x_2)]\\&=1-(1-x_1)-(1-x_2)+(1-x_1)(1-x_2)\\&=x_1x_2\end{aligned}$$

如果 $x_1=1(x_2=1)$ 代表单元 1(2) 成功，则 $x_1=1$ 或 $x_2=1$ 时，$\phi(\boldsymbol{X})=1$，代表并联系统成功；此时补函数 $\overline{\phi}(\overline{X})=0$ 代表同系统成功，即 $\overline{\phi}(\overline{X})=1$ 代表

同一系统失效。后者的必要条件是 $x_1=0$ 同时 $x_2=0$，即单元 1 和单元 2 都失效才使并联系统失效。

而对偶函数 $\phi^p(X)$ 则代表由单元 x_1 和 x_2 组成的串联系统，它是 x_1 和 x_2 的并联系统的对偶系统。$\phi^p(X)=1$ 代表此串联系统（对偶系统）的成功。其条件是 $x_1=1$ 而且 $x_2=1$。

2. 状态枚举法

n 部件系统具有 2^n 种状态，分别代表系统完好和失效两种状态。将 2^n 种部件状态组合枚举出来并确定对应的系统状态，就是状态枚举法，或称布尔真值表法。系统完好概率（可靠性）是导致系统完好的诸状态的概率和，因为 2^n 种部件状态组合是互斥的。

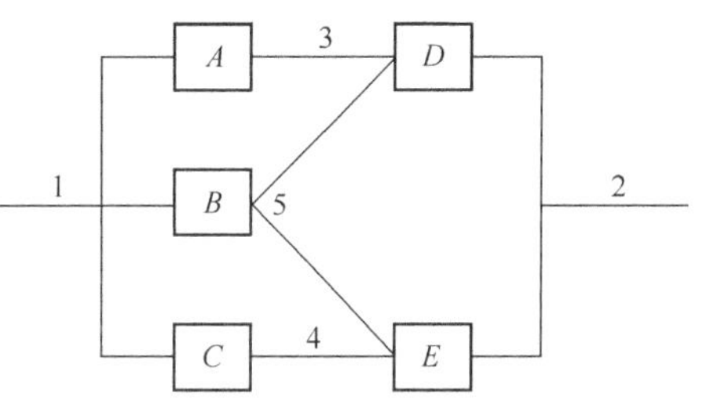

图 4-4　混联网络

例 4.3　设混联网络如图 4-4 所示，在 $P_A=P_C=0.1$，$P_B=0.3$，$P_D=P_E=0.2$ 的条件下求网络的可靠度。

解：用状态枚举法得表 4-1。

表 4-1　混联网络的布尔真值表

序号	A	B	C	D	E	S	序号	A	B	C	D	E	S
0	0	0	0	0	0	0	16	1	1	0	0	0	0
1	0	0	0	0	1	0	17	1	1	0	0	1	1
2	0	0	0	1	1	0	18	1	1	0	1	1	1
3	0	0	0	1	0	0	19	1	1	0	1	1	1
4	0	0	1	1	0	0	20	1	1	1	1	0	1
5	0	0	1	1	1	1	21	1	1	1	1	1	1
6	0	0	1	0	1	1	22	1	1	1	0	1	1
7	0	0	1	0	0	0	23	1	1	1	0	0	0
8	0	1	1	0	0	0	24	1	0	1	0	0	0
9	0	1	1	0	1	1	25	1	0	1	0	1	1
10	0	1	1	1	1	1	26	1	0	1	1	1	1
11	0	1	1	1	0	1	27	1	0	1	1	0	1
12	0	1	0	1	0	1	28	1	0	0	1	0	1
13	0	1	0	1	1	1	29	1	0	0	1	1	1
14	0	1	0	0	1	1	30	1	0	0	0	1	0
15	0	1	0	0	0	0	31	1	0	0	0	0	0

由此得到 19 种状态相对应的系统完好，取各状态概率，如序号 14 有 $P(\overline{ABC}\,\overline{D}E)=0.9\times0.3\times0.9\times0.8\times0.2=0.03888$。这 19 项概率相加得

$$R_s=0.13572$$

3. 概率图法

系统的 2^n 种部件状态组合可用二进制表示，见表 4-2（以 $n=5$ 为例）。

表 4-2　概率图

AB	CDE							
	000	001	010	011	110	111	101	100
00								
01								
11								
10								

表头用格雷（Gray）码编排，格雷码的相邻两组码中必有一个码不同。

在概率表中首先把表示系统正常的小方格用 1 标出，然后把它划分为一些不重叠的长方形或正方形，最后系统可靠性按其划分写出。这就是概率图法。

例 4.4　条件同例 4.3，用概率图法求解（表 4-3）。

表 4-3　例 4.3 的概率

AB	CDE							
	000	001	011	010	110	111	101	100
00						1	1	
01		1	1	1	1	1	1	
11		1	1	1	1	1	1	
10			1	1	1	1	1	

解：

由表 4-3 可见，

$$R_s=P(\text{系统完好})=P(CE)+P(B\overline{C}E)+P(BD\overline{E})$$
$$+P(\overline{B}D\overline{E}A)+P(A\overline{B}\,\overline{C}DE)=0.13572$$

注意：概率图的划分方式不是唯一的，但计算得到的结果是等效的。划分的原则是：所得项数较少，便于表示成事件的交（如 CE 是事件 C 和 E 的交）。

以上状态枚举法的概率图法只适用于单元数目 n 较小（一般≤6）的情况。

4. 全概率分解法

系统中任意部件完好事件与其逆事件一起，构成完备事件组。也就是说，这个部件不是完好就是失效，合在一起是必然事件。因此应用概率论中的全概率公式，可以将非串并联复杂网络化简。经反复化简最后可化为一般串联系统来计算其成功概率，这叫作全概率分解法。

$$R_s=R_x\cdot R_s(\text{若}\ x\ \text{发生})+(1-R_x)\cdot R_s(\text{若}\ x\ \text{不发生}) \qquad (4-2-3)$$

例 4.5 条件同例 4.3，用全概率分解法求解。

解：

$$\begin{aligned}R_s&=R_B\cdot R_s(\text{若}\ B\ \text{发生})+(1-R_B)\cdot R_s(\text{若}\ B\ \text{不发生})\\&=R_B(R_D+R_E-R_DR_E)+(1-R_B)(R_AR_D+R_CR_E-R_AR_CR_DR_E)\\&=0.13572\end{aligned}$$

在全概率分解式（4-2-3）中，x 称为分解弧或关键弧，它按以下规则选取。

（1）任意无向弧都可作为分解弧。

（2）任意有向弧的两端点中有一端点只有流出弧（或只有流入弧），则可作为分解弧。

例如，输入端点（源点）只有流出弧，输出端点（汇点）只有流入弧。如图 4-5 中 x 可作为分解弧，而 y 则不可作为分解弧。

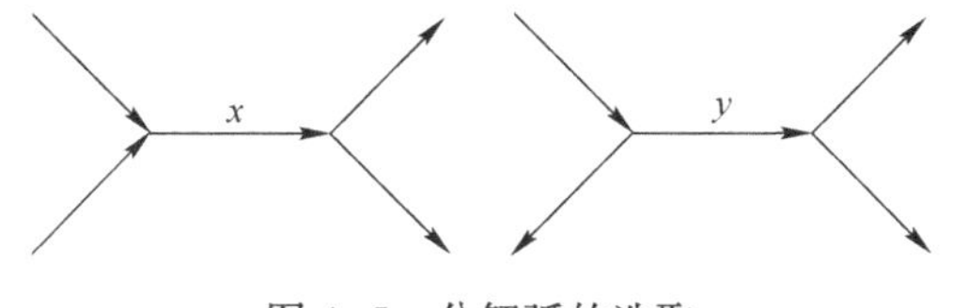

图 4-5 分解弧的选取

（3）分解过程中所有的无用弧都可以去掉。例如，图 4-6 中 A、B 为无用弧。

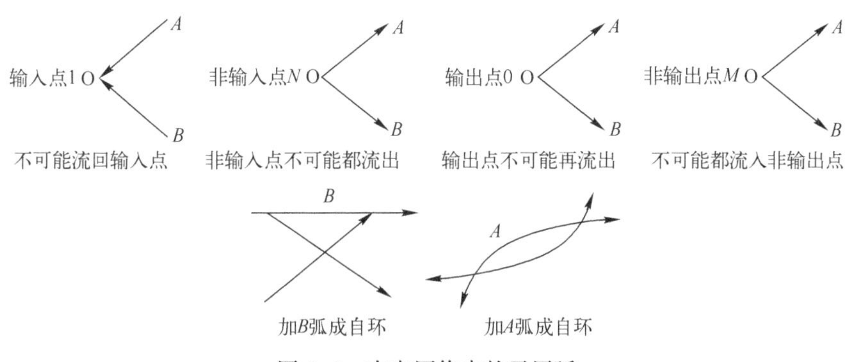

图 4-6 有向网络中的无用弧

（4）选择最佳的分解弧能节省分解步骤。不过即使没有选准最佳分解弧，仍可按以上规则分解。而最佳分解弧的选择要有一些经验。

5. 最小路法

以上状态枚举法和概率图法仅适用于小型网络，全概率分解法难以计算机化。所以作为网络可靠性的一般算法目前多使用最小路法。

从例4.4中可以看出，该系统有19个路集，它和表4.1中使系统状态取值1的19个部件状态组合相对应，但最小路集则只有4个，即AD、BD、CE、BE。

根据式（4-2-3），系统结构函数为

$$\phi(X)=\coprod_{j=1}^{P}\rho_j(X)$$

由容斥原理得到系统可靠性为

$$\begin{aligned}R_S&=E[\phi(X)]=P_r[\phi(X)=1]\\&=\sum_{j=1}^{P}(-1)^{j-1}\sum_{1<j_1<j_2<\cdots<j_i<P}P_r[\bigcup_{l=1}^{i}\rho_{jl}]\end{aligned}\tag{4-2-4}$$

式中 $P_r[\bigcup_{l=1}^{i}\rho_{jl}]$——最小路集$\rho_{j1}$，$\rho_{j2}$，…，$\rho_{ji}$同时发生的概率；

$E[\phi(X)]$——$\phi(X)$的数学期望。

式（4-2-4）右端共有2^P-1项。这个项数按最小路集总数p呈指数级增长。当复杂网络p较大时，即使用高速计算机也需很长的计算时间。因此实际应用最小路法的关键在于两步：一是找到全部最小路集，二是把最小路集不交化。比如，二条最小路集都能走通，本来不是互斥的，现在通过一定手续把它化成互斥的，这就叫作不交化。根据概率论加法定理，两个互斥事件之和的概率等于各自概率的和，这样就不用容斥原理来算了，避免了指数增长的困难。在找最小路集和不交化这两方面都已研制出一些计算机算法和程序。下面只简单介绍用关联矩阵法求所有最小路集的原理。

给定一个有m个节点的网络S（有向、无向或者混合型），定义相应的m阶矩阵

$$\boldsymbol{C}=[c_{ij}]$$

其中

$$c_{ij}=\begin{cases}0, & 节点\ i,j\ 之间无弧直接相连\\x, & 节点\ i,j\ 之间有弧\ x\ 相连\end{cases}$$

称$\boldsymbol{C}$为网络S的关联矩阵。

再定义矩阵的乘法运算：

$$C^2=[c_{ij}^{(2)}]$$

其中 $$c_{ij}^{(2)}=\sum_{k=1}^{m}c_{ik}c_{kj},\quad i,j=1,2,\cdots,m;i\neq j$$

显然，$c_{ij}^{(2)}$ 表示节点 i 到 j 的长度为 2 的最小路全体（注意长度为 1 的不算）。

相仿地可以定义$[C]^r$，$r=1,2,\cdots$；其中 $C_{ij}^{(r)}$ 表示节点 i，j 之间的长度为 r 的所有最小路集。

注意，$i\neq j$，而且在长度为 r 的路集中，若有重复弧或重复地经过同一节点的路集应舍去，因为它不是最小路集。

在 m 个节点的网络 S 中，任意两节点间最小路的最大长度为 $m-1$，所以如果求出 $\boldsymbol{C}$，$C^2,\cdots,C^{m-1}$，则可以得到任意两节点 i，j 之间的全部最小路 $\bigcup\limits_{r=1}^{m-1}c_{ij}(r)$，其中 $C_{ij}^{(1)}\equiv C_{ij}$。而这只要做多次矩阵乘法。如果只考虑输入、输出之间的最小路，则只需求出 $C^2,C^3,\cdots,C^{m-1}$中的某一列元素。

现举例说明如下：

例 4.6 用关联矩阵法求图 4-4 混联网络的所有最小路。

解：

$$\boldsymbol{C}=\begin{array}{c} \\ 1\\2\\3\\4\\5\end{array}\begin{array}{c}\begin{matrix}1&2&3&4&5\end{matrix}\\ \begin{bmatrix}0&0&A&C&D\\0&0&0&0&0\\0&D&0&0&0\\0&E&0&0&0\\0&D+E&0&0&0\end{bmatrix}\end{array},$$

$$\boldsymbol{C}_2^2=\begin{bmatrix}AD+CE+BD+BE\\0\\0\\0\\0\end{bmatrix}$$

其中，$\boldsymbol{C}_2^2$表示 C^2的第二例。由于除第一行外，其余各行为零，因此判定不存在长度大于 2 的最小路。故求得全部最小路为 AD、CE、BD、BE。

最后提一下，本节讨论的一般网络可靠性实际上受限于输入、输出两个节点之间连通的概率（terminal-pair reliability，TPR）。近年来，由于计算机网络的发展，又提出了源点至多端点可靠性（source-to-multi-terminal reliability，SMTR）以及任意一点至其他点的可靠性（overall reliability）的问题。并且着重运用图论方法来研究这类问题。限于篇幅这里不再介绍，有兴趣的读者可参考有关文献。一般网络可靠性的计算方法还有网络拓扑法和蒙特卡罗模拟法等，其中以图论方法为基础的网络拓扑法正在迅速发展。

4.2.2 可维修系统的可靠性分析

不维修系统可靠性模型属静态结构模型。实际上大多数系统都是可维修的，即工作一段时间后发生了故障，经过修理后又恢复到原来的工作状态，这种包括维修在内的系统可靠性模型是一种动态结构模型。

4.2.2.1 维修系统的可靠性指标

为了提高系统的可靠性，在实践中经常要维修系统，所以这种可维修系统的可靠性指标有有效度、平均工作时间、平均停机时间、首次故障前时间分布等。

对可维修系统的可靠性分析的主要数学方法是随机过程，为了便于分析，下面作如下假设。

（1）组成系统的各部件的寿命分布及修理时间分布均为指数分布；

（2）各部件的寿命和修理时间是相互独立的；

（3）故障部件修复后的寿命分布和新的部件相同；

（4）系统和各部件只有正常或故障两种状态，在系统开始工作时，各部件都处于正常状态；

（5）在很短的时间间隔 Δt 内最多只出现一次故障，出现两次或两次以上故障的概率为0。

4.2.2.2 单部件系统

设 T 是部件的寿命，则

$$F(t)=P(T\leqslant t)=1-\mathrm{e}^{-\lambda t},\quad t\geqslant 0,\lambda>0$$

设 τ 是部件的修理时间，则

$$M(t)=P(\tau\leqslant t)=1-\mathrm{e}^{-\mu t},\quad t\geqslant 0,\mu>0$$

用以下二元函数 $X(t)$ 表示 t 时刻系统状态：

$$X(T)=\begin{cases}0, & t\text{ 时刻系统工作}\\ 1, & t\text{ 时刻系统故障}\end{cases}$$

令

$$P_0(t)=P\{X(t)=0\},\quad P_1(t)=P\{X(t)=1\}$$

因为

$$
\begin{aligned}
P(T>t+\Delta t \mid T>t) &= \frac{P(T>t+\Delta t, T>t)}{P(T>t)} \\
&= \frac{P(T>t+\Delta t)}{P(T>t)} = \frac{1-P(T\leqslant t+\Delta t)}{1-P(T\leqslant t)} \\
&= \frac{e^{-\lambda(t+\Delta t)}}{e^{-\lambda t}} \\
&= e^{-\lambda \Delta t} \\
&= P(T>\Delta t)
\end{aligned}
$$

所以

$$
\begin{aligned}
P_{00}(\Delta T) &= P\{X(t+\Delta t)=0 \mid X(t)=0\} \\
&= P\{T>t+\Delta t \mid T>t\} \\
&= e^{-\lambda \Delta t} = 1-\lambda \Delta t + o(\Delta t) \\
P_{01}(\Delta t) &= P\{X(t+\Delta t)=1 \mid X(t)=0\} \\
&= P\{T\leqslant t+\Delta t \mid T>t\} \\
&= \frac{P\{t<T\leqslant t+\Delta t\}}{P(T>t)} \\
&= \frac{P(T\leqslant t+\Delta t)-P(T\leqslant t)}{P(T>t)} \\
&= \frac{e^{-\lambda t}-e^{-\lambda(t+\Delta t)}}{e^{-\lambda t}} \\
&= 1-e^{-\lambda \Delta t} = \lambda \Delta t + o(\Delta t) \\
P_{10}(\Delta t) &= P\{X(t+\Delta t)=0 \mid X(t)=1\} \\
&= P\{\tau\leqslant \Delta t \mid T\leqslant t\} \\
&= P(\tau\leqslant \Delta t) \\
&= 1-e^{-\mu \Delta t} \\
&= \mu \Delta t + o(\Delta t) \\
P_{11}(\Delta t) &= P\{X(t+\Delta t)=1 \mid X(t)=1\} \\
&= P\{\tau>\Delta t \mid T\leqslant t\} \\
&= P(\tau>\Delta t) \\
&= 1-P(\tau\leqslant \Delta t) \\
&= e^{-\mu \Delta t} \\
&= 1-\mu \Delta t + o(\Delta t)
\end{aligned}
$$

式中 $o(\Delta t)$——Δt 的高阶无穷小量。

由全概率公式得

$$\begin{aligned}P_0(t+\Delta t) &= P\{X(t+\Delta t)=0\} \\ &= P\{X(t)=0\}P\{X(t+\Delta t)=0 \mid X(t)=0\} \\ &\quad +P\{X(t)=1\}P\{X(t+\Delta t)=0 \mid X(t)=1\} \\ &= P_0(t)P_{00}(\Delta t)+P_1(t)P_{10}(\Delta t) \\ &= (1-\lambda\Delta t)P_0(t)+\mu\Delta tP_1(t)+o(\Delta t)\end{aligned}$$

$$\begin{aligned}P_1(t+\Delta t) &= P_0(t)P_{01}(\Delta t)+P_1(t)P_{11}(\Delta t) \\ &= \lambda\Delta tP_0(t)+(1-\mu\Delta t)P_1(t)+o(\Delta t)\end{aligned}$$

则

$$\frac{P_0(T+\Delta t)-P_0(t)}{\Delta t}=-\lambda P_0(t)+\mu P_1(t)+\frac{o(\Delta t)}{\Delta t}$$

故当 $\Delta t\to 0$ 时，得

$$\frac{\mathrm{d}P_0(t)}{\mathrm{d}t}=-\lambda P_0(t)+\mu P_1(t)$$

同理可得

$$\frac{\mathrm{d}P_1(t)}{\mathrm{d}t}=\lambda P_0(t)-\mu P_1(t)$$

从而可得微分方程组

$$\begin{pmatrix}P_0'(t)\\ P_1'(t)\end{pmatrix}=\begin{pmatrix}-\lambda & \mu\\ \lambda & -\mu\end{pmatrix}\begin{pmatrix}P_0(t)\\ P_1(t)\end{pmatrix}$$

初始条件是 $P_0(0)=1, P_1(0)=0$。

因为 $P_0(t)+P_1(t)=1$。故

$$\begin{aligned}P_0'(t) &= -\lambda P_0(t)+\mu[1-P_0(t)] \\ &= -(\lambda+\mu)P_0(t)+\mu\end{aligned}$$

由常微分方程的求解公式可知：

$$\begin{aligned}P_0(T) &= \mathrm{e}^{-\int(\lambda+\mu)\mathrm{d}t}\left[\int \mu \mathrm{e}^{\int(\lambda+\mu)\mathrm{d}t}\mathrm{d}t + c\right] \\ &= \mathrm{e}^{-(\lambda+\mu)t}\left[\frac{\mu}{\lambda+\mu}\mathrm{e}^{(\lambda+\mu)t} + c\right] \\ &= \frac{\mu}{\lambda+\mu} + c\mathrm{e}^{-(\lambda+\mu)t}\end{aligned}$$

由 $P_0(0)=1$ 知

$$c=\frac{\lambda}{\lambda+\mu}$$

故

$$P_0(T)=\frac{\mu}{\lambda+\mu}+\frac{\lambda}{\lambda+\mu}e^{-(\lambda+\mu)t}$$

$$P_1(T)=1-P_0(t)=\frac{\lambda}{\lambda+\mu}-\frac{\lambda}{\lambda+\mu}e^{-(\lambda+\mu)t}$$

所以系统的有效度为

$$A(t)=P_0(T)=\frac{\mu}{\lambda+\mu}+\frac{\lambda}{\lambda+\mu}e^{-(\lambda+\mu)t}$$

例 4.7 设某个寿命服从指数分布的单部件系统，其 $\lambda=0.0051/\text{h}$，若此系统是不可维修的，试计算 $R(50)$；若此系统是可维修的，$\mu=0.067/\text{h}$，试计算 $A(50)$。

解：

$$R(50)=e^{-50\times0.0051}=0.775$$

$$\begin{aligned}A(50)&=\frac{\mu}{\lambda+\mu}+\frac{\lambda}{\lambda+\mu}e^{-(\lambda+\mu)\Delta t}\\&=\frac{0.067}{0.067+0.0051}+\frac{0.0051}{0.0067+0.0051}e^{-(0.0051+0.0067)\times50}\\&=0.931\end{aligned}$$

可见，对于同样一个单部件系统，由于采取了维修措施，使系统的广义可靠度大大地提高了。

对 $A_0(t)$，令 $t\to\infty$ 可得系统的稳态有效度 A：

$$A=\lim A_0(t)=\frac{\mu}{\lambda+\mu}$$

4.2.2.3 两个不同部件，一个修理工的串联系统

设系统的每个部件的寿命分布为 $F_i(t)=1-e^{-\lambda_i t},i=1,2$；故障后修理时间分布为 $M_i(t)=1-e^{-\mu_i t},i=1,2$。假设两个部件都正常时，系统就正常；当某个部件发生故障时，系统发生故障，此时修理工立即对故障部件进行修理，而另一部件停止工作，故障的部件修复后，两个部件立即进入工作状态，此时系统又进入工作状态。

用 $X(t)$ 表示 t 时刻系统的状态，则

$$X(t)=\begin{cases}0, & t\text{ 时刻两个部件都正常,系统正常}\\ 1, & t\text{ 时刻部件Ⅱ正常,部件Ⅰ故障系统修理}\\ 2, & t\text{ 时刻部件Ⅰ正常,部件Ⅱ故障系统修理}\end{cases}$$

令

$$P_0(t)=P\{X(t)=0\}$$
$$P_1(t)=P\{X(t)=1\}$$
$$P_2(t)=P\{X(t)=2\}$$

从而有

$$\begin{aligned}
P_{00}(\Delta t)&=P\{X(t+\Delta t)=0 \mid X(t)=0\}\\
&=P\{T>t+\Delta t \mid T>t\}=\mathrm{e}^{-(\lambda_1+\lambda_2)\Delta t}\\
&=1-(\lambda_1+\lambda_2)\Delta t+o(\Delta t)
\end{aligned}$$

$$\begin{aligned}
P_{01}(\Delta t)&=P\{X(t+\Delta t)=1 \mid X(t)=0\}\\
&=P\{T_1\leqslant t+\Delta t \mid T>t\}\\
&=\frac{P(t<T_2\leqslant t+\Delta T, T_2>t)}{P(T>t)}\\
&=\frac{P(t<T_2\leqslant t+\Delta t)\cdot P(T_2>t)}{P(T_1>t)P(T_2>t)}\\
&=1-\mathrm{e}^{-\lambda_1\Delta t}\\
&=\lambda_1\Delta t+o(\Delta t)
\end{aligned}$$

$$\begin{aligned}
P_{02}(\Delta t)&=1-P_{00}-P_{01}\\
&=\lambda_2\Delta t+o(\Delta t)
\end{aligned}$$

$$\begin{aligned}
P_{10}(\Delta t)&=P(X(t+\Delta t)=0 \mid X(t)=1)\\
&=P(\tau_1\leqslant\Delta t \mid \tau_1<t)\\
&=1-\mathrm{e}^{-\mu_1\Delta t}\\
&=\mu_1\Delta t+o(\Delta t)
\end{aligned}$$

$$P_{20}(\Delta t)=\mu_2\Delta t+o(\Delta t)$$

$$P_{11}(\Delta t)=\mathrm{e}^{-\mu_1\Delta t}=1-\mu_1\Delta t+o(\Delta t)$$

$$P_{22}(\Delta t)=1-\mu_2\Delta t+o(\Delta t)$$

$$
\begin{aligned}
P_{12}(\Delta t) &= P(X(t+\Delta t)=2 \mid X(t)=1) \\
&= P(\tau_1 \leqslant \Delta t, T_2 \leqslant t\Delta t \mid T_1 \leqslant t, T_2 > t) \\
&= \frac{P(t<T_2 \leqslant t+\Delta t, T_1 \leqslant t, \tau_1 \leqslant \Delta t)}{P(\tau_1 \leqslant t, T_2 > t)} \\
&= \frac{P(t<T_2 \leqslant t+\Delta t)P(T_1 \leqslant t)P(\tau_1 \leqslant \Delta t)}{P(\tau_1 \leqslant t)P(T_2 > t)} \\
&= (1-\mathrm{e}^{-\mu_1 \Delta t})(1-\mathrm{e}^{-\lambda_2 \Delta t}) \\
&= [\mu_1 \Delta t + o(\Delta t)][\lambda_2 \Delta t + o(\Delta t)] \\
&= o(\Delta t)
\end{aligned}
$$

同理

$$P_{21}(\Delta t) = o(\Delta t)$$

这里 $P_{12}(\Delta t)+P_{21}(\Delta t)=o(\Delta t)$ 反映了在 Δt 时间内出现两次或两次以上的故障概率为 0。

同 4.2.2.2 节中的推导一样，可得以下微分方程组：

$$
\begin{cases}
P_0'(t) = -(\lambda_1+\lambda_2)P_0(t)+\mu_1 P_1(t)+\mu_2 P_2(t) \\
P_1'(t) = \lambda_1 P_0(t)-\mu_1 P_1(t) \\
P_2'(t) = \lambda_2 P_0(t)-\mu_2 P_2(t)
\end{cases}
$$

其初始条件为 $P_0(0)=1, P_1(0)=0, p_2(0)=0$。

易得此方程组中 $P_0(t)$ 的解为

$$
\begin{aligned}
P_0(t) = \frac{\mu_1\mu_2}{S_1 S_2} &+ \frac{S_1(S_1+\mu_1+\mu_2)+\mu_1\mu_2}{S_1(S_1-S_2)}\mathrm{e}^{S_1 t} \\
&+ \frac{S_1(S_2+\mu_1+\mu_2)+\mu_1\mu_2}{S_2(S_2-S_2)}\mathrm{e}^{S_2 t}
\end{aligned}
$$

其中

$$S_1, S_2 = \frac{-(\lambda_1+\lambda_2+\mu_1+\mu_2) \pm \sqrt{(\lambda_1-\lambda_2+\mu_1-\mu_2)^2+4\lambda_1\lambda_2}}{2}$$

所以系统的有效度 $A(t)$ 为

$$A(t) = P_0(t)$$

当 $t \to \infty$ 时，可得系统的稳态有效度 A

$$A = \lim_{t\to\infty} P_0(t) = \frac{\mu_1\mu_2}{S_1 S_2} = \left[1+\frac{\lambda_1}{\mu_1}+\frac{\lambda_2}{\mu_2}\right]^{-1}$$

例 4.8 设有两个部件组成的串联系统中，$\lambda_i = 0.0051/\mathrm{h}$，$i=1,2$。

（1）若子系统不可维修，试计算 $R(50)$；

（2）若系统可维修，而 $\mu_i=0.067/\text{h}$；$i=1,2$，试计算 $A(50)$。

解：（1）由不维修系统的可靠性的分析方法可得

$$R(50)=R_1(t)\cdot R_2(t)=\mathrm{e}^{-(\lambda_1+\lambda_2)t}$$
$$=0.6$$

（2）而此时由上述的 $A(t)$ 的公式可得 $A(50)=0.87$。

4.3 武器系统可靠性的预测与分配

系统可靠性的预测和分配是可靠性设计的重要内容，它在系统设计的各阶段，如方案论证、初步设计及详细设计阶段，要反复进行多次。可靠性预测是根据组成系统的元件、部件、分系统的可靠性来推测系统的可靠性。可靠性分配则是把系统要求的可靠性指标分给分系统、部件、元件，以使系统保证达到要求的可靠性。

4.3.1 系统可靠性的指标论证

系统进行可靠性预测和分配的前提是要对系统的可靠性指标进行论证，即要给出系统应该达到的可靠性指标，过去我国在进行武器装备的论证中，往往只确定产品的目的和用途，而对于功能要求、工作条件和环境条件，没有可靠性指标的要求，在这样的总体设计方案的指导下，要获得可靠性较高的产品是困难的。

对现代大型复杂系统的可靠性往往要求极高。因为这些系统代价昂贵、事关重大，不希望发生一次飞行失效，或偏差过大，或寿命太短。例如，大型导弹、人造卫星、运载火箭或载人飞行器等都是这样，所以对大型复杂系统要进行可靠性控制，要有定量指标。

那么如何确定复杂系统的可靠性指标呢？一般而言，对于不可维修系统，这个指标用任务期间内的生存概率（可靠度）$R(t)$ 或平均寿命的形式给出；对于可维修产品则以有效性 $A(t)$ 或平均无故障工作时间（MTBF）的形式给出，对系统须达到具体的可靠性的值，要根据系统所要完成的具体任务要求，参照对国内外同类产品所达到的可靠性，目前所使用的元器件、原材料、工艺和技术水平、投资能力，经过综合权衡来确定，这是论证的一个重要工作。

可靠性指论证实际就是一个可靠性预测过程，要依靠经验数据，分析过去同类产品实际达到的可靠性水平或成功率，对不同阶段的试验结果要加以区别，这样可以分析可靠性增长情况；要确认已排除各种必然故障，表明产品已进入相对稳定的使用寿命期，其可靠性已达到或接近设计的可靠性水平；指标论证要尽可能准确，但是当经验数据不足而可靠性要求很高时，要知道系统可靠性绝对数字的准确性并不具有特别重要的意义，而可靠性的相对关系比绝对数字准确性更重要，因此，要保持不同设计方案之间，过去、现在和将来之间，以及系统各组成部分之间的可靠性的相对关系的准确性。

另外，复杂系统一般是多功能的，其任务要求是分阶段的，因此，系统的可靠性指标应当按不同功能和不同阶段来确定，例如，同步轨道自旋稳定通信卫星的可靠性可以分为卫星与运载火箭分离可靠性、起旋可靠性、远地点发动机点火可靠性、入轨可靠性、定点可靠性和整个寿命期间的通信可靠性等。

4.3.2 系统可靠性预测

4.3.2.1 可靠性预测的目的

可靠性预测是在定量地估计未来产品（系统或设备）可靠性的方法。可靠性预测的目的一般有以下几种。

（1）审查设计任务中提出的可靠性指标能否达到；

（2）进行方案比较，选择最优方案；

（3）从可靠性观点出发，发现设计中的薄弱环节，加以改进；

（4）为可靠性增长试验和验证试验及成本核算等研究提供依据；

（5）通过预测为可靠性分配奠定基础。

可靠性预测要在设计的早期阶段就开始进行，所以其存在的困难是很多的，但要使预测的结果有价值，又必须及早地时进行可靠性预测。

4.3.2.2 可靠性预测的方法

进行可靠性预测有很多方法，要根据不同的研制设计阶段采用不同的方法。

1. 元器件计数法

这种方法适用于电子设备的早期设计阶段，它的预测过程是：首先计算设备中各种型号和各种类型元器件数目，然后乘以相应型号或相应类型元器件的基本失效率，最后把各乘积累加，即可得到部件、系统的失效率，其表达式为

$$\lambda_s = \sum_{i=1}^{N} N_i(\lambda_G \pi_Q)$$

式中：λ_s——系统总的失效率；

λ_G——第 i 种元、器件的失效率；

π_Q——第 i 种元器件的质量等级；

N_i——第 i 种元、器件的数量；

N——系统所用元、器件的种类数。

若整个系统的各设备在同一环境中工作，则可直接用上式进行估算。若各设备分别在不同的环境中工作，则要求对 λ_G 作修正（乘环境因子 Π_K），再把各乘积累加。

环境因子 Π_K 的值如表 4-4 所列。

表 4-4　环境因子取值

环　　境	Π_K 值
实 验 室	0.5～1.0
普通室内	1.1～10.0
船舶	10～18
铁路车辆	13～30
地上军用机器	30
飞机	50～80

2. 失效率预测法

当设计时已画出系统的原理图，已选出元部件并已知它的类型、数量、失效率，已知环境及使用应力，就可以用失效率预测法来计算系统的可靠性。此方法的实施步骤为：首先画出系统的原理图，然后画出系统的可靠性框图，最后据此建立系统的可靠性数学模型，确定元、部件的基本失效率，并确定环境因子以及减额因子，从而做出系统的可靠性预测。

在大多数情况下，元器件失效率是常数，是在实验室条件下测得的数据，叫作“基本失效率”，用 λ_0表示，但在实际应用时，必须考虑环境条件和应力情况，故称“应用失效率”，用 λ 表示，λ 与 λ_0的关系为

$$\lambda = \Pi_K D \lambda_0$$

式中　Π_K——环境因子；

D——减额应子，其值大于或等于 1，由应力情况决定。

3. 上、下限法

上、下限法（也称边值法）对复杂系统特别适用，具有省钱、省力又有一定的精度的特点，这个方法曾用在阿波罗飞船那样复杂系统的可靠性预测中。其基本的思路是：先对系统作一些假定并进行简化，分别计算出系统可靠性的上限 $R_{上}$和下限 $R_{下}$，然后用下式计算出系统的可靠性的预测值 R_S：

$$R_S=1-\sqrt{(1-R_{上})(1-R_{下})}$$

下面以图 4-7 所示的系统为例来说明上、下限法的使用方法。

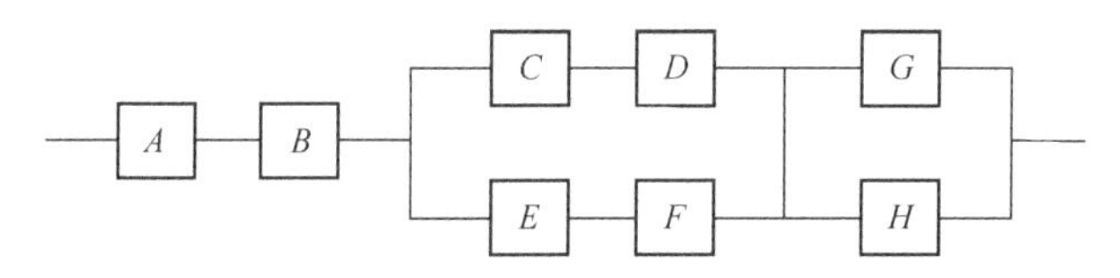

图 4-7　用来说明上、下限法的示例系统

1）上限值 $R_{上}$ 的预测

（1）只考虑串联单元，因为单元并联后可靠度比较高，初步近似看成 1。有

$$R_{上}=R_A\cdot R_B$$

这看成第一次预测所得上限值，可记为 $R_{上1}$，对于一般系统，设有 m 个单元串联，则有

$$R_{上1}=\prod_{i=1}^{m}R_i$$

（2）第二次预测时，考虑当串联单元必须正常时，同一并联单元中两个元件同时失效引起系统失效的情况。

在本例中，共有五种情况引起系统失效，它们分别为（简化的表示法）

$$AB\overline{C}\,\overline{E},\quad AB\overline{D}\,\overline{E},\quad AB\overline{C}\,\overline{F},\quad AB\overline{C}\,\overline{H},\quad AB\overline{D}F$$

则第二次预测时系统的换效概率为

$$\begin{aligned}F_2&=P(AB\overline{C}\,\overline{E})+(P(AB\overline{D}\,\overline{E})+P(AB\overline{C}\,\overline{E})+P(AB\overline{D}\,\overline{F})+P(AB\overline{G}\,\overline{H})\\&=R_AR_B(F_CF_E+F_DF_E+F_CF_F+F_DF_F+F_GF_H)\end{aligned}$$

而 $R_{上}$ 的近似值为

$$\begin{aligned}R_{上2}&=R_{上1}-F_2=1-F_1-F_2\\&=R_AR_B[1-(F_CF_E+F_DF_E+F_CF_F+F_DF_F+F_GF_H)]\end{aligned}$$

2）下限值 $R_{下}$ 的预测

（1）把所有单元当作串联的情况得到 $R_{下}$ 的第一次近似值。

有

$$\begin{aligned}R_{下1}&=\prod_{i=1}^{m}R_i\\&=R_A\cdot R_N\cdot R_C\cdot R_D\cdot R_E\cdot R_F\cdot R_G\cdot R_H\end{aligned}$$

（2）第二次预测时考虑并联单元中只有一个元件失效时，系统仍然正常的情况。

此时单元 C、D、E、F、G、H 中任意一个坏了，系统仍然正常，可知此时共有六种状态，其概率为

$$R_2=P(AB\overline{C}DEFGH)+\cdots+P(ABCDEFG\overline{H})$$
$$=R_AR_BR_CR_DR_ER_FR_GR_H\left(\frac{F_C}{R_C}+\frac{F_D}{R_D}+\cdots+\frac{F_H}{R_H}\right)$$

则第二次 $R_{下}$ 的近似值为

$$R_{下2}=R_{下1}+R_2$$

（3）作第三次近似预测，此时考虑系统中同一并联单元中有两个元件失效，系统仍正常工作。

本例中只有两种状态：

$$AB\overline{C}\,\overline{D}EFGH,\quad ABCD\overline{E}\,\overline{F}GH$$

故有

$$R_3=R_AR_BR_CR_DR_ER_FR_GR_H\left(\frac{F_CF_D}{R_CR_D}+\frac{F_EF_F}{R_ER_F}\right)$$

从而得到 $R_{下}$ 的第三次近似值：

$$R_{下3}=R_{下1}+R_{下2}+R_3$$

只要近似计算中 $R_{上}$ 和 $R_{下}$ 比较接近就可以了，多次近似会使计算复杂化，且对预测值的改进也不大。

最后便可得到系统的可靠性预测值：

$$R_S=1-\sqrt{(1-R_{上1})(1-R_{下2})}$$

或

$$R_S=1-\sqrt{(1-R_{上1})(1-R_{下3})}$$

4. 全寿命周期可靠性预测模型

导弹、火炮等武器装备必须经历长期的贮存，并处于休眠“待发”状态。一旦投入使用，就要求能在恶劣的发射和飞行环境下正常工作。导弹等装备除了要经受热应力和老化效应外，还必须经常承受频繁的运输、勤务处理和前沿战场严酷的气候条件的考验。

导弹的主要寿命过程是在不工作环境中度过的。当前，新型号导弹系统的复杂性显著增大，使用寿命要求更长，定期维护和检验次数要求减少，所以对导弹的贮存可靠性进行研究具有重要意义。所谓全寿命期（寿命周期）就是包括贮存期和工作期的系统寿命周期，在进行导弹等武器可靠性指标论证和可靠性预测中，应把贮存可靠性也包括在内，即需要提出全寿命周期可靠性指标要求和进行全寿命周期的可靠性预测，这对于评价和改进系统设计、确保系统

全寿命周期可靠性，具有重要的意义。

4.3.3 系统可靠性的分配

4.3.3.1 可靠性分配的原则和方法

可靠性分配是在可靠性预测的基础上，把经过论证确定的系统可靠性指标，自上而下地分配到各子系统→整机→元器件，以便确定系统各组成部件的可靠性指标，从而使整个系统可靠性指标得到落实。

可靠性分配是一个工程决策问题，一般而言，系统中不同的整机、不同的元器件的现实可靠性水平是不同的，要提高它们的可靠性，其技术难易程度、所用人力、物力也有很大的不同，所以在进行可靠性分配时，要从整个系统考虑，寻求相对平衡，进行综合权衡。

大型复杂系统有时不能很快地达到预测的可靠性指标，这时可把可靠性指标的实现分为几个阶段，每个阶段有重点地突破可靠性的薄弱环节，集中人力、物力来解决。

4.3.3.2 串联系统可靠性分配方法

系统可靠性分配是以串联系统为基础的，复杂系统应逐步简化合并为串联系统后再进行分配。在进行分配时，为了简单，一般假设组成系统的各元部件、分系统的故障是相互独立的，它们的失效率都是常数，即它们的寿命都是服从指数分布的，由此可知：

$$R_S = \prod_{i=1}^{n} R_i$$

式中 R_S——系统的可靠度；

R_i——第 i 个系统的可靠度；

n——子系统（分系统）的个数。

由假设，有

$$\lambda_S = \prod_{i=1}^{n} \lambda_i$$

式中 λ——分系统的失效率。

串联系统的可靠性分配可有很多种方法，下面简单介绍几种。

1. 等分配法

设系统可靠度指标为 R_S^*，则按等分配法，分配给各分系统的可靠度指标 R_i^* 为

$$R_i^* = \sqrt[n]{R_S^*}$$

这种分配的优点是简单、方便，但不太合理，因为对于实际的系统来说，有些元器件、部件的可靠度可以比另一些元器件、部件的可靠度更高，而且所需费用也不大，因而对这些元、器件的可靠度指标应分配得高一些，这种方法仅用于草图设计阶段，对各分系统进行最粗略的分配。

2. 比例组合法

若新设计的系统与一个老系统非常相似，即组成系统的各分系统类型相同，则可根据比例组合法由老系统中各分系统的失效率，按新系统的可靠性要求，给新系统的各分系统分配失效率，其分配的关系式为

$$\lambda_{i新}^{*}=\lambda_{i老}\frac{\lambda_{S新}^{*}}{\lambda_{S老}}$$

式中　$\lambda_{i新}^{*}$——分配给新系统中第 i 个系统的失效率；

$\lambda_{S新}^{*}$——新系统的失效率指标；

$\lambda_{i老}$——老系统中第 i 个分系统的失效率；

$\lambda_{S老}$——老系统的失效率。

这种做法的理论基础是，原有系统基本上反映了一定时期内产品能够实现的可靠性，如果在技术上没有什么重大突破，则应该按照现实的技术水平把新系统的可靠性指标按其原有能力或比例进行调整。

3. 评分分配法

此种方法是根据人们的经验，按照几种因素进行“评分”，根据评分情况为每个分系统分配可靠性指标。

评分中考虑的因素是复杂度、技术发展水平、工作时间及环境条件，每种因素的分数为1~10，其具体的规定如下。

（1）复杂度：根据组成分系统的元部件数量以及它们组装的难易程度来评定，最简单的评1分，最复杂的评10分。

（2）技术发展水平：根据分系统目前的技术水平和成熟程度来评定，水平最低的评10分，水平最高的评1分。

（3）工作时间：根据系统的工作时间来评定，系统工作时，分系统一直工作的评10分，工作时间最短的评1分。

（4）环境条件：根据分系统所处环境来评定，分系统工作过程中会经受极其恶劣而严酷的环境条件的评10分，环境条件最好的评1分。

如此，分配给每个分系统的失效率 λ_i^* 为

$$\lambda_i^*=c_i\cdot\lambda_S^*$$

式中　c_i——第 i 个分系统的评分系统；

λ_S^*——系统规定的失效率指标；

其中

$$c_i = \omega_i / \omega$$

式中 ω_i——第 i 个分系统的评分数；

ω——系统的评分数。

其中

$$\omega_i = \prod_{j=1}^{4} \gamma_{ij}$$

式中 γ_{ij}——第 i 个分系统第 j 个因素的评分数，$j=1$ 代表复杂度，$j=2$ 代表技术发展水平，$j=3$ 代表技术工作时间，$j=4$ 代表技术环境条件。

且

$$\omega = \sum_{i=1}^{n} \omega_i$$

式中 n——系统中分系统的个数。

这里各分系统的评分数根据设计工程师或可靠性工程师的实践知识和经验得出，它可以由个人得出，也可以由一个小组用某种表决方法给出。

4.4 武器使用中的可靠性问题

一般来说，不能用一个简单的指标来说明整个武器系统的可靠性，只有在最简单的情况下，才能将整个武器系统的可靠性表示为

$$P_S = \prod_{i=1}^{n} P_i$$

式中 P_S——系统正常（无故障）工作的概率；

P_i——武器系统第 i 部分（元件、部件）正常工作的概率。

上式中描述的只是属于串联系统的情况，对于很多实际问题，P_S的计算是比较复杂的。这里将通过几个例子来说明武器系统使用中的可靠性分析的方法。

例 4.9 向目标发射 3 枚导弹，导弹本身控制系统的可靠性均为 0.95，引信的可靠性均为 0.99，毁伤目标的概率分别为 0.3、0.4 和 0.5，导弹由地面雷达站导引，雷达站的可靠性为 $P=0.9$，试求：

（1）3 发导弹由同一雷达站导引时毁伤目标的概率；

（2）3 发导弹由各自雷达站导引时毁伤目标的概率。

解： 每次发射时可把系统看成由雷达站、导弹本身的控制系统、引信和弹头的毁伤过程组成的串联系统。

在雷达站正常工作的条件下各发导弹毁伤目标的概率分别为

$$r_1 = 0.95 \times 0.99 \times 0.3 = 0.282$$

$$r_2 = 0.95 \times 0.99 \times 0.4 = 0.376$$

$$r_3 = 0.95 \times 0.99 \times 0.5 = 0.470$$

（1）由同一雷达站导引时，则在雷达站正常工作条件下，三发导弹毁伤目标的概率为

$$R = 1 - \prod_{i=1}^{3}(1 - r_i) = 0.763$$

如考虑雷达站的可靠性，则毁伤概率为

$$\widetilde{R} = P \cdot R = 0.9 \times 0.763 = 0.69$$

（2）由不同的雷达站导引时，3 发导弹的发射是独立的，故毁伤目标的概率为

$$\widetilde{R} = 1 - \prod_{i=1}^{3}(1 - pr_i) = 0.85$$

例 4.10 一个发射装置装备 10 发弹头（$N=10$），每发弹头毁伤目标的概率 $r=0.3$，发射装置每次发射的无故障概率 $p=0.9$。试求：

（1）对一个能观察的目标射击，每次发射一发，目标被毁伤后立即停止射击的毁伤概率；

（2）若依次对多个目标射击，毁伤一个目标后将火力转移到另一目标的毁伤目标数的数学期望。

解：由假设可知，每发射一次毁伤目标的概率为 $p \cdot r$，若第 1 次～第 $k-1$ 次发射未毁伤目标，而第 k 次发射毁伤目标，则此概率为

$$p^k(1-r)^{k-1}r$$

（1）毁伤目标的概率为

$$\begin{aligned}\widetilde{R} &= \sum_{K=1}^{n} p^k(1 - r)^{k-1} r \\ &= rp\sum_{K=1}^{n}(p(1 - r))^{k-1} \\ &= rp\frac{1 - [p(1 - r)]^N}{1 - p(1 - r)} \\ &= 0.72\end{aligned}$$

（2）本问题相当于用一座发射装置对 N 个目标中的每个目标各进行一次发射，这时，第一次发射毁伤第一个目标的概率为 pr，发射装置第二次发射能

正常工作的概率为 p^2，故第二次发射毁伤第二个目标的概率为 p^2r，类似地，第三次发射毁伤第三个目标的概率为 p^3r，于是毁伤目标数的数学期望为

$$\widetilde{M}=pr+p^2r+p^3r+\cdots+p^Nr$$
$$=pr\frac{1-p^N}{1-p}=1.8$$

例 4.11 设系统由一个发射装置和 n 枚导弹组成，P_1是导弹发射装置正常工作的概率，R_1是导弹的可靠度。试求：

(1) 发射 n 次时正常发射 m 次的概率 P_{mn}；

(2) 发射 n 次时正常发射次数的数学期望 $M(m)$。

解：设 Q_k为前 k 次发射成功、第 $k+1$ 次发射故障的概率，则

$$Q_0=1-P_1$$
$$Q_1=P_1(1-P_1)$$
$$Q_2=P_1^2(1-P_1)$$
$$\cdots\cdots$$
$$Q_{n-1}=P_1^{n-1}(1-P_1)$$
$$Q_n=P_1^n$$

显然

$$\sum_{i=1}^{n}Q_i=1$$

从而可知

$$P_{mn}=Q_mR_1^m+Q_{m+1}C_{m+1}^mR_1^m(1-R_1)+\cdots+Q_NC_n^mR_1^m(1-R_1)^{n-m}$$

记 $Z=P_1(1-R_1)$，则

$$P_{mn}=\sum_{k=0}^{n-m-1}C_{m+k}^mP_1^{m+k}(1-P_1)R_1^m(1-R_1)^k+C_n^mP_1^mR_1^mZ^{n-m}$$
$$=P_1^mR_1^m(1-P_1)\sum_{k=0}^{n-m-1}C_{m+k}^mZ^k+C_n^mP_1^mR_1^mZ^{n-m}$$

当 $m=0$ 时，P_{0n}表示一发都不成功，则

$$P_{0n}=\sum_{k=0}^{n-1}(1-P)Z^k+Z^n$$
$$=\frac{(1-P)(1-Z^n)}{1-Z}+Z^n$$

故发射 n 次至少有一次发射成功的概率为

$$P_{1n}^{*}=1-P_{0n}=(1-Z^{n})\frac{P_{1}-Z}{1-Z}$$

而

$$M(m)=\sum_{i=1}^{n} i\cdot P_{in}$$

上面给出的只是武器可靠性分析一个方面的例子，在武器的系统分析中实际上还有很多可靠性分析的问题和情况，由于篇幅有限这里不作介绍。

参考文献

[1] 张最良，等. 军事运筹学 [M]. 北京：军事科学出版社，1993.

[2] 徐培德，谭东风. 武器系统分析 [M]. 长沙：国防科技大学出版社，2001.

[3] 罗兴柏，刘国庆. 陆军武器系统作战效能分析 [M]. 北京：国防工业出版社，2007.

[4] 张剑. 军事装备系统的效能分析、优化与仿真 [M]. 北京：国防工业出版社，2000.

[5] 徐学文，王寿云. 现代作战模拟 [M]. 北京：科学出版社，2001.

[6] 邵国培，等. 电子对抗作战效能分析 [M]. 北京：解放军出版社，1998.

[7] 刘松. 武器系统可靠性工程手册 [M]. 北京：国防工业出版社，1992.

[8] 唐雪梅，王晟. 武器系统可靠性指标论证方法研究 [J]. 系统工程与电子技术，2003，25（3）：3321.

[9] 刘琳，龚晨，李朦朦，等. 基于虚拟现实技术的可靠性，测试性，维修性，安全性，保障性设计 [J]. 兵工学报，2022，43（1）：208-213.

三、基础理论篇

第5章　武器系统效能评估的问题与框架

本章对武器系统效能评估的基础问题和研究框架进行系统梳理，首先对武器系统效能评估的基本问题进行分析，给出相关要素、问题的层次以及效能评估的分类；其次讨论武器系统效能评估的一般过程，最后对武器系统效能评估的几种典型评估框架进行细致说明，并对比分析。

5.1　武器系统效能评估的问题分析

本节对武器系统效能评估的基本问题进行阐述，总体上回答效能评估“是什么”“干什么”的问题。

5.1.1　效能评估工作的相关要素

武器系统效能评估工作既具有一般系统分析工作的特征，也具有很大的特殊性，这是因为武器系统不同于一般系统，军事应用的特性决定着它自身的很多特点，要考虑一些特殊的因素。

1. 分析人员与决策者的作用

涉及一项武器系统效能评估工作的主要人员基本上可分为两类：一类是分析人员，另一类是决策者，他们共同工作，才能使一项武器系统效能评估工作圆满完成。

分析人员是具体进行问题研究和分析的人员，一般来说他们不是有关最终决策者，而是为决策者分析问题的研究人员，他们主要起科学参谋的作用。分析人员的责任就是要用完整、清晰、扼要、易懂的形式，阐述问题的研究结果及其意义，并说明其理由。

分析人员的任务：①帮助项目发起者说明问题，在对问题做了适当说明之后，分析人员开始进行研究；②提出解决问题的所有方案；③研究每个方案；④把研究成果写成报告；⑤最后可以提出关于最佳方案的建议，但是应当阐述对每个方案的评价理由。

系统分析要遵循的原则：①要对决策者负责；②对不断变化的军事需求要有敏感性；③要不断提高自身的技术水平；④要注意克服各类偏见，以保证分析的客观性。

决策者是对武器系统发展作最终选择的人员，在军事部门中，一个大型的武器研究研制与采购项目，可能要涉及几级决策部门（指挥与参谋部门），每级决策人员（指挥部），都要对上级负责，保证有效地完成任务、合理地使用他的资源，保证所作的选择能够找到达到要求的战术技术指标的最有效的方案。

在武器系统效能评估工作中，分析人员的工作是最基本的和主要的，但是要保证一项分析工作取得的效益，不能缺少决策者的始终参与，作为决策者应当积极参与系统分析工作，完成其应尽的责任，决策者的工作主要有以下三部分。

（1）在开始分析时，要作三项工作：①确定明确的目标，即说明要解决的问题；②制定适当的准则，用来评定分析结果；③建立一组合乎逻辑的假定，用来限定研究工作的范围。

（2）研究工作开始后，要放手让分析人员研究与解决问题，同时这期间对研究结果作阶段性的审查，以判断这些结果能否满足需要。

（3）当最后的分析报告出来时，要认真审查，因为分析工作不一定得出准确无误的决策，所以要对分析报告中的一些基本问题进行审定，以便判定研究报告的可靠性和有效性。

2. 军事知识

武器的使用与作战有关，分析武器的性能、效能等问题要考虑战斗时的环境条件与作战的特点，所以分析人员应掌握有关军事知识。有关军事方面的知识很多，需要分析人员平时积累。首先要掌握有关战争的一般知识，如战争的各种类型、规模的划分方法；其次要掌握有关军兵种作战的基本知识、基本原则，各类作战的特点，协同作战的原则，现代联合作战的方法，各类作战单位的基本作战任务等；最后要掌握本国与他国军队的编制、装备特点，一般进攻与防御的目的，组织方法，撤退的原因和分类等。这些知识都能够从一般的军事教科书中查阅到。

3. 自然环境知识

自然环境是武器使用环境的一个重要组成部分，对武器的使用具有很大的影响，一般的武器系统在传统上都是为在温带气候条件使用而设计的，若在极端的环境下使用，常常会发生一些故障，或者不能达到最佳的性能状态。历史上已有经验证明，在战争中对自然环境缺乏足够的重视，会造成军事上的失败。例如，拿破仑和希特勒在远征俄国（苏联）时，他们的军队所装备的武器和运输工具，都是为在温带作战而设计的，结果在接近北极的寒冷环境中，战斗力大受影响，导致惨重的失败。

所以，在进行武器系统效能评估中，要考虑自然环境的影响，要进行环境分析，要研究主要的环境参数对所分析的武器系统的影响情况。对环境的分析，一般包括两个方面，一个是气候的影响，另一个是地形、地表的影响。

气候指的是某一地区特定的风、气温、湿度和降雨量的长期模式，气象被定义为这些要素每天的变化，所以气候也可解释为一个时期内气象的综合，气候一般分为热带气候、寒带气候和温带气候。

在分析中要确定所分析的武器在未来的使用中可能遇到的气候范围，探讨这些气候类型会对武器系统的影响，特别是温度、湿度、积雪、降雨等的影响。

地形对武器的影响也是很明显的，特别是对地面作战的武器、运行的车辆等的影响更直接，所以进行环境分析时要对地形进行表征、描述和分析，了解各种地形对军事行动、武器使用的影响。

4. 作战方案与作战模拟

作战方案也称作战想定，是对一种假想（假设）的战斗所做的描述，它是评价武器系统作战效能的重要前提。在作战方案中，要假定一种战斗情况，在这种情况下，规定敌人的状况、确定要使用的部队、选择预定的环境、确定交战的条件、原则与顺序，使整个战斗能以真实的条件进行，从而获得所需的数据，同时正确地评价武器系统的效能。实际上，作战方案及其相关模型要给出战斗环境和战斗过程的描述，目前，经常用计算机来帮助把这种描述表示出来，称为作战模拟（仿真）。

5. 人的因素

武器或武器系统是由人来操作、使用与维护的，因此人的因素和人的工程问题就成为被评价的整个武器系统的一个重要组成部分，人与所使用的武器或武器系统的接口很可能关系到战斗的成功与失败，研究人与武器的接口是效能分析人员经常使用的一种方法。分析中必须考虑人的因素，包括三个重要方面：人-机界面、人的能力和人的可靠性。

（1）人-机界面。

人-机界面是指人与武器系统的交互接口，相关研究称为人-机工程，武器系统的人-机工程研究目的是保障人-机界面的友好性，使武器系统操作容易、维修简单、使用舒适、过程安全，基本思路是把人当作系统的一个组成部分来评价，评价人对系统的影响，或人与整个系统的关系。人-机界面在人-机工程系统的设计中起着重要作用。

（2）人的能力。

人的能力，一般指的是个人能够操作装备程度的一个定量量度。个人的能力是变化的，就武器系统的操作而言，对这种变化的估计可能是很重要的。例如，我们可能想知道，一个士兵能以多高的准确度用步枪进行瞄准，能以多大的准确性投掷手榴弹，或能以多高的精度用机枪、火炮进行瞄准和射击等。而且，当我们认为许多装备或武器系统操作者实际上都可能是整个系统的一个组成部分时，就人的能力偏差而言，必须把人的能力与影响系统性能的其他偏差和误差结合在一起研究与估算。

（3）人的可靠性。

人的可靠性指的是相关人员控制或使用一个装备或武器时可能发生差错的比例，如可以定义成士兵感到疲劳之前的“平均战斗时间”。许多人把人的可靠性看作人的能力的一部分，而比较恰当的术语应该是“人的能力的可靠性”。平时，人把主要精力用在系统维护上，一旦要求操作、射击，他就能立即实施，因此系统处于“良好”状态。随时执行任务准备的时间与总时间之比，可能是一个非常重要的参数，它是系统有效性的量度。可以说，检查单兵对系统的维护程度，就是分析人的可靠性。因此在许多问题中，应把人的可靠性与人的能力的概念分开，进行专门的研究。

5.1.2 效能评估研究的基本问题

武器系统效能评估研究的问题包括以下几个方面。

（1）基本概念和基础理论问题。

该问题研究武器系统效能的分类与概念，效能评价、评价指标等的概念与特性，效能评价的思想和过程框架。

（2）评估标准的问题。

评估标准问题一般称为武器系统的效能评价指标与指标体系的构建问题，包括评价指标的分类、结构、指标的约简和合并方法、指标体系的合理性验证方法。

（3）评价方法的问题。

该问题研究效能评价方法、效能分析方法、指标值获取方法和指标综合方法。很多武器系统具有特殊性，其效能评价也有特殊性，这就需要根据实际问题研究合适的评价分析方法。

（4）支撑手段的问题。

该问题包括武器系统效能评价的辅助技术和支撑工具两个方面，效能评价辅助技术包括建模与仿真技术、辅助评价技术、数据处理技术、试验设计技术等。效能评价支撑工具在武器系统效能评价分析中有着重要作用。这里工具的范畴比较广，既包括建模、仿真工具，也包括其他各种定性、定量化工具。武器系统效能评价工具研究既包括选择或开发合适的工具集进行评价工作，又包括校核、验证和确认（VV&A）所使用的工具。

（5）应用问题。

武器装备效能分析作为武器装备建设中具有重要基础地位和先导作用的一项研究活动，在武器装备全寿命周期各阶段都有广泛的应用，对研究联合作战条件下武器装备体系整体作战效能的评估和优化、对武器装备体系发展和建设的科学决策等都具有重要的意义和作用。

5.1.3 效能评估的分类

武器系统效能评估是根据给定条件对给定的武器系统进行研究分析，给出其效能的评估结果。效能评估的问题可以根据不同的维度进行分类。

1. 按所处阶段的不同划分

（1）事前评估。

事前评估在系统规划阶段进行。

（2）中间评估。

中间评估在系统计划实施阶段进行。

（3）事后评估。

事后评估在系统完成后进行。

（4）跟踪评估。

跟踪评估在系统投入运转一长段时间后进行。

2. 按评估的对象划分

（1）关键技术评估。

关键技术评估是针对关键技术性指标进行的评估。

（2）分系统评估。

分系统评估是对分系统的性能或效能实施的评估。

（3）武器系统评估。

武器系统评估是对武器系统的整体效能进行的评估。

（4）装备体系评估。

装备体系评估是对由各单类武器装备构成体系的整体效能的评估。

3. 按评估对象的个数划分

（1）单系统评估。

单系统评估只对选定的单个系统方案进行效能评估，给出评估结果。此时评估的结果是系统效能的绝对数值。对单个系统效能的评估，如果只需考察其本身完成任务的能力，则可以用解析模型的方法来确定系统的效能。

（2）多系统评估。

多系统评估对多个系统的效能进行对比分析，给出评估的结果（如排序、选优或权衡等）。

4. 按效能类型划分

（1）系统效能评估。

系统效能评估评估给定系统的系统效能。

（2）作战效能评估。

作战效能评估评估给定系统的作战效能。

武器系统作战效能的评估涉及一定兵力使用武器系统完成作战任务的程度，其评估可以通过比较来进行。

有无比较：通过对使用特定武器系统与未使用该武器系统部队作战效能情况的对比分析来确定系统的作战效能。当采用模拟仿真的方法进行效能评估时，应该保证对比的作战条件是相同的，这样才能保证获得的效能准确可靠。

新旧系统比较：通过对使用新的武器系统与使用原有的武器系统时部队作战效能情况的对比来确定新系统的效能。

5. 按方法过程划分

（1）静态的效能评估。

对一个被评价系统在某一个特定时间的系统效能的评估，称为静态评价问题。对同一时间不同系统的评价，也是静态评价问题。

（2）动态的效能评估。

对一个被评价系统在某一个时间区间上系统效能的评价，称为动态评价问题。

5.2 武器系统效能评估的一般过程

本节研究实施武器系统效能评估的一般过程，总体上回答效能评估“怎么做”的问题。

一般意义上的评价工作可分为五个步骤：①确定评价对象。评价对象可以是各种资源、技术对象、人工制造的系统、人和社会系统等。②明确评价的属性和目标，即确定与评价目的有关的属性和目标。③确定评价的标值，即对有关属性和目标定量或定性地给出它们各自的评价标值。标值可以是物理量，也可以是经济单位，还可以是一些定性的分数、级数和序数等。④进行综合评价。当评价对象的属性不止一个，而且希望综合起来评价时，就有一个如何综合的问题。⑤撰写评价结果报告。

武器系统的效能评估在逻辑上与上述一般评估工作的过程是类似的，但鉴于武器系统效能评估的特殊性，我们将这一过程细化描述，如图5-1所示。

上述过程总体上涉及三方面的核心工作：评价对象的选定、系统模型的构建及采用的评估方法。将这3个方面综合起来，组成了武器系统效能评估工作三维立体结构，即效能度量层次维、方法维和系统建模维，如图5-2所示。

1. 效能度量层次维

效能度量层次维刻画武器系统效能的层次性。例如：单项效能、系统效能、作战效能和体系效能反映了效能的层次性；而技术效能（对工业部门）、装备效能（对决策部门）和使用效能（对使用单位）构成的效能度量维则强调了效能的分类。不同层次（或类别）的效能度量方式一般是不一样的。例如：单项效能一般可用概率的形式进行定量；大多数情况下，系统效能用所谓任务完成程度来度量；作战效能则可能使用统计值来定量处理；体系效能则可能用定性的方式来描述，如体系满足何等冲突级别的体系对抗任务等。

不同层次（或类别）的效能需要相应的建模与评估方法。用复杂的模型与方法评估相对简单的效能，以及用过于简化的模型与方法评估复杂的效能都是不可取的。

2. 方法维

评估方法一般受评估数据源的驱动。方法维一方面总结已成功应用于武器系统效能评估的各种方法；另一方面强调创新方法的发现。把武器系统效能划分为单项效能、系统效能和作战效能。这一划分体现了系统层次性的观点，指出了评估武器系统效能的有效途径。

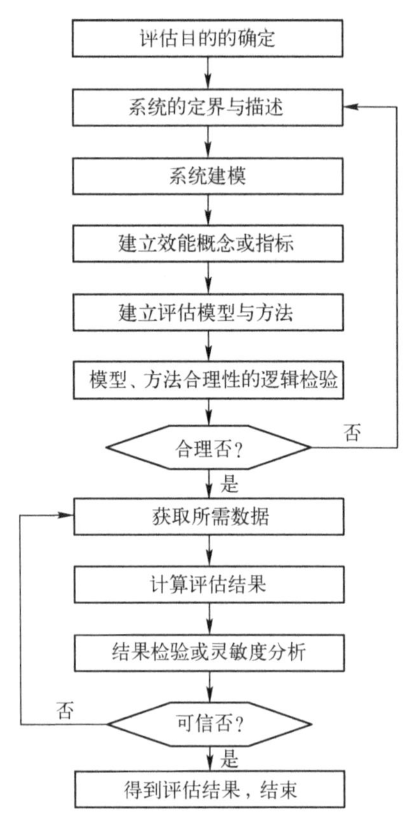

图 5-1　武器系统效能评估的一般过程

一般用解析法对单项效能进行评估，获得单项效能的概率值或效用值。单项效能评估是系统效能评估的基础，而正确评估系统效能又是作战效能评估的前提，有很多文献对系统效能的评估进行了研究。

由于作战效能涉及作战人员、复杂的对抗环境等非结构化问题，以及对作战系统建模与模拟难以满足需要，因此武器系统作战效能的评估研究成果不够丰富。

体系效能是新的概念，一般是建立体系效能的指标体系，然后评估指标值，最后综合所有指标值得到体系效能。这种效能评估的方法受主观因素影响较大，一般只能得出定性的结论。如何对对抗环境下的体系效能进行评估，目前仍处于探索阶段。

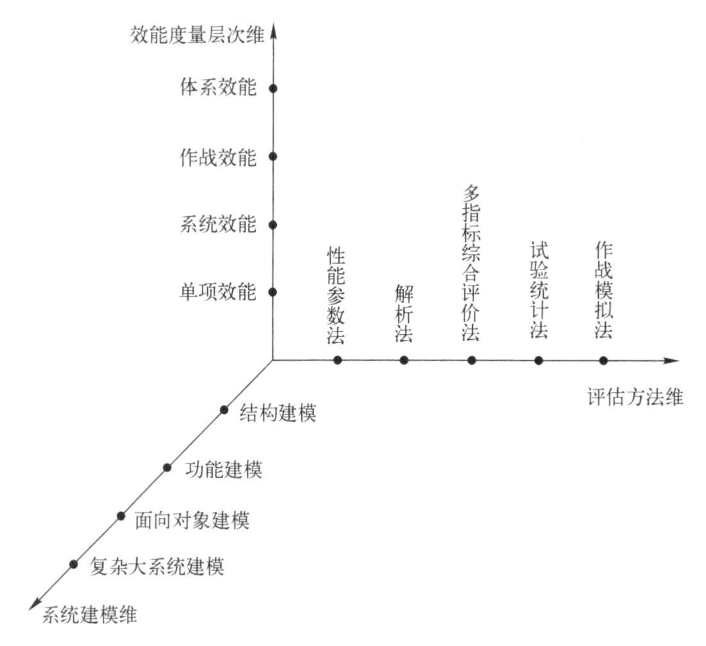

图 5-2　效能评估工作的三维结构

方法维包括的主要评估方法有性能参数法、解析法、试验统计法、作战模拟法、多指标综合评价法等。

3. 系统建模维

进行系统评价，首先要进行系统的抽象建模分析。这里把系统建模作为效能评估的一维，强调了系统建模的重要性。

从系统结构、功能、信息等方面考虑，常用系统建模分析法有功能分解法、结构信息建模法、面向对象分析法及基于 Agent 的系统建模方法。

（1）功能分解法。

它以系统所能提供的功能为中心，先定义各种功能，然后把功能分解为子功能，同时定义功能之间的接口。然后对较大的子功能进一步分解，直到给出它的明确定义，形成系统的功能层次结构图。依据系统的功能结构图，抽象出影响系统功能的参数集合，建立相应的数学模型。该法较直观，但很难准确、深入地理解问题域，也很难检验分析结果的正确性。

（2）结构信息建模法。

从系统结构中抽象出主要实体、实体之间的关系，以及各实体的状态来进行系统分析与建模。该分析方法强调的重点是信息建模和状态建模。

（3）面向对象分析法。

用对象描述组成系统的要素，用对象的属性和方法分别描述系统要素的内部状态和运动规律，使用封装原则形成描述系统的抽象实体，采用继承、消息、多态等方法使抽象实体具有很强的描述系统的能力。

（4）基于Agent的系统建模方法。

Agent常翻译为智能体或代理，是指具有一定自主性的实体，得到的Agent模型一般具有自主性、交互性、反应性、主动性等特性，能够感知环境的变化，做出灵活的应变。可用Agent描述现实世界中存在的各种各样实体。基于Agent的建模从只注重功能分析转向了同时关注问题域结构特征和功能要求。

5.3 典型评估框架及其对比分析

评估框架是对一类典型问题的模式化评估方案，一个完整的评估框架包括评估理念、相关概念、评估步骤以及支撑技术方法等要素。基于上面的一般过程，具体评估时，根据评估对象和评估理念的区别，将采用不同的具体评估框架，完整的具体评估框架包括评估理念、相关概念、评估步骤以及支撑技术方法等要素。本节将基本过程与几种典型的评估框架进行比较，分析各自的优缺点。

5.3.1 几种典型评估框架

这里选取的四种评估框架为模块化指挥控制评估框架、C2组织评估的最佳实践守则、基于仿真的指挥自动化系统效能评估框架、基于场景的军事信息系统效能评估框架，其应用对象是指挥控制系统，但这几种评估框架在复杂武器系统的评估方面具有典型性，且有广泛的应用。

1. 模块化指挥控制评估框架

模块化指挥控制评价框架（modular command and control evaluation structure，MCES）是面向作战指挥控制系统评估的通用化工具，由美国海军研究生院的Sweet等在20世纪80年代提出。MCES将指挥控制系统（C2）看作由物理实体、组成结构和过程功能组成的整体，其核心概念是“模块”，整个评估过程由自顶向下的七步组成，称为7个通用模块。其中前4个模块对问题与评估对象进行清晰阐述，后3个模块主要对前面定义的问题或对象进行分析与度量。MCES的完整流程如图5-3所示。

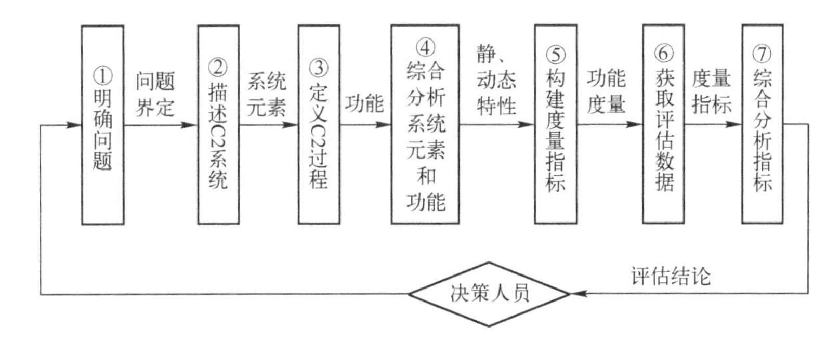

图 5-3　MCES 的 7 个模块及评估过程

其中，第一模块明确问题是明确对评估对象 C2 系统的评估目的与具体要求；第二模块描述 C2 系统是指清晰划分评估对象与具体背景的界线，描述系统的实体构成和逻辑结构；第三模块定义 C2 过程是指从动态角度分析指挥控制系统执行任务的具体过程与一般功能；第四模块综合分析系统元素和功能是指将指挥控制过程、物理实体和功能结构等方面整体联系起来，形成对指挥控制系统的全面认识；第五模块构建度量指标是在前四步的基础上，选取与定义评估指挥控制系统的具体指标，这些指标要求可度量、数据可获取；第六模块获取评估数据是针对第五模块中的指标，通过各种手段得到指标的具体数值；第七模块综合分析指标是对指标进行综合分析与聚合计算，最终提供相关分析结果以供决策者使用，回答决策活动中的具体问题。

MCES 作为经典的评估框架，其基本理念是对复杂系统的评估进行模块化、规范化的界定。现在看来，这一框架应该说是较为普通的过程，甚至存在着对评估指标与评估方法语焉不详的缺陷，但 MCES 的意义是开创性的，其基本理念是朴素的、通用化的，侧重对问题的定义与结构化描述并利用通用化的概念和流程来简化它的应用。其针对的评估对象都是“系统”层面的，通过分析分解的方法对评估对象的具体组成进行相对明确的界定，大型复杂系统（“多系统之大系统”，即体系）很难通过功能分解的方法对其进行满意的描述，因此，MCES 对解决体系评估问题有很大局限性，较少使用。

2. C2 组织评估的最佳实践守则

C2 组织评估的最佳实践守则（Code of Best Practice for C2 assessment，COBP）[161]是北约组织在 20 世纪 90 年代中期提出的用来指导 C2 评价的方法论，其最早由北约第 19 研究小组（RSG-19）开发，后来于 2002 年由北约研究、分析与模拟工作组（SAS-002）进行改进与拓展，其后，这一评估框架得到广泛认可和使用。

COBP 框架强调对指挥控制的评估是一个循环往复、多领域人员共同参与、将相关因素整体分析与综合度量的过程，其基本思想有三个方面：①认为评估团队必须由多学科、多专业背景的人员组成，同时要有一个便于交流的分布式环境，在评估工程中评估团队中的人员时刻保持公开和诚恳的对话，并通过遵守一定的行为规范确保评估的整体协调；②评估中不但要考虑各类系统的功能，还要充分考虑人的因素，包括能力素质、决策偏好、指挥水平等方面，需要对相关因素进行量化与精确建模；③强调想定（scenarios）在评估中的作用，COBP 框架中想定为评估提供了基本背景与外部环境的说明，通过想定的制定、专家评审以及参数化描述可以产生一系列基本想定，从而为评估提供可信全面的背景支撑，保障评估结论的稳健性。COBP 框架共包含了 9 个反馈迭代的步骤，如图 5-4 所示。

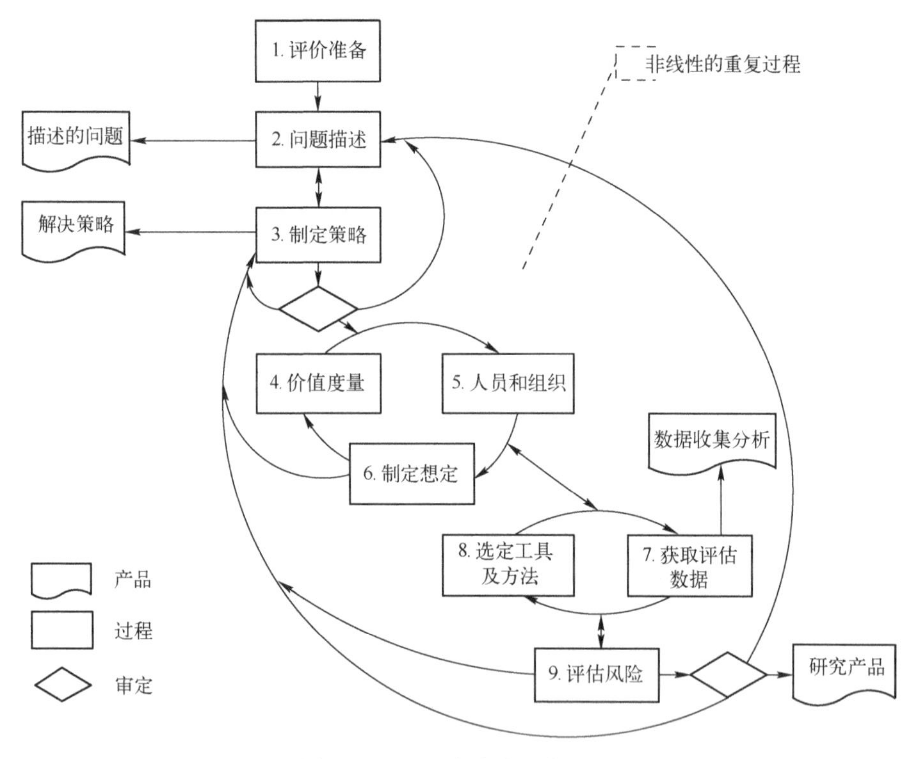

图 5-4　COBP 框架的一般过程

第一步评估准备是进行评估前的评估团队组建工作，根据问题的特点与涉及的方面，组建形成高效、多学科背景的评估人员队伍。第二步问题描述特别强调了要对问题进行尽可能全面的分析与阐述，特别是评估所涉及的环境、政治、地理、经济、目标、想定、价值度量等方面要素，既要说明评估可控的要素，也要说明不在评估范围内或者不可控的要素。第三步制定评估策略，是指拟定实施评估的具体步骤，明确相应的支撑工具与相关技术，给定各步骤间的输入输出关系，必要时这一步需要与第二步问题描述进行反馈迭代。第四步构建评估指标，COBP 框架中评估指标统称价值度量（measures of merit，MOM），可分为五层，分别为尺度参数（DP）、性能度量（MOP）、效能度量（MOE）、作战效能度量（MOFE）以及政治效能度量（MOPE），还要明确各类指标的收集方法与度量标准。第五步对人员和组织的要素进行分析与建模，包括决策行为方式、决策人的性格特点、决策人或者决策组织的能力素质等方面，必要时需要求助心理学家、社会学家等专业人士。第六步制定评估中使用的想定，COBP 框架中往往需要使用一系列的想定来达到较全面分析评估指挥控制能力的目的，每个想定都需要对指挥控制系统遂行任务的政治经济、气象地理、社会文化、军事冲突的规模以及参与人员的能力水平等因素进行描述。第七步获取评估数据，包括明确数据的来源、类型与内容以及量化评估指标所需的关联数据等，建立信息资源字典，利用数据工程的技术方法来收集、组织、管理与转化数据，为评估提供更为完整可靠的数据支持。第八步选定工具和方法对评估数据进行处理，用于量化评估指标以及指标之间的关系，特别是 MOP 和 MOE 之间、MOE 以 MOFE、MOFE 与 MOPE 之间的关系，一般需要搭配使用多种工具或方法才能达成目标，包括确定性的分析工具及技术，也包括随机性分析工具与技术。第九步评估风险，是指利用灵敏度分析对各类不确定因素进行“if…then”式的研究，评估不确定因素在变化时对系统效能与期望达到效果的影响，在此基础上明确各类风险因素。

整体来看，COBP 框架对于评估 C2 系统来说，是重要的理论创新，体现在三个方面：首先在实施步骤中存在多个循环，充分体现了评估过程是一个反复迭代的过程；其次，其提供了五个层次评估指标以及想定的描述方法，为评估提供关键支撑；最后，其强调了评估结果对决策的支撑作用，包括对决策人员以及决策行为的建模、对决策中不确定因素的风险分析等。应该说，COBP 框架充分考虑评估中涉及的各类要素，是一个相对完善的通用框架，但正因为这一框架企图将相关因素尽量全面地描述与分析，导致在应用实践中，完全按照这一框架实施需要投入大量的人力、物力与时间，需要根据实际问题的不同，进行灵活处置。

3. 基于仿真的指挥自动化系统效能评价框架

考虑仿真手段对复杂系统评估的重要支撑作用，参考传统的评估框架，国防科学技术大学的刘俊先博士在 2003 年提出了称为基于仿真的指挥自动化系统效能评价框架（simulation based C⁴ISR system effectiveness evaluation，SBSEE），其基本思路是将仿真技术与指挥自动化系统效能评价相结合实施综合集成式的评估，其一般过程如图 5-5 所示。

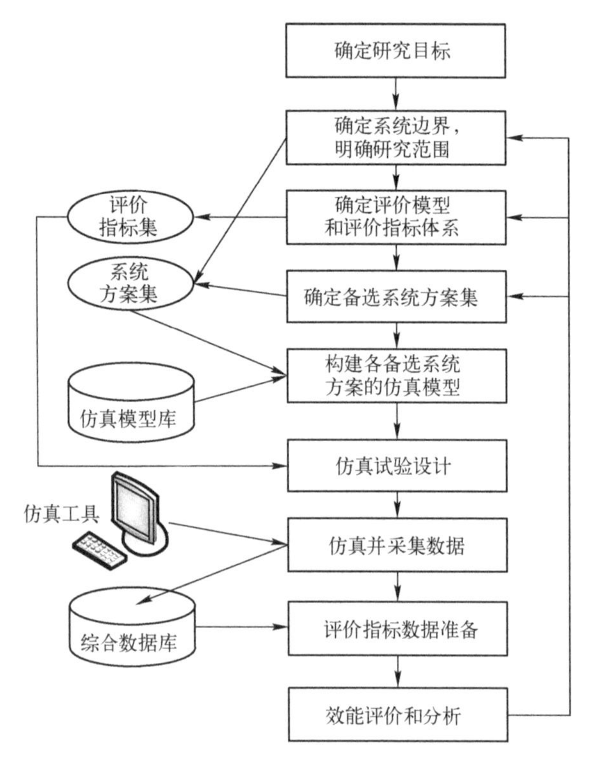

图 5-5　基于仿真的指挥自动化系统效能评价框架

其中：第一步确定研究目标是指分析待研究的问题，明确评价者要达到的目的；第二步确定研究边界，明确研究范围，并给出必要的假设；第三步通过分析研究对象，选择合适的评价模型并建立一套评价指标体系；第四步确定备选系统方案集，即评估对象在一组评估指标集的不同数值设定下的具体状态；第五步构建针对不同备选系统方案的仿真模型，并在建模仿真工具支撑下对仿真模型进行有效管理；第六步进行仿真试验设计，配置各仿真模型，并设定相关数据与仿真配置参数；第七步在仿真工具支撑下具体实施仿真并采集数据；第八步对仿真数据和其他用于评价的数据进行预处理，根据仿真数据和评价指标之间的映射关系得到评价指标数据；第九步实施效能评价与综合分析，如果相关分析结论满足要求，即可停止，如果不满足，则进行反馈迭代。

SBSEE 框架的基本思想是利用仿真模型与仿真工具获取评估所需的数据，整个评估过程是一个围绕仿真实施评估的过程，包括构建评估对象模型、仿真建模、仿真实施、仿真数据处理等步骤。这一框架应该说是面向“系统”的，只是突出强调了仿真的支撑作用，对于如何构建有针对性的仿真模型、如何保障评估指标与评估数据的可靠性与有效性等问题并没有深入讨论，但其针对军事系统分析论证的“预先评估”问题的解决具有启发意义，因为这时并没有实际的系统存在，对概念系统的评估，对系统实施建模与仿真评估才是现实可行的思路。

4. 基于场景的军事信息系统效能评估框架

基于场景的军事信息系统效能评估框架面向复杂军事信息系统的作战应用效能评估，强调多场景仿真和多类评估方法的综合应用，完整过程为系统分析应用任务、构建评估指标、获取与处理评估数据、综合分析与形成评估结论。

基于场景的军事信息系统效能框架如图 5-6 所示，总体可分为四个阶段实施，分别是场景分析阶段、能力指标构建阶段、应用场景仿真阶段以及数据处理与分析评估阶段，最终形成关于信息支持作战的评估结论。

第一阶段：应用场景分析。

这一阶段的目标是通过应用场景分析提出具有典型性的军事信息系统应用场景与场景集，从而明确作战应用能力评估的具体背景。首先，通过实际调研与资料的收集整理，对军事力量遂行多样化使命任务以及不确定的未来作战环境进行分析，获得对信息支持作战宏观背景的认识；其次多渠道获取、分析与凝练应用场景，进一步对得到的应用场景进行规范化描述，必要时各应用场景的重要度与典型度进行评估，形成对各类应用场景的全面深入的认识，以此为基础，形成具有一定覆盖面的应用典型场景集，并视需要对典型场景集进行结构化描述，以最终形成的应用典型场景集代表应用作战（全局或者某一方面）的复杂度与不确定的未来情形，直接支持应用能力评估指标构建与应用场景仿真工作。

这一阶段的输入是以多种形式存在（包括文本、专家经验、用户认识等）的关于军事力量的使命任务与未来不确定的任务环境，输出是应用场景集。主要使用本书第 3 章中的应用场景分析的相关技术，包括场景分类方法、获取技术、场景描述方法以及场景评价方法等。

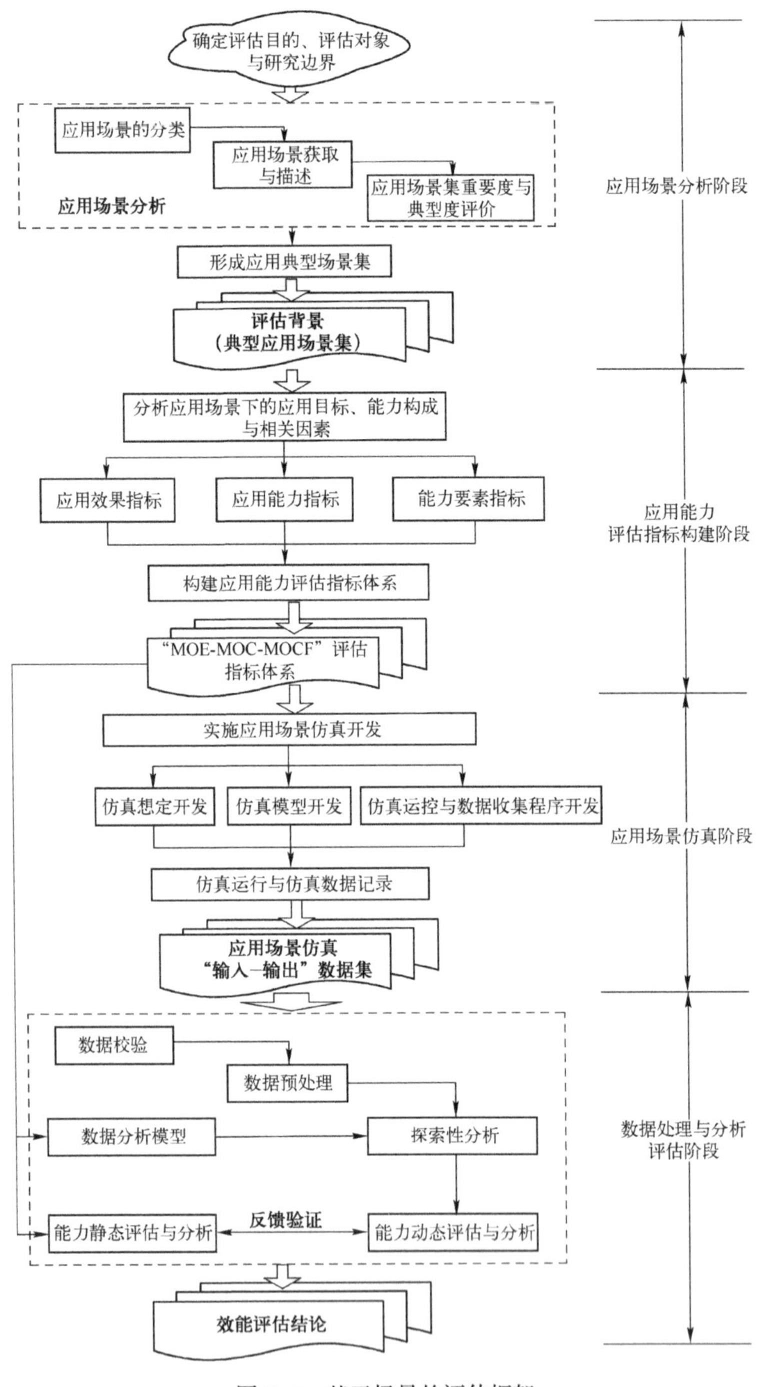

图 5-6　基于场景的评估框架

第二阶段：应用能力评估指标构建。

这一阶段的目标是分析形成信息作战支持能力的构成与构建应用场景下的应用能力评估指标体系，为应用能力评估提供指标支持。首先，基于对信息作战应用能力的一般认识，分析第一阶段中得到的典型应用场景下的作战应用支持目标、信息作战支持能力构成以及相关保障条件，形成各应用场景下“应用效果-应用能力-能力要素”指标层次结构；其次基于规范框架开发应用能力评估指标体系，形成逻辑层次清晰、定义良好、形式规范的相关产品集，包括应用效果指标描述、应用能力评估指标影响关系、指标词典等，为应用场景仿真与能力评估提供指标准则。

这一阶段的输入是在第一阶段明确的应用能力评估的具体背景，输出是信息作战应用能力评估指标体系。主要使用本书第 4 章中提出的相关技术方法，包括应用能力与能力指标研究的一般方法，基于规范框架的能力指标体系构建技术等。

第三阶段：应用场景仿真。

这一阶段的目标是通过仿真获取用于信息作战应用能力评估的相关数据。首先，根据选定的应用场景以及场景下的信息作战应用能力评估的要求，实施应用场景仿真开发，包括仿真想定开发、仿真模型开发、仿真运控与数据收集程序开发等；其次，运行仿真并记录其中的仿真数据，包括仿真设定相关数据、仿真中间数据与结果数据等，形成应用场景仿真的“输入-输出”数据集，这一数据集需要完整地指出应用能力评估指标的相关计算。

这一阶段的输入是作为评估背景的应用典型场景集以及场景下应用能力评估指标体系，即第一阶段和第二阶段的输出，这一阶段的输出是支持应用能力评估的数据集。使用的主要技术是仿真的相关支持技术，包括仿真开发相关技术（想定开发、模型开发、仿真运控系统开发等）以及仿真运行相关支持技术（仿真表现、仿真记录等），这些技术都是通用技术，本书不做过多阐述，仅在第 5 章 5.1 节中对不同于一般仿真的几种情况进行了说明。

第四阶段：数据处理与分析评估。

这一阶段的目标是综合利用前面几个阶段的输出结果，对应用场景下的应用能力实施评估与综合分析，形成评估结论。其包括三方面工作：一是对应用场景仿真获取的数据进行处理，包括对数据进行校验和预处理，得到可以直接支持偏最小二乘法（PLS）通径模型的数据集；二是基于应用能力评估指标之间的层次关系构建用于信息作战应用能力评估的 PLS 通径模型，并以经过处理的数据集为输入，进行 PLS 通径模型的迭代求解，得到对应于应用效果指标的应用能力指标数量表达式；三是对信息作战应用能力进行综合分析与评估，视需要可包括能力要素指标到能力本级指标的静态评估部分和应用效果指标到能力本级指标的动态评估部分，并将两方面评估与分析的结果进行反馈验证，最后形成应用能力评估的总结论。

这一阶段以第二阶段形成应用能力评估指标体系以及第三阶段得到的场景仿真数据为输入，最终完成信息作战应用能力的评估与综合分析，将评估结论作为输出。该阶段主要使用本书第 5 章中给出的 PLS 通径模型技术以及多场景的应用能力评估与综合分析方法。

这一研究框架既可用于单一场景下的应用能力评估，也可用于多场景下的应用能力评估。前者在第一阶段和第二阶段只需针对单一场景实施，形成的应用典型场景集中只包括一个场景。后者需要在前两个阶段对多个场景反复迭代，形成的典型场景集包括多个场景，并在应用场景仿真、数据处理与分析评估阶段针对多个场景下分别研究，并最后进行综合评估，形成结论。

5.3.2 评估框架的对比分析

上面讨论的几种典型评估框架基于不同的评估理念，针对对象各有不同。下面将本书提出的基于场景评估框架（CEFBS）与这几种框架进行对比分析，包括评估理念、评估对象、一般过程、评估指标、数据分析方法等方面，如表 5-1 所列。

表 5-1 基于场景评估框架与几种典型框架的比较

项目	MCES	COBP	SBSEE	CEFBS
评估理念	认为评估是由 7 个模块组成的自上而下的过程	认为评估是一个由多领域人员共同参与，将相关因素综合分析的循环迭代过程	认为 C^3I 系统效能评价可以围绕仿真展开	围绕场景展开评估，包括明确评估对象、构建评估指标、获取评估数据以及综合分析等
针对对象	指挥控制系统	指挥控制（系统或活动）	C^3I 系统	信息作战应用
核心概念	模块、系统组成、系统功能	迭代、评估策略、人的因素、价值度量、想定	仿真、建模、实验设计	场景、场景分析、场景仿真、能力指标、综合分析
一般过程	7 个步骤	9 个步骤	9 个步骤	4 阶段 8 个步骤
评估指标	未指定	5 个层次（DP - MOP - MOE - MOFE - MOPE）	4 个层次（DP - MOP-MOE-MOFE）	3 个层次[2]（MOCF - MOC-MOE）

续表

项目	MCES	COBP	SBSEE	CEFBS
数据获取途径	未指定	强调多种途径获取，特别是利用公开数据源进行发掘与转化	仿真	主要依靠仿真
数据处理方法	未特别说明	统计分析、灵敏度分析	统计分析、效能评估模型	偏最小二乘回归通径模型等

下面对以表 5-1 中各方面逐一进行比较分析。

1. 评估理念

不同的理念决定着不同评估框架的具体形式。这几种评估框架中，MCES 作为经典的评估框架，其基本理念是将复杂系统的评估模块化、规范化，现在看来，这一思想是朴素的，也是最一般的，其他几个框架应该说都遵循了评估过程模块化规范化的思路，在此基础上，COBP 强调了需要不断地反馈迭代，SBSEE 强调了仿真的核心支撑作用，而本书提出的 CEFBS 框架则根据卫星信息作战应用的特点，有针对地提出了围绕场景展开评估的思路。对比而言，可以认为 MCES 与 SBSEE 的评估思路是面向系统的，是自然的自上而下的逻辑过程；COBP 与 CEFBS 强调了更综合地分析与描述评价对象，注重通过不断迭代达成评估目标。

2. 针对对象

几种评估框架在提出时，其针对的对象是不同的。MCES 框架在提出之初，用于对作战指挥控制系统的评价，虽然在 MCES 的应用中，其评估对象也扩展到其他的军事系统，比如军事通信系统，但其针对的评估对象都是“系统”层面的，在某种程度上，可以通过分析分解的方法对评估对象的具体组成进行相对明确的界定。COBP 的提出针对的是作为复杂大系统的“C2”，其对象比 MCES 中作战指挥控制系统更加宽泛，包括人、物以及组织关系等要素，SBSEE 设定的评估对象为 C^3I 系统，本书中提出 CEFBS 框架评估对象为卫星信息的作战应用活动。应该说，MCES 与 SBSEE 的评估对象侧重有形的、存在物理对应的“系统”，而 COBP 与 CEFBS 针对的对象不仅包括了实际存在或拟研的系统，还将相关保障要素考虑进去。

3. 核心概念与一般过程

评估思路与评估对象的差异决定了评估框架各自使用的术语不同，评估的一般步骤也不同。MCES 中最核心的概念是模块化，通过模块将评估过程分为规范的七个逻辑部分，评估过程也就是 7 个模块的顺接；COBP 中最为重要的概念则是迭代和评估策略，前者反映COBP框架的基本方法论，后者是用来说明对评估过程与使用的手段方法进行总体设计的思路，其评估过程分为不断迭代反复的9个步骤；SBSEE突出了建模、仿真与实验的概念，反映出SBSEE框架中“基于”仿真的评估理念，根据问题界定、仿真建模、实验设计与实施、仿真数据分析与处理等将SBSEE分为了9步；CEFBS框架最核心的概念是“场景”，即通过场景来完成评估对象分析、评估指标构建以及评估数据获取等具体工作，实现单场景或多场景下的分析评估，并具体根据围绕场景研究的阶段划分，将评估过程分为了四个阶段共8个步骤。

4. 评估指标

评估指标的选取是评估框架中的重要内容，也是评估工作中的核心工作，能否提供有效的评估指标支持是评估框架优劣的基本内容。几种评估框架中，MCES作为最早的评估框架，强调了评估指标一定要根据对象的差异而有针对性地选取，但具体应该如何，并未做深入研究；COBP框架在总结分析多方面成果的基础上，提出了五层次的评估指标，这一指标框架由很强的针对性，很多评估实践参考使用COBP中的指标层次；SBSEE参考了COBP中提出的五层次指标，给出一个针对C^3I系统评估四层次指标结构，与COBP中指标结构的区别在于去掉了政治效能度量（MOPE）这一层次；本书中CEFBS针对卫星信息作战应用评估的特点，提出了能力要素指标、能力指标以及应用效果指标的三层次结构。总体来说，除了MCES没有特别明确评估指标的层次，其他三种框架均根据各自问题的不同提出了有针对性的评估指标层次结构。

5. 数据获取途径与数据处理方法

评估工作最终要落实在评估数据的获取以及数据的分析处理上。在评估数据的获取方面，从来源来说，评估数据可以是实际数据，也可以是仿真数据，可以是对现有数据的收集，也可以有目的地生成新的数据；在对评估数据的处理方面，一般需要统计分析的方法，但具体使用哪些方法往往各有侧重点。MCES没有更多说明评估数据的获取途径与处理方法，COBP框架则深入讨论了评估数据的获取以及处理问题，在数据获取上，说明了数据的重要性以及数据获取的困难，强调通过多种途径获取，特别是要充分利用公开数据源进行数据的发掘与转化，在数据处理方法上，突出了灵敏度分析方法的重要性；SBSEE框架依靠仿真手段获取评估数据，用统计方法分析处理仿真数据，并利用各类效能评估模型（如DEA）对数据进行深入分析；CEFBS框架强调通过仿真获取卫星信息作战应用评估所需的数据，并根据卫星应用场景仿真数据的特性，提出利用基于偏最小二乘估计的新型统计分析方法对仿真数据进行处理，得到评估指标的相关数值。

参考文献

[1] 李志猛、徐培德，等．武器系统效能评估理论及应用 [M]. 北京：国防工业出版社，2013.
[2] 辞海编辑委员会．辞海 [M]. 北京：上海辞书出版社，2001. 8.
[3] 顾基发．评价方法综述 [M]//科学决策与系统工程．北京：中国科学技术出版社，1990
[4] 徐培德，谭东风．武器系统分析 [M]. 长沙：国防科技大学出版社，2001.
[5] 胡晓惠，蓝国兴，等．武器装备效能分析方法 [M]. 北京：国防工业出版社，2008.
[6] 罗兴柏，刘国庆．陆军武器系统作战效能分析 [M]. 北京：国防工业出版社，2007.
[7] 邵国培，等．电子对抗作战效能分析 [M]. 北京：解放军出版社，1998.
[8] 郭齐胜，等．装备效能评估概论 [M]. 北京：国防工业出版社，2005.
[9] 高尚，娄寿春．武器系统效能评定方法综述 [J]. 系统工程理论与实践，1998 (7) 18.
[10] 刘奇志．武器作战效能指数模型与量纲分析理论 [J]. 军事运筹与系统工程，2001 (3) 15-19.
[11] 徐安德．论武器系统作战效能的评定 [J]. 系统工程与电子技术，1989 (8).
[12] 胡晓峰，罗批，司光亚，等．战争复杂系统建模与仿真 [M]. 北京：国防大学出版社，2005.
[13] 倪忠仁，等，地面防空作战模拟 [M]. 北京：解放军出版社，2001.
[14] 詹姆斯·邓厄根．现代战争指南 [M]. 北京：军事科学出版社，1986.
[15] BROOKS A, BENNETT B, BANKES B. An Application of Exploratory Analysis: The Weapon Mix Problem [R]. USA: RAND, 65th MORS Symposium, November 18, 1997.
[16] SHLAPAK DA, Orletsky DT, et al. Dire Strait: Military Aspects of the China-Taiwan Confrontation and Options for U. S. Policy [R]. MR-1217-SRF/AF, Rand, CA, U. S. 2000.
[17] JOHNSON S E, LIBICKI M C, et al. The. New Challenges New Tools for Defense Decision making [R]. MR-1576, RAND, 2003: ch9-ch10.
[18] DAVIS P K, KULICK J, EGNER. Implications of Modern Decision Science for Military [R]. Project Air Force, RAND, 2005: ch2-ch4.
[19] 刘俊先，指挥自动化系统作战效能评价的概念和方法研究 [D]. 长沙：国防科技大学，2003.

第6章 武器系统效能评估的经典方法

具体的方法是进行武器系统效能评估的核心，本章针对传统的方法进行总结归纳和具体说明，包括方法的分类以及几种评估方法的具体阐述，这些方法往往是效能评估学术研究的主要内容。各种新方法层出不穷，这里主要介绍经典方法。

6.1 武器系统效能评估方法的分类

评定武器系统效能的方法有很多，根据其依据的基本思想，将所有方法分类，典型方法包括专家评价法、指数法、解析法、试验统计法、仿真法等。这几种方法各有优缺点，下面对各种方法逐一评述。

1. 专家评价法

专家评价法是指以专家的主观判断为基础，通常将“分数”“指数”“序数”“评语”等作为评价的标值，并据此做出综合评价的方法。

常用的专家评价法如下。

(1) 简单评分法。

假定有 m 个不同对象要评价，评价的属性有 n 个。首先对每个属性规定评价的标值，对第 i 个对象在第 j 个属性得到的标值记为 S_{ij}，可以将它们列成表格；也可以用图形来表示，常用的图形有条形图和蛛网图等；也有将两者结合的方法，如兰德公司提出的彩色记分牌法。彩色记分牌法先将标值 S_{ij} 列成表格，用横行表示评价对象，纵列表示评价的属性。然后在同一属性中对于最优的对象用最浅色牌，最差的对象用最深色牌，表现为中间属性的用中间色牌。这样得到浅色牌较多的对象就被认为是较优的对象。

（2）综合评分法。

其本质是把多个对象的所有属性的得分进行综合，得到一个综合数来作为评价的标值。常用的方法有加法评分法、加权求和评分法和乘积评分法等。对于加法类型的综合评分法，必须先将各属性所得数值无量纲化和规范化，然后求和。

（3）优序法。

优序法以序数为评价基础，适用于标值是序号的情形。这种方法可以处理多对象、多目标的情况。

专家评定法在评定难以用定量计算时采用比较有效。难题首先是如何选专家，其次是选取什么参数让专家进行评价。另外，专家评价法的缺点是主观性多，专家评估时有很大的倾向性。

2. 解析法和指数法

解析法是根据描述效能指标与给定条件之间的函数关系的解析表达式计算指标，可根据数学方法求解建立的效能方程。

解析法的特点是根据描述效能指标与给定条件间函数关系的解析表达式计算指标值。解析表达式可以直接根据军事运筹理论建立，也可以由用数学方法求解所建立的效能方程得到。解析法主要包括 WSEIAC 模型与方法、SEA 方法、量化标尺评估法、阶段概率法、程度分析法、结构评估法、模糊评估法、信息熵评估法、灰色评估法等。解析法的优点是公式透明性好、易于理解、计算简单，且能进行变量间关系的分析；其缺点是考虑因素少，公式不易得到，所得结果由于过于抽象很难得到决策者的认同。

对于复杂的武器系统，其效能呈现出较为复杂的层次结构，有些较高层次的效能指标与其下层指标相互影响，而无确定函数关系，这时只有通过对其下层指标进行综合才能评估其效能指标。常用的综合评估方法有线性加权和法、概率综合法、模糊评判法、层次分析法以及多属性效用分析法等。

指数法是指主要通过经验构建评估指数（如战斗力指数、机动性指数等），进而通过指数的计算来反映效能的高低的方法，该方法因为方便曾经大受欢迎，曾作为“中美国防系统分析方法学术讨论会”研讨的重要内容之一，它提出了一个统一的度量标准，该度量标准建立在军事专家的丰富经验之上，在量化方面有所前进，具有结构简单、使用方便的特点，适用于宏观分析和快速评估，而且效能建立在武器系统自身的战术技术性能指标的基础上，避开了大量不确定因素的影响，从而增强了评估的确切性，一些系数的确定也采用了层次分析法等专家评估法。

本章下面会对几类解析方法进行具体说明，指数法将在第 8 章中展开说明。

3. 试验统计与仿真为基础的评估方法

所谓试验统计是指在规定的场景中或精确模拟的环境中，观察武器系统的性能特征，收集数据，评定系统效能。其特点是依据实战、演习、试验获得大量统计资料评估效能指标，应用前提是所获统计数据的随机特性可以清楚地用模型表示，并相应地加以利用。常用的试验统计有抽样调查、参数估计、假设检验、回归分析和相关分析等。试验统计法不但能得到效能指标的评估值，还能显示武器系统性能、作战规则等因素对效能指标的影响，从而为改进武器系统性能和作战规律提供定量分析基础，其结果比较准确，但需要有大量的武器装备做试验的物质基础，这在武器研制前无法实施，而且耗费太大，需要时间长。

在这类方法中，仿真实验为基础和主要数据来源进行效能评价，越来越显示出独特优势。其实质是以计算机模拟模型进行作战仿真实验，由实验得到的关于作战进程和结果的数据，可直接或经过统计处理后给出效能指标评估值。

仿真法考虑在对抗条件下，以具体作战环境和一定兵力编成为背景来评价，能够实施战斗过程的演示，比较形象，但需要大量可靠的基础数据和原始资料作依托。要得到完整资料需要有长期大量数据，仿真时对作战环境模拟比较困难，如干扰环境的不确定性等直接影响结果。总之，作战模拟对于武器系统作战效能评估具有不可替代的重要作用。它省时、省费用等，在一定程度反映了对抗条件和交战对象，考虑了武器装备的协同作用、武器系统的作战效能诸属性在作战全过程的体现以及在不同规模作战效能的差别，特别适于进行武器系统或作战方案的作战效能指标的预测评估。

上述方法均是传统的效能评估方法，其基本思路可以总结为四类：一是主要基于人进行判断和评估，如专家评定法；二是基于解析计算模型进行评估，这些解析模型往往基于独有的思考角度，如 ADC 方法等；三是利用各类系统综合评价模型进行的效能评估方法，这些综合评估模型在系统工程中有着多样化的形式，典型的形式包括层次分析法、模糊综合评价法等；四是基于实际数据或仿真数据的统计方法，上面的试验统计和作战模拟就是这类方法。在这 4 类方法中，本书对定性化色彩更明显的第一类方法不作更多阐述，下面对后面三类方法进行详细说明。此外，还需要说明的是，在进行实际武器系统效能评估时，往往需要综合使用这些基本方法才能取得令人满意的结果。

6.2 武器系统效能评估的典型解析方法

解析方法是根据描述效能指标与给定条件之间关系的数学模型来计算系统效能的方法，此类方法一般以概率统计、排队论、对策论以及其他军事运筹学中的数学方法为基础，建立系统效能的模型，分析计算武器系统的效能。这类方法的类型很多，经典的方法包括 ADC 方法、兰彻斯特方程、SEA 方法等。

6.2.1 ADC 方法

ADC 方法是美国工业界武器系统效能咨询委员会（WSEIAC）于 20 世纪 60 年代中期为美国空军建立的效能模型，它把系统效能指标表示为武器系统可用度、任务可信度和系统能力的函数（图 6-1）。

按照 WSEIAC 的模型，武器系统的效能可以表示为有效性向量 $\boldsymbol{A}$（Availability）、可靠性矩阵 $\boldsymbol{D}$（Dependability）与能力矩阵 $\boldsymbol{C}$（Capacity）的乘积，表达式为

$$\boldsymbol{E}=\boldsymbol{ADC} \tag{6-2-1}$$

式中 $\boldsymbol{A}$——当要求系统在任意时间工作时，表示系统在开始执行任务时所处状态的指标；

$\boldsymbol{D}$——已知系统在开始工作时所处的状态（有效度），表示系统执行任务过程中的一个或几个时间段内所处状态的指标；

$\boldsymbol{C}$——已知系统在执行任务过程中所处的状态，表示系统完成规定任务的能力的指标。

这 3 个指标通常都表示为以下三个概率：

$\boldsymbol{A}$：系统在开始执行任务时所处状态的概率的行向量；

$\boldsymbol{D}$：以系统在前一个时间段中处于有效状态为条件，系统在一个时间段中的条件概率矩阵；

$\boldsymbol{C}$：在已知任务和系统状态的前提下，代表系统性能范围的概率矩阵。

式（6-2-1）还可以写成

$$\boldsymbol{E}=[e_1,e_2,\cdots,e_n] \tag{6-2-2}$$

其中的任何一个元素 e_k 都可以用式（6-2-3）计算：

$$e_k=\sum_{i=1}^{n}\sum_{j=1}^{n}a_i d_{ij} c_{ik} \tag{6-2-3}$$

式中 e_k——第 k 个效能指标或品质因数；

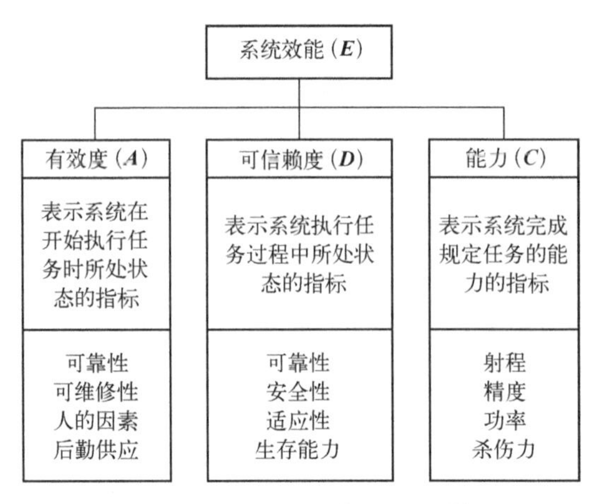

图 6-1　系统效能评估的 ADC 模型

a_i——在开始执行任务时系统处在 i 状态中的概率；

d_{ij}——已知系统在 i 状态中开始执行任务，该系统在执行任务过程中处于 j 状态（有效状态）的概率；

c_{jk}——已知系统在执行任务过程中处于 j 状态中，该系统的第 k 个效能指标或品质因数。

1. 有效度向量

有效度向量 $\boldsymbol{A}$ 是一个行向量：

$$\boldsymbol{A}=[a_1,a_2,\cdots,a_n] \tag{6-2-4}$$

其中的每个元素都是系统在开始执行任务时处于不同状态的概率。由于在开始执行任务时，系统只能处于 n 个可能状态中的一个状态中，故行向量的全部概率值的和一定等于 1，即

$$\sum_{i}^{n} a_i = 1 \tag{6-2-5}$$

在实际应用中 $\boldsymbol{A}$ 可能是一个多元向量。简单起见，假定系统只有两个状态，即有效状态和故障状态（维修状态）。这样，有效度向量 $\boldsymbol{A}$ 就只有两个元素 a_1 和 a_2，即

$$\boldsymbol{A}=[a_1,a_2] \tag{6-2-6}$$

式中　a_1——系统某时刻处于有效状态的概率；

a_2——系统某时刻处于故障状态的概率。

系统处于有效状态（状态 1）的概率为

$$a_1=\frac{\text{MTBF}}{\text{MTBF+MTTR}}=\frac{1/\lambda}{1/\lambda+1/\mu} \tag{6-2-7}$$

式中 MTBF——平均无故障工作时间；
MTTR——平均修理时间；
λ——故障率；
μ——修理率。

系统处于故障（状态2）的概率：

$$a_2=\frac{\mathrm{MTTR}}{\mathrm{MTTR}+\mathrm{MTBF}}=\frac{1/\mu}{1/\mu+1/\lambda} \tag{6-2-8}$$

在计算有效度向量的各个元素所使用的模型中，必须考虑故障时间和修理时间分布，预防性维修时间和其他无效状态时间，以及维修程序、维修人员、备件、工具、运输等因素。

例如，一个光学跟踪的高炮系统的测距雷达由发射机、天线、接收机、显示器和同步机等部件组成，经验表明，一部发射机不能保证所测距离数据达到要求的可靠性，需使用两部发射机，设每部发射机的 MTBF 为 10h，MTTR 为 1h，天线、接收机、显示器和同步机作为一个组合体，MTBF 为 50h，MTTR 为 0.5h，假定高炮系统的有效度仅取决于探测与捕捉空中目标，并给出连续距离数据的雷达，求雷达系统的有效度向量。

在开始执行任务时，雷达系统的重要状态如下：

（1）所有部件都正常工作；

（2）一部发射机发生故障，另一部分发射机及所有其他部件正常工作；

（3）系统处于故障状态：或者两部发射机都处于故障状态，或者雷达的其他部件之一发生故障。

令 a_r 为每部发射机的有效度，即一部发射机正常工作的概率；a_R 为天线、接收机、显示器及同步机组合体的有效度，有

$$\begin{aligned} a_r&=\frac{\mathrm{MTBF}}{\mathrm{MTBF}+\mathrm{MTTR}}=\frac{10}{10+1}=0.909 \\ a_R&=\frac{\mathrm{MTBF}}{\mathrm{MTBF}+\mathrm{MTTR}}=\frac{50}{50+0.5}=0.990 \end{aligned} \tag{6-2-9}$$

有效度向量的三个元素分别为

$$\begin{cases} a_1=a_T^2a_R=(0.909)^2(0.990)=0.818 \\ a_2=[a_T(1-a_T)+(1+a_T)a_T]a_R \\ \quad =2a_T(1-a_T)a_R=2\times0.909\times0.091\times0.990 \\ \quad =0.164 \\ a_3=1-a_1-a_2=0.018 \end{cases} \tag{6-2-10}$$

因此，有效度向量

$$\begin{aligned}\boldsymbol{A} &= [a_1, a_2, a_3] \\ &= [0.818, 0.164, 0.018]\end{aligned} \tag{6-2-11}$$

也就是说，雷达所有部件均正常工作的概率为0.818。一部发射机和其他部件正常工作的概率为0.164。雷达发生故障（两部发射机都发生故障或一个其他部件发生故障）的概率为0.018。

2. 可信赖度矩阵

在求出有效度向量之后，下一步便是建立可信赖度矩阵。这就要描述系统在执行任务过程中的各个主要状态。

可信赖度矩阵是一个 $n \times n$ 方阵：

$$\boldsymbol{D} = \begin{bmatrix} d_{11} & d_{12} \cdots & d_{1n} \\ d_{21} & d_{22} \cdots & d_{2n} \\ \vdots & \vdots & \vdots \\ d_{n1} & d_{n2} \cdots & d_{nn} \end{bmatrix} \tag{6-2-12}$$

前面把 d_{ij} 定义为："已知系统在 i 状态中开始执行任务，该系统在执行任务过程中处在 j 状态中的概率。"假定在执行任务过程中系统中的输出不连续，而只在特定的地点（如在目标地域上）有输出，则 d_{ij} 定义为："已知系统在 i 状态中开始执行任务，当要求有输出时，系统处在 j 状态的概率。"

如果在执行任务过程中不可能或者不允许进行修理，则发生故障的系统在执行任务过程不可能恢复到它的初始状态，最多能保持在开始执行任务时所处的 i 状态中，也可能下降到更低的状态，还可能处于完全故障状态。这样，矩阵的有些元素就可能变成零。若把状态1定义为最佳状态（每个部件都能正常工作的状态）或最劣状态（完全故障状态），可信赖度矩阵就变成三角形，对角线以下的各个值都等于零，即

$$\boldsymbol{D} = \begin{bmatrix} d_{11} & d_{12} & \cdots d_{1n} \\ 0 & d_{22} & \cdots d_{2n} \\ \vdots & \vdots & \vdots \\ 0 & 0 & \cdots d_{nn} \end{bmatrix} \tag{6-2-13}$$

如果这个矩阵是正确的，则每行的各个值之和一定等于1，即

$$\sum_{i=1}^{n} d_{ij} = 1, \quad i = 1, 2, \cdots, n \tag{6-2-14}$$

在建立可信赖度矩阵时，这是一种很好的检查方法。

简单起见，假定系统在开始执行任务时和任务完成时都只有两种状态：有

效状态和故障状态，则可信赖度矩阵就只有 4 个元素构成：

$$D=\begin{bmatrix} d_{11} & d_{12} \\ d_{21} & d_{22} \end{bmatrix} \tag{6-2-15}$$

式中 d_{11}——已知在开始执行任务时系统处于有效状态，在任务完成时系统仍能正常工作的概率；

d_{12}——已知在开始执行任务时系统处于有效状态，在任务完成时系统处于故障状态的概率；

d_{21}——已知在开始执行任务时系统处于故障状态，在任务完成时系统能正常工作的概率；

d_{22}——已知在开始执行任务时系统处于故障状态，在任务完成时系统仍然处于故障状态的概率。

如果在执行任务过程中系统不能修理，而且系统的故障服从指数定律，则

$$D=\begin{bmatrix} \exp(-\lambda T) & 1-\exp(-\lambda T) \\ 0 & 1 \end{bmatrix} \tag{6-2-16}$$

式中 λ——系统故障率；

T——任务持续时间。

如果系统在执行任务中可以修理，则指数故障时间定律和指数修理时间定律适用于许多系统。在这种情况下，2×2 的可信赖度矩阵的 4 个元素就分别变为

$$\begin{cases} d_{11}=\dfrac{\mu}{\lambda+\mu}+\left(\dfrac{\lambda}{\lambda+\mu}\right)\exp[-(\lambda+\mu)T] \\ d_{12}=\dfrac{\lambda}{\lambda+\mu}\{1-\exp[-(\lambda+\mu)T]\} \\ d_{21}=\dfrac{\mu}{\lambda+\mu}\{1-\exp[-(\lambda+\mu)T]\} \\ d_{22}=\dfrac{\lambda}{\lambda+\mu}+\left(\dfrac{\mu}{\lambda+\mu}\right)\exp[-(\lambda+\mu)T] \end{cases} \tag{6-2-17}$$

假定前例中所述的雷达系统在 15min 的任务时间内不能修理，其他数据与前例相同，计算可信赖度矩阵。因为每部发射机的平均无故障工作时间 MTBF 为 10h，所以其故障率 $\lambda_t=0.1$ 次/h。

同样，由接收机、天线、显示器和同步机构成的组合体的故障率 $\lambda_t=0.02$ 次/h。

假定雷达部件的故障时间服从指数分布，则每部发射机在执行任务中的可靠性为

$$R_t=\exp(-\lambda_t T)=\exp[-0.1(0.25)]=0.975 \tag{6-2-18}$$

组合体的可靠性为

$$R_r=\exp(-\lambda_t T)=\exp[-0.02(0.25)]=0.995 \tag{6-2-19}$$

可信赖度矩阵的 d_{11} 是已知雷达的所有部件在开始执行任务时都能正常工作，在执行任务过程中能继续工作的概率。在这种情况下，两部发射机和组合体必须能始至终地工作。因而有

$$\begin{aligned} d_{11}&=R_t^2R_r=\exp[-(2\lambda_t+\lambda_r)T] \\ &=0.975^2\times0.995=0.946 \end{aligned} \tag{6-2-20}$$

d_{12} 是雷达所有部件在开始执行任务时能正常工作，但其中一部发射机在执行任务期间发生故障的概率，即

$$\begin{aligned} d_{12}&=R_1(1-R_t)R_r+(1-R_t)R_tR_r \\ &=2\exp[-(\lambda_t+\lambda_r)T]-2\exp p[-(2\lambda_t+\lambda_r)T] \\ &=2\times0.970-2\times0.946=0.048 \end{aligned} \tag{6-2-21}$$

d_{13} 是开始执行任务时所有部件都能正常工作，而在执行任务过程中雷达发生故障的概率，于是有

$$d_{13}=1-d_{11}-d_{12}=0.006 \tag{6-2-22}$$

在其余的元素中，d_{22} 自始至终只有一部发射机正常工作的概率，即

$$\begin{aligned} d_{22}&=R_tR_r=\exp[-(\lambda_t+\lambda_r)T] \\ &=0.975\times0.995=0.970 \end{aligned} \tag{6-2-23}$$

不难看出：

$$\begin{aligned} &d_{21}=d_{31}=d_{32}=0 \\ &d_{23}=1-d_{22}=1-0.970=0.030 \end{aligned} \tag{6-2-24}$$

d_{33} 是雷达始终处于故障状态的概率：

$$d_{33}=1 \tag{6-2-25}$$

因此，可信赖度（可靠性）矩阵为

$$\boldsymbol{D}(15)=\begin{bmatrix} 0.946 & 0.048 & 0.006 \\ 0 & 0.970 & 0.030 \\ 0 & 0 & 1 \end{bmatrix} \tag{6-2-26}$$

3. 能力矩阵或能力向量

建立 ADC 效能模型的最后一步，是建立能力矩阵或能力向量。能力矩阵的元素 C_{jk} 是第 k 个效能指标，k 是与系统在有效状态 j 中的系统性能有关的下标，鉴于元素 C_{jk} 在很大程度上取决于所评价的系统，故应根据特定的应用问题建立能力矩阵。

就效能指标而言，我们感兴趣的是雷达在最大距离上发现目标的能力，或者说，我们感兴趣的是雷达在执行任务期间发现、捕捉与跟踪目标，并给出连续而精确的距离数据的能力。如果用 P 表示雷达发现目标的概率，则

$$\ln(1-P)=-aP_{\mathrm{T}}(2z^2r^4) \tag{6-2-27}$$

式中 a——取决于目标有效反射面的常数；

P_{T}——发射机功率；

z——均方根噪声振幅；

r——目标距离。

为说明问题，根据两部发射机同时工作的功率，用式（6-2-27）计算出雷达 20mi（1mi=1609.344m）的最大距离上发现目标的概率等于 0.90。如果一部发射机不能工作（状态 2），可以用式（6-2-27）计算出，雷达发现目标的概率减小到 0.683。因此，雷达在最大距离上发现特定目标的能力矩阵或能力向量为

$$\boldsymbol{C}_0=\begin{bmatrix}C_1(0)\\C_2(0)\\C_3(0)\end{bmatrix}=\begin{bmatrix}0.900\\0.683\\0.000\end{bmatrix} \tag{6-2-28}$$

根据以上计算结果得出：在开始执行任务时，雷达在最大距离上发现并捕捉目标的效能为

$$\begin{aligned}\boldsymbol{E}_{(\text{最大距离})}=\boldsymbol{AC}_0&=[a_1\quad a_2\quad a_3]\begin{bmatrix}C_1(0)\\C_2(0)\\C_3(0)\end{bmatrix}\\&=[0.818\quad 0.164\quad 0.018]\begin{bmatrix}0.900\\0.683\\0.000\end{bmatrix}\\&=0.848\end{aligned} \tag{6-2-29}$$

应当指出，在式（6-2-29）中没有使用可信赖矩阵，因为假定系统的有效度及其在最大距离上发现与捕捉目标的能力都是瞬时的，即执行任务时间等于零。

至此，我们计算了雷达在最大距离上发现与捕捉目标的能力。现在，我们关心的是，在 15min 的任务时间内，雷达连续跟踪与精确测距的能力问题。此时，能力向量的各个元素必须表示目标被捕捉之后，在执行任务过程中雷达按规定精度跟踪目标的概率。

雷达跟踪目标的概率与雷达的性能、目标的特性和航路有关。鉴于我们的

主要目的是介绍 WSEIAC 的模型，而不是研究雷达本身，故在这里就不再研究这些问题。

假定系统在执行任务过程中只有三种状态，即 $j=1,2,3$，执行任务的时间为 15min，那么可以把能力矩阵或能力向量简化成

$$\boldsymbol{C}_{15}=\begin{bmatrix}C_1(15)\\C_2(15)\\C_3(15)\end{bmatrix}=\begin{bmatrix}0.97\\0.88\\0.00\end{bmatrix} \tag{6-2-30}$$

这就是说，当两部发射机都正常工作时，雷达精确跟踪目标的概率为 0.97；当只有一部发射机正常工作时，雷达精确跟踪目标的概率为 0.88；在两部发射机都不能工作时，雷达精确跟踪目标的概率为 0。

上面已经计算了雷达的有效度向量 $\boldsymbol{A}$、可信赖度矩阵 $\boldsymbol{D}$ 和能力矩阵 $\boldsymbol{C}_0$ 及 $\boldsymbol{C}_{15}$。现在可以计算雷达的系统效能值。

$$\boldsymbol{E}=\boldsymbol{A}\boldsymbol{C}_0\boldsymbol{D}(15)\boldsymbol{C}_{15} \tag{6-2-31}$$

其中的 $\boldsymbol{C}_0$ 可以作对角线矩阵处理，即

$$\boldsymbol{C}_0=\begin{bmatrix}0.90&0&0\\0&0.683&0\\0&0&0\end{bmatrix} \tag{6-2-32}$$

于是

$$\begin{aligned}\boldsymbol{E}&=[0.818\quad 0.164\quad 0.018]\begin{bmatrix}0.9&0&0\\0&0.683&0\\0&0&0\end{bmatrix}\begin{bmatrix}0.946&0.048&0.006\\0&0.970&0.030\\0&0&1\end{bmatrix}\begin{bmatrix}0.97\\0.88\\0\end{bmatrix}\\&=0.802\end{aligned} \tag{6-2-33}$$

这就计算出了雷达系统在执行任务过程中发现与捕捉目标，并给出连续而精确的距离数据的概率为 0.802。

6.2.2 兰彻斯特方程方法

兰彻斯特（Lanchester）战斗理论是 1914 年由英国工程师 Lanchester F W 在英国《工程》杂志上发表的一系列论文中提出的。其主要内容是基于古代冷兵器战斗和近代运用枪炮进行战斗的不同特点，在一些简化假设的前提下，建立的一系列描述交战过程中双方兵力变化数量关系的微分方程组（一般称为兰彻斯特方程）以及由此得出的关于兵力运用的一些原则。第二次世界大战后，人们根据现代作战的实际情况，从不同角度对兰彻斯特方程进行了改进

和扩展。虽然对兰彻斯特方程的适用性多有不同意见，但其由于含义明确、计算简便，在军事决策领域得到广泛应用，很多时候直接用于武器系统的效能评估。

兰彻斯特方程的形式很多，最为经典的是平方律。兰彻斯特方程平方律建立在近代战斗模型基础上。基本假定是双方兵力相互基露，每方可运用他们的全部兵力并集中火力射击对方兵力，这要求双方的战术和指挥控制通信是最佳的。此时，一次交战不能再分为多个“一时一格斗”，因为每名参战者在战斗期间可射击对方每个目标。

$$\begin{cases}\dfrac{\mathrm{d}x}{\mathrm{d}t}=-ay\\ \dfrac{\mathrm{d}y}{\mathrm{d}t}=-bx\end{cases} \tag{6-2-34}$$

设 a、b 分别是蓝方、红方每名战斗成员在单位时间内平均毁伤对方战斗成员的数目。如果用它们表示战斗成员的平均效能，则每方战斗成员损失率=对方战斗成员数×对方一个战斗成员的平均效能，即有

$$\frac{\mathrm{d}x}{\mathrm{d}y}=\frac{ay}{bx} \tag{6-2-35}$$

由式（6-2-35）得到：

$$bx^2=ay^2 \tag{6-2-36}$$

式（6-2-36）即所谓兰彻斯特方程平方律。它说明在直接瞄准射击条件下，若交战双方每方战斗成员数的平方与其战斗成员平均效能的乘积彼此相等，则双方兵力作战实力相等。在平方律条件下，若红方数量为蓝方的 3 倍，则为了保持实力相当，蓝方战斗成员平均效能必须是红方的 9 倍。

设红、蓝双方的初始兵力分别为 x_0、y_0，可给出红、蓝双方兵力变化关系：

$$b(x_0^2-x^2)=a(y_0^2-y^2) \tag{6-2-37}$$

式（6-2-37）称作兰彻斯特方程平方律，平方律的意义在于它揭示了集中兵力作战的重要性。

传统的兰彻斯特方程形式讨论的是较为理想的情况，而实际作战情况是很不一样的。特别是现代战争出现了许多新的特点，所以许多专家学者根据现代战争的实际情况，从不同角度对兰彻斯特方程进行了改进和扩展。其中包括多兵种多武器协调作战的战斗模型、斯赖伯模型和 Moose 模型等。

多兵种、多武器作战的兰彻斯特方程可以表示为

$$\begin{cases}\dfrac{\mathrm{d}B_i(t)}{\mathrm{d}t}=-\sum\limits_{j}^{J}K_{rji}\gamma_{ji}R_j\\ \dfrac{\mathrm{d}R_j}{\mathrm{d}t}=-\sum\limits_{i}^{I}K_{bij}\delta_{ij}B_i\end{cases} \tag{6-2-38}$$

式中 $B_i(R_j)$——蓝（红）方第 $i(j)$ 种参战单位在 t 时刻的剩余战斗单位；

K_{rji}——红方第 j 种战斗单位对蓝方第 i 种战斗单位的平均战力或损耗系数；

K_{bij}——蓝方第 i 种战斗单位对红方第 j 种战斗单位的平均战力或损耗系数；

γ_{ji}——红方第 j 种战斗单位分配用于对付蓝方第 i 种战斗单位的概率；

δ_{ij}——蓝方第 i 种战斗单位分配用于对付红蓝方第 j 种战斗单位的概率；

Q_i——蓝方兵力补充系数；

Q_j——红方兵力补充系数。

式（6-2-38）考虑了现代战争的多兵种、多武器协调作战的特点。

Lanchester 作战模型的主要特点是相当详细地考虑战斗过程的各种可量化因素，用较简单的确定性的解析方程描述所考虑因素对兵力损耗的约束关系。与仿真模型类似，该模型也要求输入大量数据，但由于其是确定性模型，所以不要求进行多次重复计算。

6.2.3 SEA 方法

SEA（system effectiveness analysis）方法是由美国麻省理工学院信息与决策系统实验室的 Levis A H 与 Bouthonnier V 于 20 世纪 80 年代中期提出的。该方法通过把系统的运行与系统要完成的使命联系起来，观察系统的运行轨迹和使命要求的轨迹在同一公共属性空间相符合的程度，根据轨迹重合率的高低，来判断系统的效能高低。

SEA 方法作为一类武器系统效能评估的经典方法，本身提供了一套基本概念和操作流程，SEA 方法提供的概念语言共包括了 6 个基本概念，分别为系统（system）、使命（mission）、域（context）、本原（primitives）、属性（attributes）和效能指标（measure of effectiveness），它们共同构成了支撑 SEA 方法进行效能分析的概念体系。说明如下。

1. 系统

系统是由部件、部件的互联和操作方法组成的。高炮武器系统、计算机网络等都是典型的系统。

2. 使命

使命由一组目标和任务组成，对使命描述应尽量明确，以便能构造出细致模型。但对于一个需要承担多种使命，并且环境多变的系统，如指挥控制系统，不一定能够保证完成预定的使命，可能有时完成的好一点，有时完成得差一点，有时甚至不能完成。这除了受系统本身所能达到的技术（或战术）指标水平的影响，还受一些不确定因素的影响。比如：由系统设备运行的随机漂移而产生的系统运行状态的多值性和随机性；系统运行状态与系统所处的环境密切相关，而系统的环境又是多变的。因此，系统在一定环境下完成其使命的程度表明了系统的“整体”能力，对这种能力的度量为系统效能。

3. 域

域表示一组条件或假设，是系统和环境存在的条件和假设。域可以影响系统，但系统不能影响域。域和环境是不同的，环境是由与系统有关但不属于系统的资源组成的，系统可以影响环境，反过来，环境也能影响系统。

4. 属性

属性是描述系统特性或使命要求的量。例如，通信系统的属性包括可靠性、平均时延和生存能力等。使命属性可表示对系统属性的要求，如在通信系统中的最高可靠性、最大生存能力和平均时延。

5. 本原

本原是描述系统及其使命的变量和参数。例如，在通信网中，本原可以包括链路数、节点数、链路故障等，使命的本原可以是源-目的节点对的名称、各点之间的数据流的速率等。设集合 $\{X_i\}$ 表示系统的本原，集合 $\{Y_i\}$ 表示使命的本原，本原表现为系统属性的要素，或者说系统属性是函数，那么本原就是属性函数的自变量。

6. 效能指标

效能指标是系统属性与使命属性进行比较得到的量，它是系统效能的量化表示，反映系统与使命的匹配程度。系统效能是系统、域以及使命的结合体。系统、域和使命中的任何一个要素的变化都会引起系统效能的变化。在实际的效能评价的过程中，确定了任务想定之后，系统效能就表现为系统和使命的函数，SEA 方法的方法论基础是将系统和使命的轨迹进行比较而得到效能量度。

在这 6 个概念中，其中系统、域和使命描述了要研究的问题，本原、属性和效能指标则定义了分析该问题所需的关键量。从一般系统论的角度来看，对于要评价的系统，“域”定义了系统的“界”，使命规定系统的“目的”性，本原描述了系统的元素以及相应度量，属性则反映了系统的功能。这样我们就有了一套完整的系统描述方法，SEA 方法就是使用这样的一套方法来完成自己的任务的。

利用 SEA 方法分析武器系统的效能的过程，一般分为七个步骤来实施。

第一步，确定评价对象。定义系统、域和背景，并确定系统的本原。这些本原应该是独立的。

第二步，确定分析中所需的系统属性。属性表示为本原的函数，属性的值可以通过函数的计算，或通过模型、计算机仿真或实验数据得到。一个属性是由本原的一个子集确定的，即

$$A_s = f_s(X_1, X_2, \cdots, X_k) \tag{6-2-39}$$

属性可以是独立的，也可以是相关的。若属性间有公共本原，那么它们相关。系统的一种实现也就是对于取得特定值的本原集合$\{X_i\}$，由本原的值得到属性集合$\{A_s\}$的值。因此，系统任何特定的实现都可用属性空间的一个点来表示。本原、属性和系统状态的关系如图 6-2 所示。

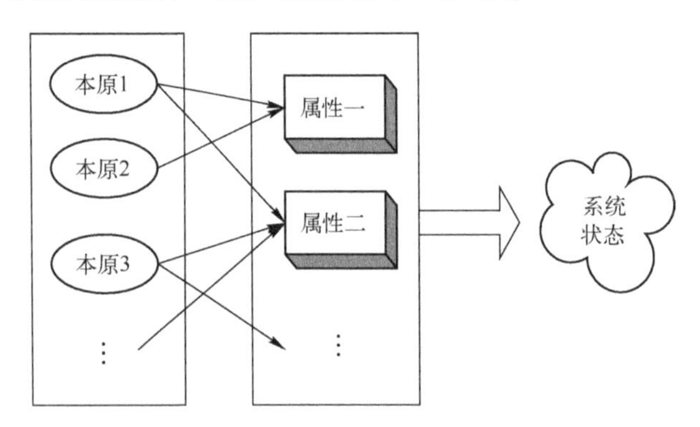

图 6-2　SEA 方法中本原、属性和系统状态的关系

第三步和第四步，对使命执行类似第一、二步的分析，选择描述使命的本原并确定它的要求。使命属性为

$$A_m = f_m(Y_1, Y_2, \cdots, Y_n) \tag{6-2-40}$$

使命本原的值对应使命属性空间上的一个点或一个区域。

第五步，将系统属性空间和使命属性空间变换成一组由公共属性空间规定的公共等量属性。因为根据前面四步计算得到两个空间：系统属性空间 A_s 和使命属性空间 A_m。它们是用不同属性或不同比例的属性定义的。第五步就是将系统属性和使命属性变换到一个公共属性空间，使它们成为有相同单位的属性。例如，系统属性是易毁性，与之对应的使命属性是生存能力，这两个属性反映的是同一个概念，所以选择其中的一个属性作为公共属性，如选择生存能

力作为公共属性，那么只需将作为系统属性的易毁性映射为生存能力。公共属性定义后，将集合 A_s 和 A_m 变成具有相同单位的集合。在更多的时候这种映射还需要通过建模来完成。

第六步，对武器系统进行效能分析。其核心是通过比较系统属性和使命属性，评价系统完成使命的情况。根据系统在特定情况下本原的取值范围，计算属性空间的 A_s 和 A_m 的两条轨迹 L_s 和 L_m。最后利用得到的这两条轨迹来评价系统的有效性。

考虑系统的任意状态 s 下完成使命的情况，状态 s 就意味着作为系统原始参数的本原的一组值，设为 $l_x \in L_s$，轨迹点 l_x 是否落在使命轨迹 L_m 内，即当 $l_x \in L_m$ 时，系统在 s 状态下可完成使命；当 $l_x \notin L_m$ 时，系统在 s 状态下不能完成使命。由于系统原始参数 s 的取值是随机的，因此，反映在公共空间上的系统轨迹表现一定的随机分布特征，而系统轨迹中落入使命轨迹内的点（集）出现的“概率”大小就反映了系统完成使命的可能性。因此可引出一个描述系统效能的指标。

令系统状态 s 呈随机分布密度 $\mu(s)$，同时有 $\int_s \mu(s)\,\mathrm{d}s = 1$，那么 L_s 上的点也有相应的随机概率密度函数：

$$\lambda(m_s)\lambda(f_s(X)), \quad m_s \in L_s \tag{6-2-41}$$

其中 s 服从 $\mu(s)$ 分布，且有 $\int_s \lambda(m_s)\,\mathrm{d}m_s = 1$，则系统效能指标可取为

$$E = \int_{L_S \cap L_m} \lambda(m_s)\,\mathrm{d}m_s \tag{6-2-42}$$

如果已知 L_s 上的点呈均匀分布规律，即

$$\lambda(m_s) = \frac{1}{V(L_s)} \tag{6-2-43}$$

则

$$E = \frac{V(L_s \cap L_m)}{V(L_s)} \tag{6-2-44}$$

对应设

$$E' = \frac{V(L_s \cap L_m)}{V(L_m)} \tag{6-2-45}$$

式中 V——公共属性空间中的某种测度，如果公共属性空间可取为欧氏空间，则一般取这种测度为体积；

E——系统与使命的匹配程度。

L_s 和 L_m 两条轨迹有以下几种几何关系：

（1）两轨迹无交点，即

$$L_s \cap L_m = \varnothing$$

在这种情况下，系统的有效性为0，因为系统属性不满足使命属性。

（2）两条轨迹有公共点，但不互相包含，即

$$L_s \cap L_m \neq \varnothing \quad \text{且} \quad L_s \cap L_m < L_s, \quad L_s \cap L_m < L_m$$

（3）使命轨迹包含在系统轨迹内，即 $L_s \cap L_m = L_m$。

这时，L_s 大于 L_m，指标 $E_1<1, E_2=1$。这意味着系统属性满足使命属性，但系统本身的能力要超过使命属性的要求，在给定的使命属性中，只利用了系统的部分资源，说明系统是低效率的。

（4）系统轨迹包含于使命轨迹中，即 $L_s \cap L_m = L_s$，$E=1, E'<1$。

这说明系统属性满足使命属性，但仅满足其中的一部分。

（5）若系统轨迹和使命轨迹完全重合，即 $L_s \cap L_m = L_s = L_m$，则系统的有效性为1。

第七步，计算系统总的效能指标。根据前面得到的有效性分指标，设使用 k 个分指标 $E_1, E_2, \cdots, E_k$ 来度量系统的有效性，若 u 为效能函数，则系统设计者可以通过选择不同的分指标和效用函数，最后得到总体效能指标：

$$E = u(E_1, E_2, \cdots, E_k) \tag{6-2-46}$$

SEA方法的七个步骤以及它们之间的关系可以用图6-3表示。该图强调系统和使命应独立地构造模型和分析，但应该在共同的域内。

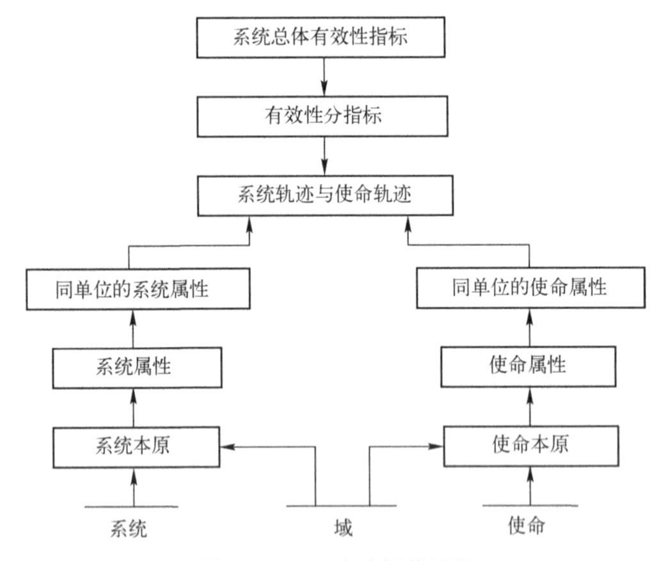

图6-3　SEA方法评价过程

SEA 方法作为武器系统效能评价的重要方法之一，其优点在于方法的综合性，综合地反映了内部各因素对效能的影响。另外，SEA 方法可灵活地应用于武器系统建设的各个阶段和各种作战系统环境中，故有很大的普遍性。它的缺点比较明显，在具体评价过程中属性选取和映射建立都是主观性很大的工作，需要建模者对系统环境和建模方法有深刻的理解，这就限制了方法使用的广泛性。

6.3 武器效能评估的常用综合评价方法

系统工程中的综合评价方法（comprehensive evaluation approach，CEA）是指对多属性的对象系统做出全局性、整体性评价的相关方法，由于武器系统是典型的多属性系统，因此很多相关方法都可以用于武器系统的效能评估，本节对几类典型方法进行简要说明，并阐述它们用于武器系统效能评估的一般步骤与应用案例。

6.3.1 综合评价的方法概述

综合评价常用用于分析评估社会、经济、环境、管理等领域的复杂对象，相关要素包括评价对象、评价指标体系、评价专家（群体）及其偏好结构、评价原则（评价的侧重点和出发点）、评价模型、评价环境等。

综合评价的基本过程一般可分为五个步骤：明确对象系统、建立评价指标体系、选定评价原则及相应的评价模型、进行综合评价、输出评价结果并解释其意义。评价对象系统的特点直接决定着评价的内容、方式及方法。评价指标体系常呈现多目标、多层次结构。

目前用于综合评价的方法比较多，在许多领域得到了应用，国内外常用的综合评价方法分为专家评价法、经济分析法、运筹学方法和其他数学方法。运筹学方法中使用较多的有多属性评价方法、多目标决策方法、DEA 方法、层次分析法和模糊综合评价方法等。各种方法都有一定的应用范围和优缺点。

综合评价的研究包括综合评价方法的研究和综合评价方法应用的研究，有以下几个发展趋势。

（1）对现有综合评价方法加以改进和发展；

（2）尝试将几种综合评价方法综合应用；

（3）尝试探索新的综合评价方法；

（4）尝试将综合评价方法同有关先进技术方法综合起来构成集成式智能化评价支持系统。

6.3.2 层次分析法

1. 方法概述

层次分析法（analytic hierarchy process，AHP）是美国匹兹堡大学教授Satty T L提出的一种系统分析方法。它是一种定性与定量的结合。AHP最适宜解决那些难以完全用定量方法进行分析的决策问题，是系统工程中对复杂大系统做定量分析的一种有效方法。应用层次分析法评估武器系统的效能步骤如下。

第一步，确定应用此武器系统所要达到的目标要求（评估的总指标），据此找出影响此目标达到的各种因素（分指标），再将分指标分解到系统最低层的性能参数，并按照因素之间的相互影响和隶属关系将其分层聚类组合，形成一个递阶的、有序的影响因素层次体系。

因素层次体系的层次数取决于问题的复杂程度和问题分析所需要的深度。通常分为目标层、准则层和措施/方案三个层次。层次结构是进行武器系统效能评估的前提和基础，在建立层次结构时，必须对系统所要执行的使命进行全面深入分析，广泛征询专家的意见，反复交换信息，在此基础上建立一个既科学合理又符合实际的递阶层次结构。

第二步，对属于同一层次上的不同因素关于上层中的某一准则的重要程度进行两两比较，确定判断矩阵 $\boldsymbol{a}_{ij}$，我们用Satty标度衡量同一层次上的影响因素之间的倍数关系，见表6-1。

表6-1　Satty标度

P_i与P_j比较的定性结果	P_{ij}的Satty标度	意义
P_i与P_j同样重要	1	$P_i=P_j$
P_i比P_j稍微重要	3	$P_i=3P_j$
P_i比P_j相当重要	5	$P_i=5P_j$
P_i比P_j强烈重要	7	$P_i=7P_j$
P_i比P_j极端重要	9	$P_i=9P_j$
P_i比P_j的重要性在上述描述之间	2或4或6或8 相应上述数的倒数	—

第三步，由判断矩阵计算被比较因素对于该准则的相对权重，并计算各层因素对系统目标的相对权重 W_i，从而得到各因素对于总目标的相对权重 ω_1，$\omega_2,\cdots,\omega_n$。这一过程是从上至下依次计算的，并且逐层进行一致性检验。

第四步，计算武器系统的效能。设评价的武器系统对各因素的满意程度为 $r_1, r_2, \cdots, r_n$，则系统的效能为 U，$U = \sum_{i=1}^{n} \omega_i r_i$。其中，满意程度 $r_1, r_2, \cdots, r_n$ 是用各因素与标准值或期望值进行比较得到的。

武器系统是一个复杂的巨系统，其组成和结构复杂，指标众多，指标之间的关系也很复杂，系统中大量的因素无法准确地定量表示出来，因此我们常用层次分析法分析指标之间的关系、各效能指标对整体效能的重要程度，由此确定各个效能指标的权重，从而得到效能值。

层次分析法把复杂问题中的各种因素通过划分为相互联系的有序层次，使之条理化、系统化，达到以繁化简的目的；同时层次分析法理论性强、形式简明、算法清晰、简单易行。

2. 方法应用案例

这里利用 AHP 方法讨论导航定位卫星的效能评价问题。

1）导航定位卫星的性能指标

导航定位卫星在作战领域有广泛的应用，对未来高技术局部战争越来越重要，它不仅带来作战样式的改变，而且促进了相关新武器系统的发展，影响越来越广泛。

导航、定位卫星的性能指标主要有以下几种。

（1）覆盖性（C1），包括：①服务区域（C11）；②服务时区（C12）。

（2）导航信号获取与跟踪时间（C2），包括：①定位响应时间（C21）；②位置输出时间同步精度（C22）；③定位成功率（C23）。

（3）精度性能（C3），包括：①定位精度（C31）；②授时精度（C32）；③测速精度（C33）。

（4）用户容量（C4）。

（5）通信能力（C5），包括：①误码率（用 C51）；②阻塞率（C52）。

（6）保密性与抗干扰能力（C6），包括：①反干扰（C61）；②反欺骗（C62）；③反病毒（C63）；④保密性（C64）。

2）导航定位卫星效能评估指标体系（图 6-4）

3）建模运算

（1）指标量化。

指标的量化方法用前面介绍的满意程度表达，依据军事用户给出的性能参数一些常用范围的值，计算出具体的量化值，且这些值的范围在 0 和 1 之间。由于保密，这里只给出卫星性能参数的一个近似估计，并由此建立相应的量化值，如表 6-2 所列。此方法只是一种技术手段，使以上性能指标值具有统一的量纲，具有可比性。

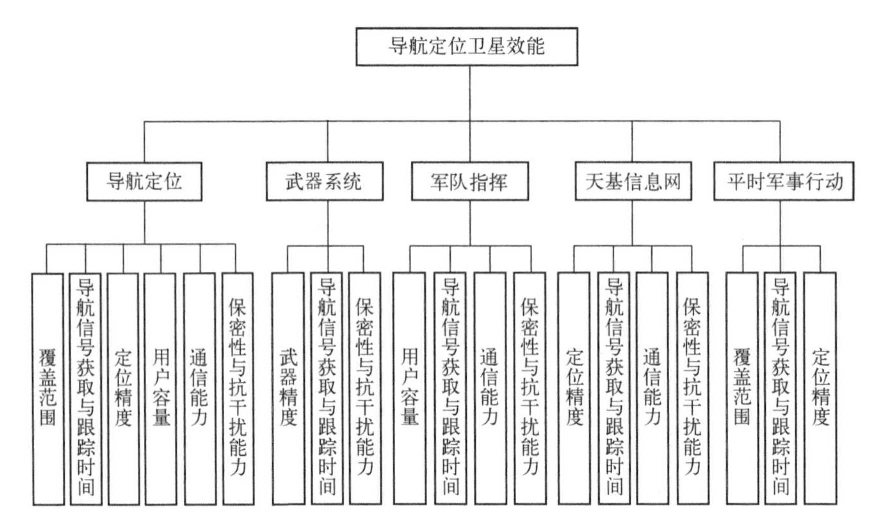

图 6-4　导航定位卫星效能评估指标体系

表 6-2　指标量化值

编号	性能指标		量化值	编号	性能指标	量化值
C11	服务区域	全方位	1.00	C51	误码率	0.91
C12	服务时区	50%~100%	0.87	C52	阻塞率	0.82
C21	定位响应时间/s	(1~5)	1.00	C61	反干扰	0.70
C22	位置输出时间同步精度/s	(0.01~1)	0.50	C62	反欺骗	0.65
C23	定位成功率	(50%~100%)	0.87	C63	反病毒	0.60
C31	定位精度/m	(0.1~20)	0.96	C64	保密性	0.75
C32	授时精度/μs	(10~30)	0.50			
C33	测速精度/(m/s)	(0.2)	0.89			
C4	用户容量/个	(个人 20000 飞机 100)	0.60			

(2) 指标权重的计算

指标权重的计算采取的是专家打分的方法，首先由各专家对各指标进行判断，然后对专家的评分结果进行综合，利用层次分析法得出各指标的权重值。其中，专家按照0~1的指标度进行打分。在此，我们只列出了权重的值。

一级指标权重见表 6-3。

表6-3 一级指标权重值

编号	指标	权重值
W1	导航定位	0.206
W2	军队指挥	0.194
W3	天基信息组网	0.127
W4	武器系统	0.356
W5	平时军事行动	0.117

二级指标权重见表6-4。

表6-4 二级指标权重值

指标	指标	权重值
导航定位	覆盖性	0.257
	导航信号获取与跟踪时间	0.219
	精度性能	0.183
	用户容量	0.099
	通信能力	0.146
	保密性与抗干扰能力	0.096
军队指挥	导航信号获取与跟踪时间	0.434
	用户容量	0.196
	通信能力	0.197
	保密性与抗干扰能力	0.173
天基信息组网	导航信号获取与跟踪时间	0.313
	精度性能	0.284
	通信能力	0.238
	保密性与抗干扰能力	0.165
武器系统	导航信号获取与跟踪时间	0.286
	精度性能	0.571
	保密性与抗干扰能力	0.143
平时军事行动	覆盖性	0.412
	导航信号获取与跟踪时间	0.261
	精度性能	0.327

三级指标权重见表6-5。

表6-5　三级指标权重值

性能	指标	权重值	效能值
覆盖性	服务区域	0.500	0.9350
	服务时区	0.500	
导航信号获取与跟踪时间	定位响应时间	0.416	0.8005
	位置输出时同步精度	0.334	
	定位成功率	0.250	
精度性能	定位精度	0.416	0.7889
	授时精度	0.334	
	测速精度	0.250	
通信能力	误码率	0.500	0.8650
	阻塞率	0.500	
保密性与抗干扰能力	反干扰	0.312	0.6800
	反欺骗	0.222	
	反病毒	0.215	
	保密性	0.251	

因为各指标之间相互交叉，所以，二级指标相对于总效能的排序可由 $w=AS_1S_2\boldsymbol{c}$ 求得。其中，A 为在一组准则 $C_1,C_2,\cdots,C_m$ 下，n 个方案之间相对重要的权重值。$\boldsymbol{S}_2$ 为结构信息矩阵，$\boldsymbol{S}_1$ 表示在正对角线上为 $1/w_j$，其余为零的矩阵。式中 $w_j=\sum_{i=1}^{n}w_{ij}$。$\boldsymbol{c}$ 为各准则之间的排序向量。所以

$$w=\boldsymbol{AS}_1\boldsymbol{S}_2\boldsymbol{c}=\begin{bmatrix}0.0770\\0.1939\\0.1825\\0.0457\\0.0757\\0.0816\end{bmatrix}$$

经归一化后，可得排序向量：

$$[0.118\quad 0.295\quad 0.278\quad 0.070\quad 0.115\quad 0.124]^{\mathrm{T}}$$

所以，对于卫星导航定位来说，评价结果说明，在当前认识下，指标的重要性排序依次为：导航信号获取与跟踪时间、精度性能、保密性与抗干扰能力、覆盖性、通信能力、用户容量。

6.3.3 网络层次分析法

1. 网络层次分析法概述

1）网络层次分析法的不足

AHP 是定性与定量分析相结合解决复杂决策问题的有效方法。但在 AHP 的应用过程中，人们发现其存在一些缺陷，在建立复杂系统的决策模型时，AHP 的一些简约化约定、层次内部元素之间的支配和约束关系难以表达等缺陷，影响和制约着它的应用范围和发展前景。

20 世纪 90 年代末，AHP 理论的提出者 Saaty T L 教授在广泛吸收决策科学各领域研究成果的基础上，提出了网络层次分析法（the analytic network process，ANP）的理论和方法。ANP 的创立，较好地解决了 AHP 存在的不足，成为更为实用和有效的决策方法。

2）ANP 的建模结构特点

ANP 是由 AHP 发展而来的，ANP 不仅在许多方面与 AHP 有相似之处，而且在其体系里直接运用了 AHP 的运算方法。从某种意义上讲，AHP 是 ANP 的特例。但是，在建模结构上 ANP 与 AHP 有很大的不同，这是因为创立 ANP 的主要目的就是改善 AHP 存在的一些问题。

与 AHP 递阶层次结构不同，ANP 采用的是一种网络结构。这种网络结构是比较灵活的，它既可以是纯粹的元素集（分组）组成的网络结构；也可以是递阶层次结构与网络结构的结合体；甚至可以只是递阶层次结构（AHP）。ANP 的典型建模结构如图 6-5 所示。

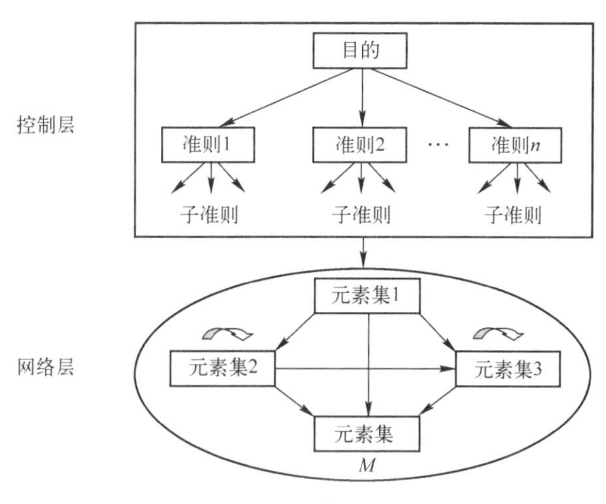

图 6-5　ANP 建模结构图

可以看到，ANP 的建模结构有以下特点。

（1）比较复杂的 ANP 模型，包含控制层和网络层两部分。在建模过程中可以设定决策准则，每个准则还可以有子准则，在控制层中的结构为典型的 AHP 递阶层次结构。

（2）如果控制层中有两个以上的准则，则这些准则对上隶属目标，对下分别控制着一个网络结构（若有子准则，向下类推）；如果控制层中只有一个准则，这个准则实际上为目标，此时模型便只有网络层。

（3）对于网络层，将相关元素进行聚类，即按不同类型（元素性质）分成若干元素组（在网络结构中为网络节点），每个元素组包含若干个相关元素。

（4）在网络结构中，元素组之间的联系是通过组内元素决定的，若两个组之间只要有一对元素具有相关性，则这两个组之间有联系。

（5）网络连接方式是多样的。组与组之间可以是单向相关，也可以是双向相关，还可以是组的自身相关（图 6-5 中，单向箭头表示组之间元素具有单向相关性；双向箭头表示组之间元素具有双向相关性；弯曲箭头表示组内元素之间具有相关性）。

（6）按某组与其他各组联系的形态，元素组又可分为“源泉”型（只出不进，如元素组 1）、“中间”型（又出又进，如元素组 2）和“吸收”型（只进不出，如元素组 3），此外这些类型的元素组又都具备自身相关性。

3）ANP 的计算步骤

ANP 是建立在 AHP 基础上的。所以在其计算过程中有许多步骤是与 AHP 相同或相近的。例如，在控制层的计算过程中，基本上就是利用 AHP 建立的递阶层次结构，逐层进行相关元素的两两比较，并按自上而下的递阶层次顺序对准则相对于决策目标的重要性进行排序；而在网络层的计算过程中，构造元素组以及元素之间的判断矩阵，按判断准则对元素进行两两比较、计算权重等，都是利用了 AHP 的计算方法和步骤。

由于 AHP 的计算步骤在上节已经叙述过，以下只就 ANP 网络结构的计算步骤在武器系统效能评估中的应用进行描述，图 6-6 是 ANP 网络结构的主要计算步骤。

（1）根据以上的建模结构设计，建立相应的武器系统效能元素组。

将相关的效能指标元素放入其中，组成该组的元素集。由于计算过程中将进行组与组之间的比较，故归类应准确。

（2）在各组内部和各组之间描述元素的关联性。

先将各组中的每个元素与其他组中元素的关系描述清楚，组与组之间的关系便被确定。应特别注意元素之间的关联有时是双向的。

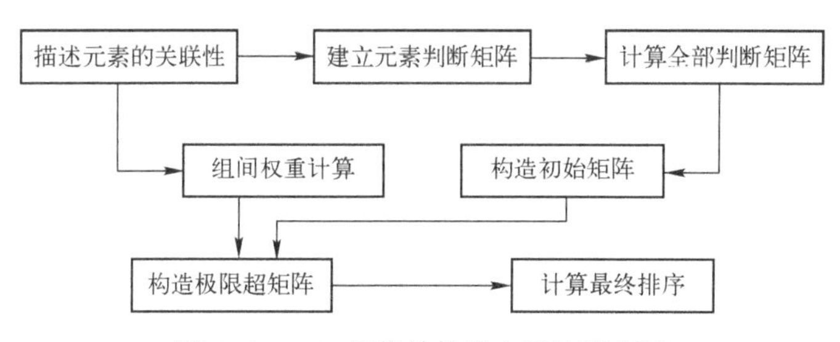

图 6-6 ANP 网络结构的主要计算步骤

(3) 进行各相关组（组与组之间至少有一对元素相关）的判断矩阵的两两比较，并计算其权重（体现相互影响力）。

(4) 对组内和组与组之间的相关元素逐个进行两两比较，计算各判断矩阵的相对权重；由于 ANP 中元素之间的关系较为繁复，此步骤工作量较大。

(5) 将所有计算得到的组内和组与组之间的相对权重按顺序构造出初始超矩阵，它是按组以及其中元素的对应关系构造的一个权重矩阵。

(6) 用计算得到的各相关组的权重对初始超矩阵进行加权运算，得到加权超矩阵，这是一个列归一化的超矩阵。

(7) 求极限超矩阵，得到最终排序结果。

2. 应用案例

这里讨论应用网络层次分析法进行指挥控制系统作战效能评估的问题，通过计算极限超矩阵对各方案的作战效能进行排序，从而获得评估结果。

1) 应用 ANP 方法评估指挥控制系统作战效能的过程

指挥控制系统是一个复杂系统，指挥控制系统作战效能的综合评价特殊性，ANP 方法评估指挥控制系统的过程如下。

(1) 建立 ANP 网络模型。

其主要工作包括确定评估元素、确定元素组间权重、确定评估目标和评估准则、建立 ANP 网络模型。

(2) 构造极限超矩阵。

其主要工作包括建立元素判断矩阵、计算全部判断矩阵、构造极限超矩阵。

(3) 计算最终排序。

其主要工作包括构造单向准则下的排序序列、构造多项准则下的排序序列。

具体过程如图 6-7 所示。

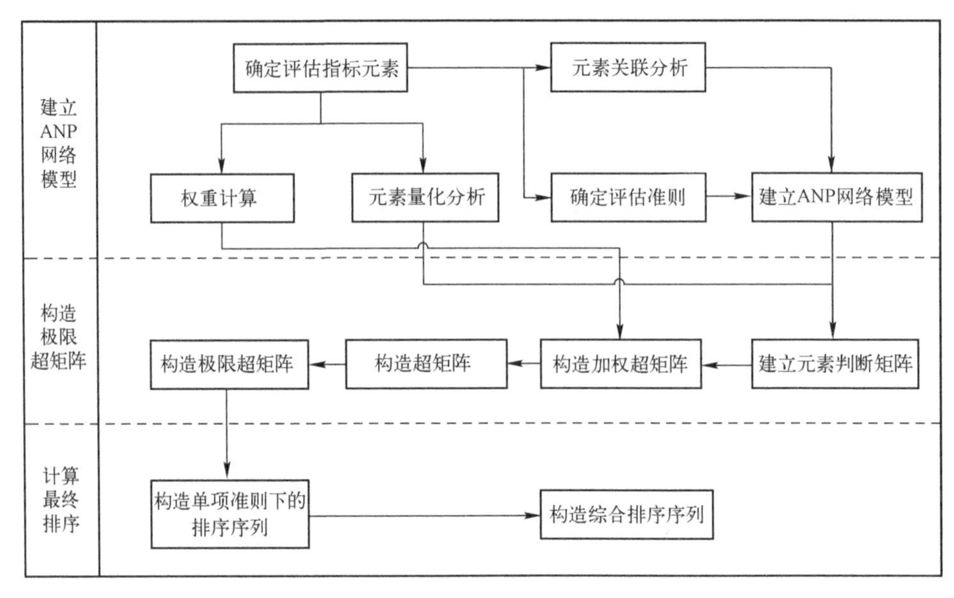

图 6-7　应用 ANP 方法评估指挥控制系统作战效能的过程

2）建立指挥控制系统作战效能评估的 ANP 模型

（1）确定评估因素。

经过对指挥控制系统结构的分析，确定了影响指挥控制系统作战效能的指标集。其主要包括系统安全能力指标集（B1）、信息获取能力指标集（B2）、信息传输能力指标集（B3）、信息服务处理能力指标集（B4）、信息安全能力指标集（B5）。各指标集包含的指标如表 6-6 所列。

表 6-6　指挥控制系统作战效能指标集

指标集	指标名称	编号	指标集	指标名称	编号
系统安全能力指标集（B1）	生存能力	C1	信息服务处理能力指标集（B4）	信息融合能力	C16
	使用寿命	C2		信息处理速度	C17
	故障率	C3		信息处理类型	C18
	维修能力	C4		信息服务类型	C19
信息获取能力指标集（B2）	信息获取范围	C5		信息服务速度	C20
	信息分辨率	C6	信息安全能力指标集（B5）	抗干扰能力	C21
	信息获取精度	C7		纠错能力	C22
	信息获取概率	C8		保密能力	C23
	信息获取速率	C9	方案集	作战效能	M

续表

指标集	指标名称	编号	指标集	指标名称	编号
信息传输能力指标集（B3）	实时传输能力	C10			
	传输覆盖能力	C11			
	信息传输速率	C12			
	信息传输容量	C13			
	通信服务质量	C14			
	机动通信能力	C15			

（2）效能指标的量化分析。

指挥控制系统的作战效能指标分为两类：一类是可量化的指标，其表示的值是实数，其大小是有确切意义的，如通信卫星传输信道的带宽、传输网络的吞吐量等；另一类是序化的指标，即指标的数值（或量值），表示的是一种顺序而不是大小。例如，描述指挥控制系统抗毁能力（或生存能力）强、较强或较差，不能确切地说明其能力的量值是多少，只能表示其能力高低的等级而不能直接用来对其作战效能进行评估，因此这类指标在进行效能评估前必须将其量化。

（3）权重的确定。

ANP 的一个重要步骤就是在一个准则下，受支配元素进行两两比较，由此获得判断矩阵 **Z**，但在 ANP 中被比较元素之间可能不是独立的，而是相互依存的，因而这种比较将以以下两种方式进行：

一是直接优势度。给定一个准则，两个元素对于该准则的重要程度进行比较。

二是间接优势度。给出一个准则，两个元素在准则下对第三个元素（称为次准则）的影响程度进行比较。例如要比较甲、乙两成员对商品营销能力的优势度，方法之一，可通过比较他们对董事长所取的营销策略的影响力而间接获得。前一种比较适用于元素间互相独立的情形，后一种比较适用于元素间互相依存的情形。

（4）建立 ANP 网络模型

针对指挥控制系统作战效能评估的需要确立模型的目标和准则，在此基础上通过分析比较，建立了网络内部具有依赖关系的 ANP 模型（图 6-8）。

3）构造极限超矩阵

（1）构造判断矩阵。

选取网络层中的元素组系统安全能力指标集（B1），以控制层元素情报侦察能力（P1）为准则，以网络层元素组信息获取能力指标集（B2）中的元素信息获取范围（C5）为次准则，元素组B1中的元素按其对C5的影响力大小进行间接优势度比较，即构造准则P1下元素组B1针对C5的判断矩阵，见表6-7。

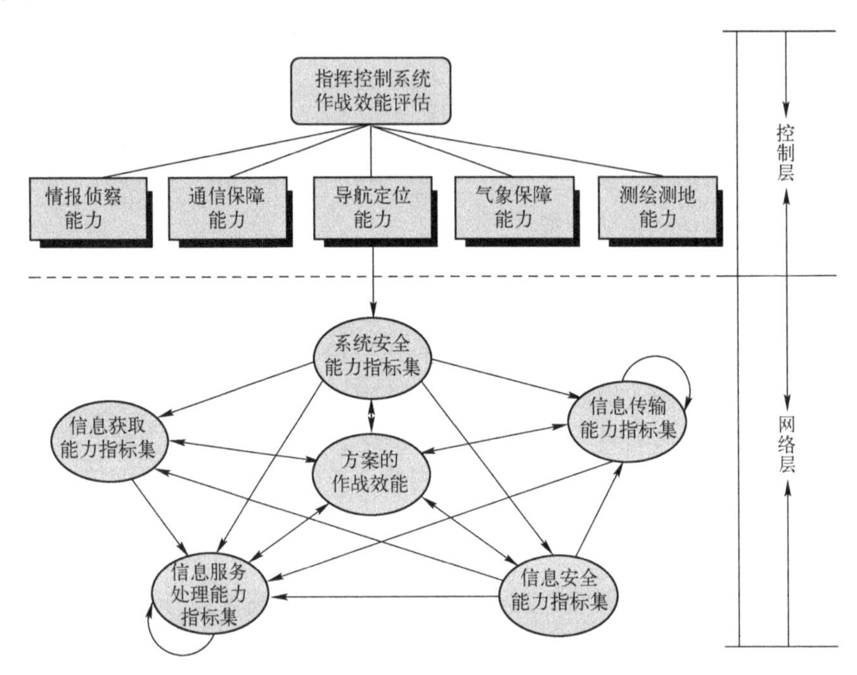

图6-8 指挥控制系统作战效能评估的ANP模型

表6-7 准则P1下元素组B1针对C5的判断矩阵

C5	C1	C2	C3	C4	归一化特征向量
C1					$W_1^{(5)}$
C2					$W_2^{(5)}$
C3					$W_3^{(5)}$
C4					$W_4^{(5)}$

由特征根法得到排序向量：

$$(W_1^{(5)}, W_2^{(5)}, W_3^{(5)}, W_4^{(5)})^{\mathrm{T}} \tag{6-3-1}$$

同理，元素组B1中的元素按其对元素组B2中的元素C6的影响力大小进行间接优势度比较并构造判断矩阵，可以获得排序向量：

$$(\boldsymbol{W}_1^{(6)},\boldsymbol{W}_2^{(6)},\boldsymbol{W}_3^{(6)},\boldsymbol{W}_4^{(6)})^{\mathrm{T}} \tag{6-3-2}$$

（2）构造超矩阵。

对B1中的元素，以P1为准则，分别以B2中的每个元素为次准则计算排序向量，可以得到 $\boldsymbol{W}_{12}$：

$$\boldsymbol{W}_{12}=\begin{bmatrix} \boldsymbol{W}_1^{(5)} & \boldsymbol{W}_1^{(6)} & \boldsymbol{W}_1^{(7)} & \boldsymbol{W}_1^{(8)} & \boldsymbol{W}_1^{(9)} \\ \boldsymbol{W}_2^{(5)} & \boldsymbol{W}_2^{(6)} & \boldsymbol{W}_2^{(7)} & \boldsymbol{W}_2^{(8)} & \boldsymbol{W}_2^{(9)} \\ \boldsymbol{W}_3^{(5)} & \boldsymbol{W}_3^{(6)} & \boldsymbol{W}_3^{(7)} & \boldsymbol{W}_3^{(8)} & \boldsymbol{W}_3^{(9)} \\ \boldsymbol{W}_4^{(5)} & \boldsymbol{W}_4^{(6)} & \boldsymbol{W}_4^{(7)} & \boldsymbol{W}_4^{(8)} & \boldsymbol{W}_4^{(9)} \end{bmatrix} \tag{6-3-3}$$

这里 $\boldsymbol{W}_{12}$的列向量就是系统安全能力指标集（B1）中的元素：生存能力（C1）、使用寿命（C2）、故障率（C3）、维修能力（C4）对信息获取能力元素集（B2）中的元素信息获取范围（C5）、信息分辨率（C6）、信息获取精度（C7）、信息获取概率（C8）、信息获取速率（C9）的影响程度排序向量。若B2中元素不受B1中元素影响，则 $\boldsymbol{W}_{12}=\boldsymbol{0}$。这样最终可获得准则情报侦察能力（P1）下的超矩阵 $\boldsymbol{W}$。

$$\boldsymbol{W}=\begin{array}{c} \\ M_1 \\ \vdots \\ M_n \\ C_1 \\ \vdots \\ C_{23} \end{array}\begin{array}{c} \begin{array}{ccccc} M_1 & \cdots & M_n & C_1 & \cdots & C_{23} \end{array} \\ \begin{bmatrix} W_{M_1M_1} & \cdots & W_{M_1M_n} & W_{M_1C_1} & \cdots & W_{M_1C_{23}} \\ & & \vdots & & & \\ W_{M_nM_1} & \cdots & W_{M_nM_n} & W_{M_nC_1} & \cdots & W_{M_nC_{23}} \\ W_{C_1M_1} & \cdots & W_{C_1M_n} & W_{C_1C_1} & \cdots & W_{C_1C_{23}} \\ & & \vdots & & & \\ W_{C_{23}M_1} & \cdots & W_{C_{23}M_n} & W_{C_{23}C_1} & \cdots & W_{C_{23}C_{23}} \end{bmatrix} \end{array} \tag{6-3-4}$$

式中　M_i——第 i 个方案的作战效能。

（3）构造加权超矩阵。

式（6-3-4）是针对准则P1获得的超矩阵，同理，针对5个准则，这样的超矩阵共有5个，它们都是非负矩阵，超矩阵的子块 W_{ij}是列归一化的，但 W 不是列归一化的。为此以Ps 为准则，对Ps 下各组元素对次准则Bj 的重要性进行比较，以 $s=1$，$j=2$ 为例：

准则P1下的超矩阵归一化形式如表6-8所列。

表 6-8　准则 P1 下的超矩阵的归一化形式

系数	B1	B2	B3	B4	B5	B6	排序向量
B1							$\boldsymbol{a}_{12}$
B2							$\boldsymbol{a}_{22}$
B3							$\boldsymbol{a}_{32}$
B4							$\boldsymbol{a}_{42}$
B5							$\boldsymbol{a}_{52}$
B6							$\boldsymbol{a}_{62}$

与 B2 无关的元素组对应的排序向量分量为零，由此得加权超矩阵 $\boldsymbol{A}$：

$$\boldsymbol{A}=\begin{bmatrix} \boldsymbol{a}_{11} & \boldsymbol{a}_{12} & \boldsymbol{a}_{13} & \boldsymbol{a}_{14} & \boldsymbol{a}_{15} & \boldsymbol{a}_{16} \\ \boldsymbol{a}_{21} & \boldsymbol{a}_{22} & \boldsymbol{a}_{23} & \boldsymbol{a}_{24} & \boldsymbol{a}_{25} & \boldsymbol{a}_{26} \\ \boldsymbol{a}_{31} & \boldsymbol{a}_{32} & \boldsymbol{a}_{33} & \boldsymbol{a}_{34} & \boldsymbol{a}_{35} & \boldsymbol{a}_{36} \\ \boldsymbol{a}_{41} & \boldsymbol{a}_{42} & \boldsymbol{a}_{43} & \boldsymbol{a}_{44} & \boldsymbol{a}_{45} & \boldsymbol{a}_{46} \\ \boldsymbol{a}_{51} & \boldsymbol{a}_{52} & \boldsymbol{a}_{53} & \boldsymbol{a}_{54} & \boldsymbol{a}_{55} & \boldsymbol{a}_{56} \\ \boldsymbol{a}_{61} & \boldsymbol{a}_{62} & \boldsymbol{a}_{63} & \boldsymbol{a}_{64} & \boldsymbol{a}_{65} & \boldsymbol{a}_{66} \end{bmatrix}$$

对超矩阵 $\boldsymbol{W}$ 的元素加权，得 $\overline{\boldsymbol{W}}=(\overline{\boldsymbol{W}}_{ij})$，其中

$$\overline{\boldsymbol{W}}_{ij}=a_{ij}W_{ij},\quad i=1,2,\cdots,N;j=1,2,\cdots,N \tag{6-3-5}$$

式中　$\overline{\boldsymbol{W}}$——加权超矩阵。

其列和为 1，称为列随机矩阵。简单起见以下的超矩阵都是加权超矩阵，并仍用符号 $\boldsymbol{W}$ 表示。

（4）构造极限超矩阵。

设（加权）超矩阵 $\boldsymbol{W}$ 的元素为 w_{ij}，则 w_{ij} 的大小反映了元素 i 对元素 j 的一步优势度。i 对 j 的优势度还可用 $\sum_{k=1}^{N} w_{ik}w_{kj}$ 得到，称为二步优势度，它就是 W^2 的元素，W^2 仍是列归一化的。当 $\boldsymbol{W}^{\infty}=\lim_{i\to\infty}W^i$ 存在时，$\boldsymbol{W}^{\infty}$ 的第 j 列就是 p_s 下网络层中各元素对于元素 j 的极限相对排序向量。$\boldsymbol{W}^{\infty}$ 为极限超矩阵。

$$\boldsymbol{W}_s^{\infty}=\begin{matrix} & \begin{matrix} M_1 & \cdots & M_n & C_1 & \cdots & C_{23} \end{matrix} \\ \begin{matrix} M_1 \\ \vdots \\ M_n \\ C_1 \\ \vdots \\ C_{23} \end{matrix} & \begin{bmatrix} A_{M_1M_1} & \cdots & A_{M_1M_n} & A_{M_1C_1} & \cdots & A_{M_1C_{23}} \\ & & \vdots & & & \\ A_{M_nM_1} & \cdots & A_{M_nM_n} & A_{M_nC_1} & \cdots & A_{M_nC_{23}} \\ A_{C_1M_1} & \cdots & A_{C_1M_n} & W_{C_1C_1} & \cdots & W_{C_1C_{23}} \\ & & \vdots & & & \\ A_{C_{23}M_1} & \cdots & A_{C_{23}M_n} & A_{C_{23}C_1} & \cdots & A_{C_{23}C_{23}} \end{bmatrix} \end{matrix}$$

4) 计算最终排序

(1) 单项准则下的排序向量。

经过上面的计算，可以得到在准则 Ps 下的极限超矩阵 $\boldsymbol{W}_s^{\infty}$：

为了获取在 Ps 下方案集的排序向量，我们选取超矩阵的第一列前 n 行作为研究对象，得到向量 $\boldsymbol{W}_s=(A_{s1},A_{s2},\cdots,A_{sn})^{\mathrm{T}}$，其中 A_i 表示方案 i 在准则 Ps 下相对于方案 1 的水平值。

设：$A_{s\mathrm{Max}}=\mathrm{Max}(A_{s1},A_{s2},\cdots,A_{sn})$，令 $A'_{si}=\dfrac{A_{si}}{A_{s_{\mathrm{Max}}}}(i=1,2,\cdots,n)$，即可得到：$\boldsymbol{W}'_s=(A'_{s1},A'_{s2},\cdots,A'_{sn})^{\mathrm{T}}$。

(2) 多项准则下的排序向量。

当使用如上方法获得所有准则下各方案的排序向量时，可以获得各方案最终的排序向量 $\boldsymbol{W}'$：

$$\boldsymbol{W}'=(A'_1,A'_2,\cdots,A')^{\mathrm{T}} \tag{6-3-6}$$

其中

$$A'_i=\sum_{s=1}^{5}\sigma_s A'_s \tag{6-3-7}$$

对 $\boldsymbol{W}'$ 进行归一化处理得到 $\boldsymbol{W}=(A_1,A_2,\cdots,A_n)^{\mathrm{T}}$ 为各方案在五个准则下的作战效能的最终排序向量，选 A_i 值最大的方案为最优方案。至此评估结束。

使用网络层次分析法解决指挥控制系统的效能评估问题，考虑了不同评估准则对作战效能的影响，尤其是充分考虑了影响指挥控制系统的作战效能的各因素之间的相互影响，比较完整地保持了系统的特性，评估结果较可信。同时，虽然整个评估过程涉及的运算量很大，但是其矩阵运算的特点非常适合编程处理。所以说，运算量不影响该方法的适用性。

6.3.4 模糊综合评价法

1. 基本原理

模糊综合评价是指在考虑多种因素的影响下，运用模糊数学工具对事物做出综合评价。模糊评价法可对评价对象按综合分值的大小进行评价和排序，还可根据模糊评价集上的值按最大隶属度原则评定对象所属的等级。

设 $U=\{u_1,u_2,\cdots,u_m\}$ 为刻画被评价对象的 m 种因素，$V=\{v_1,v_2,\cdots,v_n\}$ 为刻画每个因素所处状态的 n 种决断。这里存在两类模糊集，以主观赋权为例：一类是标志因素集 U 中诸元素在人们心目中的重要程度的量，表现为因素集 U 上的模糊权重向量 $\boldsymbol{A}=\{a_1,a_2,\cdots,a_m\}$；另一类是 $U\times V$ 上的模糊关系，表现为

因素集 $m×n$ 模糊矩阵 $\boldsymbol{R}$，这两类模糊集都是对人们价值观念或偏好结构的反映。对这两类集施加某种模糊运算，便得到 V 上的一个模糊子集 $B=\{b_1,b_2,\cdots,b_n\}$。因此，模糊综合评价是指寻找模糊权重向量 $\boldsymbol{A}=\{a_1,a_2,\cdots,a_m\}\in F(U)$，以及一个从 U 到 V 的模糊变换 $\widetilde{f}$，即对每个因素 u_i 单独做出判断 $\widetilde{f}(u_i)=(r_{i1},r_{i2},\cdots,r_{in})\in F(V), i=1,2,\cdots,m$，据此构造模糊矩阵 $\boldsymbol{R}=[r_{ij}]_{m×n}\in F(U×V)$，其中 r_{ij} 表示因素 u_i 具有评语 v_j 的程度。进而求出模糊综合评价 $\underset{\sim}{\boldsymbol{B}}=(b_1,b_2,\cdots,b_n)\in F(V)$，其中 b_j 表示被评价对象具有评语 v_j 的程度，即 v_j 对模糊集 $\underset{\sim}{\boldsymbol{B}}$ 的隶属度。

模糊综合评价的数学模型涉及三个要素：

（1）因素集 $U=\{u_1,u_2,\cdots,u_m\}$；

（2）决断集 $V=\{v_1,v_2,\cdots,v_n\}$；

（3）单因素判断 $\widetilde{f}:U\rightarrow F(V), u_i\mapsto\widetilde{f}(u_i)=(r_{i1},r_{i2},\cdots,r_{in})\in F(V)$。

由 $\widetilde{f}$ 可诱导模糊关系 $R_f\in F(U×V)$，其中 $R_f(u_i,v_j)=\widetilde{f}(u_i)(v_j)=r_{ij}$，而由 R_f 可构成模糊矩阵：

$$\underset{\sim}{\boldsymbol{R}}=\begin{bmatrix} r_{11} & r_{12} & \cdots & r_{1n} \\ r_{21} & r_{22} & \cdots & r_{2n} \\ \vdots & \vdots & & \vdots \\ r_{m1} & r_{m2} & \cdots & r_{mn} \end{bmatrix}$$

对于因素集 U 上的权重模糊向量 $\boldsymbol{A}=\{a_1,a_2,\cdots,a_m\}$，通过 $\underset{\sim}{\boldsymbol{R}}$ 变换为决断集 V 上的模糊集 $\underset{\sim}{\boldsymbol{B}}=\underset{\sim}{\boldsymbol{A}}\circ\underset{\sim}{\boldsymbol{R}}$，于是 $(U,V,\underset{\sim}{\boldsymbol{R}})$ 构成一个综合评价模型，它像一个如图 6-9 所示的模糊转换器。若输入一权重分配 $\boldsymbol{A}\in F(U)$，则输出一个综合评价 $\underset{\sim}{\boldsymbol{B}}=\underset{\sim}{\boldsymbol{A}}\circ R\in F(V)$。

$\underset{\sim}{\boldsymbol{A}}\in F(U)$ → $\underset{\sim}{\boldsymbol{R}}\in F(U×V)$ → $\underset{\sim}{\boldsymbol{B}}=\underset{\sim}{\boldsymbol{A}}\circ\underset{\sim}{\boldsymbol{R}}\in F(V)$

图 6-9　模糊转换器

2. 系统效能模糊综合评价的基本步骤

利用模糊综合评价方法进行武器系统效能评价的基本思路：首先针对武器系统特点，确定评价对象集 O、因素集 U 和评语集 V；其次建立评价因素的权重分配向量 $\underset{\sim}{\boldsymbol{A}}$；再次通过各单因素模糊评价获得模糊综合评价矩阵；最后进行复合运算得到综合评价结果，计算每个评价对象的综合分值。模糊综合评价的基本步骤如图 6-10 所示。

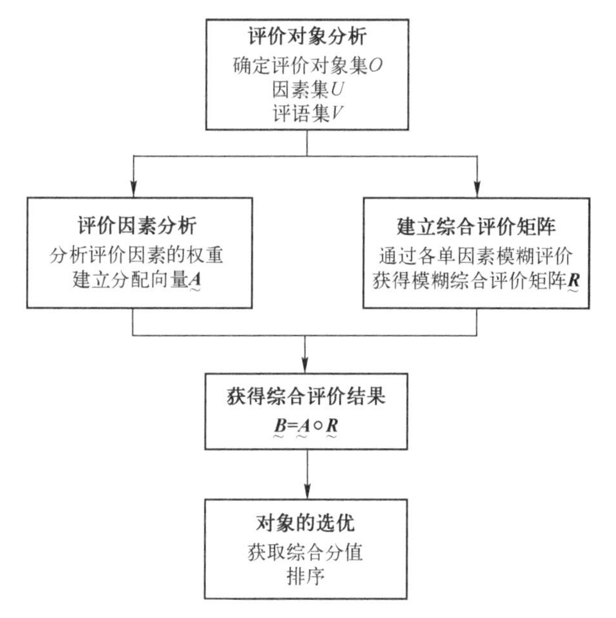

图 6-10　模糊综合评价基本步骤

（1）确定武器系统的效能因素论域 U，评估等级论域 V。

效能因素论域是由影响评估武器系统效能的各种因素（指标）组成的一个集合，即

$$U=\{u_1,u_2,u_3,\cdots,u_m\}$$

式中　U——武器系统效能因素论域；

u_i——对武器系统效能有影响的第 i 个因素，$i=1,2,\cdots,m$。

从评估的过程看，这一步是建立评估指标体系，即在深入调查研究的基础上，应用层次分析原理，经过反复论证，对被评估的指标进行逐层分解，一直分解到最基本指标，形成一个递阶的层次结构。

决断因素是每个因素所处状态的 n 种决断的集合，即

$$V=\{v_1,v_2,v_3,\cdots,v_n\} \tag{6-3-8}$$

这一步是其他评估方法所没有的，也正是由于评估等级论域的确定，才使模糊综合评估结果为一个模糊评估向量。被评估指标对评估等级的隶属度通过这个模糊向量表示出来，从而体现出评估的模糊性。

评估等级的个数 n 通常取 $4\leqslant n\leqslant 9$。若 n 过大，则不易判断对象的等级归属，也会增大计算量；若 n 过小，则不能符合模糊综合评估的质量要求，故 n 取值以适中为宜。n 一般取奇数，故在此取 $n=5$ 分别表示：很高（0.81～1.00）、较高（0.61～0.80）、一般（0.41～0.60）、较低（0.21～0.40）、很低

（0.20及以下）。

（2）通过对武器系统效能单因素的模糊评估得出模糊关系矩阵 $\boldsymbol{R}$。

首先对武器系统效能因素论域 U 中的单因素 $u_i(i=1,2,\cdots,m)$ 作单因素评估，由因素 u_i 确定武器系统效能对评估等级 $v_i(i=1,2,\cdots,n)$ 的隶属度 r_{ij}。这样就得出第 i 个因素 u_i 的单因素评估集为

$$r_i=(r_{i1},r_{i2},r_{i3},\cdots,r_{in}) \tag{6-3-9}$$

它是武器系统效能评估等级论域 V 上的模糊子集，这样 m 个因素的评估集就构造出一个总的评估矩阵 $\boldsymbol{R}$ 为

$$\boldsymbol{R}=\begin{bmatrix} r_{11} & r_{12} & r_{13} & \cdots & r_{1n} \\ r_{21} & r_{22} & r_{23} & \cdots & r_{2n} \\ \vdots & \vdots & \vdots & & \vdots \\ r_{m1} & r_{m2} & r_{m3} & \cdots & r_{mn} \end{bmatrix}_{m\times n} \tag{6-3-10}$$

（3）确定武器系统评估因素权向量 $\boldsymbol{A}$。

权向量就是反映被评估指标的各因素相对于评估指标的重要程度。权向量的确定与其他评估方法相同，可直接分配或采用层次分析法获得，表示为

$$\boldsymbol{A}=(a_1,a_2,a_3,\cdots,a_m) \tag{6-3-11}$$

其中，$a_i(i=1,2,\cdots,m)$ 为各因素对武器系统效能的影响的权系数。

（4）求综合评估向量 $\boldsymbol{B}$

$$\boldsymbol{B}=\boldsymbol{A}\cdot\boldsymbol{R}=\boldsymbol{A}=\{a_1,a_2,a_3,\cdots,a_m\}\cdot\begin{bmatrix} r_{11} & r_{12} & r_{13} & \cdots & r_{1n} \\ r_{21} & r_{22} & r_{23} & \cdots & r_{2n} \\ \vdots & \vdots & \vdots & & \vdots \\ r_{m1} & r_{m2} & r_{m3} & \cdots & r_{mn} \end{bmatrix}=(b_1,b_2,b_3,\cdots,b_n) \tag{6-3-12}$$

在求得因素论域中诸因素相应的隶属度向量的隶属矩阵 $\boldsymbol{R}=(r_{ij})_{m\times n}$ 以及因素集的权向量 $\boldsymbol{A}=(a_1,a_2,a_3,\cdots,a_m)$ 后，根据模糊集理论综合评估的概念，得出模糊综合评估的评估向量 $\boldsymbol{B}$：$\boldsymbol{B}=\boldsymbol{A}\cdot\boldsymbol{R}=\boldsymbol{A}=(b_1,b_2,b_3,\cdots,b_n)$

其中，$b_i(i=1,2,3,\cdots,n)$ 为对武器系统效能模糊综合评估指标；“·”为模糊合成算子。

（5）对模糊综合评估结果 $\boldsymbol{B}$ 进行分析处理。

令 $b'_j=\dfrac{b_j}{\sum\limits_{j=1}^{m}b_j}$，得归一化向量 $\boldsymbol{B}'=(b'_1,b'_2,\cdots,b'_m)$；

令 $\beta=\max\limits_{1\leqslant j\leqslant n}b'_j$；

当 $\beta>0.7$ 时，用最大隶属度原则确定被评估指标的等级；

当 $\beta<0.7$ 时，令 $\gamma=\underset{1\leqslant j\leqslant m}{\sec}b_j$，$\alpha=\dfrac{m\beta-1}{2\gamma(m-1)}$，$\gamma=\underset{1\leqslant j\leqslant m}{\sec}b_j$ 表示 $\boldsymbol{B}$ 中的第二大分量。当 $\alpha>0.5$ 时，用加权平均原则判别被评估指标的等级。

最大隶属度原则：将模糊评估结果向量中的 β 值所对应的评估论域等级作为被评估指标的评估等级。

加权平均原则：将等级值 V_j 作为变量，V_j 通常人为确定，如 $m=5$，$V_1=9$，$V_2=7$，$V_3=5$，$V_4=2$，$V_1=1$，将综合评估结果 b_j 作为幂权系数，计算：

$$V=\frac{\sum_{j=1}^{m}b_j^kV_j}{\sum_{j=1}^{m}b_j^k} \tag{6-3-13}$$

式中　k——待定系数，一般取 1 或 2；

　　V——被评估指标所隶属等级值（V 通常是一个非整数）。

3. 模糊综合评价模型分析

模糊综合评价在实际应用中的问题是多样的，大致可以分为正、逆两类问题。武器系统效能模糊综合评价属于模糊综合评价中的正问题。如给定权重分配 $\underset{\sim}{\boldsymbol{A}}=\{a_1,a_2,\cdots,a_m\}\in F(U)$（其中 $\sum_{i=1}^{m}a_i=1$），问题：按 $\underset{\sim}{\boldsymbol{A}}$ 权衡诸因素，应作何种决断？答案：$\underset{\sim}{\boldsymbol{B}}=\underset{\sim}{\boldsymbol{A}}\circ\underset{\sim}{\boldsymbol{R}}\in F(V)$。

4. 模糊综合评价模型的算子分析

对权重分配 $\underset{\sim}{\boldsymbol{A}}\in F(U)$，对应的综合评价 $\underset{\sim}{\boldsymbol{B}}=\underset{\sim}{\boldsymbol{A}}\circ\underset{\sim}{\boldsymbol{R}}$，这里 $\underset{\sim}{\boldsymbol{A}}=\{a_1,a_2,\cdots,a_m\}$，$\underset{\sim}{\boldsymbol{B}}=\{b_1,b_2,\cdots,b_n\}$，$\underset{\sim}{\boldsymbol{R}}=[r_{ij}]_{m\times n}$，其中 $b_j=\overset{m}{\underset{k=1}{\vee^*}}(a_k\wedge^* r_{kj})$，简记此综合评价模型为 $M(\vee^*,\wedge^*)$。显然计算 b_j 的算子 $(\vee^*,\wedge^*)$ 的取法很重要，不同算子适于解决不同的实际问题。

模型 1：主因素决定型 $M(\vee,\wedge)$；

模型 2：主因素突出Ⅰ型 $M(\cdot,\wedge)$；

模型 3：主因素突出Ⅱ型 $M(\vee,\oplus)$；

模型 4：加权平均型 $M(\cdot,+)$。

一般情况下，模型 4 比较精确，在武器系统效能评价中，可以用于兼顾考虑整体因素的综合评价，而模型 1、模型 2、模型 3 比较粗糙，可以用在重点考虑主要因素的综合评价中。

模糊综合评价法是在模糊集理论的基础上，应用模糊关系合成原理，从多个因素对被评价对象等级状况进行综合评价的一种方法。它根据建立在模糊集合概念上的数学规则，能够对不可量化和不精确的概念采用模糊隶属函数进行表达和处理。

在对武器系统进行评估时，常常存在某些不确定的因素，在评估过程中，由于评估因素、评估人员和备选方案较多，一个问题可能出现许多结果，究其原因，主要是没有制定量化的评估标准，在方案评估中当然难以进行定量评比。模糊综合评价法是基于模糊集合论基础上的评估方法，是对于受多种因素影响的事物做出全面评价的十分有效的多因素决策方法。

在对武器系统进行模糊综合评价时，还应注意以下几点。

（1）效能因素论域的选取要适当，论域中的各个因素能从各个侧面描述武器系统效能的属性，要注意抓住主要因素。

（2）权重的分配要尽可能地合理。

（3）尽可能合理地确定武器系统效能单因素评估矩阵 $\boldsymbol{R}$，若用统计方法来确定，则要求试验的次数不能太少，且要求对试验的条件做出合理选择。

效能是一个综合指标，影响效能的因素有很多，而且存在大量与人的行为关系密切而难以量化的模糊因素，因此采用任何单一的效能指标都无法准确评估其效能，也无法满足指挥员用于宏观地分析、评估系统效能的要求。

6.4 武器效能评估的仿真方法

由于现代武器系统的复杂性，前面介绍的解析模型方法与综合评估方法往往只能提供较粗粒度的方法论支撑，很难对武器系统完成具体任务的过程进行细致分析评估，无法解决武器系统效能评估中的“如果……那么……”式的因果分析。在现代计算机的支撑下，基于仿真手段（包括实物仿真和模拟仿真）实施效能评估是解决这一难题的基本手段，甚至很多时候是唯一手段。基本思路是：通过在给定数值条件下运行模型来模拟仿真实验，由实验得到的结果数据直接或经过统计处理后给出效能指标估计值。

国内外关于仿真技术在系统效能评估应用中的研究，主要有三种模式：数学仿真、系统试验床和系统原型仿真，这里主要基于数学仿真的效能评估方法。数学仿真的效能评估方法具体思路如下：通过对具体作战任务的详细分析，抽象出其中的作战实体，然后对各作战实体的属性、操作及其交互关系进行具体的描述，建立概念模型，在概念模型的基础上进行编程设计，从而建立起计算机模型，通过某些定量的数据指标的输入，得出合理的输出，最后对输出的数据进行统计分析或者结合一定的解析模型进行评估，从而得到系统具体的作战效能。

由于仿真的复杂性，本书不对仿真技术进行讨论，有兴趣的读者可参考相关著作，下面仅对基于仿真的效能评估中的几个关键问题进行论述，包括一般思路、仿真数据的校验方法以及数据的统计分析方法。

6.4.1 基于仿真的效能评价思路

使用解析作战模型对武器系统效能进行评价分析既有优点，又有缺点。其优点是在建立了模型之后，通过分析模型的解或研究模型的解的形态，可以比较准确地获得系统状态变化信息；或者可以对某些参数进行灵敏度分析，找出影响系统作战效能的主要因素。其缺点是建模困难，特别是对大型复杂系统，考虑的因素比较多时，建模特别困难，建立的模型不直观，从而不易求解或分析。从第 2 章的研究可知，使用这种方法多是定性地获得系统运行信息，模型一般只考虑了武器系统的几个关键因素。

对武器系统作战效能进行综合评价时，存在一定的困难和不足。它提取一组表征系统输入、输出和结构特性的指标，综合各指标的值得到系统效能。与上一种方法比起来，综合评价方法没有了建模问题，减少了工作量。但是这种方法忽略了系统不同指标之间的各种关系，对指标进行综合时不够客观，采用不同的方法时可能出现不同的结论。而且有的指标值（如与交战结果有关的指标）不易获取，这也制约了该方法的使用。

如果把这两种方法结合起来，并嵌入一个评价框架中，那么可以解决一部分问题。但是作战效能评价不是为了给出一个数值来表示系统的好坏，而是通过评价找出系统的弱点和瓶颈，找出制约系统效能发挥的因素。所以，评价过程中会需要大量数据，这些数据不能或不易从实际系统中获取。如已知系统在一组影响指标下的输入值、输出值，根据这些数据如何获得系统在另一组影响指标下的输入值、输出值呢？显然仅仅采用数学上的预测方法是不够的；或者对于设计中的系统方案，要获取其性能、效能指标更是困难。解决这些问题的一种途径就是采用仿真技术。

仿真技术是以控制论、系统论、相似原理和信息技术为基础，以计算机和专用仿真器为工具，借助系统模型对实际或设想的系统进行动态试验研究的一门综合性技术。它为系统研究提供了一种无破坏的、可多次重复运行、可控制的手段，其优点主要表现在：仿真仅需在可重复执行的模型上运行，其费用远比对实际系统进行试验低；对系统的某些试验存在危险性，不允许进行试验，通过仿真试验则可以避免危险性；借助仿真可以进行假设检验，预测系统的特性和在外部因素作用下系统受到的影响；在系统发生故障后，可以通过仿真使之再现，以便分析判断故障产生的原因。仿真建模可以忽略无关大局和评价者不关心的因素，只考虑影响考查目标的指标；仿真试验设计可以对模型进行多种组合以考查不同系统方案下的指标值，特别是对于传统手段不易获取评价数据的系统方案，仿真技术更是使其评价成为可能。因此，仿真技术对武器系统这种结构复杂、耗资巨大的系统的效能评价和分析可以起到极大的作用。

综上所述，基于仿真的武器系统评价主要有两个特点。

（1）系统备选方案多，因为不存在评价数据不易获取的问题，故各种可能的方案都可以加入备选方案集中；

（2）原始数据量大，要从大量的仿真数据中提取出切实需要的评价数据，就必须进行多次仿真，利用数理统计中的方法对原始数据进行一定的处理，如合并、换算、去误差、求均值等，具体的合并等处理工作会因评价问题的不同而不同。

6.4.2 仿真数据的综合校验方法

武器系统效能评估结论的科学性和合理性，在很大程度上，取决于评估数据的质量，仿真对于武器系统效能评估来说，最核心的价值在于提供了一种高性价比的评估数据获取途径。但在实际仿真中，影响最终数据质量的因素众多，包括输入数据、仿真设定、仿真模型、软件可靠性等。虽然当前已经有一些工作试图从某些角度提高仿真结果的可靠性，如仿真模型的VVA，但仍然缺乏对仿真数据的综合验证方法，本节提出一种对仿真数据进行综合校验的方法，称为特殊设定测试法（the test method with special configuration，TMSC方法）。

TMSC方法的基本理念是利用现有可靠的经验知识对仿真结果进行综合性的检验，可靠的经验知识是指具有较高可信度的经验性论断，比如客观的历史数据或者在具体领域内有着丰富知识与直觉判断能力的专家的判断。笔者认为，对于领域专家的判断，一般不能认为单一专家对所有相关问题都具有可靠的判断，但通过多专家智慧集成，并把问题限制在特定范围与具体设定上，可以给出非常可信的结论，进而用来判断仿真数据在某些具体设定上结果的合理性，并给出仿真改进的方向。

基于“经验知识在具体点上具有高可靠性”的认识，可以在具体点上进行特殊设定，来考查仿真结果对于可靠经验判断的一致程度。这里特殊设定是指为了对仿真数据的可靠性进行检验而有意设定的特定状态，可以是单个特定状态点，也可以是多个特定状态点。这些特定状态需要同时满足两个条件：一是具有典型性，能够较好地体现仿真目标的实现程度，对于仿真来说，这些特殊设定点可以是典型的武器系统能力状态，包括我军当前发展状态设定、外军当前发展状态设定、过去典型战例中发展状态设定（如美军海湾战争时的状态设定）等；二是要具有可检验性，也就是说，要具备较充分的设定状态下的先验知识，可以对仿真的输入与输出之间因果关系的合理性进行判定。

TMSC方法包括明确测试目标、选取特殊设定、获取先验判据、分析比较、定位差距以及反馈与改进仿真六个步骤，如图6-11所示。

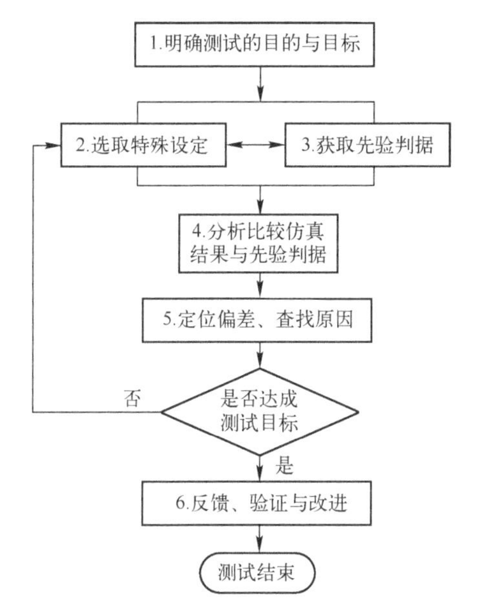

图6-11　TMSC方法的一般过程

具体过程为：第一，明确设定测试的目的与目标，需要注意测试的目标必须是有限的，不能太宽泛，另外需要特别说明测试终止的条件；第二，选取特殊设定，根据测试的目标与范围，选定满足典型性与可检验性两个条件的特殊设定集合，有些时候，鉴于测试的复杂性，可以选取单一的设定，并将设定转化为仿真的输入参数；第三，获取先验判据，通过收集历史数据、访问领域专家等方法进行；第四，分析比较仿真结果与先验判据，利用先验判据对仿真结果进行判断，如有必要，可能需要多次重复特殊设定下的仿真，以消除随机因素对仿真结果的影响，比较仿真结果与先验判据之间的差距，会出现三种情况：一致性较好、存在全面偏差、存在部分偏差，出现第一种情况一般认为仿真的可靠性较高，出现第二种情况，说明仿真数据可靠性不够高，存在系统性偏差，出现第三种情况，往往原因比较复杂，需要就具体情况进行研究；第五，定位偏差、查找原因，根据上一步确定的偏差类型，具体分析与查找偏差产生的原因，必要时采用重复仿真进行排查，逐步缩小偏差产生的范围，最终定位偏差，给出原因，并绘制有效描述“问题-原因”的图（如图6-12），将其提供给仿真开发人员，以便对仿真进行反馈与改进；第六，反馈、验证与改进，针对前面得到的问题列表，制定有针对性的改进措施，修正仿真中的问题，重复进行，直到与先验判据有较好的一致性，或者达到了别的测试终止条件。

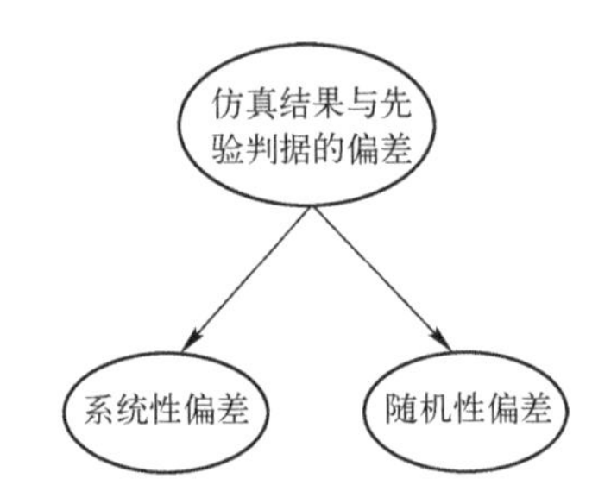

图6-12　TMSC方法中的“偏差”分类

总体来说，这一综合校验方法的核心在于，通过对比、判断、分析与反馈，确定仿真中出现的偏差是系统性的，还是随机性的，并有针对性地给出完善意见。

6.4.3　仿真数据的统计分析方法

效能分析的目的是获取各类参数对效能的影响。因此，在获取足够多的仿真数据并对其进行统计分析之后，还不能直接观察出各参数的变化对最终效能的影响程度和影响方式，需要进一步对指标数值之间的关系进行深入分析，以获取相关要素之间的定量影响关系，下面讨论相关指标间影响关系的分析方法。

1. 因子的显著性分析

在众多的实验数据中，并不是每个参数 x_i 对评估指标 y 的影响都是重要的，很多时候我们希望从实验数据中剔除那些次要的、可有可无的指标数据，建立更为简单的指标体系，以便更好地对 y 进行评估和分析。这就需要我们对每个变量进行考查。显然，如果某个指标对 y 的作用不显著，那么在评估模型中，可以把它的系数取值为零。因此，检验参数 x_i 是否显著等价于检验假设

$$H_0 : \beta_j = 0 \tag{6-4-1}$$

下面讨论这种检验方法。

因为最小二乘估计 b_j 是服从正态分布的随即变量 $x_1, x_2, \cdots, x_N$ 的线性函数，所以，b_j 也是服从正太分布的随即变量，且

$$\begin{cases} E(b_j) = \beta_j \\ D(b_j) = c_{jj}\sigma^2 \end{cases} \tag{6-4-2}$$

式中　c_{jj}——相关矩阵 $\boldsymbol{C}=A^{-1}$ 中对角线上第 j 个元素。于是有

$$\frac{b_j-\beta_j}{\sqrt{c_{jj}\sigma^2}} \sim N(0,1) \tag{6-4-3}$$

可以证明，随机变量 b_j 与 $S_{剩}$ 相互独立。于是有

$$F=\frac{(b_j-\beta_j)^2/c_{jj}}{S_{剩}/(N-p-1)} \sim F(1, N-p-1) \tag{6-4-4}$$

或

$$t=\frac{(b_j-\beta_j)/\sqrt{c_{jj}}}{\sqrt{S_{剩}/(N-p-1)}} \sim t(N-p-1) \tag{6-4-5}$$

故在假设 $H_0:\beta_j=0$ 下，可采用统计量

$$F=\frac{b_j^2/c_{jj}}{S_{剩}/(N-p-1)} \tag{6-4-6}$$

或

$$t=\frac{b_j}{\sqrt{c_{jj}S_{剩}/(N-p-1)}}=\frac{b_j}{\hat{\sigma}\sqrt{c_{jj}}} \tag{6-4-7}$$

来检验回归系数 β_j 是否显著。

对指标体系中的各指标进行一定显著性水平的显著性检验，保留或剔除不显著的指标。这样，我们可以认为所求出的指标体系是实用的。可以用它对 x 评估。

2. 指标相关性分析

在指标的分析过程中，需要考虑参数之间的关联程度，根据相关程度的不同，指导实验的设计与数据的拟合。现在只考虑两变量的样本数据。用 x 和 y 分别表示第一个变量和第二个变量，并设样本容量为 n，其样本数据如表 6-9 所列。

表 6-9　n 个指标的样本数据

x	x_1	x_2	…	x_n
y	y_1	y_2	…	y_n

其中(x_1,y_1)代表第一个样品，其余同类。x和y平均值仍用$\bar{x}$和$\bar{y}$分别表示。

问题：如何探索两个变量之间的关系呢？我们知道，第一个样品有两个离差，即

$$x_1-\bar{x} \quad 和 \quad y_1-\bar{y}$$

一般地，第i个样品(x_i,y_i)的两个离差是

$$x_i-\bar{x} \quad 和 \quad y_i-\bar{y}$$

我们把这两个离差相乘：

$$(x_i-\bar{x})(y_i-\bar{y})$$

如果随着x_i的增大，y_i也有增大的趋势，则乘积$(x_i-\bar{x})(y_i-\bar{y})$趋向正值(这里由于$x_i-\bar{x}$和$y_i-\bar{y}$趋向于同取正号或同取负号)；反之，如果随着$x_i$的增大，$y_i$有减小的趋势，则乘积$(x_i-\bar{x})(y_i-\bar{y})$趋向负值。这启发我们把这$n$个乘积$(x_i-\bar{x})(y_i-\bar{y})$加起来，再除以$n$，即求其平均值。若当这个平均值是正数时，$y$具有随$x$的增大而增大的趋势；当这个平均值是负数时，$y$具有随$x$的增大而减小的趋势。我们就把这个平均值称作变量$x$和$y$的样本协方差，并记作$s_{xy}$，其计算式为

$$s_{xy}=\frac{1}{n}\sum(x_i-\bar{x})(y_i-\bar{y}) \tag{6-4-8}$$

为弥补协方差s_{xy}依赖变量的单位这一不足，我们从s_{xy}出发，设法通过适当地运算，消去x和y的单位。一个可取的方法就是将s_{xy}除以标准差$\sqrt{s_{xx}}$，再除以标准差$\sqrt{s_{yy}}$，并把得到的结果称作x和y的样本相关系数，简称相关系数。用r_{xy}表示相关系数，计算式为

$$r_{xy}=\frac{s_{xy}}{\sqrt{s_{xx}s_{yy}}} \tag{6-4-9}$$

相关系数的一个重要性质是

$$-1\leqslant r_{xy}\leqslant 1$$

在$r_{xy}=\pm 1$的极端场合，y和x之间存在严格的一次函数关系：

$$y=ax+b \tag{6-4-10}$$

此时在直角坐标系里描写出样本点时（以(x_i,y_i)为坐标，对应一个样本点），则n个样本点都落在同一条直线上。在$-1<r_{xy}<1$的一般场合，n个样本点不会落在同一条直线上。

由于相关系数（r）与协方差总是同号的，因此习惯称$0<r<1$为正相关，称$-1<r<0$为负相关。当$|r|$接近零时，意味着两个变量的线性关联很弱；当

$|r|$接近于 1 时，意味着两个变量的线性关联很强。

3. 因子–指标关系的回归分析

1）一元线性回归

一元回归处理的是两个变量之间的关系，即两个变量 x 和 y 间若存在一定的关系，则通过实验分析所得数据，找出两者之间关系的经验公式。假如两个变量的关系是线性的，那么经验公式就是一元线性回归分析所研究的对象。

一元线性回归的数学模型为

$$y_\alpha=\beta_0+\beta x_\alpha+\varepsilon_\alpha,\quad \alpha=1,2,\cdots,N \tag{6-4-11}$$

式中，N——x 和 y 之间关系的实验数据的个数；

$\varepsilon_1,\varepsilon_2,\cdots,\varepsilon_N$——其他随机因素对 y_α 影响的总和，一般假设它们是一组相互独立，且服从同一正态分布 $N(0,\sigma)$ 的随机变量；

x——随机变量，或一般变量，我们只讨论它是一般变量的情况，即它是可以精确测量或严格控制的变量；

y——服从正态分布 $N(\beta_0+\beta x_\alpha,\sigma)$ 的随机变量。

其中，参数 β_0,β 的值可以通过最小二乘法得到。

2）多元线性回归

假如变量 y 与另外 p 个变量 $x_1,x_2,\cdots,x_p$ 的内在联系是线性的，它的第 α 次实验数据是

$$(y_\alpha;x_{\alpha1},x_{\alpha2},\cdots,x_{\alpha p}),\quad \alpha=1,2,\cdots,N \tag{6-4-12}$$

那么这一组数据可以假设有以下结构：

$$\begin{cases} y_1=\beta_0+\beta_1x_{11}+\beta_2x_{12}+\cdots+\beta_px_{1p}+\varepsilon_1 \\ y_2=\beta_0+\beta_1x_{21}+\beta_2x_{22}+\cdots+\beta_px_{2p}+\varepsilon_2 \\ \cdots\cdots \\ y_N=\beta_0+\beta_1x_{N1}+\beta_2x_{N2}+\cdots+\beta_px_{Np}+\varepsilon_N \end{cases} \tag{6-4-13}$$

式中 $\beta_0,\beta_1,\cdots,\beta_p$——$p+1$ 个待估计参数；

$x_0,x_1,\cdots,x_p$——$p+1$ 个可以精确测量或严格控制的一般变量；

$\varepsilon_0,\varepsilon_1,\cdots,\varepsilon_N$——$N+1$ 个相互独立且服从同一正态分布 $N(0,\sigma)$ 的随机变量。

这就是多元线性回归的数学模型。

令

$$\boldsymbol{y}=\begin{bmatrix} y_1 \\ y_2 \\ \vdots \\ y_N \end{bmatrix},\quad \boldsymbol{X}=\begin{bmatrix} 1 & x_{11} & x_{12} & \cdots & x_{1p} \\ 1 & x_{21} & x_{22} & \cdots & x_{2p} \\ \vdots & \vdots & \vdots & & \vdots \\ 1 & x_{N1} & x_{N2} & \cdots & x_{Np} \end{bmatrix}$$

$$\boldsymbol{\beta}=\begin{bmatrix}\beta_0\\ \beta_1\\ \beta_2\\ \vdots\\ \beta_p\end{bmatrix},\quad \boldsymbol{\varepsilon}=\begin{bmatrix}\varepsilon_1\\ \varepsilon_2\\ \vdots\\ \varepsilon_N\end{bmatrix}$$

其中$\boldsymbol{\beta}$矩阵从β_0开始，那么多元线性回归的数学模型可以写成矩阵形式：

$$\boldsymbol{Y}=\boldsymbol{X\beta}+\boldsymbol{\varepsilon} \tag{6-4-14}$$

其中$\boldsymbol{\varepsilon}$是N维随机变量，它的分量是相互独立的。参数$\boldsymbol{\beta}$的值可以通过最小二乘法获得。

3）非线性回归

根据实验数据配经验公式时，首先要选择适当的函数形式。一般地，经验公式的形式为

$$\hat{y}=f(x_1,x_2,\cdots,x_k;\alpha_1,\alpha_2,\cdots,\alpha_l) \tag{6-4-15}$$

其中，$\alpha_1,\alpha_2,\cdots,\alpha_l$是待定参数，需要根据实验数据来确定。

有两种途径确定实验公式的函数形式：一是根据专业知识或以往的经验，二是根据散点图的分布形状。

一旦确定了函数形式，剩下的问题就是如何根据实验数据估计参数的值。当f是关于变量$x_1,x_2,\cdots,x_k$的线性函数时，就是线性回归。一般来说，f不是关于变量$x_1,x_2,\cdots,x_k$的线性函数。在不少情况下，有可能通过适当的变换，把非线性函数转换成线性函数，从而把问题转化为线性回归问题。

下面给出一些常用的可化成线性回归的函数类型及其图形。

（1）双曲线$\dfrac{1}{y}=a+\dfrac{b}{x}$。

令$y'=\dfrac{1}{y}$，$x'=\dfrac{1}{x}$，则有$y'=a+bx'$。

（2）幂函数$y=dx^b$。

令$y'=\ln y,a=\ln d$，则有$y'=a+bx'$。

（3）指数函数$y=de^{bx}$。

令$y'=\ln y,a=\ln d$，则有$y'=a+bx$。

（4）指数函数$y=de^{\frac{b}{x}}$。

令$y'=\ln y,x'=\dfrac{1}{x},a=\ln d$，则有$y'=a+bx'$。

(5) 对数曲线 $y=a+b\ln x$。

令 $x'=\ln x$，则有 $y=a+bx'$。

(6) S 形曲线 $y=\dfrac{1}{a+be^{-x}}(a,b>0)$。

令 $y'=\dfrac{1}{y},x'=e^{-x}$，则有 $y'=a+bx'$

(7) 多项式 $y=b_0+b_1x+b_2x^2+\cdots+b_kx^k$。

令 $x_1=x,x_2=x^2,\cdots,x_k=x^k$，则有 $y=b_0+b_1x_1+b_2x_2+\cdots+b_kx_k$。

(8) 二元多项式 $z=b_0+b_1x+b_2y+b_3x^2+b_4xy+b_5y^2$。

令 $x_1=x,x_2=y,x_3=x_2,x_4=xy,x_5=y^2$，则有 $z=b_0+b_1x_1+b_2x_2+\cdots+b_5x_5$。

4）模糊回归分析方法

假设要研究变量 y 与 $x_1,x_2,\cdots,x_n$ 之间的统计关系，希望找出 y 的值随 $x_1,x_2,\cdots,x_n$ 的值变化的规律。这时称 y 为因变量，$x_1,x_2,\cdots,x_n$ 为自变量。

其一般形式是

$$y=f(x_1,x_2,\cdots,x_n)+\varepsilon \tag{6-4-16}$$

式中 ε——一切随机因素影响的总和。

通常假设 ε 满足：$E(\varepsilon)=0,D(\varepsilon)=\sigma^2$，由式（6-4-16）得到：

$$E(y)=f(x) \tag{6-4-17}$$

式（6-4-17）称为理论回归方程。由于 $f(x)$ 的函数形式未知，或者 $f(x)$ 中含有未知参数，理论回归方程一般无法直接得出。通常先对 $f(x)$ 的函数形式做出假定，然后通过试验得到关于 (y,x) 的试验数据，并利用这些观测数据估计出 $f(x)$ 中的未知参数，得到经验回归方程：

$$\hat{y}=f(x) \tag{6-4-18}$$

$f(x)$ 为 y 对 x 的回归函数。当 f 是线性函数时，式（6-4-18）称为线性回归方程。

将模糊理论引入线性回归分析中，得到以下模糊线性模型：

$$Y(x_p)=A_0+A_1x_{p1}+\cdots+A_nx_{pn} \tag{6-4-19}$$

这里回归系数 $A_i(i=0,1,\cdots,n)$ 和输出值 $Y(x_p)$ 都是模糊数。模糊回归分析就是求得式中的模糊回归系数。

对于模糊数 A，其隶属函数定义如下：

$$\mu_A(x)=L\left(\frac{(x-c)}{\omega}\right),\quad \omega>0 \tag{6-4-20}$$

函数 $L(x)$ 具有以下性质。

（1）$L(x)=L(-x)$；

（2）$L(0)=1$；

（3）$L(x)$在$[0,+\infty)$上单调递减。

常用的$L(x)$函数有对称三角形函数、对称梯形函数和钟形函数等。

模糊数$A=(c,\omega)_L$，其中c表示模糊数的中心点，w代表幅宽，根据扩张原理，有以下运算：

$$\begin{aligned}&(c_1,\omega_1)_L+(c_2,\omega_2)=(c_1+c_2,\omega_1+\omega_2)_L\\&\lambda\cdot(c,\omega)_L=(\lambda_c,|\lambda|\omega)_L\end{aligned}\tag{6-4-21}$$

$Y(x_p)$可由下式求得：

$$\begin{aligned}Y(x_p)&=A_0+A_1x_{p1}+\cdots+A_nx_{pn}\\&=(c(x_p),\omega(x_p))_L\end{aligned}\tag{6-4-22}$$

$$c(x_p)=c_0+c_1x_{p1}+\cdots+c_nx_{pn}\tag{6-4-23}$$

$$\omega(x_p)=\omega_0+\omega_1|x_{p1}|+\cdots+\omega_n|x_{pn}|\tag{6-4-24}$$

具体应用模糊回归分析方法评估时，可分为四个步骤实施，首先根据评估问题确定模糊回归模型的形式；其次获取初始样本；再次对初始样本进行拟合，求出模型中的模糊回归系数；最后用求得的模糊回归模型进行评估。

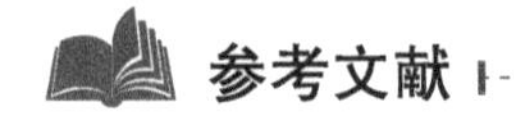

参考文献

［1］李志猛，徐培德，等．武器系统效能评估理论及应用［M］．北京：国防工业出版社，2013.

［2］张最良，等．军事运筹学［M］．北京：军事科学出版社，1993.

［3］徐培德，谭东风．武器系统分析［M］．长沙：国防科技大学出版社，2001.

［4］高尚，娄寿春．武器系统效能评定方法综述［J］．系统工程理论与实践，1998（7）：109-114.

［5］刘奇志．武器作战效能指数模型与量纲分析理论［J］．军事运筹与系统工程，2001（3）：15-19.

［6］罗兴柏，刘国庆．陆军武器系统作战效能分析［M］．北京：国防工业出版社，2007.

［7］张剑．军事装备系统的效能分析、优化与仿真［M］．北京：国防工业出版社，2000.

［8］徐学文，王寿云．现代作战模拟［M］．北京：科学出版社，2001.

［9］邵国培，等．电子对抗作战效能分析［M］．北京：解放军出版社，1998.

[10] 郭齐胜，等. 装备效能评估概论 [M]. 北京：国防工业出版社，2005.
[11] 李廷杰. 导弹武器系统效能及其分析 [M]. 北京：国防工业出版社，2000.
[12] 徐安德. 论武器系统作战效能的评定 [J]. 航空兵器，1989 (2)：5-10.
[13] 胡晓峰，罗批，司光亚，等. 战争复杂系统建模与仿真 [J]. 北京：国防大学出版社，2005.
[14] 倪忠仁，等，地面防空作战模拟 [M]. 北京：解放军出版社，2001.
[15] 詹姆斯·邓厄根. 现代战争指南 [M]. 北京：军事科学出版社，1986.

第7章 武器系统的效能评估指标

评估指标为如何实施评估提供了基本准则，评估指标的选取与评估体系的构建问题是武器系统效能评估的基础性工作，也是核心工作。本章首先对效能评估指标的概念进行界定，给出了效能评估指标典型分类；其次对如何构建效能评估指标进行讨论，给出构建方法和一般过程；最后对如何实施指标体系的优化与量化进行阐述。

7.1 效能评估指标的概念与类型

指标是度量事物属性或事物之间关系的一种量化准则。效能评估指标是对效能与其他相关指标的大小以及它们之间影响程度的度量，本节从指标概念的一般定义说起，给出效能评估指标的类型以及选取方法。

7.1.1 指标的概念

从数学的角度来看，指标是反映事物属性的一种映射。例如，测量物体的质量，如果采用单位 kg 度量，就可以建立 $f:X\to\Omega$ 的一个映射作为物体质量属性的一个指标。

所谓指标，定义如下：

设 X 与 Ω 均为非空集合，若根据法则 f，$\forall x\in X$，$\exists y\in\Omega$，有 $y=f(x)$，则称 $f(x)$ 是 X 上的一个映射，$f:X\to\Omega$。其中：X 为定义域，是事物属性的抽象集合；Ω 为值域，是对属性进行定量或定性描述的样本空间；f 为该属性上的一个衡量法则、一个指标。

根据指标定义中的三要素，可以得到指标的不同分类方法。指标的分类主要有以下几种。

（1）根据 Ω 的不同，可以将指标分为定性指标与定量指标。

在应用过程中，一般选择定量指标，或者将定性指标通过一定的关系，转化为定量指标或定性与定量相结合的指标。

（2）当Ω是实数域时，根据f性质的不同，指标分为计数指标、延拓指标与差性指标。

下面分别给出这 3 类指标的概念。

计数指标：设X是一个有限集，R是X上的一个二元关系，若指标f满足：$\forall x_1, x_2 \in X$，有$x_1 R x_2 \Leftrightarrow f(x_1) > f(x_2)$，则称指标$f$是计数指标，也称序型指标。计数指标的特点是其大小只反映顺序，大小数值没有意义。

延拓指标：设X是一个有限集，R是X上的一个二元关系，“$\circ$”是一个二元关系运算符，若指标f满足：$\forall x_1, x_2 \in X$，有$x_1 R x_2 \Leftrightarrow f(x_1) > f(x_2)$，且$f(x_1 \circ x_2) = f(x_1) + f(x_2)$，则称指标$f$是延拓指标，也称比值型指标。延拓指标的特点是具有一个单位元，如质量指标。但温度单位不是延拓指标。

差性指标：设X是一个有限集，R是X上的一个四元关系，若指标f满足：$\forall x_1, x_2, x_3, x_4 \in X$，有$(x_1 x_2) R (x_3 x_4) \Leftrightarrow f(x_1) - f(x_2) > f(x_3) - f(x_4)$，则称指标$f$是差性指标，也称偏好指标。差性指标的特点是指标之间差值的大小具有实际意义。

（3）根据定义域X，可以将指标分为基础指标和派生指标。

基础指标是在指标体系中直接度量的指标，派生指标是基础指标通过一定的关系运算得到的指标。综合指标是一种特殊的派生指标，它是依据相关指标综合而成的。综合，就是在分解指标数据的基础上，将事物的各个属性有机结合得到综合指标。从数学角度来看，综合是建立一个从高维空间到低维空间的映射，该映射能够保持其在高维空间的某种“结构”，其中最明显的是与“序”有关的结构。

设一个指标体系的分类指标是$f_1, f_2, \cdots, f_n$，则综合指标为$f = f_1 \circ f_2 \cdots \circ f_n$，得到综合指标的过程是一个利用数学等方法进行复合的过程。

7.1.2 效能评估指标的类型

为了评价、比较不同武器系统或行动方案的优劣，必须采用某种定量尺度度量武器系统或作战行动的效能，这种定量尺度称为效能指标或效能量度。

由于作战情况的复杂性和作战任务要求的多重性，效能评估常常不可能用单个明确定义的效能指标来表示，而需要用一组效能指标来刻画。这些效能指标分别表示武器系统功能的各个重要属性（如毁伤能力、机动能力、生存能力等）或作战行动的多重目的（如对敌毁伤数、推进距离等）。

电子信息类装备不是直接杀伤敌目标的装备，它是通过对我军各类作战单元的信息服务来对作战进行支持的，所以电子信息类装备的作战效能是通过支持军队作战能力的提高来实现的。电子信息类装备的作用与各类指标之间的关系具有如图 7-1 所示的递进结构模型。

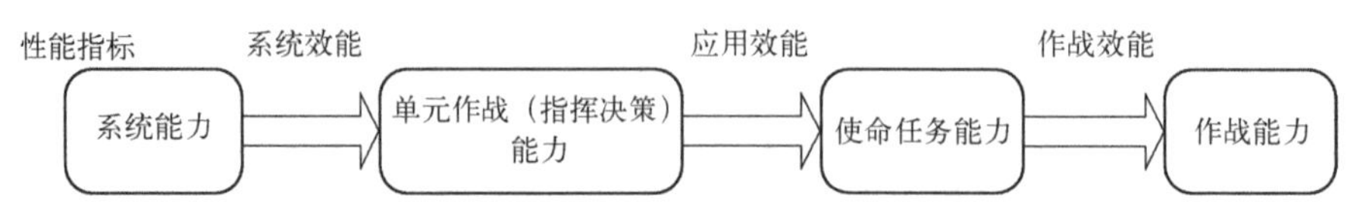

图 7-1　电子信息类装备作用的递进结构模型

武器系统作用的这种递进结构模型反映了武器系统的作用方式，其中每一层面都体现了武器系统对部队能力影响的一个方面，是武器系统效能特征的一个反映。通过这种特征，可以把武器系统的效能分成作战效能、应用效能和系统效能，相应的三类效能指标如下。

1. 作战效能指标

作战效能指标（measure of force effectiveness，MOFE）是武器系统支持下作战兵力执行作战任务所能取得的战果的定量尺度。

武器系统效能评价中的一项重要内容就是系统作战效能的评价分析。武器系统作战效能是通过作战任务的完成情况来描述，即通过作战效果的抽象、综合得到的，因此有必要研究作战任务的效能度量问题，即衡量作战任务达到预期目标的程度。由于现代战争不同于传统战争的一些新特点，以前的度量指标不能完全满足评价分析的需要，必须从现代战争的特点出发建立新的作战任务效能的度量指标。目前常用的武器系统作战效能指标有以下几种。

（1）兵力倍增系数 GR。

红、蓝双方交战，红方部队采用新武器系统的兵力倍增系数 GR，定义如下：

$$\mathrm{GR}=\frac{R_0}{R_1} \tag{7-1-1}$$

式中　R_0——原（或没有使用）武器系统下，红方为达到给定作战结果需要投入的初始兵力；

R_1——新武器系统下，红方为达到给定作战目的需要投入的初始兵力。

给定作战结果一般指战斗结束时，红、蓝双方的剩余兵力应达到给定作战要求，此处指双方交战达成均势。

（2）战斗交换比改善量 η。

红方的战斗交换比改善量 η_r 定义为

$$\eta_r = \frac{\Delta B / \Delta R}{\Delta B_0 / \Delta R_0} \tag{7-1-2}$$

式中　ΔR_0、ΔB_0——红、蓝双方采用原（或没有使用）武器系统时为达到给定作战结果而损失的总的战斗单元数；

ΔR、ΔB——红、蓝双方为采用新武器系统时为达到给定作战结果损失的总的战斗单元数。

如果蓝方武器系统及初始兵力保持不变，且给定作战结果为双方交战达成均势，那么 $\Delta B = \Delta B_0$，从而有

$$\eta_r = \frac{\Delta R_0}{\Delta R} = \mathrm{GR} \tag{7-1-3}$$

应该指出，上述两个指标都是从兵力损耗的角度定义的。而在现代作战中，很多作战任务的完成程度不能简单地用兵力的损耗数目表示。在实际评价时，必须根据具体想定和作战任务，定义合适的作战效能指标。

在实际应用中，兵力效能指标还经常选用与作战行动效能指标类似的形式，如双方损失交换比、平均相对剩余兵力数量等。

以这样的指标进行系统的评估时，要设法体现武器系统对部队作战效能的提高作用。所以，为了定量描述武器系统对战斗结果的贡献，需要对取得的数据进行因素的分离，以从中提取武器系统的具体作用。如装备 GPS 弹载接收机的常规导弹打击机场跑道，常规导弹打击机场跑道的作战效果用机场跑道失效率度量，分析 GPS 弹载接收机与跑道失效率之间的影响关系，可以得到 GPS 弹载接收机的结构与功能对机场跑道失效率的影响。

2. 应用效能指标

应用效能指标（measure of application effectiveness，MOAE）是对电子信息类装备直接支持的作战单元能力提升程度的定量尺度。

例如，对于装备了弹载卫星导航系统的弹道导弹，其应用效能可以用使用中导弹命中精度的提高程度来衡量。

3. 系统效能指标

系统效能指标（measure of effectiveness，MOE）表示武器系统效能，是指在一定条件下，武器系统满足一组特定任务要求的可能程度的定量尺度。属于这类效能指标有以下几种。

（1）战备程度，如使系统做好准备的平均时间、对敌人行动及时反应或反应时间不超过给定时间的概率等。

（2）工作时间，如卫星侦察信息打击效果评估时间等。

（3）工作质量，如卫星导航接收机进行定位与测速的误差等。

武器系统效能评估指标一般分为三层，如表 7-1 所列。

表 7-1　武器系统效能评估指标分层

度量	定义	典型例子
作战效能指标（MOFE）	武器系统与作战结果关系的度量	机场跑道失效率
应用效能指标（MOAE）	武器系统与作战单元任务完成情况关系的度量	决策能力，命中精度
系统效能指标（MOE）	武器系统完成任务的度量	评估质量，定位能力

7.1.3　几类指标概念的辨析

本节较细致地辨析能力指标、性能指标、效能指标等概念的区别与联系。

能力（capbility）指标是对能力及能力之间关系的度量准则，是对能力主体完成任务可能程度的评估基准。实际上，能力概念在科学研究领域被广泛使用，作为不同的学科领域中的专用术语，其含义不同，但其基本内涵与人们的自然语言中的含义是一致的，区别在于能力主体的不同以及能力的具体内容。其中，军事领域的作战能力是指武装力量遂行作战任务的能力，由人员和武器装备的数量、质量、编制体制的科学化程度、组织指挥和管理的水平、各种保障勤务的能力等因素综合决定。对能力概念的一般理解，包括三个要点：一是能力概念的规范性，是指在规定条件下达到一定标准的预期效果；二是能力与任务的关系不是直接的，也不是一对一的，能力往往反映在支持多个相关任务上；三是能力是通过完成任务的效果来体现的。

性能（performance）是指是事物本身所具有的、区别于其他事物的特征，性能指标度量的是器材、物品等所具有的性质和功能。武器装备性能指标是指武器装备各部件（或各子系统）的功能指标，与武器装备的物理或结构参数密切相关，而一般与环境无关，主要用来度量武器装备的行为特性。

一般意义上的效能（effectiveness）分为武器系统的效能与作战行动的效能，作战行动的效能指标度量执行作战行动任务所能达到的预期目标的程度，武器系统的效能指标度量在特定条件下武器系统被用来执行规定任务所能达到预期目标的程度；效果（effect）指标度量的是行动结束后对事物产生的影响，也就是影响系统而产生的状态变化。对这几个概念含义的具体说明如表 7-2 所列。

表 7-2　性能指标、能力指标、效能指标与效果指标的辨析

概念	定义	说明	区别与联系
性能指标	度量系统物理和结构上的行为参数和任务要求参数	一般可分为功能性指标和保障性指标	性能指标是能力指标与效能指标与效果指标的基础，是四个概念中最底层的度量指标；能力指标是多种因素的综合体，是对主体完成任务的潜在本领的抽象认知，也是效能度量的基础；而效能指标度量具体场景下的完成任务的程度。能力是介于性能与效能的中间层次，效果是武器系统能力水平的最终体现，与具体场景密切相关
能力指标	度量在规定的条件和标准下，使用作战要素执行一组任务并达成作战目标效果的本领	由人员和武器装备的数量、质量，编制体制的科学化程度、组织指挥和管理的水平、各种保障勤务的能力等因素综合决定，这来因素总体来说，可分为硬件因素指标与软件因素指标	
效能指标	度量执行规定任务所能达到预期可能目标的程度	可区分为武器系统效能与作战行动效能，也可分为单项效能、系统效能和作战效能	
效果指标	度量作战单元完成任务引起的战场状态变化	本书中强调武器系统的作战支持效果	

需要说明的是，效能与效能指标的概念虽然是武器系统评估最常用的概念，但在现有文献中，层次较多，分为单项效能、系统效能和作战效能等，很多时候与能力概念存在混用的情况。本质上，效能是指“完成任务的程度”，效能指标度量客观结果，能力是“完成任务所需具有的本领”，强调主观条件。混用的原因主要有两点：一是两者均是对完成任务水平的评估，有时容易混淆主观条件与客观表现的区别；二是作为效能概念之一的系统效能，很多人作为“静态”概念看待（与具体作战任务或者场景无关，相对于作战效能，是与具体场景密不可分的，称为“动态”概念），人们也经常用坦克的效能、战斗机的效能等词语来说明相应武器系统的整体水平。

7.1.4　效能指标的选择

一般来说，在武器系统分析中常用的效能指标按数学特征可分为概率、期望值和速率三类。概率类效能指标用于表示完成特定任务的能力（概率），期望值类效能指标表示系统毁伤目标的平均数量，速率类效能指标表示系统消灭目标的速度或武器发射、运动的速度等。

当作战任务为摧毁特定目标的武器系统时，运用概率类效能指标比较适当。例如，以毁伤某桥梁为目标的导弹系统，可以选用摧毁目标的概率或完成任务的概率作为效能指标。作战任务为消灭多种目标或非特定目标的武器系统，选用期望值类效能指标比较适当。例如，以消灭某个地域内的有生力量、防御工事和武器装备等为目标的野战火炮，可以选用破坏面积的期望值作为效能指标。对于要求连续重复某种作战行动的武器系统，选用速率类效能指标比较适当。例如，在不能辨别目标的具体情况下，为防止敌人通过或渗入某地域，而向该地域实施连续射击的火炮或火箭系统，就属于此类武器系统。

总之，不管选用哪一类效能指标，所建立的效能模型都必须与所选定的效能指标相匹配，能够按照所选定的效能指标给出定量的答案。

在武器系统的效能分析中，可供选用的效能指标有以下几种。

（1）每个系统每执行一次任务所摧毁的目标数的期望值；

（2）每个系统每执行一次任务所破坏的面积的期望值；

（3）面积破坏率；

（4）毁伤率；

（5）单发毁伤概率；

（6）完成任务的概率；

（7）平均无故障工作时间；

（8）平均无故障行驶里程；

（9）平均无故障发射发数。

上述指标仅是效能指标的几个典型例子。此外还有许多效能指标，可供武器系统效能分析人员选择。

7.2 效能评估指标体系的构建方法

由于现代武器系统的复杂性，对其进行效能评估往往无法用单一指标或少数指标来完整描述武器系统效能，最终形成的指标整体会构成一个评估指标体系。本节讨论效能评估指标体系的一般概念和构建方法。

7.2.1 评估指标体系的概念

所谓评估指标体系，是指由相互作用和相互依赖的评估指标组成的具有特定功能的有机整体。武器装备效能评估指标体系构建包括相关指标的获取、选择、关联、量化工作，最终要求形成指标内涵界定清晰、指标间关系正确、指标整体有效的评估指标集合，一般来说，评估指标体系要满足完整性、准确性、可测性等要求，同时考虑具体评价对象的区别，还要特别考虑指标体系的适用性与简洁性。

构建评估指标时，首先要考虑的就是分析与武器系统的相关人员如何看待系统的问题，即要明确不同利益相关者的视角与关注点。

任意一类武器系统，都会有多个利益相关者，包括系统的投资方、用户、系统设计研制人员、系统维护人员等。同时，每类武器系统都会有很多特性与属性，利益相关者会对那些与系统立项、开发、运转及其他方面的问题特别关注，这些系统的关注点包括：系统的目标、使命、功能、开发风险、可行性，以及系统的性能、可靠性、安全性、分布性和可演化性等方面。不同人员对系统的关注点有相同的地方，也有不同的地方。一个利益相关者可以有一个或多个关注点，多个利益相关者可能都对某个关注点感兴趣。

从系统寿命周期的不同阶段来看，利益相关者总体上可以划分为武器管理部门、武器使用部门、武器研制部门。其中，武器管理部门的关注点是武器系统在作战中的作用与系统方案的可行性、合理性；武器使用部门的关注点是武器系统的作战使用与装备体系构建中的作用；武器研制部门的关注点是武器系统的功能与方案的技术实现。

通过利益相关者对系统不同关注点的描述，可以建立其对系统观察评价的视角。在一定的视角下系统作用的描述便是系统效能的视图。也就是说，对系统关注点实现情况最全面的描述可以用效能的概念来表示。

由此看出，系统的效能可以包括一个或多个（效能）视图。视图是系统效能在某个特定视角下的表示，表示了利益相关者的一个或多个关注点。效能视图是根据视角的特征得到的，视角是建立、描述和分析视图的模板和规范，体现了利益相关者对系统效能的关注点。视角的选择则以效能描述支持的利益相关者及其关注点为依据。

效能的视角与视图的关系如图 7-2 所示。视角是一个抽象的概念，是与具体系统无关的；而视图是针对特定系统的，它与一个视角相对应，是视角的实例化。

根据关注点的特征加以分类，可以得到三个视角，分别称为作战（效果）视角、作战支持能力视角和系统能力视角。相应地，得到武器系统效能指标的效果视图、作战支持能力视图和系统效能视图，即作战效能、应用效能和系统效能，它们都是对效能指标体系框架的一个侧面反映。

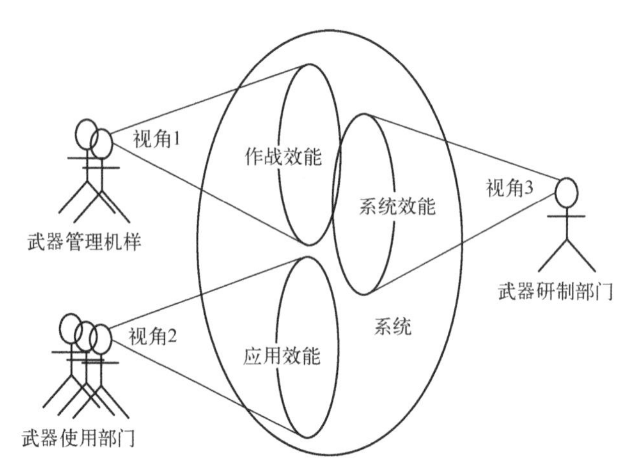

图 7-2　效能的视角与视图的关系

根据上面的分析，武器系统效能指标体系应该包括作战效能、应用效能和系统效能三个部分的描述，而且，三者都是关于武器系统效能的不同侧面的描述，具有密切的关系。如果结合一个作战应用来分析，武器系统指标体系的总体结构实际上是效能的作战效能视图、应用效能视图和系统效能视图的嵌套结构。效能指标体系的最高一层是作战效能视图，它实际上是一个综合评价的指标体系。作战效能视图中的底层是评估对象，这里的评估对象是包含了相关作战单元的一个作战系统（作战任务），而作战单元的能力受到武器系统的影响，可以用关于该作战单元的能力视图（应用效能视图）来表示，在逻辑上它是嵌入作战效能视图中的一个指标体系。同样，应用效能视图的评估对象是武器系统，而系统的支持作用受到系统的能力影响，能力在实际的指标体系中是用相应的能力指标来描述的，这些能力指标一般都是以系统的战术技术指标表示的，因而可以用系统效能视图来描述其作用，在逻辑上它是嵌入应用效能视图的一个指标体系。

7.2.2　指标体系构建准则

指标体系的构建是一个定性与定量相结合的过程，其中定性分析主要用于指标体系的初步确立，而定量的方法则用于对指标体系的分析和完善。

定性分析工作主要依赖专家的经验和有关评估对象的知识，其中的经验主要体现在评估指标体系构建的原则上。这些原则可以为指标体系的筛选提供基本思路，但有些原则在定性分析时无法准确地实现，所以需要通过定量的分析来对指标体系进行完善。

武器系统效能指标体系构建的原则如下。

（1）针对性（目的性）。

针对性是指评价指标要面向任务，不同的方案、不同的系统、不同的应用模式应采用不同的指标。

（2）可测性。

可测性指所选的指标应能定量表示。

（3）完备性。

完备性是指选择的指标应能覆盖分析目标、任务所涉及的范围，反映被评价问题的各个侧面，绝对不能“扬长避短”。

（4）有效性。

有效性，即整个评价指标体系从元素构成到体系结构，从每个指标计算内容到计算方法都必须科学、合理、准确。

（5）重要性（敏感性）。

当系统的参数值改变时，指标也应该有相应的变化。

（6）独立性。

独立性是指选择的指标应尽可能地相互独立。

7.2.3 指标体系的构建过程

指标体系构建是一个“具体—抽象—具体”的辩证逻辑思维过程，是人们对现象总体数量特征的认识逐步深化、逐步求精、逐步完善、逐步系统化的过程。一般来说，这个过程可大致分为以下四个环节：理论准备、评估指标体系初选、评估指标体系完善、评估指标体系的应用。这 4 个环节也称武器系统效能评估指标体系的生命周期。其流程如图 7-3 所示。

（1）理论准备。

首先，武器系统效能评估指标及指标体系的设计者应该对评估领域的有关基础理论有一定深度和广度的了解，应该全面掌握武器系统效能评估领域描述性指标体系的基本情况。

其次，要有一定的作战仿真与评估方法的知识准备。

最后，要对具体的任务进行分析，了解基本的作战过程和作战单元的情况，以及相关武器系统、应用方式、支持作战单元的方法等情况。

（2）评估指标体系初选。

在具备了一定的理论与方法素养后，设计者可采用一定的方法——主要是系统分析法在前面给出的指标体系框架的基础构造具体的评估指标体系。这是一个对问题逐步深入了解的过程，也是一个先粗后细、逐步求精的过程。有关分析的具体方法将在 7.2.4 节详细讨论。

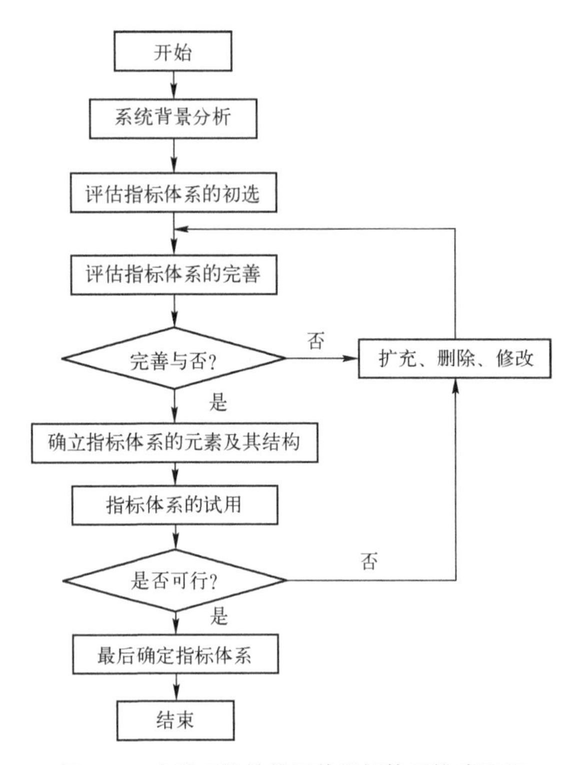

图 7-3　武器系统效能评估指标体系构建流程

（3）评估指标体系完善。

初选的结果对于评价的目标与要求来说不一定是合理的或必要的，可能有重复，也可能有遗漏甚至错误，这时就要对初选指标进行精选（筛选）与测验，从而使之趋于完善，对初构的指标体系结构进行优化。

（4）评估指标体系的使用。

评估指标体系的使用是武器系统效能评估指标体系的实践过程。实践是检验真理的标准，也是评估指标体系设计的最终目标。武器系统效能评估指标体系需要在实践中逐步完善。通过实例分析出结果的合理性，找出评估不合理的原因。评估结论受很多因素影响，其中指标体系是一个重要原因。指标体系选择不仅受方法的影响，而且影响方法的选择，这些情况往往只能通过效能评价的实践发现。

7.2.4 效能评估指标体系的初选方法

1. 效能评估指标体系初选的分析法

武器系统效能评估指标体系的初选方法有分析法、综合法、交叉法、指标属性分组法等方法。但最基本最常用的是分析法。

在初选时，选取的评价指标可能会重复、难于操作等，重点是要求指标全面。

分析法是将效能评估指标体系的度量对象和度量目标划分成若干个不同组成部分或不同侧面（即子系统），并逐步细分（即形成各级子系统及功能模块），直到每个部分和侧面都可以用具体的指标来描述、实现。这个分析的过程对体系结构中的作战效能、应用效能、系统效能三个层次重复进行。其基本的过程是：

第一步，对评价问题的内涵与外延做出合理解释，划分概念的侧面结构，明确评价的总目标与子目标。这是相当关键的一步。

第二步，对每个子目标或概念侧面进行细分解。越是复杂的多指标综合评价问题，这种细分解就越重要。

第三步，重复第二步，直到每个侧面或子目标都可以直接用一个或几个明确的指标来反映。

第四步，设计每个子层次的指标。需要指出的是，这里的“指标”是广义的，并不限于社会经济统计学意义上的可量化指标，还包括一些“定性指标”。从某种意义上讲，更像“标志”。

最后得到一个具有层次结构的指标体系。在效能评价的实践中，主要的层次结构是树形层次结构，但个别情况也可能是网状的层次结构。

2. 作战效能指标的初选

武器系统效能评估指标体系的作战效能视图主要用于描述武器系统对作战效果的影响，这样的影响总是以某个（类）作战场景为背景来进行描述的。在建立指标结构时，首先可以从对作战的总的目标及侧面结构进行分析，在此基础上将总目标分解为子目标，这是关键的一步；然后继续分解，直到可以表示为若干基本的作战效果的指标。作战效果视图可以简化地表示为图 7-4。

3. 应用效能指标的初选

武器系统效能评估指标体系的应用效能视图主要描述武器系统对作战单元的支持作用，通过作战单元作战任务的完成程度的提高来反映。作战任务的完成程度由作战单元的能力决定，即系统的应用效能取决于作战单元所具有的能力类型和能力水平。所以我们评价系统应用效能的指标体系时用单元能力和能力因素指标来描述。

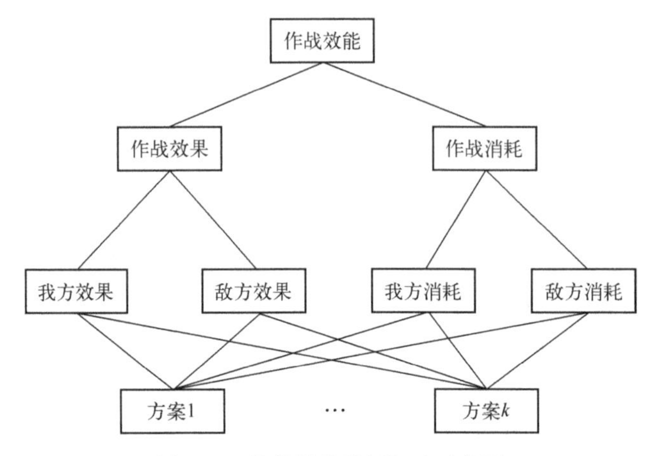

图 7-4 作战效能指标初选示意图

以导弹武器平台为例，如果只需考虑对目标的命中情况，则可以将其应用效能取为命中精度，此时不需要考虑导弹弹头的威力，所以在不考虑突防情况下，其能力则可以分解为弹头精度与目标精度。其中，弹头精度的主要能力因数为发射点位置、飞行方向、制导精度；而目标精度的主要能力因数为位置精度、运动方向、运动速度、目标类型（图 7-5）。

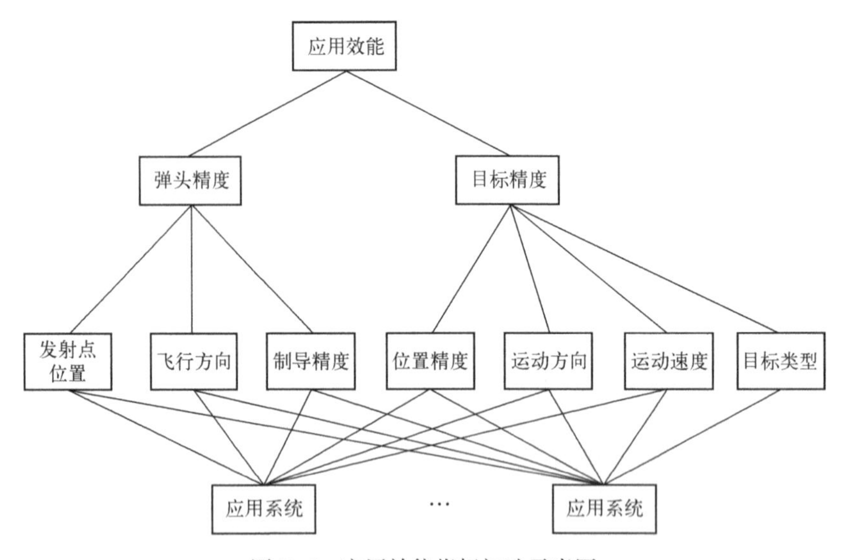

图 7-5 应用效能指标初选示意图

4. 系统效能指标的初选

系统效能指标用于描述应用系统的效能，即系统完成自身任务能力的度量。系统完成任务是由系统的能力决定的，即系统的效能取决于系统具有的能力类型和能力水平，所以我们评价系统效能的指标体系是由系统能力和能力因素指标（系统主要战技指标）来描述的（图 7-7）。

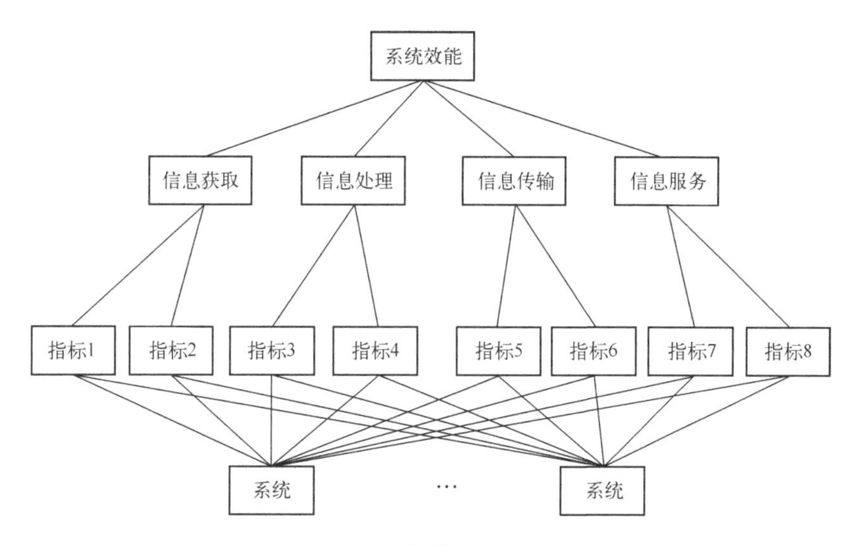

图 7-6　系统效能指标初选

其中每个系统的应用领域与其具有的能力都有区别，在效能评估中需要考虑每个系统的特点，所以需要针对每个系统建立相应的指标体系，这一过程可以称为指标体系的实例化，每个这样的具体指标体系可称作指标体系的实例化视图。

如对一个“打击效果评估系统”来说，根据对该装备系统的分析可以取其系统效能为评估能力（任务完成程度）。根据这个评估的目标，我们可以将系统评估能力分为系统的评估时间、评估可信度。其中，评估时间又可以分解成卫星图像预处理时间、专题图制作时间、物理毁伤评估时间、功能毁伤评估时间、系统毁伤评估时间等，评估可信度可以分解为卫星图像处理精度、系统可靠性等。“打击效果评估系统”的系统效能指标如图 7-7 所示，其中最底层的元素表示打击效果评估系统的各种对比系统方案。

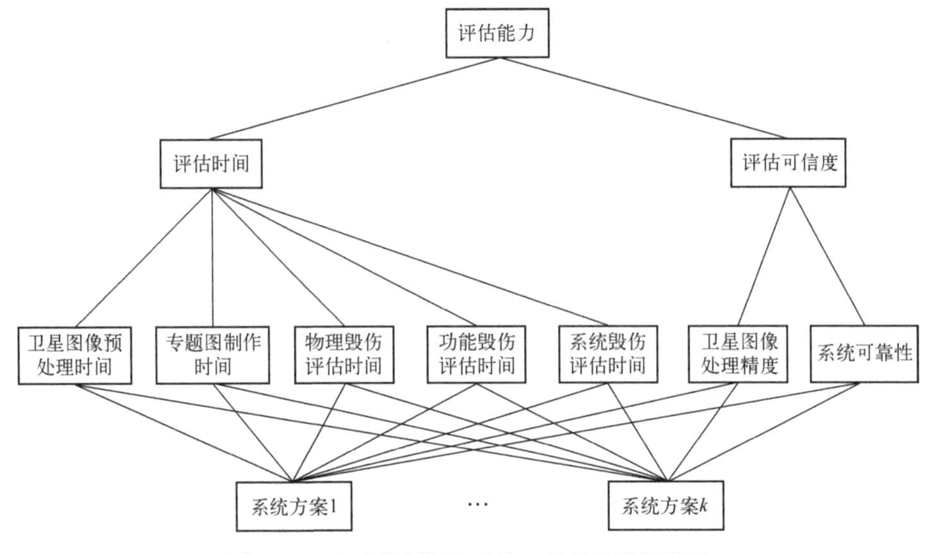

图 7-7 “打击效果评估系统”的系统效能指标

7.3 指标体系的优化与量化方法

7.2 节讨论了效能评估指标体系的构建问题，由于种种现实问题，初步构建的指标体系很难令人满意，还需要对其进行进一步的分析优化与反馈完善，本节阐述指标体系的优化问题，并给出一般性的指标量化模型。

7.3.1 指标的相关性分析

在建立具体的武器系统效能评估指标体系时，虽然遵循了指标体系建立的各种原则，但是由于各子指标的相互关联，要求它们完全独立往往是不现实的。本节就武器系统效能评估指标体系中的同一层次上的子指标的相关性进行分析，建立降低指标体系相关性的模型，尽量使指标之间符合独立性原则。但是作为衡量整个武器系统或其某一方面的各个子指标之间的关联是不可避免的，不可能建立各个指标之间完全独立的指标体系。

由于评估指标之间的相关性是无法完全消除的，因此区别对待这种相关性：①如果某个指标和其他指标之间的相关性大于某个限定值，那么可以认为这个指标的评估值基本上是其他指标评估值的交集，应该将其剔除；②如果指标之间的相关性在限定值范围内，则保留这个指标，在进行综合考虑时再加以适当的修正。

在此，以条件广义方差极小模型为例来说明降低武器系统效能评估指标间相关性的方法。

设给定 p 个武器系统效能评估指标 $x_1,x_2,\cdots,x_p$ 的 n 组观察数据，就给定了 n 个样本，相应的数据用矩阵表示，即

$$\boldsymbol{X}=\begin{bmatrix} x_{11} & x_{12} & x_{1p} & \\ x_{21} & x_{22} & \cdots & x_{2p} \\ \vdots & \vdots & \ddots & \vdots \\ x_{n1} & x_{n2} & \cdots & x_{np} \end{bmatrix} \begin{matrix} \text{第一个样本} \\ \vdots \\ \text{第 } n \text{ 个样本} \end{matrix} \tag{7-3-1}$$

根据上矩阵可以计算变量 x_i 的均值、方差与协方差，其表达式如下：

均值：

$$\overline{x_i}=\frac{1}{n}\sum_{a=1}^{n}x_{ai},\quad i=1,2,\cdots,p \tag{7-3-2}$$

方差：

$$S_{ii}=\frac{1}{n}\sum_{a=1}^{n}(x_{ai}-\overline{x_i}),\quad i=1,2,\cdots,p \tag{7-3-3}$$

协方差：

$$S_{ij}=\frac{1}{n}\sum_{a=1}^{n}(x_{ai}-\overline{x_i})(x_{aj}-\overline{x_j}),\quad i\neq j;i=1,2,\cdots,p \tag{7-3-4}$$

由 s_{ii}、s_{ij} 形成的矩阵 $\underset{P\times P}{\boldsymbol{S}}=(s_{ij})$ 称为 $x_1,x_2,\cdots,x_p$ 指标的方差、协方差矩阵，用 S 行式值的 $|S|$ 反映这 p 个指标变化的状况，称为广义方差，因此当 $p=1$ 时，$|S|=|s_{11}|=$变量 x_1 的方差，它可以看成方差的推广。可以证明，当 x_1，$x_2,\cdots,x_p$ 独立时，广义方差 $|S|$ 达到最大值；当 $x_1,x_2,\cdots,x_p$ 线性相关时，广义方差 $|S|$ 的值是 0。因此，当 $x_1,x_2,\cdots,x_p$ 既不独立，也不线性相关时，广义方差的大小反映了它们内部的线性相关性。

现在考虑条件广义方差。将 $\underset{P\times P}{\boldsymbol{S}}=(s_{ij})$ 分块表示，也就是将 $x_1,x_2,\cdots,x_p$ 这个指标分成两部分，$x_1,\cdots,x_{p1}$ 和 $x_{p_{1+1}},\cdots,x_p$，分别记为 $x_{(1)}$ 与 $x_{(2)}$，即

$$x=\begin{bmatrix} x_1 \\ x_2 \\ \vdots \\ x_p \end{bmatrix}=\begin{bmatrix} x_{(1)} \\ x_{(2)} \end{bmatrix}\begin{matrix} p_1\times 1 \\ p_2\times 1 \end{matrix} \tag{7-3-5}$$

$$S=\begin{bmatrix} s_{11} & s_{12} \\ s_{21} & s_{22} \end{bmatrix}\begin{matrix} p_1 \\ p_2 \end{matrix} \tag{7-3-6}$$

这样表示后，s_{ii}、s_{ij}分别表示$x_{(1)}$与$x_{(2)}$的协方差阵，给定$x_{(1)}$之后，在数学上可以推导$x_{(2)}$对$x_{(1)}$的条件协方差矩阵：

$$\boldsymbol{S}(x_{(2)}|x_{(1)})=s_{22}-s_{21}s_{11}^{-1}s_{12} \tag{7-3-7}$$

式（7-3-7）表示当已知$x_{(1)}$时，$x_{(2)}$的变化状况。因此，若已知$x_{(1)}$后，$x_{(2)}$的变化很小，那么$x_{(2)}$这部分指标就可以删去，表示$x_{(2)}$所能反映的信息，在$x_{(1)}$中几乎都可得到，从上述分析中可以得到条件广义方差最小的删去，具体如下：

将$x_1,x_2,\cdots,x_p$分成两部分，$x_1,x_2,\cdots,x_{p-1}$看成$x_{(1)}$，x_p看成$x_{(2)}$，用式（7-3-7）就可算出$\boldsymbol{S}(x_{(2)}|x_{(1)})$，此时它是一个数值，是识别$x_p$是否应删去的量，记为$t_p$。类似地，可以将$x_i$看成$x_{(2)}$，余下的$p-1$个值看成$x_{(1)}$，用式（7-3-7）算出一个数，记为$t_i$，于是得到$t_1,t_2,\cdots,t_p$，比较这$p$个值的大小，最小的一个是可以考虑是否删去，这与所选的临界值C有关，小于这个C就删去，大于这个C则不宜删去，C给定之后，逐个检查：

$$t<C,\quad i=1,2,\cdots,p \tag{7-3-8}$$

是否成立，如果成立就删去，删去后对留下的变量，可以完全重复上面的过程。因此，这样进行到没有可删去的为止，就选得了既有代表性又不重复的指标集。

7.3.2 系统效能指标的有效性检验

在对具体的武器系统建立指标体系时，由于评估者知识的完备程度不同，即使遵循了独立、可测、完备性等原则，建立的指标体系也可能存在较大的差异。因此要提高系统效能指标体系的有效性和评估结果的准确性，必须对指标体系进行有效性检验，即不同的专家在对同一系统评估时该指标体系能否使评估数据差异保持在一个有效的范围内。

设根据武器系统效能指标体系框架建立的指标体系中的某层指标表示为$F=\{f_1,f_2,\cdots,f_n\}$，参加评估的专家人数为S，专家S_j对评估对象的评分集为$X_j=\{x_{1j},x_{2j},\cdots,x_{nj}\}$，定义指标$f_i$的效度系数$\beta_i$：

$$\beta_i=\sum_{j=1}^{S}\frac{|\overline{x_i}-x_{ij}|}{S\times M}$$

为指标f_i的最大值，$\overline{x_i}=\sum_{j=1}^{S}\frac{x_{ij}}{S}$是$f_i$平均值。

定义评估指标体系F的效度系数为$\beta\sum_{j=1}^{n}\frac{\beta_i}{n}$。

从统计意义上讲，效度系数提供了衡量对某一指标评估时产生认识的偏离程度。效度系数的绝对值越小，表明各专家采用该评估指标进行评估时，对该武器系统的认识越趋向一致，该评估指标体系（或指标）的有效性就越高；反之亦然。利用这种方法可以从统计意义上分析该指标体系的有效性。

7.3.3 指标重要性分析

采用专家检验法进行重要性分析首先要将需要征求专家意见的指标集制成重要性检验专家评价表，如表 7-3 所列。

表 7-3 指标重要性专家评价表

目标层	准则层	评价意见					指标层	评价意见				
		极重要	很重要	重要	一般	不重要		极重要	很重要	重要	一般	不重要
产品质量 A	B_1						C_{11}					
							C_{12}					
							⋮					
	B_2						C_{21}					
							C_{22}					
							⋮					
	⋮						⋮					
附加意见：												

评价意见分为五级：极重要、很重要、重要、一般、不重要，分别用数值表示为：5、4、3、2、1。专家评价时在相应的意见栏内打√。

然后将评价表分轮发给咨询专家进行评价打分。并对每轮咨询获得的数据进行统计分析，其内容主要包括集中度分析、离散程度分析、协调程度分析三方面。

（1）集中度分析：主要用算术平均值$\overline{E_i}$表示为

$$\overline{E_i} = \frac{1}{p}\sum_{j=1}^{5} E_j n_{ij} \tag{7-3-9}$$

式中 $\overline{E_i}$——第 i 个指标专家意见的集中程度；

p——参加咨询的专家人数；

E_j——对第 i 个指标第 j 级重要程度的量值（i 的表达正确）；

n_{ij}——将第 i 个指标评为第 j 级重要程度的专家人数；

$\overline{E_i}$的大小确定了指标重要程度的大小，反映了 p 个专家的评价期望值。

（2）离散程度分析：用标准差 δ_i表示为

$$\delta_i = \sqrt{\frac{1}{p-1}\sum_{j=1}^{5} n_{ij}(E_j - \overline{E_i})^2} \tag{7-3-10}$$

式中 δ_i——专家对第 i 个指标重要程度评价的分散程度。

一般若 δ_i>0.63，则可接下轮评价。

（3）协调程度分析：主要用变异系数 V 表示。

其中，变异系数 V 是评价专家意见相对波动程度的重要指标，该指标越小，专家的协调程度越大，有

$$V_i = \delta_i / \overline{E_i} \tag{7-3-11}$$

式中 V_i——专家对第 i 个指标评价的相对波动程度。

由$\overline{E_i}$、δ_i、V_i综合分析决定是否需要进行下轮评价。若已满足要求，则以最后一轮获得的各指标的大小为判断依据。

7.3.4 指标完整性检验

所谓完整性，是指效能评价指标体系是否已全面地、毫无遗漏地反映了最初描述的评价目的与任务，即能够全面反映武器系统效能的状况。

完整性一般是通过定性分析进行判断，可以根据指标体系层次结构图的最底层（指标层），检验每个侧面所包括的指标是否比较全面、完整。主要检查指标体系是否已全面地反映了武器系统效能的基本特征，有无重要指标被遗漏。通常采用过程分析的方法。

指标完整性检验主要在流程分析过程中加以解决，或依据武器系统领域专家的经验确定。例如，在前述的专家进行重要性以及相关度评价的同时，可利用“附加意见”栏收集有关专家对指标体系完整性的补充意见，成为指标完整性检验的重要信息依据。

7.3.5 指标体系结构优化

指标体系结构的构造是指要明确该评价指标体系中各指标之间的相互关系和层次结构。指标体系结构构造的主要工作是确定作战效能层、应用效能层和系统效能层的指标体系的具体结构。

任何效能评价指标体系都可以最简单的双层结构的形式出现：第一层为效能层，第二层为指标层，如果将评价对象作为第三层（底层），则成为“三层”结构，就指标而言，这种双层结构等于没有对指标体系进行结构分类。

复杂一些的效能评价指标体系一般都表现为三层结构（不包括由评价对象构成的底层）：效能层、效能因素层、指标层。其中的效能因素一般用系统的能力来描述。

7.3.4 节的完整性检验主要是针对指标层进行的分析，而从整个指标体系结构看，也需要进行完备性分析，此时的完备性分析主要是检查效能评价目标的分解是否出现遗漏，有没有出现目标交叉而导致结构混乱的情况。重点是对平行的节点（子目标或子子目标）进行重叠性与独立性的分析，检查是否存在平行的某个子目标包含另一个或几个子目标的部分或全部内容。若出现这种包含关系，则有两种解决方法：一是进行归并处理，即将有重叠的子目标合并成一个共同的子目标；二是进行分离处理，将重叠部分从中剥离出来。

指标体系结构完备性分析一般采用定性分析的方法进行优化。在优化过程中，专业知识是起最主要作用的。因此，对于效能评价指标体系设计者而言，对背景理论的全面深入掌握是非常重要的。

7.3.6 指标的定量化处理模型

武器装备的效能指标体系中的指标分为两类：一类是可量化的指标，即其表示的值是实数，其大小是有确切意义的，如通信卫星传输信道的带宽、传输网络的吞吐量等；另一类是序化的指标，即指标的数值（或量值），表示的是一种顺序而不是大小。例如，说武器系统抗毁能力（或生存能力）强、较强或较差，没有确切地说明其能力的量值是多少，只表示其能力高低的等级而不能直接用来对其作战效能进行评估，因此这类指标在进行效能评估前必须将其量化。

常用的实数类效能指标在数学形式上可分为概率类、期望值类和速率类三种形式。

（1）概率类指标用于表示完成特定任务的可能程度。

（2）期望值类指标表示系统完成特定任务的平均数量。

（3）速率类指标表示系统完成特定任务的速度，如消灭目标的速度或武器的发射速度等。

7.3.6.1 基本指标的量化处理模型

在对具体的武器系统建立效能指标体系时，由于上层指标均是通过底层指标（武器系统性能参数指标）的综合得到的，底层指标的单位往往不统一，如武器系统的效率指标、速率指标、通道拥有率指标等，其基本指标层的物理属性和数值量级相差较大，量纲也不相同；而且，即使是武器系统的同一指标在不同的作战任务下对作战的支持也不同，因此在进行效能评估时必须将指标进行无量纲处理，即对评估指标的数值进行标准化、正规化处理。这是通过一定的数学变换来消除指标量纲影响的方法，即把性质、量纲各异的指标转化为可以进行综合比较的相对数——“量化值”。基本指标的量化模型分为以下两类。

1. 定量指标的无量纲化模型

为定量指标的无量纲化提供十分精确的量化模型是比较困难的，下面给出了几类武器系统主要性能指标的无量纲化模型，它提供了一种定量指标无量纲化的思路以供评估者选择，模型中涉及的常数 k，要根据给定的条件，经过专家测验得到。

（1）成像侦察卫星。

成像侦察卫星情报质量中的地面分辨率集中在0.1~20m，在此区间内空间分辨率的变化对系统作战效能影响显著，可用“降半正态模型”将其量化：

$$E=\mathrm{e}^{[-k(x-0.1)^2]},\quad x\geqslant 0.1 \tag{7-3-12}$$

式中　x——需要量化的系统指标。

在战时，侦察卫星的时间分辨率要达到2h才能基本满足战术应用需要，时间分辨率可用以下指数分布函数模型将其无量纲化：

$$E=\begin{cases}1, & x\leqslant 2\\ \mathrm{e}^{[-k(x-2)]}, & x>2\end{cases} \tag{7-3-13}$$

（2）通信卫星。

通信容量用同时使用该通信系统的用户的数量来衡量[44]。设用户数量为 x，要使该通信系统有效，至少保障有 a 个用户可以同时使用。可用以下模型将其量化：

$$E=\begin{cases}0, & x\leqslant a\\ 1-\mathrm{e}^{[-k(x-a)]}, & x>a\end{cases} \tag{7-3-14}$$

通信卫星的抗干扰能力指标非常重要，其量化过程也很复杂。为了简化，通信卫星的抗干扰能力以信息传输数据的保真率（是一个0与1之间的数）为衡量标准，可用以下线性模型量化：

$$E=x,\quad x\geqslant 0 \tag{7-3-15}$$

式中　x——信息传输数据的保真率。

（3）导航定位卫星。

导航定位卫星主要考虑导航定位信号获取的间隔时间。导航定位信号获取的间隔时间对系统效能的影响，可用“降指数模型”将其无量纲化：

$$E=\mathrm{e}^{(-kx)} \tag{7-3-16}$$

式中 x——导航定位信号获取的间隔时间。

除了上面提到的几个量化模型，下面介绍两个比较常用的定量指标的量化模型。

（1）“比值”型模型。

$$E=\frac{X}{X_0} \tag{7-3-17}$$

式中 X——指标的实际值；

X_i——系统完成任务所需的指标的理想值。

（2）“多多益善”型模型。

$$E=\begin{cases}\dfrac{X}{X_0}, & X\leqslant X_0\\ 1, & X>X_0\end{cases} \tag{7-3-18}$$

式中 X——指标的理想值；

X_0——指标的实际值。

该模型适用于多多益善的指标，当指标的值大于理想值时，就认为其效能为 1；当指标的值小于理想值时，就用除法模型来计算。

2. 定性指标的量化评估模型

作战效能指标体系中有一部分指标不易量化而只能定性描述，如信息融合能力、精确信息管理能力等指标，这些指标很难用量化模型对其进行无量纲化处理，在此可以用专家法将其量化。

7.3.6.2 指标量化值综合模型

指标的综合和武器系统效能评估是分不开的，因为要评估一个武器系统的效能或作战效能，往往需要从不同的角度予以比较，需要用多种指标来度量其效能的情况。这样，对一个武器系统总的评估就需要把许多考查的指标综合成一个或几个。武器系统评估指标的综合有两种情况：一种是只对同类型的指标予以综合；另一种是对不同的类型指标进行综合。前一种情况比较简单，一般采用算术平均法或几何平均法就可以完成；后一种情况就复杂得多，不同类的指标有不同的度量模型，比较常用的综合方法是广义指标法。广义指标法有多种形式，其中最常用的一类是加权式指标，它主要有以下几种形式。

（1）加权求和模型。

$$E = \sum_{i=1}^{n} \omega_i p_i \tag{7-3-19}$$

式中 w_i——对指标 p_i 的效能权重；

p_i——第 i 项效能指标。

最主要的子指标加权最大，对负指标可以使用“负权”。

该模型适用于各子指标 p_i独立的情况；各子指标可线性补偿，权重系数作用不明显；合成结果突出了量值较大和权重系数值较大的指标的作用；合成结果难以明确反映各子指标之间的差异。任何下层指标值为1或0都不会使其他指标值的变化失去价值。可以看到下层指标与上层指标是线性关系，在许多情况下，我们认为指标没有关联，主要分析的是下层指标对于上层指标的重要程度，即确定指标的权重，就采用这种简单的表达关系。

（2）几何均值合成模型。

$$E = \left(\prod_{i=1}^{n} p_i\right)^{\frac{1}{n}} \tag{7-3-20}$$

此模型适用于各子指标 p_i相互间强烈关联的情况；强调各评估指标的一致性；权重系数的作用不明显；合成结果突出了评估值较小的指标的作用；合成结果对各子指标的变化较敏感。

（3）串联关系指标的综合模型。

$$E = \prod_{i=1}^{n} p_i^{w_i} \quad （p_i \text{ 为经过规范化的 0、1 之间的数}）$$

此模型表示指标 p_i之间具有串联关系。任何指标 p_i值的下降都将导致结果不可回升的下降，尤其是，任意一个指标的值为0，都将会导致指标 E 为0。

（4）并联关系指标的综合模型。

$$E = 1 - \prod_{i=1}^{n} (1 - p_i)^{w_i} \quad （p_i \text{ 为经过规范化的 0、1 之间的数}）$$

此模型表示指标 p_i之间具有并联关系，只要有一个下层指标较为理想，其他指标值即使很低，也不会使指标 E 过低。尤其是当任意一个指标的值为1时 E 的值就为1；某指标值下降引起的损失在一定程度上可由其他指标值的上升而得到补偿，即各子指标之间具有一定的可代换性。

参考文献

[1] 李志猛，徐培德，等．武器系统效能评估理论及应用［M］．北京：国防工业出版社，2013.

[2] 徐培德，谭东风．武器系统分析．长沙：国防科技大学出版社，2001.
[3] 刘奇志．武器作战效能指数模型与量纲分析理论［J］．军事运筹与系统工程，2001（3）15-19.
[4] 徐安德．论武器系统作战效能的评定［J］．系统工程与电子技术，1989（8）5-10.
[5] 胡晓峰，罗批，司光亚，等．战争复杂系统建模与仿真［M］．北京：国防大学出版社，2005.
[6] 倪忠仁，等，地面防空作战模拟［M］．北京：解放军出版社，2001.
[7] 詹姆斯·邓厄根．现代战争指南［M］．北京：军事科学出版社，1986.
[8] BROOKS A，BENNETT B，BANKES S. An Application of Exploratory Analysis：The Weapon Mix Problem［R］. USA：RAND，65th MORS Symposium，November 18，1997.
[9] SHLAPAK D A，ORLETSKY D T，et al. Dire Strait：Military Aspects of the China-Taiwan Confrontation and Options for U.S. Policy［R］. MR-1217-SRF/AF，Rand，CA，U.S. 2000.
[10] 刘俊先，指挥自动化系统作战效能评价的概念和方法研究［D］．长沙：国防科技大学，2003.
[11] 臧垒，蒋晓原，王钰，等．C^4ISR系统作战效能评估指标体系研究［J］．系统仿真学报，2008，20（3）：5.
[12] 张子伟，等．体系作战效能评估与优化方法综述［J］．系统仿真学报，2022，34（2）303-313.

四、体系评估与新方法篇

第8章　武器装备体系效能分析的一般方法

未来武器系统的重要发展趋势是成体系建设及装备的综合集成，武器装备体系的效能分析对支撑体系尽快形成战斗力具有重要的作用。本章主要介绍武器装备体系效能分析评估中的基本概念和一般方法，一般方法主要包括指数复合分析法、等效分析法、基于体系结构框架的武器装备效能分析法等。

8.1　武器装备体系效能分析概述

8.1.1　武器装备体系效能的概念

武器装备体系是一个由众多武器、装备系统组成的特殊集合。其表面上呈现为相对独立的各个武器、装备系统，但在体系内部，相互间存在特定的结构关系，在体系对抗中表现为一个整体。武器装备体系通常是由一组武器装备为完成单件装备所不能完成的一定军事行动任务集合而成的一类特殊武器系统。

武器装备体系是为了满足一定的战略需求或作战任务需要，根据作战规律，特别是信息化条件下一体化联合作战的规律，由多种武器、装备系统按照特定的结构组成的功能整体。

从系统的角度看，武器装备体系也可看作一类系统，但是在武器、装备系统层次之上的更高层次的系统，即系统的系统。

武器装备系统效能是武器装备系统在特定条件下和在规定时间内满足特定任务的程度。因此，武器装备体系作为一类特殊的武器装备系统，其效能可定义为：一定条件下武器装备体系完成规定任务的程度。

武器装备体系的效能，是针对武器装备的作战体系而言的，是动态的、对抗性的，是该体系的一种潜在的能力；在一定的作战背景下，这种能力的发挥表现为完成规定任务的有效程度，换言之，武器装备体系的效能是在体系对抗条件下发挥出来的作战能力。

武器装备体系的效能是作战中诸因素综合作用的结果，这些因素可概括为四个方面：①战场环境，如地形、天候、气象等；②体系的编配方式，即编配的武器装备的型号、数量等；③战术原则，即使用武器装备的方式方法；④人员素质，取决于训练水平。当这些因素发生变化时，效能也随之变化。

根据装备体系效能的定义，作战武器装备体系的效能是武器装备体系完成规定作战任务的程度。虽然武器装备体系要完成的任务是明确的，但这个任务往往包括了大量的子任务，如何综合这些子任务的完成效果是评估作战武器装备体系效能的关键。同时，武器装备体系要完成的任务具有高度的多样性和不确定性，因此武器装备体系效能不能简单地由一组需要完成的任务来定义。即使能够定义一组需要完成的任务，由于这些任务出现的不确定性和作战使用方式对作战结果的影响，怎样客观评价武器装备体系的自身质量对作战效果的贡献也是武器装备体系效能概念需要研究的内容。

8.1.2 常用的体系效能指标

武器装备体系的效能指标，总是与一定的作战背景相联系的。在体系对抗的大背景下，常用的武器装备体系的效能指标有以下几种。

（1）损失。

损失是指在体系对抗中丧失功能的武器装备的件数或百分数或损失率，分为硬损失与软损失。硬损失是指在火力对抗下各级各类武器装备被毁件数或百分数或损失率。软损失是指在电子对抗中丧失功能的装备的件数或百分数或损失率。

（2）战果。

在体系对抗中己方各级各类主战装备或电子战装备毁伤或压制对方各类武器装备的件数或百分数或毁伤率（或压制率），区分为硬战果与软战果。硬战果是指各级各类主战装备毁伤对方各类武器装备的件数或百分数或毁伤率。软战果是指各级电子战装备压制对方各类电子装备的件数或百分数或压制率。

（3）战损比。

战损比也称交换比，是指在体系对抗中各级各类主战装备的硬战果与硬损失之比。

(4) 推进速度。

推进速度是表征机动能力的指标，各级兵力的机动速度依赖对抗双方的态势，由武器装备的机动性能与地形条件决定。

(5) 完成任务概率。

完成任务概率表征武器装备系列或体系在对抗中完成任务的程度，由作战双方在作战推演进程中的战损比决定。

8.1.3 体系效能评价方法的分类

武器装备体系效能的评价方法，是指一种规则或途径，按照这种规则或途径，根据武器装备体系的构成，就能得出该体系的能力指标值或在一定作战背景下的效能指标值。武器装备体系效能的评价方法的种类很多，按照不同的标准可以进行多种分类。各种体系效能评估方法的共同特点是，都要对所要研究的武器装备体系进行建模，以及都要对效能数据进行综合处理得到体系的效能。

1. 根据评估的主客观程度分类

根据评估的主客观程度，武器装备体系效能评价方法可分为主观评估法（如直觉法、专家评定法、德尔菲法、层次分析法等）、客观评估法（如武器装备等效分析法、加权分析法、理想点法、主成分分析法、因子分析法、乐观法和悲观法、回归分析法等）以及定性和定量相结合的评估方法（如模糊综合评判法、灰色关联分析法、聚类分析法、物元分析法、人工神经网络法、参数效能法、SEA 方法、探索性分析方法等）。

2. 根据得出评估结果的基本途径分类

根据得出评估结果的基本途径，武器装备体系效能评价方法大致可分为统计法、解析法和仿真法。统计法是应用数理统计的方法，依照实战、演习、试验获得的大量统计资料评估效能指标，其前提是所获得的统计数据的随机特性可清楚地用模型表示并加以利用。解析法是根据解析式（如兰彻斯特方程）进行装备体系效能的计算；比较适于不考虑对抗条件下的装备系统效能评估和简化条件下的宏观作战效能评估。仿真法通过仿真试验得到关于作战进程和结果的数据进而得出效能指标估计值，主要有作战模拟法和分布交互仿真法。

3. 根据评估过程分类

根据评估过程，武器装备体系效能评估方法可以分为：静态评估方法和动态评估方法。静态评估方法的基本思想：武器装备体系的效能是武器装备体系性能和数量的函数，可通过一定的变换，从武器装备的性能中得到其体系的静态效能。静态评估方法的思路一是用以体系作战能力指数为变量的战役兰彻斯特方程模型研究不同武器装备体系方案；思路二是采用数学规划方法。静态评估的优点是输入变量较少，计算简洁。不足之处是不能很好地反映出作战过程中各装备间的相互关系。

动态评估方法的思想：通过对作战过程中体系内部及外部的相互关系进行体系效能的描述，使效能评估更接近实际。体系模拟仿真是常用的动态评估方法。动态评估方法的优点是更直观、更真实、更有说服力。其缺点是在实现上比较复杂，由于人工智能和软件技术还不够完善，还不能很好地支撑仿真模拟方法的应用。

4. 根据评估时机分类

根据评估时机分类，武器装备体系效能评价方法可归纳为实验法和预测法。所谓实验法，是指在规定的作战现场中或精确模拟的作战环境中，观察武器装备体系的性能特征，收集数据，运用系统效能模型，得到武器装备体系效能值。预测法以数学模型为基础，分析人员在规定的约束条件下预测武器装备体系性能，并把所得结果输入数学模型中，最后得到武器装备体系效能值。预测法不要求以系统的存在为前提。

实验法能给出可靠的数据，但给出数据的时间太迟，不能满足预测要求。其中最重要的是预测法，尽管它给出的数据缺少事实根据，因为在武器系统投入使用前几年，武器研制单位和使用单位就需要预测和评定它的系统效能，从而决定取舍。

5. 其他分类

有的专家认为，武器装备体系效能评估方法可分为解析型的兰彻斯特方程方法、经验型的指数方法以及仿真方法三大类。

8.2 武器装备体系效能的指数复合分析法

指数法是用相对数值简明地反映分析对象特性的一种量化方法。在军事问题研究中常用于描述武器装备、作战人员在各种不同战斗环境条件下的作战能力和作战效能。指数是以某一特定分析对象为基准，将其他各类分析对象按照相同的条件与其相比较而求得的值。

指数法在20世纪50年代末期出现，其研究和应用已有几十年的历史，它适用于比较大规模的，如军、师级以上战役战斗（对抗作战）中作战能力的量化。指数法是用一个无量纲的指数来度量一个武器装备体系的作战能力，可为作战模拟、兵力对比评估及军事宏观决策论证提供基础数据，是武器效能研究的有力工具。

8.2.1 武器作战能力指数的基本概念

军事上常用的指数种类很多，如“火力指数”“武器指数”和“战斗力指数”等。

8.2.1.1 火力指数

1. 基本火力指数

基本火力指数也称单项火力指数（firepower score），简称火力指数，是衡量武器杀伤力的一个指标值，某一单件武器的火力指数是指该武器在特定条件下发射弹药所产生的毁伤效果与指定的基本武器在同样条件下发射弹药所产生的毁伤效果的比值。通常将参考武器的指数取为 1，其他武器的指数根据其相对的作战能力取值。

火力指数一般可由人工计算或模拟产生，也可由试验而得。火力指数能够实现不同种类、不同效能武器的“等价”对比；它既在数量上又在质量上反映了作战双方武器杀伤力的差异。常见兵器火力指数如表 8-1 所列。

表 8-1 常见兵器火力指数

武器名称	火力指数	武器名称	火力指数
7.62mm 半自动步枪	1	82mm 无后坐力炮	10
7.62mm 冲锋枪	1	60mm 迫击炮	7
7.62mm 班用机枪	4	82mm 迫击炮	12
7.62mm 轻重两用机枪	6	反坦克导弹（HJ-73）	30
12.7mm 高射机枪	10	73mm 炮（步战车）	28
40mm 火箭筒	9	T-59，T-72 中型坦克	34

2. 合成火力指数

合成火力指数是一个建制单位所拥有的各类武器的单项火力指数与该类武器数量乘积的和，即

$$W = \sum_{i=1}^{n} W_i Z_i$$

式中 W——建制单位的合成火力指数；

W_i——第 i 类武器的火力指数；

Z_i——第 i 类武器的件数；

n——建制单位内武器的种类数。

合成火力指数体现了一个作战单位装备武器的总实力，是比较作战双方战斗力的物质基础。

8.2.1.2 武器指数

一种（件）作战武器自身的防护力和机动力对武器作战能力的发挥有重要影响，在武器火力指数的基础上，在考虑武器的防护力和机动力的影响之后所得到的结果称为武器指数（weapon index），也称武器的基本战斗力指数。

表8-2是三个主要军事强国所使用的几种常见兵器的基本战斗力指数。该表中的数值是在武器火力指数的基础上，武器的机动力系数和防护力系数修正后的结果。

武器指数的计算公式为

$$W_W = \sum_{i=1}^{3} h_i C_i$$

式中 h_i——第 i 个要素对武器指数的加权系数；

C_i——以标准武器为参照的第 i 个要素的评分。

在确定陆军装备指数时，可将火力、机动力和生存能力（防护力）作为三项要素，分别给以评分，然后用层次分析法将三项要素综合为一个统一的武器指数。表8-2所示为几个国家的几类陆军装备武器指数。

表8-2 美国、苏联、德国陆军装备武器指数

武器	美国	苏联	德国
步枪	1	1	1
机枪	3	2	3
反坦克火箭筒	30	80	80
中型迫击炮	220	150	220
重型迫击炮	360	240	360
反坦克导弹	300	200	300
轻型反坦克导弹	75	45	75
运输车	20	10	20
装甲运输车	120	200	320
坦克	1100	1000	1200
自行榴炮	900	500	900
高炮	200	400	500
自行防空导弹	400	300	400

通常对陆军、海军、空军的常规武器装备分别建立各自的指数系列。实际上在需要建立三军武器装备统一指数时，可在各军种装备中各选一种作为典型装备，求出它们之间的指数比值，各系列中其他装备指数用同样比值换算即可求得，该比值称为不同指数系列间的等价系数。

将一个建制单位内各类武器装备的数量与该类装备的武器指数相乘再累加，可得到这个建制单位总的武器指数。

8.2.1.3 战斗力指数

在作战过程中，武器实际的应用效果要受到作战单位人员素质、指挥、士气、战术运用、战斗状态、地形、气象、作战保障等各种因素的综合影响。因此，只有求出这些因素对作战单位武器战斗效能的影响，才能表达作战单位的实际作战能力。定量描述这种实际作战能力的数值称为综合战斗力指数，一般称为战斗力指数。

战斗力指数是对双方作战单位的作战能力进行全面而又统一衡量的综合性数量指标。它反映了作战双方在各方面的实际作战能力。战斗力指数通常以火力指数或武器指数为基础，乘以各种反映自然因素或人为因素的一系列修正系数（称为战斗力系数）而求得。这些修正系数一般来自三个方面：一是理论分析，二是战争经验，三是实兵演习或靶场试验。

常用的战斗力系数有下面几个。

（1）战术运用等级系数。

战术运用的优劣，较粗略地划分为三级：较好、一般、较差。战术运用等级的确定由有经验的军事人员给出或判定。一组可供参考的数值如表 8-3 所列。

表 8-3　战术运用等级系数

战术运用等级	较好	一般	较差
系数值	1.3	1	0.7

（2）战斗性质系数。

作战单位在进攻和防御作战中，其战斗能力是不同的。防御是一种较强的作战样式。在防御作战中，可以少胜多。当作战单位处于防御状态时，其战斗性质系数可参考防御战斗性质系数表 8-4。

表 8-4　防御战斗性质系数

部队类别	苏联军队、美军	日军	中国军队
系数值	3	2.53	1.5~2.5

（3）地形系数。

地形系数主要依据地形的起伏、植被的疏密等自然状况而定。一般来说复杂的地形易守难攻，可以增强防御一方的战斗力，防御一方的地形系数粗略的取值如表 8-5 所列。

表 8-5　防御作战地形系数

地形种类	平坦地	丘陵地	山地
比高/m	小于 50	50~200	大于 200
系数值	1	1.1	1.2

（4）阵地系数。

阵地系数主要依据阵地的工事、障碍等设施来确定。防御准备越充分，其战斗能力的增强越大。以野战阵地一般防御工事、障碍准备程度为基准确定的阵地系数可参考表 8-6。

表 8-6　野战阵地防御阵地系数

防御准备时间	无准备	准备半天	准备 2~3 天	准备 2 周以上
系数值	0.8	0.9	1.0	1.25

（5）训练系数。

训练系数主要依据作战人员的训练程度来确定，一组供参考的数值如表 8-7 所列。

表 8-7　训练系数

训练程度	严格训练	一般训练	简单训练
系数值	1.2	1	0.8

（6）气象条件系数。

气象条件系数主要依据作战时刻和作战地域内的气象条件来确定。恶劣的天气能大大削弱作战单位的战斗力、影响武器火力的发挥。气象对战斗力影响的系数值如表 8-8 所列。

表 8-8　气象条件系数

气象条件	恶劣气象	较差气象	一般气象	较好气象
系数值	0.7	0.9	1	1.1

除此之外，还有人的精神因素（士气）等主观因素和战斗保障、后勤保障等客观因素对战斗力的影响，这些因素同样可用上述划分等级的方法确定。当作战在较狭窄的地域内进行时气象条件对双方的影响等效，此时气象条件可不予考虑。

在确定了各项战斗力系数后，计算作战单位战斗力指数的公式为

$$Q = W \cdot \prod_{i=1}^{n} K_i \tag{8-2-1}$$

式中　Q——作战单位的战斗力指数；

W——作战单位的总火力指数；

K_i——第 i 个战斗力修正系数。

战斗力指数实际上就是前面所提到的火力加权指数。当某种因素对不同兵器的效应不一致时，可分别计算再求和。

8.2.2　指数的确定方法

指数的确定方法是基于半经验半理论的结合，由武器装备主要战术技术性能参数得到表示相对作战能力的指数。其方法大体上分为基于历史战例数据统计的方法、基于定性知识的判断方法、基于经验的启发式方法、基于定性与定量解析的计算方法。

8.2.2.1　专家评估法

专家评估法是基于定性知识的判断方法，首先由军事、兵器等方面的专业人员，对需要评定的各种武器杀伤威力的大小和水平，在独立的情况下提出各自的初步方案，然后由工作人员对初步方案进行整理，对那些不一致和分歧较大的意见进行第二轮的方案征求。反复几次，除少量情况外，大多数问题都能取得一致的意见，对那些少量不一致的意见在适当时机再组织讨论，以使问题得到妥善解决。

在上面工作的基础上，用历史数据的统计结果和线性组合的理论分析方法对初步方案进行再分析，做出必要的修正和调整，最后得到一批大家认可的数据和火力指数体系。

专家评估法实施的主要步骤如下。

（1）确定评估目标。

（2）选择相关专家。

由于专家意见是统计的基础，因而专家的选择是全部工作成败的关键。

（3）拟定征询意见表。

征询意见表的主要要求是紧扣目标、严格单义性、简明扼要、保证应答填表时间短。

（4）意见征询。

（5）数据统计处理。

数据统计处理的主要内容是数据排列和确定下值、中值、上值。所谓下值、中值、上值，是将所有专家给定的数据，按由小到大的顺序排成一列，在其 1/4、1/2、3/4 处所取的 3 个数值，分别称为下值、中值和上值。

（6）散布特性判断。

对下值、中值、上值三个值进行判断，中值表示专家意见最集中的数值，而下值和上值则可用来判断专家意见的散布情况。

（7）数据修正处理。

数据修正处理是指用科学的方法修正因素间的关联和影响。

（8）预测结果评估。

预测结果评估的主要内容是数据的产生过程和可靠性。

在第一轮工作的基础上，将下值、中值。上值三个值再次反馈给专家，请专家重新估量，或修正或坚持自己的意见。如此反复三四轮，专家意见会基本一致。

上述过程如图 8-1 所示。

我军的各种武器的有关指数数据，就是专家参考美军、苏联军队的武器指数后，结合自己的经验和认识，给出自己认为最合适的指标，并经修正和调整后得到的。

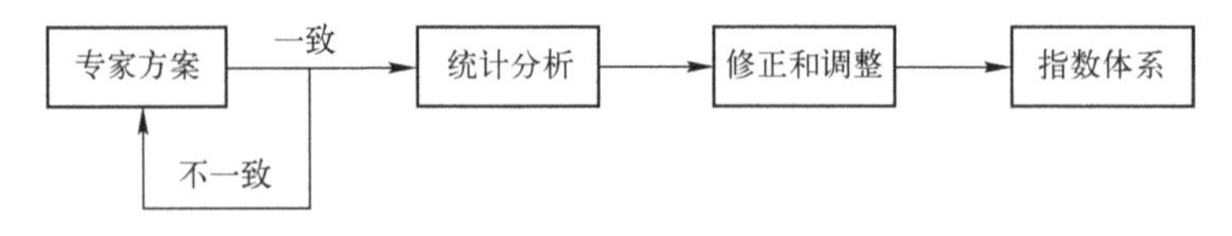

图 8-1　专家评估法实施步骤

8.2.2.2　基于经验的启发式方法

由于战场情况的复杂性和千变万化，定量描述武器的战斗效能（火力指数和战斗力指数）是很困难的，单靠专家评估法满足不了各种情况的要求。

美国陆军退休上校杜派（Dupuy TN）提供了一种基于经验的启发式方法，表明这类量化工作可以做得足够精确，并能很好地应用于军事行动的计划和作战模拟中。

1. 理想杀伤力指数

从 1964 年开始，杜派及其同事执行了一项旨在定量描述武器战斗效能的研究计划，从军事历史发展的角度提出了一种比较武器固有杀伤力的计算程序。

在这项研究中，首先假定目标是一个宽度、纵深都无限的阵列队形，每平方米有一名士兵，如图 8-2 所示。

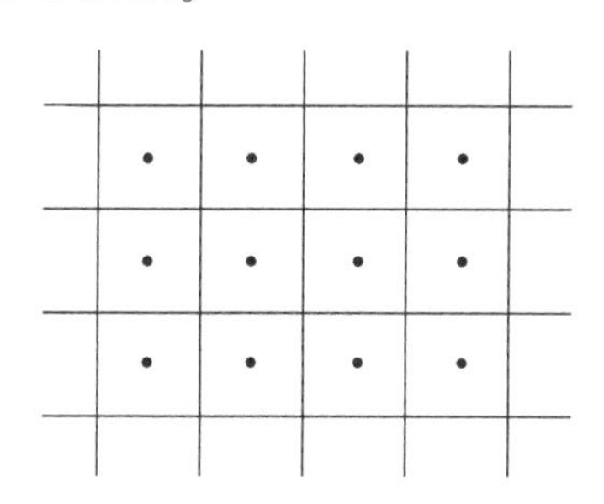

图 8-2　杜派设想的阵列队形

然后，考虑在单位时间内，每种兵器能在这个假想的队形中使多少名士兵失去战斗力，由此比较出各种武器对人员杀伤的相对能力。用这种方法得到的结果称为“理想杀伤力指数”（theoretical lethality index，TLI）。

由于每平方米一名士兵无穷阵列的实现和各种武器对无穷阵列中士兵杀伤效果的确定在实际中是很难实现的，甚至是不可能实现的。因而在理想杀伤力指数的确定中，模拟的方法显得特别有意义。

2. 实际杀伤力指数——火力指数

由于理想杀伤力指数不能确切反映武器的实际作战效能，兵器的机动性、兵器分布的疏密程度都会对武器火力的发挥产生直接的影响。因此，杜派又提出用疏散因子对理想杀伤力指数予以修正，从而得到武器的近似战斗效能值，即实际杀伤力指数或火力指数，用实际致命指数表示（operational lethality index，OLI）。

17 世纪上半叶到 20 世纪的 300 多年中，虽然武器的威力不断增大，但战场上人员的伤亡比例在不断减小。每天的平均伤亡人数，胜方由 15%下降为 1%~2%，负方由 30%下降为 2%~3%。这种趋势主要是作战部队进入战场后能迅速疏散展开造成的。因而疏散已成为制约对方火力发挥的重要因素。

为了定量描述疏散在现代战争中的作用，杜派提出了疏散因子的概念。疏散因子是描述作战部队在作战地域内疏密程度的量值。

如果把一名士兵在作战地域内占有10m²时的疏散因子定义为1，则对任意一场战争，根据任意一名士兵所占有的面积的大小，就可计算出其疏散因子。一名士兵平均占有的面积越大，疏散因子越大；反之则小。疏散因子与作战地域内部队集结的密度成反比。

疏散因子也在随着武器威力的不断发展而不断增大，从而降低了武器的杀伤力。表8-9显示了疏散因子发展变化的趋势，表反映的是10万陆军部队在战场上的配置密度和疏散因子。

表8-9 疏散因子

项目	古代战争	拿破仑战争	美国国内战争	第一次世界大战	第二次世界大战	中东十月战争
部队所占面积/km²	1.0	20.12	25.75	247.5	3000	4000
阵面宽度/km	6.67	8.05	8.56	12	50	60
纵深/km	0.15	2.50	3.0	20.83	60	70
每平方公里士兵数/人	100000	4790	3883	404	33	25
每名士兵平均占有面积/m²	10	200	257.5	2475	30000	40000
疏散因子	1	20	25	250	3000	4000

由表8-9可以看出武器的实际杀伤力（火力指数）与疏散因子成反比。

武器的实际杀伤力、假设杀伤力、疏散因子之间的关系为

$$\mathrm{OLI}=\frac{\mathrm{TLI}}{\text{疏散因子}}$$

实际杀伤力指数（火力指数）表示武器在得到最有效使用的理想条件下，每种武器的最大杀伤力。

美军和苏联军队主要兵器的OLI值是武器性能（或杀伤力）的一种靶场试验值，它是计算作战单位作战能力的基本出发点。

在现代战争中，当把这些OLI值应用于作战过程时，还要考虑到战场环境对作战过程的影响，这就是战斗力系数。战斗力系数与一方拥有的全部武器的OLI值相乘，就可得出一方的总战斗力。

3. 战斗实力

有了理想条件下武器实际杀伤力指数（火力指数）的概念和修正这些数值适合各种战场环境的战斗力系数概念，便有了计算战斗力指数的方法：首先考虑客观环境对火力发挥的影响，计算结果称为战斗实力；其次考虑机动、指挥等因素对战斗实力的影响，杜派称其结果为战斗力指数。

在计算过程中，考虑了六种不同类型的常规武器：步兵武器、反坦克武器、炮兵武器、防空武器、装甲兵武器、空中支援武器。为便于考虑环境的影响，步兵武器和反坦克武器取相同的环境因子值，炮兵武器和防空武器取相同的环境因子值。

经过修正能够反映战斗环境影响的一支部队的武器火力指数值的总和，称为这支部队的战斗实力。总实力的计算公式为

$$
\begin{aligned}
S=&(W_s+W_{mg}+W_{hw})\cdot r_n+W_{gi}\cdot r_n\\
&+(W_g+W_{gy})\cdot(r_{wg}\cdot h_{wg}\cdot z_{wg}\cdot w_{wg})+W_i\cdot(r_{wi}\cdot h_{wi})\\
&+W_y\cdot(r_{wy}\cdot h_{wy}\cdot z_{wy}\cdot w_{yy})
\end{aligned}
$$

式中　S——战斗实力；

W_s——小型武器的火力指数（OLI）；

W_{mg}——机关枪的火力指数（OLI）；

W_{hw}——步兵重武器的火力指数（OLI）；

W_{gi}——反坦克武器的火力指数（OLI）；

W_g——大型火炮的火力指数（OLI）；

W_{gy}——防空武器的火力指数（OLI）；

W_i——装甲武器的火力指数（OLI）；

W_y——近空支援武器的火力指数（OLI）；

r_n——与步兵武器有关的地形因子；

r_{wg}——与炮兵武器有关的地形因子；

h_{wg}——与炮兵武器有关的气象因子；

z_{wg}——与炮兵武器有关的季节因子；

w_{wg}——与炮兵武器有关的空中优势因子；

r_{wi}——与装甲兵武器有关的地形因子；

h_{wi}——与装甲兵武器有关的气象因子；

r_{wy}——与空中支援武器有关的地形因子；

h_{wy}——与空中支援武器有关的气象因子；

z_{wy}——与空中支援武器有关的季节因子；

w_{yy}——与空中支援武器有关的空中优势因子。

在不同情况下，地形因子、气象因子、季节因子、空中优势因子的取值也不尽相同。

4. 战斗力指数（战斗潜力）

按战斗实力公式计算出部队总实力，再用战斗状态系数进行第二次修正，就可得出一支部队在战斗环境中的战斗力指数，其计算式为

$$Q=S\cdot m\cdot l_e\cdot t\cdot o\cdot b\cdot u_s\cdot r_u\cdot h_u\cdot z_u\cdot v$$

式中 Q——战斗力指数；

m——作战部队的机动因子；

l_e——指挥因子；

t——训练因子；

o——士气因子，见表8-10；

b——后勤因子；

u_s——与实力有关的态势因子；

r_u——与态势有关的地形因子；

h_u——与态势有关的气象因子；

z_u——与态势有关的季节因子；

v——易损性因子。

上面的各系数值，除作战部队的机动因子和易损性因子外都可通过评估的方法得到。

表8-10 士气因子

最佳	良好	一般	很差	惊慌
1.0	0.9	0.8	0.7	0.2

从以上的整个计算过程可以看出，杜派提供了一种经验理论，他首先说明了战场环境是如何影响武器的杀伤力的，继而又用战斗状态系数反映了作战单位应用其武器的能力，战场环境系数和战斗状态系数的综合影响就表现为战斗力系数。如果把上面给出的各种公式和系数的经验值应用到各方的编制武器总数中，就可得到代表一个作战单位的战斗力指数值。用这些战斗力指数就可对作战过程的发展趋势作出预测。

8.2.3 武器装备体系的作战效能指数

通过指数法进行武器装备体系作战效能的评估有以下两种基本途径。

1. 比值法

设红、蓝双方的战斗力指数（战斗潜力）分别为 Q_x、Q_y，求出他们的比值 Q_x/Q_y。如果比值大于1，战斗进程将对红方有利；如果比值小于1，战斗进程对蓝方有利；当比值等于1时，双方势均力敌，或结果不能判定，一般认为比值在0.9~1.1时，交战结局不可确定。

2. 合成值法（定量判断模型 QJM）

一场战斗的结果可以通过以下三个方面进行估价。

1）使命完成程度的评估

在合成值法度量标准中，最难确定的是任务完成程度的评估。任务完成程度的估价，一般用专家评估法进行。

这种评估，通常要由有经验的军事分析人员对战斗情况进行详细分析，对各种战斗评论报告进行认真研究，并进行加权平均试验。然后做出主观判断，最后给出评估值。在大多数情况下，用上述方法对使命完成程度都能取得比较一致的意见，给出恰当的估价。这个估价一般用任务因子（MF）来衡量，MF在1~10之间（表8-11）。

表8-11　任务因子

完成任务情况	幅度	通常
完全完成任务	7~10	8
基本完成任务（比较满意）	5~7	6
部分完成任务（不满意）	3~5	4
基本未完成任务	1~3	2

2）空间争夺效能的评估

每方能够夺取或扼守阵地的能力用空间争夺效能来衡量。通过战力分析与拟合、反复调整，可知它不仅与双方力量的对比、双方所占空间的纵深，以及平均前进（或撤退）距离有关，还与双方态势有关。下面给出红方计算空间效能的估计公式：

$$E_{xsp}=\mathrm{sign}(4Q+D_y)\sqrt{\frac{S_y+U_{sy}}{S_x+U_{sx}}\cdot\frac{|4Q+D_y|}{3D_x}} \qquad (8-2-2)$$

式中　x——红方；

y——蓝方；

S——战斗实力；

U_S——与实力有关的态势因子；

D——各方占据区域的纵深；

Q——各方每天平均进展或退后的距离，一方为正值，另一方则为负。

同样可计算蓝方的空间效能度量值。

3）人员伤亡率的评估

人员伤亡可以用不同方式表达，如：

伤亡率=伤亡/最初战斗力

伤亡比=敌方伤亡人数/己方伤亡人数

都能描述伤亡率。杜派没有沿用原有概念，可以肯定，伤亡率与双方伤亡人数、实力强弱、力量大小、态势因素和易损性因素均有关系。一方面应反映给对方造成的、用每日伤亡数字表示的相对杀伤能力，另一方面应反映己方部队人员的日伤亡率。对于蓝方，这个公式的形式为

$$E_y = V_x^2\left[\sqrt{\frac{C_x \times U_{sy}/S_x}{C_y + U_{sx}/S_y}} - \sqrt{\frac{100C_y}{N_y}}\right] \tag{8-2-3}$$

式中 x——红方；

y——蓝方；

E_y——蓝方伤亡率的估价；

V_x——红方的易损性系数；

C——每日伤亡人数；

U_S——与实力有关的态势因子；

S——战斗实力；

N——部队的总兵力（人数）。

对于红方伤亡效率的估价有类似的公式。

4）战斗结果综合评估

有了上面三个评估值，战斗双方，求三者之和，得到一个合成值（综合评估值）：

$$R = \mathrm{MF} + E_{SP} + E$$

式中 MF——使命完成程度的估价值；

E_{SP}——空间争夺效能估价值；

E——伤亡效率的估价值；

R——定量化战斗结果的合成值。

可根据合成值结果进行胜负判断：

$$
\begin{cases}
R_x - R_y < 0, & \text{蓝方胜} \\
R_x - R_y > 0, & \text{红方胜} \\
R_x - R_y = 0, & \text{势均力敌或不确定}
\end{cases}
$$

当用比值法或合成值法对同一场战斗进行定量判定时，有时会出现不一致的结果，这时可对其中一些系数做少许修改后再重复这种比较过程，直到取得一致结果。

运用定量判定模型，杜派经验理论表明了如何通过经验的途径把影响战斗结果的各种因素定量化，以确定在可能出现的各种战斗环境中战斗结果的大致范围。

如果军事规划人员，能够较准确地估价出双方武器的杀伤力及各种不同情况对杀伤力的影响，那么他就可以预计战斗结局的大致趋势，也就可以较大地把握对未来战争结果的种种可能性进行规划和计划，如果军事人员能够对历史上各种战争的经验进行合理的外推，就能得到一些有关现代战争和未来战争的有用结论。

8.2.4 指数—兰彻斯特方程

8.2.4.1 指数—兰彻斯特方程模型

1962 年，美国人维拉（Willard D）对历史上 1500 次古典战斗利用兰彻斯特方程分析，发现计算结果不符合实际情况。20 世纪 70 年代，简尼斯·费茵（Fain B J）引用第二次世界大战中在意大利的 60 次战斗，也发现兰彻斯特方程计算结果与实际不符。进一步的研究表明红方兵力 x，蓝方兵力 y，如果利用战斗力指数值来表示，则结果比较好，比较接近实际。

把指数法和兰彻斯特方程理论相结合，就可得到一个指数—兰彻斯特方程。该方法的基本思想是：用交战双方部队的战斗力指数作为基本变量来代替经典兰彻斯特方程中的兵力或武器数量，并以战斗力指数的变化来描述部队的战斗损耗情况。它适用于参战军兵种多、武器种类多、规模大、层次高的对抗模拟，如师（军）级以上的模型。这种模型尽管粗糙一些，但简单易行，计算速度快，便于反映军事人员的作战经验，易于被军事人员理解和接受。

实践表明，如果各种因素和各项系数处理得当，那么计算出来的结果是可用的。因此，该方法是传统的战斗效能定量判定方法和半经验半理论描述的兰彻斯特方法的结合。其方程为

$$\begin{cases}\dfrac{\mathrm{d}x_i(t)}{\mathrm{d}t}=\sum\limits_{j=1}^{m}V_{ji}(t)\cdot L_{ji}(t)\cdot T_{ji}(t)\cdot\alpha_{ji}(t)\cdot y_j(t),i=1,2,\cdots,n\\ \dfrac{\mathrm{d}y_j(t)}{\mathrm{d}t}=\sum\limits_{i=1}^{n}V_{ij}(t)\cdot L_{ij}(t)\cdot T_{ij}(t)\cdot\beta_{ij}(t)\cdot x_i(t),j=1,2,\cdots,m\end{cases}\tag{8-2-4}$$

式中 $x_i(t)$——红方第 i 个作战单位在时刻 t 的战斗力指数；
$y_j(t)$——蓝方第 j 个作战单位在时刻 t 的战斗力指数；
n——红方的作战单位数；
m——蓝方的作战单位数；
$V_{ji}(t)$、$V_{ij}(t)$——蓝方和红方的通视率；
$L_{ji}(t)$、$L_{ij}(t)$——蓝方和红方的兵力分配率；
$T_{ji}(t)$、$T_{ij}(t)$——蓝方和红方的兵力投入率；
$\alpha_{ji}(t)$、$\beta_{ij}(t)$——蓝方和红方的指数损耗系数；$\alpha_{ji}(t)$、$\beta_{ij}(t)$的意义和确定方法都类似于兰彻斯特方程中的损耗系数。

这里的指数法模型（更确切地说是指数—兰彻斯特法模型）的描述比较粗糙。它的所有描述参数，如火力指数、作战环境条件的战斗力系数、损耗过程的损耗系数等都具有明显的“平均意义”。由于模型比较粗糙，数据量（不包括寻求各种指数的过程）较少，模型规模也就较小，运行速度快，适用于在微型机上进行作战模拟的推广与应用。

8.2.4.2 定性判断方法

这里给出的武器装备体系效能定性判断方法是作战能力指数方法和战役兰彻斯特型方程模型相结合的方法。结合公开发表文献中的海军武器装备体系效能描述来说明。

海军武器装备体系可分为信息支援、主战装备、综合保障。这三部分称为力量，可进一步分解。武器装备体系论证问题要以 MOE 为指标，研究力量结构、平台配比和系统效能。海军武器装备体系层次结构为：力量—平台—系统—部件—零件。显然，体系也是相对的，可以把舰艇、潜艇、作战飞机同样看成体系，因为它们也是“系统的系统”。它们由平台系统、武器系统和电子信息系统构成，而水面作战舰艇作战能力用最简单的解析计算式可表示为

$$I_{\text{combatship}}=aK_1P^{\alpha1}W_{\text{surf}}^{\beta1}E_{\text{surf}}^{\gamma1}+bK_2P^{\alpha2}W_{\text{air}}^{\beta2}E_{\text{air}}^{\gamma2}+cK_3P^{\alpha3}W_{\text{sub}}^{\beta3}E_{\text{sub}}^{\gamma3}\tag{8-2-5}$$

式中 $K_i(i=1,2,3)$——调整系数；
a、b、c——发生对水面目标作战、对空作战和对潜艇作战的概率；
P——平台能力；

W——(对水面目标、空中目标、水下目标作战) 武器系统能力;

E——电子系统能力;

αi、βi、γi——平台、武器系统、电子系统对作战能力贡献大小的数量表征。

利用上述这种简单模型，就可以从效能侧面研究平台、武器系统、电子系统构成、贡献大小和最优结构。平台、武器系统和电子系统可进一步分解。武器系统和电子系统都存在配比问题（weapons-mixed; sensors-mixed)，可用模拟模型和最优化方法来研究。在模型中，当 P，W_{surf}、E_{surf}、W_{air}、E_{air}、W_{sub}、E_{sub}（作为系统）有多种方案或技术选择时，也可用类似公式进行研究和计算。这种计算隐含体系、系统构成和系统成分对整体性能的贡献及其能力评价的问题。

体系或系统是由其成分以复杂、多样的“耦合连接”方式构成的。我们从系统观点看一下体系的构成。首先以武器为零件，用“耦合连接”效应把零件连接为部件；再以“耦合连接”部件为子系统，连接为聚系统；最终由聚系统“耦合连接”为体系。耦合连接形式和具体计算处理方法如下：串联——乘（*）；并联——加（+）；合作——加权和；协同——加权和；保障——乘——$1-EXP(-\alpha Su)$；Su——保障度，α——常数；支援——乘 $\exp(k(R/B)\beta)$；R/B——红蓝双方支援兵力比；k，β——常数；定性定量综合集成——经验判断、基于知识推理。可以武器装备系统为零件，构造出体系，并计算耦合效应对作战能力的影响，最终得到体系作战能力指数。利用这些指数研究兵种和型号的构成、比例。

把体系作战能力指数作为变量，用战役 Lanchester 方程模型研究计算不同的体系方案，得到作战效果，用评价指标来评估体系方案优劣，为决策提供信息。

这是本书给出的思路。当然，体系效能研究是很复杂的。海军是一个多兵种、技术复杂的军种。效能是完成任务的程度，它依赖体系的构成和战斗力。体系构成和战斗力的形成，是综合的，是分层次的、可系统分析和定量研究的。单武器系统、单兵种和多军兵种作战模拟研究，都可在武器装备体系效能研究中发挥作用。应以定性定量综合集成方法论为指导，用现代科学技术，特别是计算机科学技术，建立海军武器装备体系效能评估系统，以研究解决这一问题。

武器装备体系效能评估的定性判断方法分为两个阶段：一是用作战能力指数进行静态评估；二是在以作战能力指数为变量的战役模型中，进行计算模拟，得到每个武器装备体系方案作战效果，用评价指标评出优劣，其过程如下。

（1）给定武器装备结构和 C^4ISR 系统结构；

（2）计算作战能力指数；

（3）Lanchester 型方程模型及其数值解。

计算武器装备体系作战能力指数（作战舰艇、潜艇、飞机和武器系统）是按照耦合连接效应逐步计算的，但要和 C^4ISR 系统能力指数结合一起，即兵力构成、武器装备结构、C^4ISR 系统相结合，可构成海军武器装备体系方案。然后利用封锁战役模型计算出作战效能。

海陆空联合战役海上作战（也称海军战役作战），在海军 C^4ISR 系统——侦察监视情报（ISR）、指挥控制（CC）、综合通信（C）、电子对抗（EW）——支援保障下，可分解为水面舰艇编队与水面舰艇编队、水面舰艇编队与攻击机、水面舰艇编队与潜艇、战斗机与战斗机之间的作战；战斗机拦截攻击机；攻击机打击水面舰艇编队；水面舰艇编队、潜艇和攻击机打击运输船队等作战样式。每个作战样式又可分解为有协同的平台或武器间的格斗。格斗为获取基本数据奠定了基础。把海军战役作战抽象为 Lanchester 型微分方程模型，主要是运用“平均战斗力武器和作战平台”的概念，把系列相关作战叠加，考虑一对一格斗损耗系数和 C^4ISR 系统的非线性作用而得出的。这样，适应武器装备宏观论证的需要，并考虑研究 C^4ISR 系统的作用，在给定其他军兵种联合作战支援以及兵力、武器装备在位率、能战率的条件下，以作战节奏为参数，海军战役作战可抽象为以作战能力指数为变量的多兵种交战的 Lanchester 型微分方程模型，形式为

$$\begin{cases}\dfrac{\mathrm{d}\boldsymbol{X}}{\mathrm{d}t}=-\exp[kI_b]\exp[\mathrm{j}EW_b/EW_r]\boldsymbol{BY}\\ \dfrac{\mathrm{d}\boldsymbol{Y}}{\mathrm{d}T}=-\exp[hkI_r]\exp[\mathrm{j}EW_r/EW_b]\boldsymbol{AX}\end{cases} \tag{8-2-6}$$

其中，$\boldsymbol{X}$，$\boldsymbol{Y}$ 是列向量，分别代表红蓝双方兵力，是依赖 t 的函数；简单起见，行、列向量不加区分。$\boldsymbol{A}$ 是 4×5 矩阵；$\boldsymbol{B}$ 是 5×4 矩阵，其元素都是常数。初始向量 $\boldsymbol{X}_0$、$\boldsymbol{Y}_0$ 的元素，是由原兵力作战能力乘兵力训练指挥水平、武器装备在位率、能战率和出动率系数得到的。计算出损耗系数矩阵 $\boldsymbol{A}$ 和 $\boldsymbol{B}$ 是很费力气的。在上述微分方程中，变量 $\boldsymbol{X}$、$\boldsymbol{Y}$ 和独立计算的常参数 I_r、I_b、EW_b、EW_b 都是以能力指数来度量的。这样，向量函数 $\boldsymbol{X}$、$\boldsymbol{Y}$ 的可微性和对参数变化的连续性更加合理、自然。提炼上述微分方程组的重要前提：C^4ISR 系统作为倍增器的兵力倍增作用，是非线性的、指数性的。记 $\alpha=\exp[kI_b]$

$\exp[jEW_b/EW_r]$，$\beta=\exp[kI_r]\exp[jEW_r/EW_b]$，$h,i,j,k$ 是给定的参数，称 α 和 β 分别为蓝红方 C^4ISR 系统瞬时作用系数。用这种多兵种交战的 Lanchester 型微分方程，可研究武器装备和 C^4ISR 系统在海军战役作战中的作战效果。仔细研究且计算出损耗系数，再把依赖时间的损耗系数用均值代替，上述微分方程组就变为一常系数线性微分方程组，计算其解是比较容易的。当 $\alpha=1$ 和 $\beta=1$ 时，是最基本情况。把 C^4ISR 系统及其分系统能力作为参数，式（8-2-6）是常系数微分方程组，可写为以下形式：

$$Z=(\boldsymbol{X},\boldsymbol{Y})$$

$$\boldsymbol{C}=\begin{bmatrix}0 & B'\\ A' & 0\end{bmatrix}$$

$$\begin{cases}B'=-\exp[kI_b]\exp[jEW_b/EW_r]\boldsymbol{B}\\ A'=-\exp[hkI_r]\exp[jEW_r/EW_b]\boldsymbol{A}\end{cases} \tag{8-2-7}$$

$$Z_0=(\boldsymbol{X}_0,\boldsymbol{Y}_0) \tag{8-2-8}$$

则上述微分方程组可简写为

$$\mathrm{d}Z/\mathrm{d}t=-\boldsymbol{C}Z \tag{8-2-9}$$

$$Z_0=(\boldsymbol{X}_0,\boldsymbol{Y}_0) \tag{8-2-10}$$

这一微分方程组的解是

$$Z(t)=Z_0-\boldsymbol{C}Z_0t+C^2Z_0(t^2/2!)-C^3Z_0(t^3/3!)+\cdots+(-1)^nC^nZ_0(t^n/n!)+\cdots=Z_0\mathrm{e}^{-Ct} \tag{8-2-11}$$

取上面前四项或五项公式，以便于计算：

$$Z(t)\approx Z_0-\boldsymbol{C}Z_0t+C^2Z_0(t^2/2!)-C^3Z_0(t^3/3!)$$

$$Z(t)\approx Z_0-\boldsymbol{C}Z_0t+C^2Z_0(t^2/2!)-C^3Z_0(t^3/3!)+C^4Z_0(t^4/4!)$$

或更简单地用下式计算：

$$Z(t)\approx Z_0-\boldsymbol{C}Z_0t$$

评价给定的 C^4ISR 系统构成方案优劣指标是

$$E=t^*R_r\boldsymbol{Y}^*/B_r \tag{8-2-12}$$

式中 R_r——战役结束时红方各兵力剩余量的平均值；

B_r——战役结束时蓝方各兵力剩余量的平均值；

Y^*——战役结束时蓝方兵力 y_5 的下降量；

t^*——战役作战结束时间（由 $t^0=0$ 开始）。

其中

$$R_r=1/4[x_1(t^*)/x_{10}+x_2(t^*)/x_{20}+x_3(t^*)/x_{30}+x_4(t^*)/x_{40}]$$

$$B_r=1/3[y_2(t^*)/y_2(0)+y_3(t^*)/y_3(0)+y_4(t^*)/y_4(0)]$$

$Y^* = y_5(0) - y_5(t^*)$

显然，对红方来说，R_r越大越好，即红方剩余兵力越多越好。Y^*越大越好，即蓝方兵力y_5下降越多越好。B_r越小越好，即蓝方兵力损耗越多越好。这显然是一种作战效能量度，是由作战兵力损失交换率演化来的，并满足效能量度线性律。

8.3 武器装备体系效能的等效分析法

实际作战经常是诸兵种的合成作战，此时武器是与其他武器一起对目标共同产生毁伤作用的，所以在武器的效能分析中往往要讨论多种不同武器的综合效能。武器的等效研究，就是以一种统一的标准衡量所考虑的所有武器的效能，这里将“战斗价值”的标准作为衡量的统一标准，所谓武器装备的战斗价值是指根据武器装备在一定交战条件下的作战效果而确定的一种相对定量评价值。

对于作战效果的不同描述，可得出不同的战斗价值体系，下面我们讨论一种基本的战斗价值确定方法，即线性价值评定方法，该方法基于多兵种兰彻斯特模型。

8.3.1 武器战斗价值的等效研究

这里给出的分析方法基于以下基本假定：一种武器装备的战斗价值应与这些武器在单位时间内毁伤的敌方武器装备的总价值成正比。

设甲、乙双方的各类武器装备的单位战斗价值分别为

$$\begin{cases} \boldsymbol{U} = (u_1, u_2, \cdots, u_m)^{\mathrm{T}} \\ \boldsymbol{V} = (v_1, v_2, \cdots, v_n)^{\mathrm{T}} \end{cases}$$

根据基本假定，应有

$$\begin{cases} U_i = c_1 \sum\limits_{j=1}^{n} f_{ji} v_j, & i = 1, 2, \cdots, m \\ V_j = c_2 \sum\limits_{i=1}^{m} g_{ij} u_i, & j = 1, 2, \cdots, n \end{cases}$$

即

$$\boldsymbol{U} = c_1 \boldsymbol{F}^{\mathrm{T}} \boldsymbol{V}$$

$$\boldsymbol{V} = c_2 \boldsymbol{G}^{\mathrm{T}} \boldsymbol{U}$$

式中　c_1、c_2——待定的比例常数。

将上式进行变换，即可得到以下关系式：

$$(\boldsymbol{GF})^{\mathrm{T}}U=\lambda \boldsymbol{U} \tag{8-3-1}$$

$$(\boldsymbol{FG})^{\mathrm{T}}V=\lambda \boldsymbol{V} \tag{8-3-2}$$

$$\lambda=\frac{1}{c_1c_2}$$

易见，$\boldsymbol{GF}$ 是 $m\times m$ 方阵，$\boldsymbol{FG}$ 是 $n\times n$ 方阵，我们要确定双方武器的战斗价值 U、V 等价于求解上述方程，而由线性代数方法可知，$\boldsymbol{U}$、$\boldsymbol{V}$ 分别是$(\boldsymbol{GF})^{\mathrm{T}}$的特征向量，而 λ 是对应的特征值，这样，确定双方战斗价值的问题就归结为求解矩阵$(\boldsymbol{GF})^{\mathrm{T}}$和$(\boldsymbol{FG})^{\mathrm{T}}$的特征值和特征向量问题。

为此我们需要有以下正矩阵的性质。

定理 1 （Frobenius—Perron 定理）

设 $\boldsymbol{A}$ 为 $n\times n$ 正矩阵，即 $\boldsymbol{A}>0$，则存在常数 $\mu>0$，向量 $\boldsymbol{W}>0$ 使得

（1）$\boldsymbol{AW}=\mu \boldsymbol{W}$；

（2）设 $\lambda\neq\mu$，且 λ 是 $\boldsymbol{A}$ 的任意特征值，则 $\lambda<\mu$；

（3）μ 是几何重数与代数重数均为 1 的特征值。

定理 2 设 $\boldsymbol{A}_{n\times n}$ 是非负矩阵，即 $\boldsymbol{A}\geqslant 0$，则存在常数 $\mu>0$，向量 $\boldsymbol{W}\geqslant 0$，使得

（1）$\boldsymbol{AW}=\mu \boldsymbol{W}$；

（2）如果 $\lambda\neq\mu$ 是 $\boldsymbol{A}$ 的任意其他特征值，则 $\lambda\leqslant\mu$。

对非负方阵还可定义“可约”的概念：

定义 1 如果非负正方矩阵 $\boldsymbol{M}$ 通过交换行或列的位置可以变成以下形式：

$$\begin{bmatrix} \boldsymbol{M}_1 & 0 \\ \boldsymbol{M}_{21} & \boldsymbol{M}_2 \end{bmatrix}$$

则称 $\boldsymbol{M}$ 是可约的，否则称 $\boldsymbol{M}$ 是不可约的，其中 $\boldsymbol{M}_1$、$\boldsymbol{M}_2$也是方阵。

定理 3 如定理 2 中的 $\boldsymbol{A}$ 是可约的，则有 $\boldsymbol{W}>0$，$\mu>0$，

由于这里的 $\boldsymbol{GF}$ 是非负矩阵，因而$(\boldsymbol{GF})^{\mathrm{T}}$和$(\boldsymbol{FG})^{\mathrm{T}}$也是非负矩阵。由定理 2 可知，存在一个非负向量 $\boldsymbol{U}\geqslant 0$ 满足式（8-3-1），同理可知存在 $\boldsymbol{V}\geqslant 0$ 满足式（8-3-2），通常，给出$(\boldsymbol{GF})^{\mathrm{T}}$和$(\boldsymbol{GF})^{\mathrm{T}}$都是可约的，我们可以得到 $\boldsymbol{U}>0$，$\boldsymbol{V}>0$。由定理 4 可知 $\boldsymbol{U}$、$\boldsymbol{V}$ 所对应的最大特征值是相同的，从而可以获得各类武器装备的战斗价值。

定理 4 矩阵$(\boldsymbol{GF})^{\mathrm{T}}$和$(\boldsymbol{GF})^{\mathrm{T}}$有相同的非零特征值。

这里来讨论某型号坦克与 4 种反坦克武器的战斗价值的确定问题。

设作战条件是 4 种反坦克武器与某型号坦克交战，即有 $m=4$，$n=1$，$x_i(i=$

1,2,3,4)分别为反坦克导弹、加农炮、无后坐力炮和火箭筒的数量，y 为坦克数量，对应的战斗价值分别为 $u_i(i=1,2,3,4)$ 和 v。

现设

$$\begin{aligned} \boldsymbol{G} &= (g_{11}, g_{21}, g_{31}, g_{41})^{\mathrm{T}} \\ &= 10^{-2}\times(0.071, 1.6, 0.27, 0.24)^{\mathrm{T}} \\ \boldsymbol{F} &= (f_{11}, f_{12}, f_{13}, f_{14}) \\ &= 10^{-2}\times(0.326, 0.165, 0.136, 0.06) \end{aligned}$$

因而

$$(\boldsymbol{GF})^{\mathrm{T}} = 10^{-4}\begin{bmatrix} 0.23 & 0.52 & 0.088 & 0.078 \\ 0.012 & 0.26 & 0.045 & 0.04 \\ 0.10 & 0.22 & 0.037 & 0.033 \\ 0.04 & 0.01 & 0.016 & 0.014 \end{bmatrix}$$

$$\begin{aligned} \boldsymbol{FG} &= f_{11}g_{11}+g_{21}f_{12}+g_{31}f_{13}+g_{41}f_{14} \\ &= 0.338\times10^{-4} \end{aligned}$$

由 $\boldsymbol{FG}$ 马上可得 $\lambda=0.338\times10^{-4}$。

求解式（8-3-1）得

$$u_2 = 0.51u_1$$

$$u_3 = 0.42u_1$$

$$u_4 = 0.18u_1$$

为了决定武器的唯一价值，应补充两个条件：

$$u_1 = 1$$

$$c_1 = c_2 = \frac{1}{\sqrt{\lambda}}$$

再由

$$v = c_1\boldsymbol{F}^{\mathrm{T}}\boldsymbol{V}$$

可得

$$u_1 = c_1 f_{11} v$$

从而

$$v = \frac{u_1}{c_1 f_{11}} = \frac{0.581}{0.326} = 1.78$$

这样便得到本例中各种武器的战斗价值。

坦克	反坦克导弹	加农炮	无后坐力炮	火箭筒
1.78	1	0.51	0.42	0.18

8.3.2 武器装备的总价值及损耗方程

设 X 和 Y 分别表示交战双方装备总价值，则

$$X = \sum_{i=1}^{m} u_i x_i = U^{\mathrm{T}} x$$

$$Y = \sum_{j=1}^{N} v_j y_j = V^{\mathrm{T}} y$$

根据上述的线性价值评定方法，可将多兵种 Lanchester 方程转化为交战双方装备总价值为变量的经典 Lanchester 方程。

设多兵种 Lanchester 方程

$$\frac{\mathrm{d}x}{\mathrm{d}t} = -Gy$$

$$\frac{\mathrm{d}y}{\mathrm{d}t} = -Fx$$

由

$$u = c_1 F^{\mathrm{T}} v$$

则

$$\begin{aligned}\frac{\mathrm{d}(u^{\mathrm{T}} x)}{\mathrm{d}t} &= u^{\mathrm{T}} \dot{x} \\ &= -u^{\mathrm{T}} Gy \\ &= -c_1 v^{\mathrm{T}} FGy \\ &= -c_1 \lambda v^{\mathrm{T}} y\end{aligned}$$

从而有

$$\begin{cases}\dfrac{\mathrm{d}X}{\mathrm{d}t} = -\dfrac{1}{c_2} Y, & X(0) = \sum\limits_{i=1}^{m} u_i x_i^0 \\ \dfrac{\mathrm{d}Y}{\mathrm{d}t} = -\dfrac{1}{c_1} X, & Y(0) = \sum\limits_{j=1}^{N} v_j y_j^0\end{cases} \tag{8-3-3}$$

其中，x_i^0、$y_j^0(i=1,2,\cdots,m;\ j=1,2,\cdots,n)$ 为双方装备的初始值，我们可将 $\dfrac{1}{c_1}$、$\dfrac{1}{c_2}$ 分别看作双方战斗价值与损耗强度，式（8-3-3）就是双方总价值的战斗损耗方程，此方程将多兵种 Lanchester 方程描述的双方作战损耗转变成了对双方总价值的损耗方程，这样可用一个相同的标准来衡量双方不同武器装备的价值。

8.4 基于体系结构框架的武器装备体系效能分析法

武器装备体系是一个由众多武器、装备系统组成的特殊集合。在武器装备体系内部，虽然表面上呈现为相对独立的各个武器、装备系统，但相互间存在特定的结构关系，在体系对抗中表现为一个整体。当前描述和分析体系整体性的有效方法是体系结构框架技术（architecture framework），利用其多视角的观念和模型化的办法可以有效分析武器装备铁齿的效能，下面简要介绍相关知识和基本框架，并给出一个演示性的案例。

8.4.1 武器装备体系结构

武器装备体系是为了满足一定的战略需求或作战任务需要，根据作战规律，特别是信息化条件下一体化联合作战的规律，由多种武器、装备系统按照特定的结构而组成的功能整体。

从系统的角度来看，武器装备体系可看作一类系统，但是在武器、装备系统层次之上的更高层次系统，即系统的系统。

武器装备体系的体系结构是武器装备体系内武器、装备系统的组成情况，及各组成部分间交互、关系结构的描述。其主要包括两个方面的内容：①武器装备体系的组成元素：组成武器装备体系的武器、装备系统种类及其功能、作用；②武器装备体系的结构要素：体系中各组成武器、装备系统的结构形式、相互间的关系。

在体系对抗过程中，首先由负责情报、侦察和监视的各类传感器装备系统获取所关心目标及整个战场的有关信息，生成态势感知图，作为一切指挥控制和行动的依据；然后将态势信息经由指挥控制及通信装备，做出判断、决策，生成行动指令；最后由相应的武器、装备系统采取行动，完成相应的行动任务。

按照这种作战过程中的信息流程，武器装备体系中的各个武器、装备系统能够有机地联系起来，发挥各自的功能和作用，构成一个连贯的功能整体。因此，将武器装备体系的基本组成元素分成四类：①传感器类装备；②指挥控制类装备；③通信类装备；④行动类武器装备。

1. 传感器类装备

传感器类装备，是指利用传感器为武器装备体系收集、获取目标及战场信息的装备系统，具体包括情报收集、目标侦察、战场监视与毁伤评估等类装备系统。传感器类装备可以视为武器装备体系获取外部信息的输入端口，为体系中的其他武器、装备系统提供信息数据支持。如导弹预警卫星、无人侦察机、陆基远程预警雷达、侦察舰船等。

传感器类装备不同于一般武器、装备系统平台上的探测系统，因为传感器类装备的主要功能就是获取信息，为武器装备体系提供整个战场的态势信息；而武器、装备系统上的探测系统只是相应武器、装备平台功能的一部分，主要为本武器、装备系统平台提供信息支持。

2. 指挥控制类装备

指挥控制类装备，是指辅助作战指挥人员进行情报信息处理、辅助决策计算、指挥控制等功能的装备系统。指挥控制类装备可视为武器装备体系的决策中心，辅助生成驱动整个武器装备体系运作的指挥控制命令。如情报融合与处理装备、参谋作业装备、辅助决策装备、指挥控制装备、导航控制装备等。

指挥控制类装备作为一种物理装备实体，主要由辅助人员进行相应的指挥控制活动，最终的指挥控制命令由人员做出。

3. 通信类装备

通信类装备，是指以通信链路连接武器装备体系中的各个组成部分，进行各种通信的装备系统。通信类装备构成了武器装备体系中各种通信传输的通道，将武器装备体系的各组成部分连接成一个整体。如地面主干通信网、微波通信网、通信卫星等。

通信类装备是专门进行通信功能的装备系统，通常需要与体系中其他武器、装备系统平台上的通信设备一起建立通信链路，实现武器装备体系间的通信。

4. 行动类武器装备

行动类武器装备，是指直接进行任务行动的武器或装备系统。行动任务不仅包括直接火力的硬打击、降功能干扰的软打击，也包括支援保障行动等。行动类武器装备作为武器装备体系的执行终端，在传感器类装备、指挥控制类装备和通信类装备的支持与配合下，完成预定的战略目标或作战任务。

根据任务行动的特点，行动类武器装备包括火力打击装备、干扰装备和保障装备等。如战斗机、弹道导弹、制导弹药、电子干扰飞机、远距离大功率干扰站、加油装备、架桥装备等。

8.4.1.1 武器装备体系的结构要素

在作战过程中，表示武器装备体系的具体构成、影响体系组成元素间交互及关系的因素很多，本书用四种结构要素表示：①武器装备系统组成；②指挥控制结构；③通信网络结构；④编配与部署。

1. 武器装备系统组成

武器装备系统组成，描述了武器装备体系各组成元素的详细构成与性能情况，包括武器装备系统的型号、性能和数量，所挂载或搭载的弹药及重要功能模块的型号、性能和数量等。武器装备系统组成情况直接决定着武器装备体系效能的高低，影响着其他结构要素的形式。从武器装备系统组成可以直接统计武器装备体系的规模大小，分析其中的各种比例、挂载方案，进行静态效能评估等。

2. 指挥控制结构

指挥控制结构，是指武器装备体系中各组成元素间指挥、控制的组织结构。在指挥控制结构中，各组成武器、装备系统通过通信链路相互连接，形成一个指挥控制层次结构。指挥控制结构决定着指挥层次的多少和指挥控制流的过程。

指挥控制结构的形式与所采用的作战理论与方法有很大关系，不同的作战理论会形成不同的指挥控制结构，对其中的体系组成元素赋予不同的任务，从而拥有不同的体系效能。

3. 通信网络结构

通信网络结构，是指武器装备体系中各组成元素间进行各种数据通信的网络结构，由通信类装备、体系中其他类武器装备系统平台上的通信设备所建立的通信链路组成。通信网络结构影响态势流、指挥控制流等各种信息流的流程，以及作战进程的快慢。

通信网络结构的建立取决于通信类装备及武器、装备系统平台上通信设备的性能和所采用的作战理论方法，但具体通信链路则依据作战过程中的通信需求建立。

4. 编配与部署

编配与部署，是指武器装备体系各组成元素在作战过程中的编配方式与部署情况。其中，编配方式主要是指武器、装备系统的编组、编队的组成和样式等，部署情况主要是指各组成元素的实际物理分布情况等。这里的编配不完全与部队的编制体制相同，因为编制体制主要是指兵力（人员）的编组，而编配指的是武器装备在作战中的编配、使用情况。

编配与部署情况对武器、装备系统的性能发挥有着很大的影响。采用不同的编配与部署形式，会形成完全不同的体系效能。

8.4.1.2 体系结构的表示

四种结构要素分别从四个不同的方面描述了武器装备体系的体系结构，因此可以用四个参数集合的形式表示一个武器装备体系的体系结构。

$$A=\{A_1,A_2,A_3,A_4\} \tag{8-4-1}$$

式中 A_1——武器装备系统组成；

A_2——指挥控制结构；

A_3——通信网络结构；

A_4——编配与部署。

在武器装备体系中，结构要素不同，体系结构就会不同。即使是同样的武器、装备系统，体系结构不同，体系效能也会随之不同。

8.4.2 武器装备体系效能

在作战过程中，武器装备体系作为一个功能整体，从目标和环境接收信息，最终对目标施加作战影响，如图 8-3 所示。

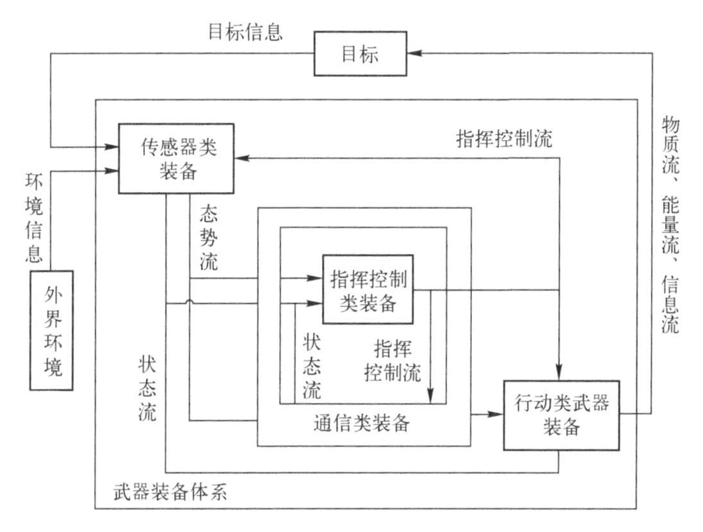

图 8-3 武器装备体系的作战概念图

在图 8-3 中，传感器类装备从目标获取目标信息，从外界环境获取环境信息，以态势流的方式提供给指挥控制类装备和行动类武器装备；传感器类装备、通信类装备和行动类武器装备将自身的状态信息以状态流的方式传给指挥控制类装备；指挥控制类装备则根据态势流、状态流数据，经由作战指挥人员指挥决策，生成指挥控制命令，以指挥控制流方式对传感器类装备、通信类装备和行动类武器装备进行指挥控制；行动类武器装备在态势流数据支持下，以指挥控制流方式进行任务行动，对目标施加物质流、能量流或信息流等作战影响；在态势流、指挥控制流、状态流的传输过程中，都经由通信类装备。

由此可见，武器装备体系的组成元素在作战过程中，各有功能分工，相互间通过各种信息流交互构成了一个有机的整体，完成特定的行动任务。

由武器装备体系的体系结构和作战过程的分析可知，传感器类装备、指挥控制类装备、通信类装备、行动类武器装备之间为一种串联关系，缺少任何一个，都无法完成既定的作战任务。因此，武器装备体系的体系效能建模应是

$$E_{AS}=E_{ISR}E_{C2}E_{C}E_{O} \tag{8-4-2}$$

式中 E_{AS}——体系效能；

E_{ISR}——传感器类装备效能；

E_{C2}——指挥控制类装备效能；

E_{C}——通信类装备效能；

E_{O}——行动类武器装备效能。

各类装备效能按照武器装备体系的体系结构进行建模。

1. 传感器类装备效能的建模

传感器类装备效能，主要是指各传感器装备作为武器装备体系获取信息的输入端口，对整个战场态势信息的获取能力。

传感器类装备效能的建模方法为

$$E_{ISR}=E_{ISR}(A_{1.ISR},A_{2.ISR},A_{3.ISR},A_{4.ISR}) \tag{8-4-3}$$

式中 $A_{1.ISR}$——传感器类装备的组成，直接影响各传感器类装备获取信息的能力的高低；

$A_{2.ISR}$——传感器类装备与指挥控制类装备间的指挥控制结构，影响各传感器类装备的性能发挥情况；

$A_{3.ISR}$——传感器类装备及与体系其他组成间的通信网络结构，影响各传感器装备获取信息后的融合和对其他装备的信息支持；

$A_{4.ISR}$——传感器类装备的编配与部署，影响能够获取战场态势信息的范围。

2. 指挥控制类装备效能的建模

指挥控制类装备效能，是指辅助进行武器装备体系在作战过程中的态势判断、辅助决策和指挥控制的能力。

指挥控制类装备效能的建模方法为

$$E_{C2}=E_{C2}(A_{1.C2},A_{2.C2},A_{3.C2},A_{4.C2}) \tag{8-4-4}$$

式中 $A_{1.C2}$——指挥控制类装备的组成，影响各指挥控制装备的能力；

$A_{2.C2}$——指挥控制类装备及与体系其他组成元素间的指挥控制结构，影响指挥控制的层次和指挥控制流的过程；

$A_{3.C2}$——指挥控制类装备及与体系其他组成元素间的通信网络结构，影响指挥控制的效率；

$A_{4.C2}$——指挥控制类装备的编配与部署，影响指挥控制装备的协调过程与延迟等。

3. 通信类装备效能的建模

通信类装备效能，是指由各通信装备组成的通信网络在武器装备体系组成元素之间进行通信的能力。

通信类装备效能的建模方法为

$$E_C = E_C(A_{1.C}, A_{2.C}, A_{3.C}, A_{4.C}) \tag{8-4-5}$$

式中 $A_{1.C}$——通信类装备的组成，影响各通信装备的能力；

$A_{2.C}$——通信类装备与指挥控制类装备间的指挥控制结构，影响通信类装备的运作过程与性能发挥；

$A_{3.C}$——通信类装备及与体系其他组成元素间的通信网络结构，影响各种信息流的过程和通信效率；

$A_{4.C}$——通信类装备的编配与部署，影响通信的范围。

4. 行动类武器装备效能的建模

行动类武器装备效能，主要是指作为武器装备体系的执行终端，对行动任务的完成程度。

行动类武器装备效能的建模方法为

$$E_O = E_O(A_{1.O}, A_{2.O}, A_{3.O}, A_{4.O}) \tag{8-4-6}$$

式中 $A_{1.O}$——行动类武器装备的组成，直接影响各行动类武器装备的能力；

$A_{2.O}$——行动类武器装备与指挥控制类装备间的指挥控制结构，影响行动类武器装备的运作及其性能发挥；

$A_{3.O}$——行动类武器装备及与体系其他组成元素间的通信网络结构，影响作战行动的速度；

$A_{4.O}$——行动类武器装备的编配与部署，影响行动武器装备间的配合与性能发挥。

式（8-4-2）~式（8-4-6）分别对各种体系组成元素的效能给出了建模的基本框架，对于具体武器装备体系效能的建模，还需要作针对性的分析。

8.4.3 典型应用案例

这里以一个反潜作战想定为例，说明对体系结构与体系效能进行分析的方法。

1. 想定概况

红方一艘“基洛”潜艇离开港口，前往预定海域执行任务。蓝方一艘“弗吉尼亚”核潜艇在红方海岸外，执行侦察监视任务。当“弗吉尼亚”潜艇侦察到“基洛”潜艇离开港口时，对其进行跟踪监视，并通知航空母舰派遣F/A-18战斗机携带SLAM-ER导弹，在基洛潜艇下潜之前将其摧毁。蓝方联合作战指挥部对整个作战过程进行监视。蓝方所有参战的武器装备系统可视为构成一个反潜武器装备体系，执行反潜作战任务的作战概念图如图8-4所示。

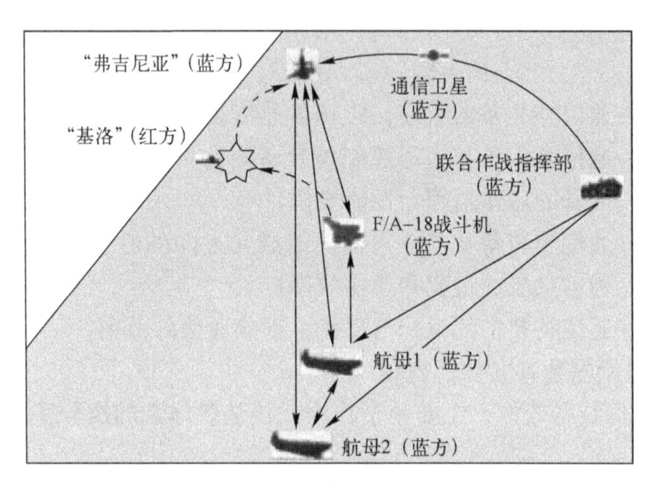

图8-4　反潜作战任务的作战概念图

2. 反潜武器装备体系的体系结构分析

反潜武器装备体系的组成如表8-12所列。

表8-12　反潜武器装备体系的组成

类型	组成	功能
传感器类装备	“弗吉尼亚”潜艇	对基洛潜艇进行跟踪监视，提供基洛潜艇的目标信息
指挥控制类装备	航母1、航母2、联合作战指挥部装备	作为指挥控制节点，指挥控制整个反潜作战过程
通信类装备	数据链、通信卫星	在各武器装备间进行通信
行动类武器装备	F/A-18战斗机（挂SLAM-ER导弹）	直接对基洛潜艇实施打击

反潜武器装备体系的指挥控制结构如图8-5所示。

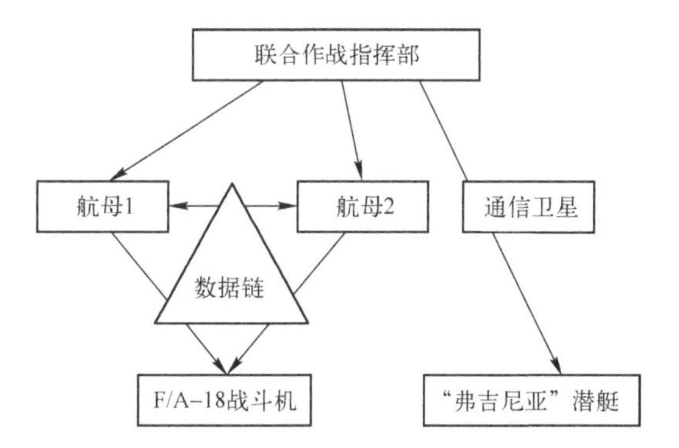

图 8-5　反潜武器装备体系的指挥控制结构

其中，联合作战指挥部在本想定中作为整个反潜作战的指挥者，监视“弗吉尼亚”潜艇、航母的作战行动，不直接指挥；两艘航母根据目标信息协商派遣飞机，并指挥 F/A-18 战斗机直接行动。在反潜武器装备体系中，联合作战指挥部、航母均为指挥控制节点。

反潜武器装备体系通信网络结构如图 8-6 所示。

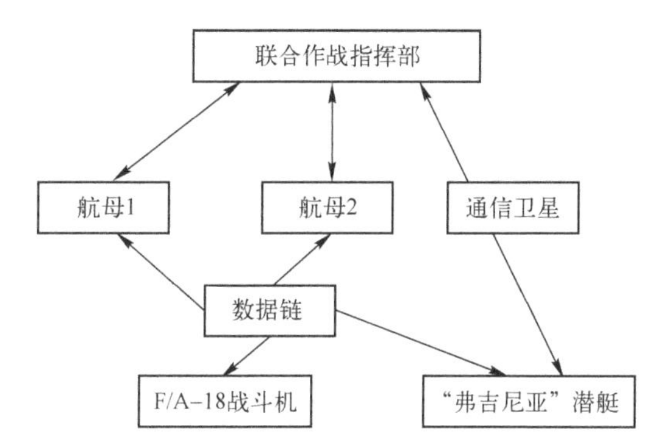

图 8-6　反潜武器装备体系的通信网络结构

其中，“弗吉尼亚”潜艇与联合作战指挥部间通过通信卫星双向通信，与航母间通过数据链双向通信；两艘航母与 F/A-18 战斗机间均为双向通信；F/A-18 战斗机飞离航母后能够定时。

从“弗吉尼亚”潜艇接收目标信息；联合作战指挥部与航母间为双向通信。

由于此体系中的组成元素较少，所以编配形式比较简单，部署情况如图 8-4 所示。

3. 反潜武器装备体系的体系效能建模

根据想定中反潜武器装备体系的作战任务，评价其体系效能的指标应是在红方“基洛”潜艇下潜之前，将其摧毁的概率。按照式（8-4-2）中的分析，将反潜武器装备体系的体系效能建模如下：

$$E_{SUB.AS}=E_{VA.ISR}E_{CV.C2}E_{\mathrm{Link}.C}E_{\mathrm{F/A-18}.O} \tag{8-4-7}$$

式中 $E_{SUB.AS}$——反潜武器装备体系的效能，即摧毁“基洛”潜艇的概率；

$E_{VA.ISR}$——“弗吉尼亚”潜艇作为传感器类装备的效能；

$E_{CV.C2}$——航母作为指挥控制类装备的效能；

$E_{\mathrm{Link}.C}$——数据链装备作为通信类装备的效能；

$E_{\mathrm{F/A-18}.O}$——F/A-18战斗机（挂SLAM-ER导弹）作为行动类武器装备的效能。

在此想定中，弗吉尼亚潜艇作为传感器类装备，只有一艘，直接向体系中其他组成单元提供信息，部署在“基洛”潜艇的必经航路上，因此$E_{\mathrm{VA.ISR}}$仅取决于弗吉尼亚潜艇的性能，即对“基洛”潜艇的发现概率$P_{\mathrm{VA.ISR}}$和预警时间$L_{\mathrm{VA.ISR}}$。

指挥控制类装备和通信类装备在对这样的时间敏感目标作战中，其效能主要表现为延迟时间。组成单元的延迟时间决定于相应武器装备的性能、部署情况，而指挥控制结构、通信网络结构决定着总延迟时间的计算方法。其中，指挥控制延迟时间包括两艘航母相互协商、决策的时间$L_{\mathrm{CV.C2}}$、F/A-18从航母上起飞的准备时间$L_{\mathrm{F/A-18}.C2}$，通信类装备的延迟时间包括“弗吉尼亚”潜艇与航母间的通信时间$L_{\mathrm{VA.CV}}$、“弗吉尼亚”潜艇向F/A-18发送目标信息的间隔时间$L_{\mathrm{VA.F/A-18}}$。因此总的延迟时间为

$$L_D=L_{VA.ISR}+L_{VA.CV}+L_{CV.C2}+L_{\mathrm{F/A-18}.C2}+nL_{VA.\mathrm{F/A-18}} \\ n=1,2,\cdots \tag{8-4-8}$$

F/A -18作为行动类武器装备，其效能取决于及时探测发现未下潜的“基洛”潜艇的概率$P_{\mathrm{F/A-18}.D}$与发射SLAM-ER导弹将其摧毁的概率$P_{\mathrm{F/A-18}.K}$，则

$$E_{\mathrm{F/A-18}.O}=P_{\mathrm{F/A-18}.D}P_{\mathrm{F/A-18}.K} \tag{8-4-9}$$

其中，$P_{\mathrm{F/A-18}.D}$主要取决于距离“基洛”潜艇下潜的时间T：

$$\begin{cases} T=S-L_D-L_{\mathrm{F/A-18}.F} \\ P_{\mathrm{F/A-18}.D}=1-\mathrm{e}^{-\gamma T} \end{cases} \tag{8-4-10}$$

式中 S——“基洛”潜艇的下潜时刻；

$L_{\mathrm{F/A-18}.F}$——F/A-18战斗机在“弗吉尼亚”潜艇定时目标数据引导下，飞抵目标区域的时间；

$P_{\mathrm{F/A-18}.D}$——发射SLAM-ER导弹，摧毁潜艇的概率$P_{\mathrm{F/A-18}.K}$的大小主要取决于SLAM-ER导弹的性能；

γ——相关系数，由SLAM-ER导弹性能和“弗吉尼亚”潜艇预警信息质量等确定。

在此案例中，按照体系结构分析方法建立了反潜武器装备体系的体系效能模型，但由于体系组成单元较少、结构要素相对明了，所以体效能模型的形式比较简单。

参考文献

[1] 李志猛，徐培德，等．武器系统效能评估理论及应用［M］．北京：国防工业出版社，2013.
[2] 辞海编辑委员会．辞海［M］．上海：上海辞书出版社，2001.
[3] 邢昌风，等，舰载武器系统效能分析［M］．北京：国防工业出版社，2008.
[4] 徐培德，谭东风．武器系统分析［M］．长沙：国防科技大学出版社，2001.
[5] 胡晓惠，蓝国兴，等．武器装备效能分析方法［M］．北京：国防工业出版社，2008.
[6] 罗兴柏，刘国庆．陆军武器系统作战效能分析［M］．北京：国防工业出版社，2007.
[7] 李明，刘澎．武器装备发展系统论证方法与应用［M］．北京：国防工业出版社，2000.
[8] 邵国培，等．电子对抗作战效能分析［M］．北京：解放军出版社，1998.
[9] 郭齐胜，等．装备效能评估概论［M］．北京：国防工业出版社，2005.
[10] 李廷杰．导弹武器系统效能及其分析［M］．北京：国防工业出版社，2000.
[11] 高尚，娄寿春．武器系统效能评定方法综述［J］．系统工程理论与实践，1998（7）：6.
[12] 刘奇志．武器作战效能指数模型与量纲分析理论［J］．军事运筹与系统工程，2001（3）：15-19.
[13] 徐安德．论武器系统作战效能的评定［J］．系统工程与电子技术，1989（8）：5-10.
[14] 倪忠仁，等，地面防空作战模拟［M］．北京：解放军出版社，2001.
[15] 詹姆斯·邓厄根．现代战争指南［M］．北京：军事科学出版社，1986.
[16] BANKES B. Exploratory Modeling for Analysis［R］. USA：RAND，RP-211，1993.
[17] DEWAR J A，BUILDER C H，et al. Assumption-Based Planning：A Planning Tool for Very Uncertain Times［R］. USA：RAND，MR-114-A，1993.
[18] BROOKS A，BENNETT B，BANKES S. An Application of Exploratory Analysis：The Weapon Mix Problem［R］. USA：RAND，65th MORS Symposium，November 18，1997.
[19] DAVIS P K，BIGELOW J. Experiments in Multiresolution Modeling［R］，MR-1004-DARPA，RAND，1998.

[20] DAVIS P K，KULICK J，EGNER M. Implications of Modern Decision Science for Military [R]. Project Air Force：RAND，2005.

[21] DAVIS P K，CARRILLO M J. Exploratory Analysis of "The Halt Problem" [R]. Santa Monica：RAND，1997.

[22] 曾宪钊，蔡游飞，黄谦，等．基于作战仿真和探索性分析的海战效能评估 [J]. 系统仿真学报，2005，17（3）：763-766.

[23] 杨镜宇，司光亚，胡晓峰．信息化战争体系对抗探索性仿真分析方法研究 [J]. 系统仿真学报，2005，17（6）：1469-1472.

[24] 刘俊先，指挥自动化系统作战效能评价的概念和方法研究 [D]. 长沙：国防科技大学，2003.

[25] WILLARD D. Lanchester as force in history：An analysis of land battles of the years 1618-1905. Research Analysis Corporation，1962 Nov 1.

第9章 武器装备体系效能评估的探索性分析方法

武器装备体系效能评估要处理的核心问题是性能参数与效能之间的逻辑关系，探索性分析技术在计算机模拟仿真的支撑下体现了处理复杂因素间关系的强大能力，为武器装备体系，特别是信息保障类的武器系统的效能评估提供了很好的方法论支撑。本章对探索性分析方法进行简介，介绍了几类典型的应用研究，提出了利用探索性分析方法进行武器装备体系效能评估的基本框架，并针对导弹精确打击作战中的天基信息系统效能评估问题给出了典型应用案例。

9.1 探索性分析方法简介

在大量针对复杂系统的理论分析或工作实践中，经常遇到的困难是问题中存在大量不确定的变量，分析人员往往被迫采用变量的近似值甚至是估计值，且这些变量往往相互关联，难以明确变量整体组合与可能的结果之间的关系，由此造成很难对具体系统或者方案进行准确评估和优化设计，甚至很多时候寻找可行解或者满意解也很困难。

针对这一问题，随着计算机技术的发展，出现了一种可以较好解决这类问题的系统分析方法，即探索性分析方法（exploratory analysis，EA）。其基本思想自 20 世纪 70 年代正式提出后受到人们广泛重视，特别是西方发达国家宏观决策机构和智囊组织，参见 Bankes S 和 Dewar J A 等发表的论文[1-2]，其后对探索性分析方法的研究和应用以 RAND 公司的系列工作最为突出，自 20 世纪 90 年代以来将该方法广泛应用于一系列的系统分析与系统建模活动中，包括研制联合一体化应急模型（joint integrated contingency model，JICM）、战略评估系统（rand strategy assessment system，RSAS），武器优化配置问题（weapon mix problem）、作战效能评估问题（measure of operations evaluation）以及美国面对特定冲突的政策选择问题（options for U. S. policy）等，形成了包括《恐怖的海峡》在内的一批具有巨大影响力的成果，极大地推动了探索性分析方法发展。中国已经开始对探索性分析方法进行研究和使用，也出现一些应用成果，笔者与所属团队一直在探索应用EA方法进行武器装备体系效能评估的相关工作，本章后面将对这些工作进行介绍。

9.1.1 探索性分析的基本思路

探索性分析的基本思路是通过考察大量不确定条件下各种方案的不同结果，理解和发现复杂现象背后数据变量之间的影响关系，并广泛试探各种可能的结果。通过探索性分析，可以深入理解各种不确定性因素对特定问题的影响，全面把握各种关键要素，探索可以完成相应任务需求的系统各种能力与策略，寻求满意解以及后续调整方案。它强调在输入与输出之间进行双向探索以分析解的变化规律，寻找满足不同需求的多种解决方案。其核心问题是不确定性因素处理，传统的处理方法包括灵敏度分析，其思路是先求得在特定想定下问题的最优解，再分析某些因素在一定范围内变化时解的变化情况；探索性分析则是“从外到内”的处理问题方式，首先全面尝试不同的因素组合下问题的结果，再从中分析不确定性因素与问题结果的内在关系，进而给出对各种不确定性因素具有鲁棒性的方案。

探索性分析的两个重要难题是探索性建模和探索数据分析，探索性建模的关键是建立多分辨率模型，多分辨率模型的特点是高分辨率模型能够抓住事物的细节而低分辨率的模型能更好地揭示事物宏观的特性，主动元建模技术是建立多分辨率模型的有效方法；探索性分析过程中会产生大量的数据，需要对探索数据进行有效的管理、处理及分析，从中找出隐藏的规律，通过数据可视化及输入与输出之间的双向探索可以快速得出分析结果。

9.1.2 常用探索性分析方法分类

探索性分析按照处理问题的方式可以分为输入参数探索分析、概率探索性分析以及结合前两种的混合探索性分析。

（1）输入参数探索分析。

输入参数探索分析将输入参数定义为离散化的变量，并参考这些参数的实际含义将其组合，构成输入参数的多种取值组合方案，多次运行模型，进行参数探索，对结果进行综合分析研究。实验结果的数量可能有几十种至几十万种以上，这些结果往往需要借助计算机的强大数据表现能力进行交互式的探索研究。

（2）概率探索性分析。

概率探索性分析是对探索性分析的补充，它将输入参数表示为具有特定分布函数的随机变量，运用解析方法或蒙特卡罗方法计算结果，分析不确定性对结果的影响。但概率探索性分析也存在缺陷，它不能有效反映不确定性变量之间的因果关系，问题的某些方面可能得不到有效分析和深入理解。

（3）混合探索性分析。

最常用的探索方法是结合前两者的混合探索性分析，在使用不确定分布处理一些变量的不确定性后，可以将另一些可控的关键变量恰当地用离散化的参数来表示。比如，在针对一些军事行动效果的分析中，可以将行动方案和威胁大小用离散化的参数表示，而将预警时间这样的变量用概率分布表示。

9.1.3 探索性分析的一般过程

探索性分析是一种解决问题的思想，实施起来并没有固定的模式和步骤，要视具体问题而定，往往需要结合具体的方法和模型来使用。但从大多数实例来看，探索性分析一般由问题分析、不确定性因素分析、探索性建模、探索实验、结果分析、撰写结论等几个步骤组成，分析过程如图 9-1 所示。

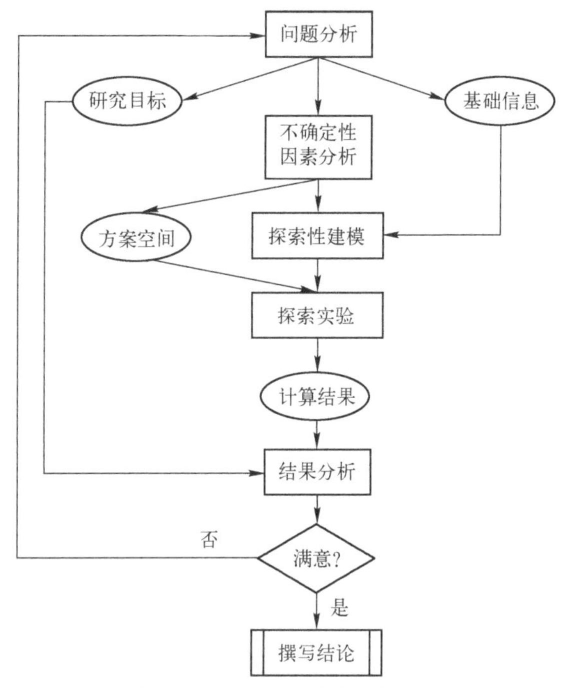

图 9-1　探索性分析的一般过程

每个步骤的任务和内容说明如下。

（1）问题分析。

明确探索性分析的研究目标，尽可能地获取关于系统和研究目标的基础信息。

（2）不确定性因素分析。

找出可能对问题结果有较大影响的不确定性因素，并分析各个不确定性因素可能的取值范围，形成由多种取值的组合方案构成的“方案空间”。

（3）探索性建模。

构建反映系统宏观特征的高层低分辨率模型和反映系统细节特征的底层高分辨率模型，将各种不确定性因素与系统目标联系起来，这种联系可以只是定性描述，建模过程可以是自顶向下或自底向上的方式，也可以是两种方式混合的方式。

（4）探索实验。

根据建立的多分辨率模型，进行探索性计算，在方案空间内广泛尝试各种不确定性因素组合导致的系统结果。

（5）结果分析。

通过数据可视化等技术对实验计算结果进行分析，挖掘数据中隐藏的系统信息，这个工作有时候也和探索实验结合在一起，通过交互式的双向探索分析不确定性因素与结果的关系。

（6）得出结论。

根据分析结果，提出系统优化的建议或给出适应问题不同条件的措施。

9.1.4 探索性分析方法的优缺点

总的来说，探索性分析具有以下优点：①EA 方法具有启发性和预示性，洞察力较强，对模型的探索方式灵活多样，增强了决策的灵活性；②EA 考虑问题全面，提供各种环境下备选方案效能的丰富阐述，能够保证在各种情况下决策的鲁棒性；③中和风险，综合各种信息，在风险和效益之间寻找平衡点，为不同利益群体提供不同决策支持；④EA 的交互性更好，使用图形化工具和界面，直观而容易理解，也更容易操作。

探索性分析方法也存在一定缺点，主要包括：①EA 更多的是一种思想，没有具体固定的方法形式，给应用带来一定困难；②使用 EA 建立具有层次结构的多分辨率模型体系时比较困难；③受限于计算能力，必须控制问题的维度，输入参数不超过 10 个为宜；④使用 EA 要建立和维护大型数据库，对结果的分析也十分烦琐，甚至需要数月至数年的时间。

探索性分析方法依赖计算机的能力，未来更优秀的计算工具和数据可视化显示工具能够使探索性分析方法更加强大和有效，而如果能够形成规范的分析框架和建模过程，将使探索性分析更加便于掌握和使用，探索性分析的实验设计是另一个重要而困难的问题，往往需要根据实验结果反过来推动实验设计。

9.2 探索性分析方法的典型应用研究

探索性分析是一种普适性的思想，被广泛应用于社会问题分析、环境、经济等许多领域，为很多问题提供了新的思路，特别是在军事方面，展开了大量研究。在已有的探索性分析应用中，我们按照应用目标的不同将其分为三类，分别是求近似最优解、不确定性因素的重要性排序以及面向复杂系统效能度量的综合性探索分析。

下面介绍一些探索性分析的应用实例，每类方法均有相应的典型应用案例，我们选取典型的应用案例进行较详细的介绍，通过这些实例说明探索性分析方法的适用范围与使用过程，以期为相关应用研究提供参考与深化认识。

9.2.1 求近似最优解的应用

一些复杂问题中，往往由于影响因素众多，造成求最优解时面临“组合爆炸”难题或者虽然能够找到最优解，但最优解本身并不能导出有效的解决方案。探索性分析的思想给出求近似最优解（往往因为问题的需要，是针对不同需求的多样化的解）的框架，这样的应用具有很大的普遍性，其中典型应用为兰德公司的 Brooks A、Bankes S 两位学者用来解决武器编配问题的研究案例[3]。

案例的研究对象是运用探索性分析方法评估作战单位的纵深打击作战系统以确定合理的武器编配和火力规模，研究目标包括确定武器编配方案以及分析改变特定武器的可靠度会产生什么样的效果。

首先按照传统的方法建立模型，计算得出纵深打击作战中三种武器（记作武器 A，武器 B，武器 C）的编配数量分别应为 15502、6960、5003，在这样的方案下可在 22 天内完成相应战斗任务；然后，同样利用传统方法进行灵敏度分析，发现传统的最优解及其灵敏度分析存在最优解单一、高度依赖输入数据精确性等缺点。而其后进行的探索性分析有效克服了上述问题，通过系统化构建相关分析模型（图 9-2），并进行大类计算与实际分析，给出了其他很多传统分析方法无法得到的结论，而且找出了大量的可行解，决策者可从自己感兴趣的度量标准出发，选择合适方案。

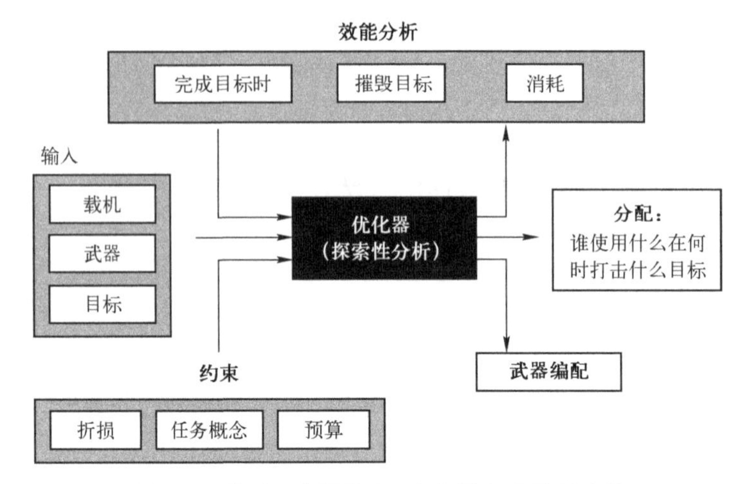

图 9-2　针对“武器编配”问题的探索分析建模

通过模型的运行得到大量相关数据，进一步对数据进行多维表现，在呈现出来的解空间中对武器编配方案进行系统化的探索分析。

不同传统方法仅给出一个或几个优化解，探索性分析找到了更多的解组合，发现了近 200 种武器 1、2、3 的不同编配组合（坐标轴表示三类武器的数量），都能保证在 22~23 天内（总的效能指标）完成作战任务。每种组合通过柱状图的位置（横、纵坐标）和高度（垂直坐标）对应，其中箭头所示的为传统方法得到的最优解。也就是说，与传统分析只能得到一个最优解相比，探索性分析得到了一组宽范围的可行武器编配方案，聚集在某个特定区域——从武器 1 多武器 2 少的范围向武器 2 多武器 1 少的范围延伸的带状区域。

进一步分析，还可得到更多的相关结论。

（1）在武器 1 少武器 2 多的情况相比武器 1 多武器 2 少时需要更多的武器 3。

这是由于不同的武器挂载平台自身性质不同，战斗机三种武器都可以携带，而轰炸机只能携带武器 1 和武器 3。因此，在武器 1 数量少时，轰炸机会大量携带武器 3 作为其主要武器。这就导致了不平衡的替换，使武器 3 数量发生倾斜。

（2）在立体图的前部或后部没有可行解出现。

这是因为不同武器的命中精确度不同，武器 1 和武器 2 精度相对高些，武器 3 精度相对低些。对特定目标，使用武器 1 或武器 2 比使用武器 3 更有效，也就是说，在时间限制下，武器 1 和武器 2 既不能同时很少使用，也不能同时过多使用。

当然以上分析还可以从其他方面进行，如探索其他指标或要求，改变的是对作战效能的影响，以及不同作战效能要求下，解的稳定性。由于这样的分析得到的解空间非常大，结论也更为丰富，可从不同角度给出不同结果，因此大大增强了在各种情况下决策的灵活性。

9.2.2 面向不确定性因素的重要性分析的应用

探索性分析另一个重要的应用方面是分析影响复杂问题的众多因素的重要性，给出相对重要与否的排序，这方面的典型应用包括文献［4，7-8］等，其中最具影响力的是兰德公司在 2000 年发表的《恐怖的海峡》。

该案例的研究背景是：确定了哪些是帮助台方保持足够的防御态势以对抗大陆的关键因素，进一步提出了美国协助台方解决这些问题的一系列行动建议。由此，在报告中考虑了 7 个关键的不确定性因素作为主要输入，考察对于可能的台海冲突造成的影响，以探索性为基本分析方法，选取作战模型进行计算，得到了三类战果，分别为台方占优、双方均势和大陆占优。

总体上，报告考察了美军的介入对战果的影响，如图 9-3 所示，结果显示美军的介入规模对于战局影响很大，从没有美国介入，台方肯定能抵御的可能性不超过 30% 到美军较大规模兵力介入时，台方肯定能抵御的可能性超过 75%。

得到计算结果数据之后，对结果进行了更为具体详细的探索性分析，发现在所有计算结果中，若干关键参数对战果的显著影响，例如当台湾空军作战飞机的出动率分别为 100%和 50%时，台湾取得优势的情况分别达 60%和 40%，说明台湾空军作战飞机的出动率对作战结果有较大影响，应该确保台湾空军基地在战时重压下保持正常运转；再如，在双方均没有超视距中程空空导弹的组合中，台湾取得优势的情况占 75%，而双方均有超视距中程空对空导弹的组合中这个数字是 35%，其原因是美国认为台湾飞行员质量高于解放军，超视距导弹削弱了台湾这方面的优势，当台湾有超视距空空导弹而大陆没有的时候，台湾 95%占优，反过来的情况是 15%，可见超视距空空导弹这个因素对结果具有决定性的影响，因此美国的策略是尽量维持现状，避免双方加速引进类似武器，但如果大陆引进，则让台湾也获得该能力。

如此分析，报告得到对台湾军队优先发展的能力或者美军的干预策略的因素重要性排序，依次为台湾战时空军基地的能力维持、先进空空武器的数量、飞行员的素质、美国的有效干预以及海战中反潜作战和陆基反舰导弹机动作战能力等，并进一步给出若干建议。

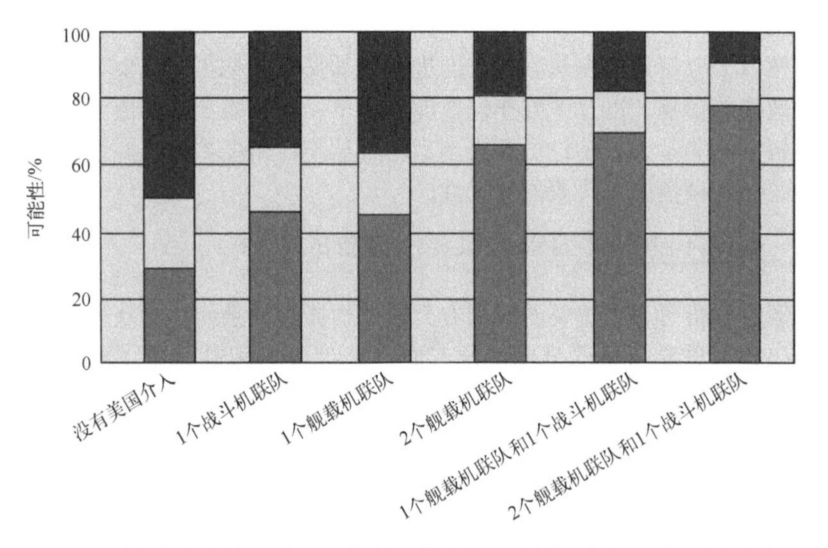

图 9-3 《恐怖的海峡：美国对台海军事政策的选择》中的探索性分析结果
（深灰色表示台方占优，即能以很大可能成功抵御进攻；浅灰色表示双方均势，台方能稳住战局，不致快速溃败；黑色表示大陆占优，表示能以较大概率成功登陆。）

9.2.3 面向复杂系统效能度量的综合性探索分析

随着信息时代的到来，各类复杂系统在实际应用中的效能/效果评定越来越困难，比较突出的是军事应用领域，如何分析信息化复杂系统对现代作战的影响，进而明确给出作战对于信息/信息系统/武器系统的需要是个十分重要的问题，在这方面，出现利用探索性分析方法进行研究的较多成果，其中较为典型的是兰德公司 2002 年发表的 *Measures of Effectiveness for the Information-Age Navy: The Effects of Network-Centric Operations on Combat Outcomes*，该研究基于探索性分析给出了网络中心环境中反映指挥、控制、通信、监视和侦察（C^4ISR）等能力对战果影响的效能度量方法，成果突出，这里针对其研究思路做出介绍。

以上报告首先建立两个具体的作战想定：一个是防御战区弹道导弹和巡航导弹攻击构成的联合威胁，另一个是对时间关键目标（TCT）的侦察和摧毁作战行动；然后进一步提供一个框架将网络中心行动、C^4ISR、作战行动与战果之间的关系用数学模型联系在一起，给出了其中的输入参数、相应的信息（或者知识）度量模型、系统性能指标以及作战效能指标；最后在此基础上，使用探索性分析工具对两类想定下信息系统的性能和作战效能进行系统的评估和可视化分析，给出了一个较多维度的输入组合（超过10个参数）、一个性能指标以及一个作战效能指标的双向探索分析，得出一些深入的结论，我们以第二个想定TCT为例，给出两种典型的结论形式，这些形式使用传统分析是很难获取的，体现了探索性分析的巨大优势（图9-4）。

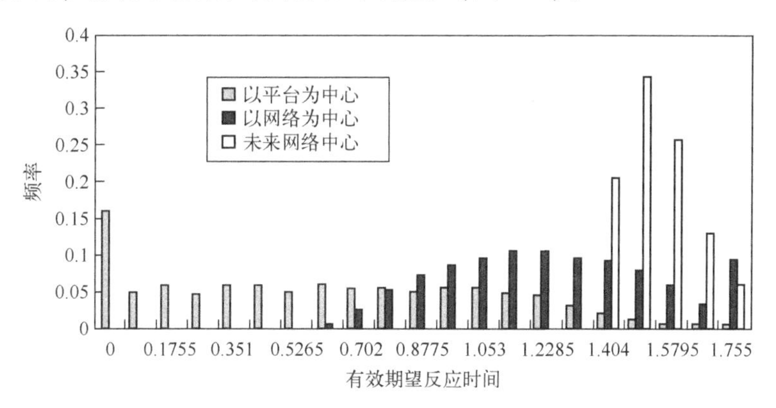

图9-4　不同方案下攻击目标有效期望反应时间的比较

（1）分析可以用来攻击目标的有效期望时间，发现以平台为中心的方案下的条形图有些向左方倾斜，只有少数图形图出现了超过1h的情况，而以网络为中心的方案则要好一些，没有低于30min的情况，且大多数集中在60~80min，显示“未来网络中心”方案整体上较“以平台为中心”方案具有较大的优势。

（2）探索分析结果显示，在任何情况下，可用来攻击时间关键目标的最大时间约为105min，最小的有效期望反应时间大约为15min，即综合所有协作的积极效果和复杂性的负面效果，用来攻击目标的“SLAM-ER”型导弹到达目标区域的时间必须小于15min。

9.3　评估框架和一般过程

探索性分析可以全面分析各种不确定要素对应用效果的影响，为作为复杂系统的现代武器装备体系，特别是信息化武器系统的效能评估提供了贴切可用的方法论支撑。应用探索性分析的思想，可为武器装备体系的性能参数与系统效能之间的关系进行双向探索分析，提出丰富的评估结论与相关建议。这里针对现代武器装备体系，特别是信息化武器装备研究基于探索性分析的效能评估技术。

9.3.1 适用性分析

现代战争对于各类武器装备体系的依赖程度越来越高，深入研究各类武器系统，特别是信息化武器系统完成军事任务贡献到底有多大，以及是否能完成特定任务的问题至关重要。但由于很多现代武器系统军事应用的复杂性和特殊性，对于相对成熟的传统武器系统的效能评估而言，存在很多难点，表现在：

一是很多武器装备体系，如军事信息系统用于军事实践，一般不直接进行杀伤或者防护，而是进行信息支持与保障、信道服务、辅助决策等，与传统武器装备的效能评估直接用杀伤效果来度量有着很大区别；

二是不少武器装备体系发挥作用的影响链条较长，与最终军事行动的效果之间因果关系复杂，很难明确描述各系统对于作战的影响；

三是影响武器装备体系发挥作用的因素多，关系复杂，呈现动态变化特点，过去常用的一般解析评估方法很难奏效，而基于仿真的评估方法可以提供一个现代武器装备体系发挥作用的实验环境，理论上是较为理想的评估方法，但需要解决一个整体设计问题，即在系统不同能力水平、使用环境条件以及其他大量不确定性因素存在的条件下，如何整体性考察系统对作战效果的贡献，进一步需要支持探索一定作战效果下对于系统能力的具体需求。

探索性分析方法在顶层采用高度聚合的低分辨率模型，使在高层需要分析的聚合参数个数非常有限，从而降低了问题的复杂度，使分析者能比较全面地把握这些聚合参数。同时由于高度聚合的低分辨率分析模型运行效率高，因此对高层聚合参数取值空间的探索成为可能。因此，采用探索性分析方法可以对复杂武器系统效能评估的大量的想定条件、决策项和结果集进行探索分析，在此基础上获取有价值的分析结果，可以为复杂武器系统的效能评估难题提供有效的解决思路和具体技术支撑。

9.3.2 一般过程

基于探索性分析的武器装备体系效能评估从待评估武器装备体系入手，首先明确问题背景，分析武器装备的具体应用问题，充分认识武器对军事行动效果的影响机制，确定待评估系统的影响要素空间；其次进一步通过对要素的整理归纳，建立层析清晰的指标体系；再次根据指标计算的要求，深入分析各层指标之间的相互关系，构建探索性分析的支撑模型；复次根据评估目的确定评估方案和仿真实验支撑方案，进行仿真实验与探索计算；最后对仿真计算数据进行分析，得出有价值的评估结论，最终形成评价报告。其评估过程如图9-5所示。

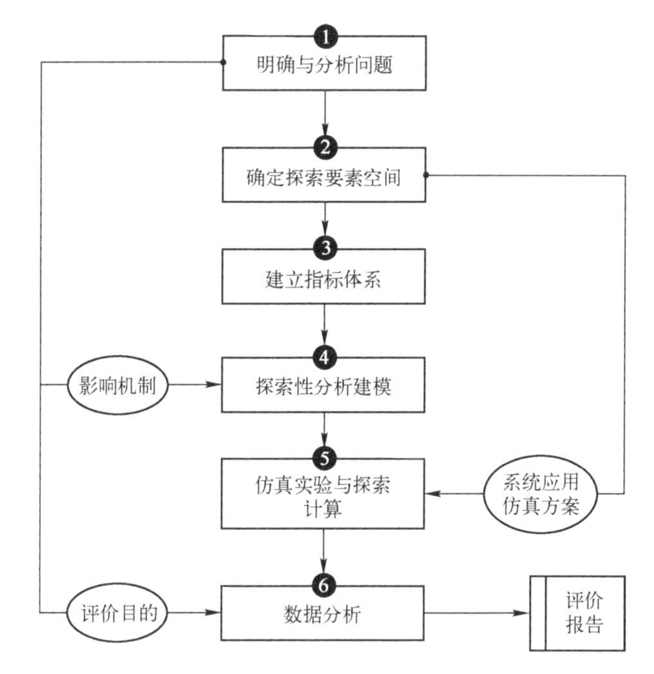

图 9-5　基于探索性分析的武器装备体系效能评估过程

具体过程叙述如下：

第一步：明确与分析问题。确定问题边界与研究目标是进行探索性分析的起点。这一步必须对评估工作进行广泛讨论与深入分析，以便明确具体的任务与条件等问题。武器的效能与武器本身的性能状态关系密切，还与需要服务的军事任务、具体应用环境等因素息息相关，需要就评估背景、评估目的、评估对象、评估要求等方面进行界定。

第二步：确定要素空间。武器装备体系发挥作用的影响因素是众多的，很多具有典型的不确定性，利用探索性分析进行效能评估需要在明确问题的基础上对影响评估目标的各种不确定性因素进行分析和确认，包括界定各要素的内涵、确认各要素数值的变化范围、分析相互间影响关系、估计各要素的重要性等工作，进一步构建各类要素的全集合（称为要素空间）。在这个过程中，一般需要充分利用各种途径，包括查阅文献资料、咨询相关专家、进行综合集成研讨等，以便充分利用各类先验知识，保障要素空间构建的合理性与可用性。

第三步：建立指标体系。在第二步中，构建的探索分析要素空间考虑了各种可能的影响要素，往往使得要素空间覆盖范围宽、规模庞大、要素关系复杂，很多时候超出了人们有限的认知水平或者有限的资源限制条件。因此，必须在一定程度上进行简化，这是通过构建评估指标来完成的。在实际工作中，需要根据各要素的关系以及重要性程度，进行要素的聚合、省略、固定取值等操作，构建相对简化的指标体系，并进一步对指标进行相关性分析、合理性分析、优化与量化等。

第四步：探索性分析建模。探索性分析建模是探索性效能评估的关键，在探索性建模阶段，要求从多个视角对问题域中的不确定性进行探索性分析建模，这些不同的视角反映在对模型的参数、输入变量与模型结构的选择上。建模中需要考虑的重点不是作战双方的杀伤过程，而是武器所能提供的服务如何支持与提升各类作战单元的作战能力，对于信息保障类武器来说，还包括目标搜索与侦察、目标指示、通信保障、决策支持、时空基准服务等方面。在实际建模中，往往需要利用各类建模方法，包括解析模型建模方法、统计模型建模方法、仿真模型建模方法等。

第五步：仿真实验与探索计算。探索性分析面向策略分析，最终目标是支持决策，因此在探索性模型建立以后要进行大量的仿真计算来支持决策。探索性计算的本质就是对想定空间的各种不确定性因素按不同的规则进行不同组合或取值，形成方案集，通过仿真实验探索不同方案集下的军事应用效果，形成大规模的“输入–输出”数据，并在统计分析的支持下，进行要素空间—指标体系—作战应用效果之间的双方探索，评估武器装备的应用效能。这一过程如图9–6所示。在实际工作中，往往由于因素多、关系复杂、数据量大，探索性分析的规模随着变量个数及其取值数的增加而迅速扩大，需要耗费大量的时间。很多时候，需要根据时间等方面的限制，对探索计算的广度和深度进行权衡，以及进行一定的简化。

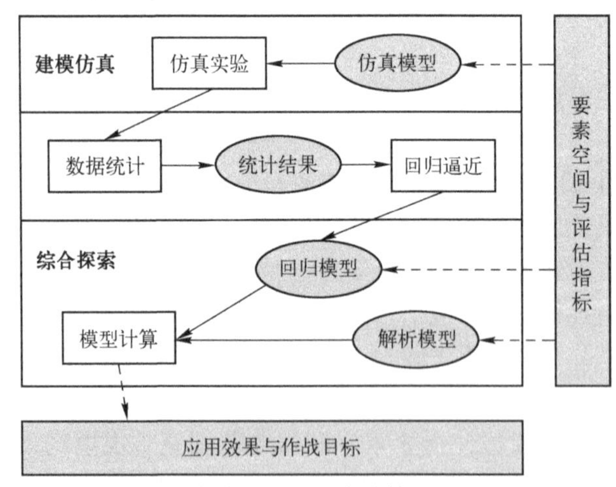

图9–6　仿真实验与探索计算的一般过程

第六步：数据分析。探索性分析结果是基于多种规则生成的不同类型参数和不同参数值组合经过探索计算得到的，因此，利用要素空间与效果之间的双向关系对结果进行分析，可以得到各种方案对系统整体效能的不同影响，进而分析得出不确定性因素与系统效能的关系。同时，直观形象、具有表现力的图示化对于辅助决策人员进行系统分析是非常重要的。在实际工作中，往往需要采取多种形式以充分表现各类影响关系。

9.4 典型应用案例

本节提供一个利用探索性分析思想进行武器装备体系效能分析的应用示例。利用 9.3 节提出的基于探索性分析的效能评估框架，以导弹精确打击为作战背景、以支撑精确打击的天基军事信息系统为评估对象，分析评估系统效能。

1. 问题背景界定

在未来的某个时间，红、蓝双方进行了一场军事对抗，其中蓝方为了干涉红方的军事行动，派遣了海上作战力量编队进入特定敏感区域。红方为了确保军事作战的正常进行，以击沉或重伤蓝方一艘大型海上舰船为直接作战目标，拟使用精确制导弹道导弹为主要进攻手段进行火力突击，迫使其退出特定区域。精确制导弹道导弹实施打击，需要天基军事信息系统提供侦察情报、通信保障、导航定位等方面的信息服务，重点考虑目标侦察定位、通信保障以及导航定位三方面的支持能力。

2. 要素空间与评估指标

针对导弹精确打击的作战需求，选择天基信息系统的 8 个典型的能力要素组成主要要素空间：X_1为天基信息系统对作战区域的侦察周期，X_2为天基信息系统对于目标的分辨精度，X_3为自目标信息被获取到传递至作战单元的时间延迟，X_4为天基信息系统对于目标的定位精度，X_5为天基信息系统提供的导航定位服务的定位误差，X_6为天基信息系统提供的导航定位服务的测速误差，X_7为天基信息系统提供的通信保障服务在干扰下的通信覆盖率，X_8为天基信息系统服务的可靠性。

在明确了要素集合之后，对于连续型的能力要素，需要给出每个能力要素的取值范围；对于离散型的能力要素，需要给出每个能力要素的可能取值。下面给出 8 个能力要素的初始值方案如表 9-1 所列。

表 9-1　天基信息系统的能力要素

编号	含义	类型	单位	取值
X_1	侦察周期	离散型	小时（h）	{10，5，2，1，0.5}
X_2	目标分辨率	连续型	米（m）	（0.1，20）
X_3	信息处理延时	连续型	秒（s）	（100，1200）
X_4	目标定位精度	离散型	米（m）	（200，2000）
X_5	定位误差	连续型	米（m）	（1，20）
X_6	测速误差	连续型	米/秒（m/s）	（0.05，0.5）
X_7	通信覆盖率	连续型	—	（0，1）
X_8	可靠性	连续型	—	（0，1）

进一步地，通过对信息系统的能力要素空间各要素以及作战效果影响关系，构建效能评估指标，上述 8 个信息系统的能力要素显然是主要评估指标，另外，还包括成功实施打击的概率、单发导弹命中概率、目标平均毁伤程度、平均耗弹量等体现天基信息系统应用效果以及作战结果的指标。

3. 模型构成

探索性分析需要通过模型以及模型的仿真运行获取相关数据，这里给出案例背景下的支撑模型体系，相关模型共包括以下四类，如图 9-7 所示。

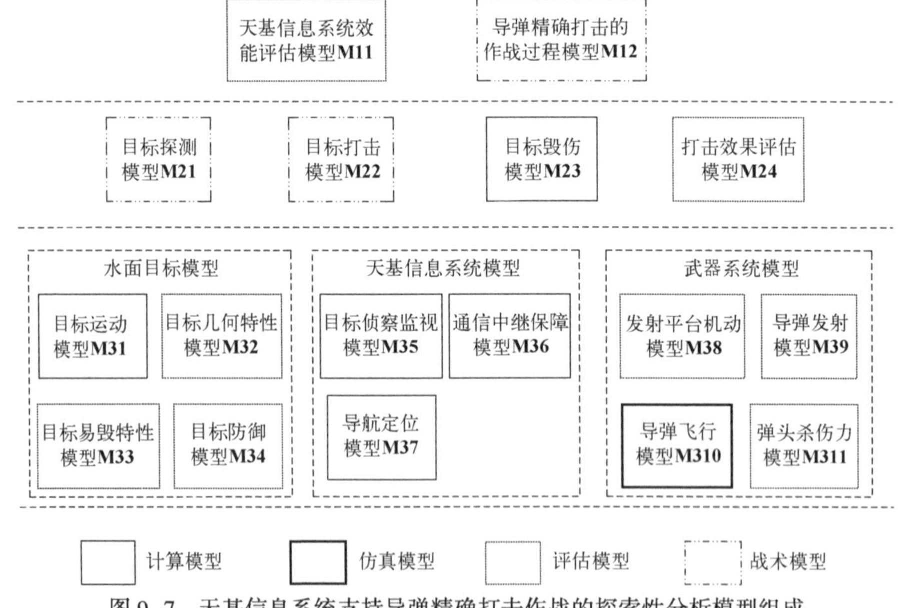

图 9-7　天基信息系统支持导弹精确打击作战的探索性分析模型组成

（1）评估模型

评估模型为对作战效果或信息保障效果进行分析评估的相关模型，如目标易毁特性模型、弹头杀伤力模型以及打击效果评估模型等。

（2）战术模型

战术模型为在给定的作战想定下，描述作战使用过程、战术原则和指挥决策等的相关模型。如作战过程模型。

（3）计算模型

计算模型为对相关实体实施相关动作能够达成结果进行计算的相关模型。如目标发现概率模型、目标捕获概率模型等。

（4）仿真模型

仿真模型为对相关实体的基本属性或运动规律进行模拟的相关模型。比如导弹飞行模型等。

其中，天基信息系统效能评价模型描述的是效能评价方法，即基于探索性分析的效能评价方法；导弹精确打击的作战过程模型描述作战原则、作战实体、武器装备和作战环境等问题；目标探测模型、目标打击模型、目标毁伤模型以及打击效果评估模型是描述导弹精确打击作战过程的关键模型；水面目标模型、天基信息系统模型和武器装备体系模型作为底层模型，支撑上层模型的计算。

相关模型与效能评估指标之间的支撑关系如图9-8所示。

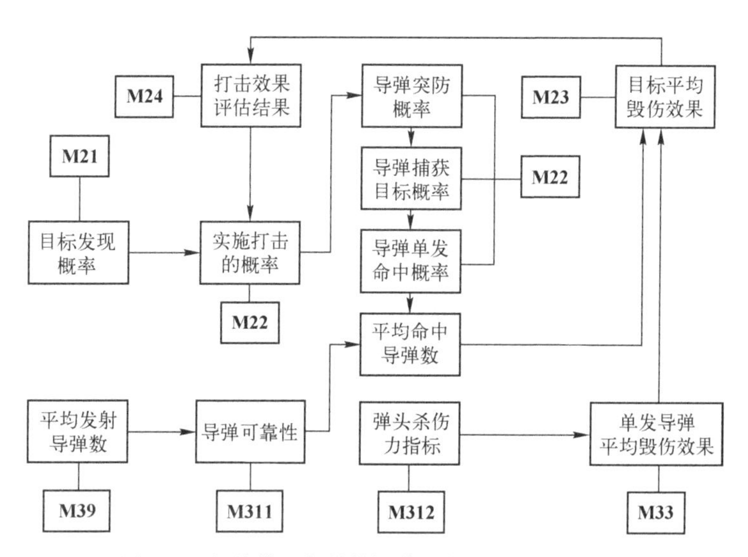

图9-8 相关模型与效能评估指标之间的支撑关系

4. 探索性分析与评估结论

综合利用各类模型，对精确打击作战中的天基信息系统能力要素进行探索分析，经过大量仿真实验和数据分析，最终选定了5个较为典型的方案作为评估验证对象，如表9-2给出了不同方案下的信息系统能力要素值的设定，相应地，5个方案下核心效能指标（耗弹量与命中弹数）如图9-9所示。

表9-2　天基信息系统能力构成方案

方案类型	X_1	X_2	X_3	X_4	X_5	X_6	X_7	X_8	X_9	X_{10}
方案1	10	18	1100	4	2000	3600	20	0.5	0.8	0.90
方案2	5	10	800	3	1000	2400	12	0.2	0.9	0.90
方案3	2	6	500	2	500	2400	8	0.1	0.95	0.95
方案4	1	3	400	2	500	1000	6	0.1	1	0.95
方案5	0.5	0.8	300	1	200	1000	2	0.05	1	0.95

在所选择的5组评价方案中，直接体现天基信息系统作用的应用效能指标包括目标发现概率、导弹发射概率、目标捕获概率和打击效果评估质量。不同方案下的应用效能指标值如图9-9所示。

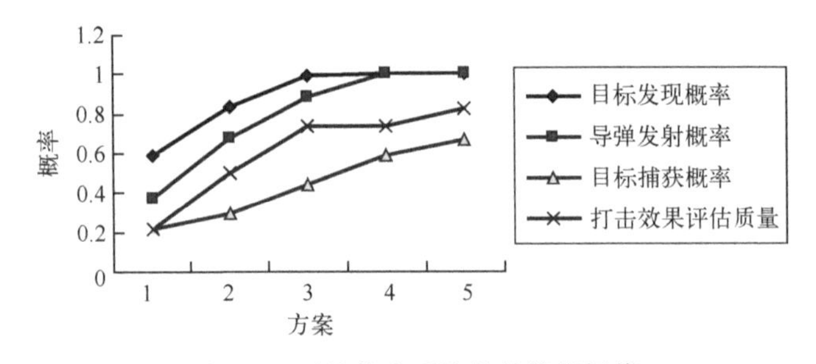

图9-9　天基信息系统的效能指标值

而从直接战果方面来看，耗弹量与命中弹数是两个核心指标，变化趋势如图9-10所示。耗弹量与命中弹数两个核心指标有着明显的变化，总体上，随着天基信息系统性能的提高，命中目标的导弹数呈单调递增的趋势。同时，耗弹量呈现先增后减的趋势，这时因为当天基信息系统侦察探测能力较弱时，目标发现概率太低，耗弹量反而很少；而当发现概率提高后，导航定位服务等方面的水平也在提高，所以在较高命中弹数水平下，总耗弹量下降。

总体来说，5个方案的效能呈递增趋势，但前三个方案的效能增加趋势明显，后两个方案的效能增加趋势不明显；方案1、方案2和方案3支持导弹精确打击的能力较差，无法达到预期效果，方案4中，如果补充打击用弹量有所

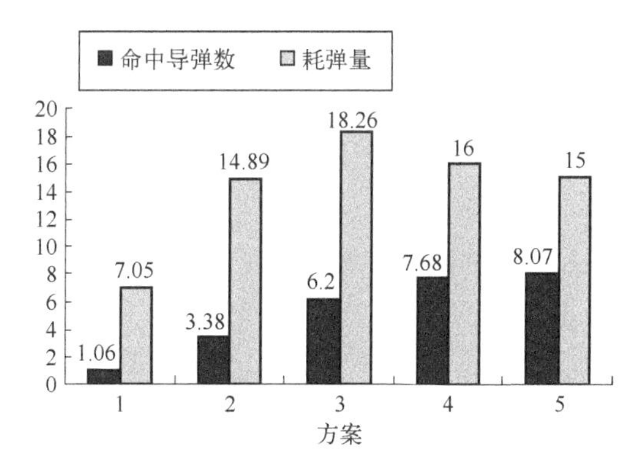

图 9-10　不同方案支持下的打击任务完成效果对比

增加，则打击效果能够满足任务要求，方案 5 能够满足任务要求，但与方案 4 的效能差别较小。因此，可以得到这样的评价结论：如果综合考虑满足任务的程度和方案的实现难度，则方案 4 是 5 个方案中的最佳方案。

必须注意的是，这里使用的弹量总是较多的（最小也超过 7 发），这就决定了天基信息系统的效能主要体现在单发命中概率的提升上，从而最终体现在完成任务条件下导弹攻击效率的提高上，而实际上，进一步考察不同天基信息系统能力要素对作战结果的贡献度是很有意义的，能够用于指导系统的能力提升与瓶颈改进工作。如果仅以导弹单发命中概率为衡量导弹精确打击的效能指标，经过反向的探索分析（考察一定战果水平下要素的贡献率），得到各要素的贡献度如图 9-11 所示。其中，能力要素 X_4 和 X_6，即在当前的能力水平下，目标定位精度和导航测速误差对导弹打击效果影响最大，是天基信息系统能力提升的关键环节。因此，在发展天基信息系统整体性能时应重点提高这两项性能指标。

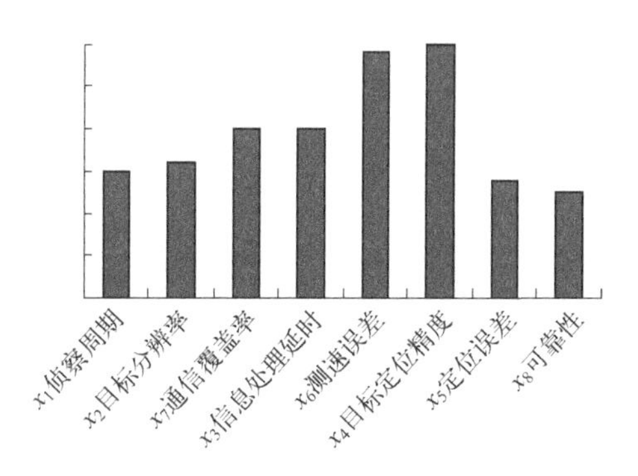

图 9-11　信息系统能力要素对战果的贡献度排序

最后，需要说明的是，本案例只给出利用探索性分析方法进行军事信息系统效能评估方法的一般过程和初步结果，相应研究还需要进一步深化，但其应用价值和适用性是毋庸置疑的。

参考文献

[1] BANKES S. Exploratory Modeling for Analysis [R]. USA: RAND, RP-211, 1993.

[2] DEWAR J A, BUILDER C H, et al. Assumption-Based Planning: A Planning Tool for Very Uncertain Times [R]. USA: RAND, MR-114-A, 1993.

[3] BROOKS A, BENNETT B, BANKES S. An Application of Exploratory Analysis: The Weapon Mix Problem [R]. USA: RAND, 65th MORS Symposium, November 18, 1997.

[4] SHLAPAK D A, ORLETSKY D T, et al. Dire Strait: Military Aspects of the China-Taiwan Confrontation and Options for U.S. Policy [R]. MR-1217-SRF/AF, Rand, CA, U.S., 2000.

[5] DAVIS P K, BIGELOW J H. Experiments in Multiresolution Modeling [R]. MR-1004-DARPA, RAND, 1998.

[6] JOHNSON S E, LIBICKI M C, et al. The New Challenges & New Tools for Defense Decision making [R]. MR-1576, RAND, 2003.

[7] DAVIS P K, KULICK J, EGNER M. Implications of Modern Decision Science for Military [R]. Project Air Force, RAND, 2005.

[8] DAVIS P K, CARRILLO M J. Exploratory Analysis of "The Halt Problem" [R]. Santa Monica: RAND, 1997.

[9] 罗小明，卫星军事应用系统在导弹作战中的信息支援能力研究，装备指挥技术学院学报 [J]. 2002 (6): 51-55.

[10] 曾宪钊，等. 基于作战仿真和探索性分析的海战效能评估 [J]. 系统仿真学报，2005, 17 (3): 763-766.

[11] 杨镜宇，司光亚，胡晓峰. 信息化战争体系对抗探索性仿真分析方法研究 [J]. 系统仿真学报，2005, 17 (6): 1469-1472.

第10章 武器装备体系效能评估的场景分析方法

武器装备体系的效能最终体现为完成作战任务的程度，而完成作战任务的过程可以用“场景”描述和分析，作为“图画”式刻画武器装备体系应用过程的“场景”首先为效能评估提供了一种理解和分析任务的工具，其次“多场景”的综合分析与现代武器装备体系的效能评估提供了一个具有稳健性的方法支撑。

本章集中讨论基于场景的武器装备体系效能评估方法，包括场景概念的讨论、场景的获取方法以及一个一般性的评估框架和应用案例，相应的方法可为复杂武器系统，特别是基于信息系统的武器装备体系的效能评估提供有针对性的方法论。

10.1 场景的概念和一般分析

本节讨论场景的基本概念、场景概念与几个相似概念的区分以及场景的获取方法，为后面的论述奠定基础。

10.1.1 场景的概念分析

人们日常语言中使用的场景概念，往往是场面或者情景的同义词，如劳动场景、生活场景等。在文学、戏剧、电影等艺术形式中，场景是指人物之间在一定的时间和环境中相互发生关系而构成的生活情景[1]，是推动剧情发展的基本单位。在语言学中，场景与文学、电影等艺术形式中内涵比较一致，是指人与人就具体主题进行的对话情景，用于语言分析或者语言学习。在软件工程领域，场景概念被抽象为“相互独立的实体之间的交互”[2]。实体则包括了人、系统和环境，主要目的是通过对软件使用场景进行分析，实现对软件需求的验证。而在管理与战略分析领域，则有场景规划技术[5]，用来分析不确定环境下可能发生的种种“未来”情况，并以此支持发展决策（表10-1）。

表10-1 “场景”在不同领域的含义与表示形式

领域	基本含义	常见表示形式
日常语言	场面、情景	自然语言
艺术形式	有人参与的生活情景	自然语言、图像、视频
语言学	人与人的对话情景	自然语言、画面
软件工程	人与系统之间的交互	形式化描述语言（MSC，UML序列图等）
管理与战略分析	系统未来的可能状态	场景树等图示化描述形式

相比较而言，几个领域中“场景”概念的基本含义是一致性的，都是指“图画”式的情景描述。但这一概念在不同领域应用的侧重点又有所不同，日常语言与艺术形式中强调场景中人与人之间的交互、人与环境之间的交互，软件工程领域强调人与系统（软件系统）之间的交互关系，管理与战略分析领域则强调人们对未来可能的设想与描述。但无论哪种应用，由于人类大脑本身擅长形象记忆、形象理解与形象感知，一个好的场景描述往往抵得过“千言万语”，能够简洁直观地说明复杂的对象。

由于武器系统，特别是现代复杂武器系统的用途可能是多样的，有些系统，如侦察系统，其对最终战果的影响链条较长，很难直接分析其对最终战果的贡献。使用“应用场景”的概念，为系统深入地理解武器装备体系的作战应用活动提供了统一的视角，并为进一步进行有针对性的分析评估提供了关键技术支撑。我们可以用场景概念描述与分析现代武器装备体系、特别是侦察系统、指挥控制系统的效能评估问题，其中场景的含义与上述各领域中的含义是一致的，是对武器装备体系作战应用场合的“图画”式的描述。

武器装备体系作战应用场景（scene），是指武器装备体系支持作战单元完成作战任务的相对完整独立的过程片段，在这样的片段中，具备直接应用目标的单一性要求，直接紧密体现了武器装备体系支持作战单元完成特定任务的途径、方式和效果。

上述定义中，有三个要点。

（1）场景是作战中的过程“片段”。

这一片段的截取不是根据时间与空间进行的，而是主要依据武器装备体系支持作战单元完成的任务类型以及相关实体间的逻辑关系。也就是说，这样的片段不是简单的“时空片段”，而是具有典型特点的武器装备体系应用“逻辑片段”，如“远程精确打击导弹武器应用场景”是对导弹武器支持远程打击作战过程的截取，用来反映打击中的导弹武器的作战任务，强调的是远程精确打击中指控、部队等的相关要素与导弹武器之间的逻辑交互关系，而与打击发生的时间与空间并不直接相关。

（2）场景的选取需要满足直接应用目标的单一性要求。

“片段”式的场景要求有单一而直接的应用目标，如果一个“片段”具有两个或者两个以上截然不同的应用目标，就必须划分为不同的场景。注意这里强调的是“直接目标”，比如导弹武器支持远程打击的直接目标就是单一的，是“摧毁作战目标、实现作战目的”。

（3）场景能够直接体现武器装备体系支持作战的相关特征。

场景的确定必须满足最重要的一个条件，即在选取的场景“片段”中，要能够直接紧密体现了武器装备体系支持作战单元完成特定任务的相关特征，包括武器装备体系作战应用的途径、方式以及应用的效果。如果作战某一“片段”与武器装备体系支持作战的关系不是直接紧密的关系，需要对这一片段进行进一步凝练，可以通过提问来进行，如提出“系统直接应用在哪里”“直接影响的作战活动是什么”“直接的效果体现在什么地方”等问题，将“片段”进一步压缩，直至能够直接体现武器装备体系作战应用的方式、效果等特征。

“场景”概念，相对于上面分析的其他应用领域，其侧重点与目的有所不同，要达成三方面目标。

（1）用来分析与描述武器装备体系作战应用的多样化场合，系统地梳理武器装备体系作战应用的具体类型、相应活动以及直接效果，为研究武器装备体系作战应用问题提供基本手段。

（2）通过获取与描述应用场景，构建复杂武器系统作战应用的典型场景集，以场景集为基础条件，为武器装备体系效能评估提供背景支持，保障效能评估的综合性与稳健性。

（3）通过对场景的分析，尽可能完备地考虑武器装备体系支持作战的未来可能情况，特别是具有更高研究价值与可信度的“近将来”情况，为武器装备体系作战应用的预测提供依据。

10.1.2 场景、想定与任务的区别与联系

在军事领域中，与场景相关的还有想定、设定、任务等几个概念，这里给出这几个概念的区别与联系。

想定是军事领域最常用的概念之一，我军《中国人民解放军军语》中将想定定义为“按照训练课题对作战双方的企图、态势以及作战发展情况的设

想与假定”[6]。这一定义针对的是军事训练，主要通过想定文书对军事训练（包括演习）的目的、过程、范围等给出说明。外军对想定的一个典型定义为“与满意的研究目标和问题分析相关的，在设定的时间范围内的，与冲突或危机相关的区域、环境、方法、目标和事件的描述”[7]，这一定义指出了想定的四个基本要素：背景、环境、参与者和事件的发展过程。综合我军与外军的定义，可以认为想定是根据军事训练、演习或作战研究课题的需要，对作战背景、作战区域、战场环境、初始态势以及作战局势发展进程的设想和假定，为参战、参训对象提供作业的环境和条件，将指挥员的作战意图和作战决心转化为具体的作战计划和方案，通常以文书的形式出现在各级、各类的军事活动中。

依据所描述对象的不同，想定分为军事想定和仿真想定。军事想定是为作战、军事演习或训练拟制的，用于指导军事任务的实施，一般包括企图立案、基本想定和补充想定等内容。仿真想定则是根据具体的任务需求，用于为各仿真成员提供能够驱动仿真运行的初始化数据，通常以格式化的脚本形式提供，既包含军事想定中关于军事活动的所有内容，还要应用于仿真系统，包含对仿真条件、约束、规则和过程等的结构化描述，以及对能为仿真模型所直接使用的各种仿真实体的描述。仿真想定是给仿真系统开发人员使用的想定。

总之，想定为作战、军事演习或训练课题设定了一个基本背景和初始态势，界定了所研究问题的范围和边界条件（空间、时间、力量对比、局势发展过程），明确了所要达到的目标。从某种程度上说，想定相当于电影、话剧中的完整剧本，规定了时间、地点、人物、故事情节（事件）等方面的要素。

设定概念并不是标准的军事术语，但在很多文献中较为常见，相对于“想定”概念的严格性与描述的规范性，设定较为灵活，包括两个方面含义：一是为了方便对问题的研究，对所研究问题的一些基本事实进行陈述与确定；二是对作战背景、作战过程等作为研究常量来看待的对象的固化与说明。沙基昌、毛赤龙[8]把设定定义为“……把其头脑中的隐式问题明确、规范化表述的结果”，用来规范化描述战争设计工程项目的研究目标，表述为“在一定条件下实现某种目标”。其中，一定条件包括作战时间、作战对象、作战领域等。他们认为“设定”主要由两部分组成：基本设定和想定，基本设定是对问题边界的抽象和对研究中所需假设的抽象，相当于研究过程中的公设；想定是作战演练和模拟系统中关于军事方面的假设和前提。

总体而言，设定强调的是“设”，是具体研究问题的公设，是研究问题的前提，是对研究中的背景与常量进行明确化描述的结果。套用想定是剧本的说法，设定则大致相当于故事发生的时代背景与环境布景。

任务则是使用范围更为广泛的概念，所谓任务“是指定担任的工作或者指定担任的责任”[1]。在军事领域中，任务是指军事领域中军事实体所担任的工作，即军事行动中的任务、作战任务（对于涉及训练中或者非战争军事行动中的任务分析，往往也概称为作战任务）。军语中界定作战任务是指“武装力量在作战中所要达到的目标及承担的责任，分为战略任务、战役任务和战斗任务”。[6]，美军在《通用联合任务清单》中特别给出任务（task）是指“使一个使命或职能得以由个人或组织完成的各类行动或活动”[10]。可见作战任务概念强调的是为了达成作战目标所要或者可能要实施的一系列作战行动。对应于前面的类比，可以认为任务相当于剧本中人物的具体活动。

根据上面的分析，本书中场景的概念与想定、设定与任务既有区别，又有联系。可以总结为：想定是完整“剧本”，设定是“时代背景与环境布景”，场景是多个同类剧本中具有特定标准的“片段”，任务则是参与者的具体“活动”。因此一个想定下往往有多个场景，一个场景下可能有多个任务，任何具体的想定与场景都有其设定。想定、场景与任务三个概念都有其独立性，任何一个概念并不必然依赖另外两个概念，即想定不一定要分割为场景，场景也不一定必须以想定为前提（可以独立设计），任务可以是想定与场景下的任务，也可以是与想定与场景无关的任务类型。

10.1.3 场景的获取方法

对于具体武器装备体系而言，分析其具有哪些应用场景至关重要。场景的获取总体上有两种方法：一是进行调研，通过对用户、专家的调查访问明确具体背景下有哪些场景，本书称为场景获取的综合归纳法；二是从未来战略环境以及可能发生的作战任务着手，通过层层剖析武器装备体系需求，最终分析提炼出典型场景集合，称为场景集获取的分析演绎法。这两种方法各有利弊。

1. 场景获取的综合归纳法

场景获取的综合归纳法就是通过调研获取典型场景的方法，调研从渠道上可分为两类：一是对作战部队、军事专家以及本领域技术专家进行访问获取他们对于武器装备体系的认识，从中归纳整理出典型的应用场景；二是对已经发生的国内外武器装备体系参与作战的军事实践进行资料的收集整理，在此基础上，归纳提炼出具有现实依据的应用场景。最后在这两类调研完成的基础上，对得到的场景进行综合归纳，提出典型的场景集。

这样的思路，本质上是从相对零散的历史数据或者经验认识出发，通过“收集—归纳—形成”的逻辑链条最终提出典型场景集，本书称为“综合归纳法”，具体过程可按照图 10-1 所示的五个步骤实施。

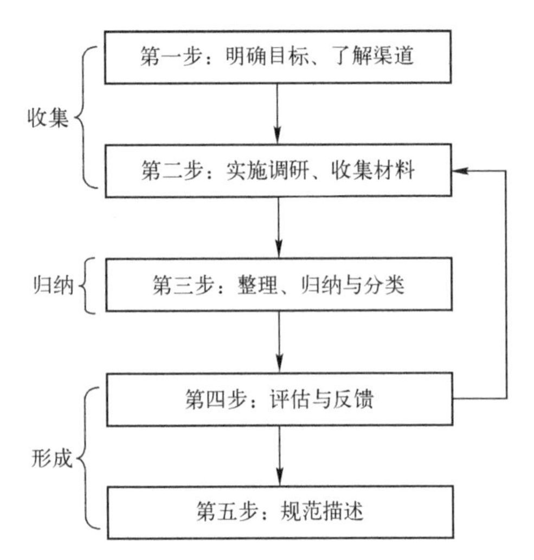

图 10-1　场景获取的综合归纳法过程

第一步：明确目标、了解渠道。具体目标可能是研究各类场景的全集，也可能根据需要确定为研究某一具体类别的场景集，在明确目标的基础上，了解可能的渠道，制定针对不同渠道的调研计划或者资料收集计划。主要的渠道有三个：一是不同用户的认识，二是多领域专家的经验，三是多类型的军事实践，如图 10-2 所示。

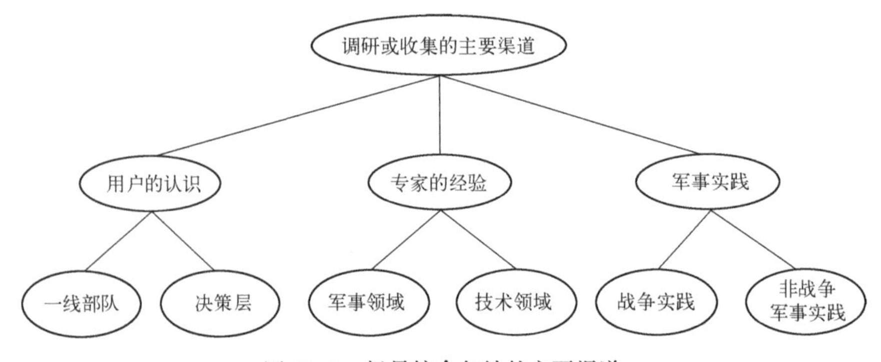

图 10-2　场景综合归纳的主要渠道

第二步：实施调研、收集材料。按照拟订的计划实施调研或者收集资料。需要注意的是，实际实施时，往往会出现不顺利的情况，这时要注意灵活调整调研计划，通过不同渠道获取信息的互补性来达到最终结果的完整性。

第三步：整理、归纳与分类。对调研或者收集的素材进行分类整理与综合归纳，其中的关键问题是综合归纳不同素材的视角。由于来源不同，这些素材描述角度往往也不同，需要在整理归纳时有一个统一的视角问题并利用这一视角审视与归纳不同的素材。

第四步：评估与反馈。对第三步中归纳得到的场景进行评估与反馈，这里评估是指通过对已经得到的场景集的完备性与合理性进行分析，以确定是否还需要进一步地调研或者收集资料。

第五步：规范描述。对经过分类归纳与反馈完善的场景集进行规范化描述，并在必要时进行场景集的覆盖度与重要度估计，为其他相关研究提供基础支撑。

采取“综合归纳法”获取的场景因为侧重多渠道的“经验认识”，有其固有的优点，如果进行综合归纳的范围足够大，最终得到场景集往往具有较好的覆盖度，一般可保证覆盖所有场景类型。但缺点是突出的，包括两方面：一是这一过程进行的好坏受制于多方面的具体条件限制，包括调研与资料收集渠道的多样性、实际调研本身的有效性以及经费时间等方面的现实制约；二是无论是用户与专家的认识，还是具体实践，虽然会涉及对支持的“未来”应用，但无疑更多的是强调“过去”与“当前”，最终得到的场景集很可能对更为重要的未来场景考虑不足。

2. 场景获取的分析演绎法

场景获取的第二个思路是通过对未来战略环境以及可能发生的作战任务着手，通过分析各类作战任务的一般过程与武器装备体系使用需求，提炼出场景，最终形成典型的应用场景集。这一思路强调了从“未来可能”演绎出应用场景集，可以有效弥补上面综合归纳法的不足。

分析演绎的思路，本质上是基于“未来”可能，通过“收集—作战分析—应用场景分析—形成”的逻辑链条提炼出场景，本书称为“分析演绎法”，具体过程可采用图 10-3 所示的六步框架。

第一步：明确目标、获取分析源。由于分析演绎法基于作战任务，而作战任务是多样的，因此利用本方法获取场景的初始目标不宜过大，一般定为小范围或者特定类别的场景获取问题，然后逐步扩大范围。从确定的目标出发，研究与获取分析源对象，源对象是指支撑分析场景的根本素材，一般是关于未来战略环境、对手与威胁、军事力量使命任务以及其他方面的权威出版物，如果缺乏相关的权威出版物，也可以是有关方面的重要文献，如图 10-4 所示。

第二步：构想战略环境、描绘使命任务。通过对分析源对象的研究，形成对未来战略环境的构想以及军事力量的使命任务，由于未来战略环境往往有多种可能，同时军事力量的使命任务也不是单一的，因此决定了得到的结果往往是一个未来可能“空间”。

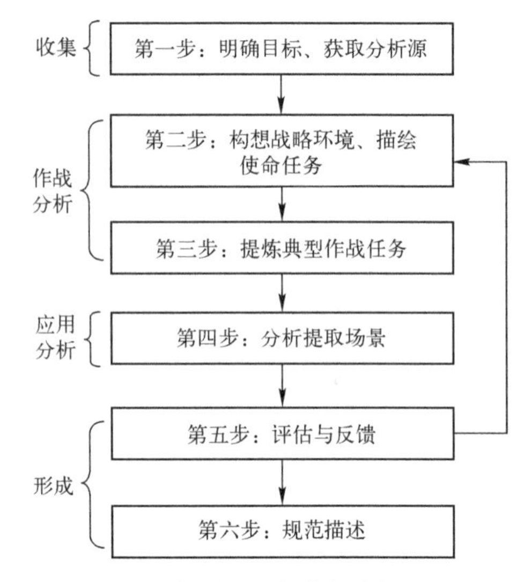

图 10-3　场景获取的分析演绎法过程

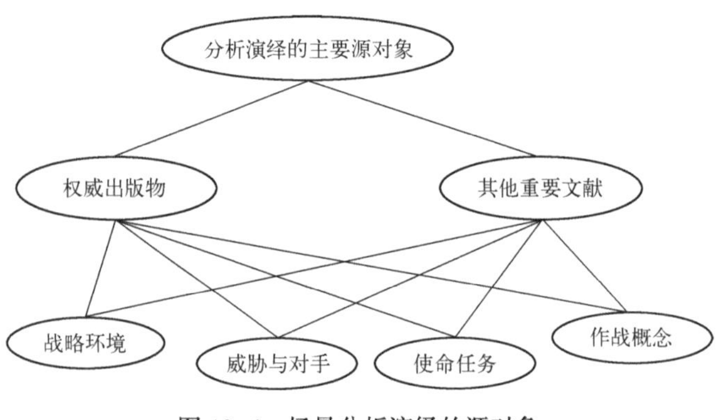

图 10-4　场景分析演绎的源对象

第三步：提炼典型作战任务。基于对未来战略环境以及使命任务的认识，分析提炼针对未来可能的典型作战任务，自然会涉及任务的分类与描述问题，具体方法可以美军提出联合作战任务清单的思路[10]，进一步研究完成这些任务的一般过程与关键需求，为作战任务中的场景分析提供基础条件。

第四步：分析提取场景。基于第三步中给出的作战任务清单，并综合卫武器装备体系当前水平及其发展趋势，形成对这些活动的“场景式”描述，即应用场景集。

第五步：评估与反馈。类似于综合归纳法的第四步，对分析演绎得到的应用场景集的完备性与合理性进行分析与评估，决定是否需要进一步的源对象搜集与作战任务分析。

第六步：规范描述。对经过反馈完善的场景集进行规范化描述。

采取“分析演绎法”获取的场景不同于“综合归纳”得到的结果，更加强调对未来可能的设想与分析，同时这样的分析演绎可以多次进行，相对地不依赖外在条件，但受分析源对象的客观性与有效性、分析过程的细致程度与技巧等方面的影响，往往在保障最终获取场景集的覆盖性方面较为困难。

比较而言，综合归纳法是一种“自下而上”、从个别到普遍、侧重过去认识的方法，能够较好地保障覆盖程度，适用于上面提到的“基本场景”类的获取；而分析演绎法是“自上而下”、从前提假设到特定结论、侧重未来设想的方法，能够充分考虑未来可能，更适用于“拓展场景”类的获取。在实际研究中，往往需要综合使用两种思路，最终得到兼顾广度和深度的场景集。

10.2 评估框架与一般过程

本节提出基于场景实施武器装备体系效能评估的一般框架，并给出一种利用变权思想进行效能综合计算的模型。

10.2.1 评估框架

评估框架是在评估方法、评估模型等要素上的一般评估过程，包括具体的评估步骤与评估活动、支撑方法或模型以及评估流程中的输入输出关系，评估框架是指对具有典型性的一类问题的模式化解决方案，也是对粗线条的研究思路的严谨化、系统化表达。这里基于场景的武器装备体系效能评估框架是系统分析武器装备体系的作战应用任务、构建评估指标、获取与处理评估数据、综合分析与形成评估结论的完整过程，是综合应用相关技术方法、解决现代武器装备体系效能评估问题的综合集成。

这一框架总体可分为四个阶段实施，分别是场景分析阶段、评估指标构建阶段、数据获取阶段以及数据处理与分析评估阶段，最终形成关于武器装备体系的效能评估结论。

第一阶段：场景分析

这一阶段的目标是通过场景分析提出具有典型性的应用场景与场景集，从而明确武器装备体系效能评估的具体背景。首先，通过实际调研与资料的收集整理，对军事力量遂行多样化使命任务以及不确定的未来作战环境进行分析，获得对武器装备体系支持作战宏观背景的认识；其次多渠道获取、分析与凝练场景，进一步对得到的场景进行规范化描述，必要时对各场景的重要度与典型度进行评估，形成对各类场景的全面深入的认识，以此为基础，形成具有一定覆盖面的典型场景集，最终形成的典型场景集代表武器装备体系作战应用（特别是面向未来的作战应用）的复杂性与不确定的未来情形，直接支持评估指标构建工作。

这一阶段输入的是多种形式存在（包括文本、专家经验、用户认识等）的关于军事力量的使命任务与未来不确定的任务环境，输出的是场景集。

第二阶段：评估指标构建

这一阶段的目标是构建应用场景下的评估指标体系，为武器装备体系的效能评估提供指标支持。首先，基于对武器装备体系能力的一般认识，分析第一阶段中得到的场景下的作战应用支持目标、支持能力构成以及相关保障条件，形成各场景下“能力要素—应用能力—应用效果”指标层次结构，形成逻辑层次清晰、定义良好、形式规范的指标体系，为场景下评估数据的获取提供指标准则。

这一阶段输入的是在第一阶段明确的具体背景，输出的是评估指标体系。

第三阶段：数据获取

这一阶段的目标是获取用于武器装备体系效能评估的相关数据，常用的方法有武器运用实验、武器装备体系作战应用和模拟仿真，鉴于现代武器装备体系的复杂性以及效能评估的经济性要求，模拟仿真的方法具有巨大的优势，下面以仿真为例，说明评估数据的获取。首先，根据选定的场景以及场景下的评估要求，实施应用仿真的仿真开发，包括仿真想定开发、仿真模型开发、仿真运控与数据收集程序开发等；其次，运行仿真并记录其中的仿真数据，包括仿真设定相关数据、仿真中间数据与结果数据等，形成场景仿真的“输入—输出”数据集，这一数据集需要完整地指出评估指标的相关计算。

这一阶段输入的是作为评估背景的场景集以及场景下评估指标体系，即第一阶段和第二阶段的输出，这一阶段的输出是直接支持武器装备体系效能评估的数据集。

第四阶段：数据处理与分析评估

这一阶段的目标是综合利用前三个阶段的输出结果，实施评估与综合分析，形成评估结论。其包括三方面工作：一是对获取的评估数据进行处理，包括对数据进行校验和统计分析；二是利用已有的评估模型对处理后的数据进行综合计算，得到效能评估值，一种典型的评估模型就是下面要介绍的场景变权模型；三是根据输入数据与得到的效能指标数值，进行综合分析，给出评估结论。

这一阶段以第二阶段形成评估指标体系以及第三阶段得到的评估数据为输入，以评估结论为输出。

10.2.2 一种场景下评估指标体系构建的规范过程

场景的概念不仅为武器装备体系效能评估提供了整体性支撑概念，也为评估的关键步骤——指标体系构建提供了一种有力视角，本节提出了一种基于场景的指标体系构建规范过程，按照此过程构建的指标体系具有良好的可追溯性和标准化特征。

指标体系的构建工作对效能评估至关重要，但恰恰在这个重要环节缺乏足够重视。在当前实际评估指标体系构建中，存在一些普遍性问题，导致最终的评估指标体系无法很好地满足评价的要求。常见的问题如下。

（1）评估指标的选取随意性大，往往建立在个人直觉与经验上，造成最终评价指标的有效性、科学性与合理性很难保证。

（2）较少考虑评估指标构建的可追踪性，评估的需求与最终得到的指标体系之间缺乏一致而平滑地过渡，导致无法严谨地说明指标的来龙去脉，很难验证得到的指标体系对于评估需求与评估目的的实现程度。

（3）评估指标的取名与定义因人而异，很多时候指标的含义不明确，导致同一指标的名称不一致，甚至差别很大；或者同一名称的指标内涵区别很大，容易造成误解，很难达成一致理解，指标的可重用性差。

类似的问题其实在其他研究领域也普遍存在，本质上是“目的”与“实现”之间的结构性矛盾。一方面，存在一个目标，但这一目标是从“用户”的视角进行描述的，这种描述往往具有模糊性，如对软件功能的需求或者对评估实现目标的要求；另一方面，实现手段及其可能性是用另一套话语体系描述的，无法保障两者之间的“自然契合”。例如，在软件工程领域，表现为软件需求与软件设计之间的映射与转换难题；在评估问题上，体现在评估目的与指标体系之间的不匹配上。

在软件工程领域，人们为了解决这一问题，提出软件体系结构框架（framework）的概念，试图在需求与软件设计之间架起一座桥梁，解决两者之间的平坦过渡问题[15]，实现尽早发现软件开发中的问题、提高软件开发成功率、缩短开发周期等目标。所谓框架，是指“一种用于组织、分类复杂信息的逻辑结构”[16]，是用于表示与记录事物的描述规范，从而确保对研究对象的一致理解与统一比较。软件工程领域中一个完善的框架应包括三方面的内容：一是设计与表示描述对象时需统一使用的术语及其定义，二是对象的统一设计内容和表现形式，三是使用框架的规则与指南。框架技术对于软件工程的发展有重大影响，为现代软件开发提供了方法论支撑。本书将这一理念应用于武器装备体系评估指标体系的构建问题上，认为需要提供一套规范的构建过程与过程产品，以实现对指标构建过程、构建结果以及中间产品的“一致理解”，达成评估目的与评估指标之间的平滑过渡，称为武器装备体系评估指标体系构建的规范框架。

武器装备体系评估指标体系构建的规范框架总体上包括两方面内容：过程规范与产品规范，其中，过程规范是指构建指标体系的一般步骤，分为五个步骤，如图 10-5 所示。

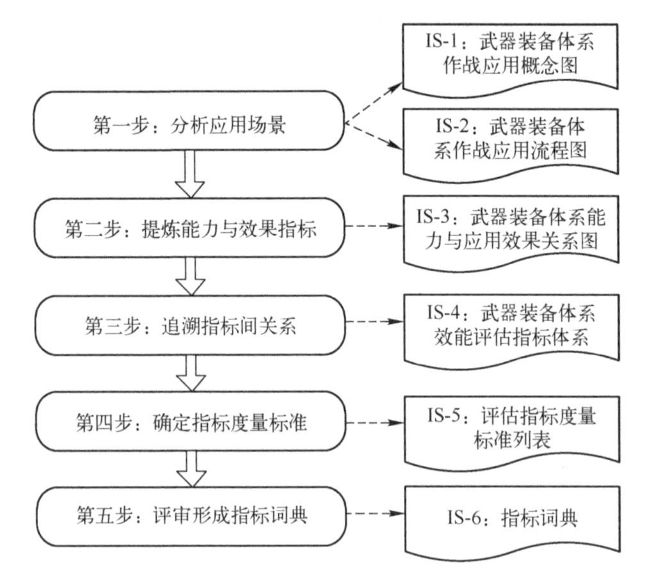

图 10-5　武器装备体系评估指标体系构建的规范框架

该过程框架每一步得到的相应的规范产品，共包括六类规范产品，如表 10-2 所列。

表 10-2　武器装备体系评估指标体系构建的规范产品

产品代号	产 品 名 称	产 品 说 明
IS-1	武器装备体系作战应用概念图	是指以直观的表达形式、全局的视角展示场景下武器装备体系支持作战的概貌，主要用于人与人之间的交流、引导和集中详细讨论，也可作为向高级决策者进行陈述的工具。 规范产品 IS-1 的表现形式以图形为主，辅以文字标注说明必要的信息和数据

续表

产品代号	产 品 名 称	产 品 说 明
IS-2	武器装备体系作战应用流程图	是指以作战的逻辑推进为轴线，描述各类作战单元的关键作战活动以及应用活动，进而对武器装备体系的作战应用活动的流程以及作战任务的支持关系进行明确刻画，以支持对武器装备体系评估指标的提取。 规范产品 IS-2 的表现形式一般使用图形，必要时辅以文字说明
IS-3	武器装备体系能力与应用效果关系图	是指以图的形式给出的具体场景下武器装备体系能力与相应应用效果指标之间的关系说明，包括两个部分：一是能力指标以及指标之间的关系，二是每项能力在场景下体现出的应用效果以及两者之间的关系。 规范产品 IS-3 一般使用有向图形式画出，必要时辅以文字说明
IS-4	武器装备体系效能评估指标体系	是指整体描述性能指标—能力指标—效果指标三层次指标及其层次之间关系的规范产品。 可使用两种形式：一是树状图形式，可自上而下分为应用效果指标层、应用能力指标层、能力要素指标层；二是网状图结构，实际根据指标间的逻辑影响关系绘制
IS-5	评估指标度量标准列表	是指对各类评估指标进行量化度量的标准说明，包括两方面内容：一是使用什么量化指标进行度量；二是量化指标的度量量纲。 规范产品 IS-4 一般使用列表形式给出，表中的每项内容是对指标度量标准的具体说明
IS-6	指标词典	是指对各类指标进行详细说明而构成的词典式描述，每项指标的说明须包括指标概念、指标类型、指标用途、指标与其他指标之间的关系以及指标的度量标准等方面。 规范产品 IS-4 一般使用列表形式给出，表中的每项内容是对一项指标的词典式说明，也可根据需要将指标的说明制作为卡片形式

武器装备体系评估指标体的规范框架具体构建过程如下：

第一步：分析应用场景。分析场景中武器装备体系作战应用的具体过程，形成对武器装备体系作战应用场景的规范描述。在场景描述的基础上，给出第一类规范产品（IS-1）——武器装备体系作战应用概念图。进一步对武器装备体系对作战的影响作用进行分析，界定各类武器应用活动与作战单元任务之间的支持关系，形成第二类规范产品（IS-2）——武器装备体系作战应用流程图。

第二步：提炼能力与效果指标。在场景描述的基础上，考察作战目标以及各类武器装备体系作战任务的直接目标，提取各类应用活动对应的效果指标。

并根据武器装备体系的一般能力分析，确定具体场景下的武器装备体系的能力指标项，进一步在能力项与效果指标之间确定对应关系，形成第三类规范产品（IS-3）——武器装备体系能力与应用效果关系图。

第三步：追溯指标间关系。以上一步形成的能力与效果关系图为基础，提取武器装备体系的相关性能指标参数，明确性能指标、能力项以及效果指标之间的影响关系，构建第四类规范产品（IS-4）——武器装备体系效能评估指标体系，这一产品是构建框架的核心产品，一般呈树状结构或网状结构。

第四步：确定指标度量标准。考察评估指标体系中的各类指标，并根据场景下的具体情况，逐一分析各指标的度量标准与量化度量方法，必要时实施定性指标的等级量化，将定性类指标转化为定量化指标，从而使所有指标都可以进行定量度量，方便后面定量评估的实施。形成第五类规范产品（IS-5）——评估指标度量标准列表。

第五步：评审形成指标词典。这一步是在前面4步的基础上，通过必要的评审与其他方法形成最后一类规范产品（IS-6）——指标词典。指标词典中对场景下所有能力要素指标、能力项指标以及应用效果指标给出定义、量化标准及其其他必要说明。各类指标的定义一般要满足三方面要求：一是概念内涵明确，无二义性；二是概念外延界定恰当；三是概念解释准确，符合逻辑。

图10-6是指标词典中单项指标的卡片式说明示例。

> **导弹CEP**
>
> **概念**：导弹命中精度表示对目标的打击中导弹弹落点对瞄准点的偏离程度，其大小是用射击误差的大小表示。
>
> **圆概率误差（CEP）**：在实际中广泛使用的一种射击精度描述指标是圆概率误差CEP，它表示的是一个圆的半径，该圆以期望弹落点（或瞄准点）为圆心，弹落点有一半的可能落入该圆内。
>
> **作用**：可用于描述导弹武器命中误差的大小。案例中可用于表示弹载导航定位系统的作用。

图10-6　指标词典中单项指标的卡片式说明示例

10.2.3　基于场景变权的效能计算模型

在对效能进行综合计算时，必然涉及相关指标的权重确定问题，以往的许多评估方法如模糊综合评估和AHP方法等，都是事先确定各指标的优先权重，然后把各指标值的权重和作为方案优先序的排列依据。因为这些方法对每个方案或评估对象采用的都是相同的权重分配，故称这些方法为均一评估。均一评估的缺点：权重较难确定，而且很难避免主观性；权重的均一性导致评估的非公正性。对不同的评估对象来说，指标之间的重要程度差异可能很大，因此，均一评估将掩盖这种客观差异而使评估不具有公正性。例如，方案与两个指标有关：$f_1=\{可行性\}$和$f_1=\{必要性\}$，若在决策中视为同等重要，则决策变量$V=0.5X_1+0.5X_2$。（X_1为可行性指标，X_2为必要性指标），若对方案甲而言，$X_1=X_2=0.5$，对方案乙而言，$X_1=0.1$，$X_2=0.9$，则有 $V_甲=V_乙=0.5$，这显然与实际不符，因为人们绝不会采纳必要性很强但可行性很差的方案，反之亦然。

考虑实际的情况，人们在做决策时总是遵循“均衡”原则，即使最不重要的指标，只要量值太小（大），就会导致方案被放弃；而非均一性评估则恰恰相反，它针对每个评估对象试图寻求最优的指标权重分配，因为评估对象不同，权重分配各异，所以得出的评估结果可能合理公正。

变权分析理论是一种有效非均一性评估方法。变权分析是我国著名学者汪培庄教授于 20 世纪 80 年代率先提出的一种新的综合决策方法。其变权原理的中心思想是根据指标状态值的变化使指标的权重随之变化，以使指标的权重能更好地体现相应指标在决策中的作用。但在实际决策问题中经常会出现这样的情况：在考虑影响决策的所有指标时，有些指标需要激励，即它们的权重应随指标状态值的增大而增大；但若单独考虑这部分被激励的指标，则它们之间需要进行均衡处理，即这些指标的权重应随状态值的增大而有所减小。

将此思想应用到武器装备体系的效能评估上，考虑武器装备体系的应用场景不同，在效能综合计算时，考虑不同指标在不同场景下的非均一化权重，相应的模型称为基于场景变权的效能计算模型。

下面介绍场景变权的具体做法，其中涉及关于变权的一些数学基础，这里不再赘述，有兴趣的读者请参考文献［11~14］。

设共考虑武器装备体系的 N 个应用场景，每个场景下有一级指标（有多级指标只需将相应思路进一步应用），同时设评估指标有$f_1,f_2,\cdots,f_m$，它们相互独立，指标初始常权向量 $\boldsymbol{W}=(w_1,w_2,\cdots,w_m)$，状态向量 $\boldsymbol{X}=(x_1,x_2,\cdots,x_m)$。根据实际问题的需要将$f_1$，$f_2,\cdots$，$f_m$ 分成 n 组，要求各组之间没有相同的指标。若第 j 组含有$f_{j1},f_{j2},\cdots$，f_{jq_j}共 q_j 个指标，利用指标状态的合成将它们合成新指标 $F_j=\bigvee\limits_{k=1}^{q_j}f_{jk}(j=1,2,\cdots,n)$。其中，$F_1,F_2,\cdots F_n$ 相互独立。再视指标F_j的状态值 y_j 为综合考虑其下层因$f_{j1},f_{j2},\cdots$，f_{jq_j}的决策值，此时指标状态向量$\boldsymbol{X}_j=(x_{j1},x_{j2},\cdots,x_{jq_j})$，假定常权向量 $\boldsymbol{A}_j=(a_{j1},a_{j2},\cdots,a_{jq_j})$。构造状态变权向量

$\boldsymbol{S}^{(j)}(x_{j1},x_{j2},\cdots,x_{jq_j})=(S_{j1}(x_{j1},x_{j2},\cdots,x_{jq_j}),\cdots,S_{jq_j}(x_{j1},x_{j2},\cdots,x_{jq_j}))$采用变权综合，则有

$$y_j=\sum_{i=1}^{q_j}a_{ji}(x_{j1},x_{j2},\cdots,x_{jq_j})x_{ji} \tag{10-2-1}$$

其中

$$a_{ji}(x_{j1},x_{j2},\cdots,x_{jq_j})=a_{ji}S_{ji}(x_{j1},x_{j2},\cdots,x_{jq_j})\Big/\sum_{i=1}^{q_j}a_{jk}S_{jk}(x_{j1},x_{j2},\cdots,x_{jq_j}) \tag{10-2-2}$$

最后，对$Y=(y_1,y_2,\cdots,y_n)$做变权综合。设$\boldsymbol{A}=(a_1,a_2,\cdots,a_n)$为$F_1,F_2,\cdots F_n$的常权向量，称作状态变权向量，由

$$S(y_1,y_2,\cdots,y_n)=(S_1(y_1,y_2,\cdots,y_n),\cdots,S_n(y_1,y_2,\cdots,y_n)) \tag{10-2-3}$$

得综合指标值：

$$E_n(y_1,y_2,\cdots,y_n)=\sum_{j=1}^{n}a_j(y_1,y_2,\cdots,y_n)y_j \tag{10-2-4}$$

其中变权

$$a_j(y_1,y_2,\cdots,y_n)=a_jS_j(y_1,y_2,\cdots,y_n)/\sum_{i=1}^{n}a_iS_i(y_1,y_2,\cdots,y_n) \tag{10-2-5}$$

如果每个场景下只有一级指标不能满足决策问题的需要，则可按上述思想继续将场景$F_1,F_2,\cdots,F_n$进行分组，然后将每组指标再合成为更上一层的新指标。中间各层每个指标的状态值，均视为综合考虑合成该指标的下层诸指标时的决策值，决策值的确定采用变权综合的方法。图10-7是每个场景下具有两层指标的结构（诸指标前括号中的值为该指标相对于上层指标的权重，最后一列为$f_1,f_2,\cdots,f_m$相对于总决策的权重分配。

从上面的分析可知，建立场景变权决策模型，关键在于各层指标常权的确定和构造合适的状态变权向量。关于状态变权向量的构造问题，文献［11-12］已有较为详细的讨论，限于篇幅，本书不再对其做更进一步的讨论，而是重点讨论各层指标常权的确定问题。

为解决这一问题，首先考虑每个场景下常权综合，即用常权综合来确定各场景中每个指标的状态值。不失一般性，先以每个场景由两层指标为例进行讨论，然后将所得到的结论推广到任意层时的情形，并给出任意层时各层指标常权的确定方法。设底层指标$f_1,f_2,\cdots,f_m$相对于总决策的常权向量为$\boldsymbol{W}=(w_1,w_2,\cdots,w_m)$，为简便计算，这里以各指标的符号表示该指标的状态值。要强调的是，如果底层诸基本指标的权重已经确定，则按常权分层方法得到的决策值，与不分层而直接采用常权综合做出的决策值应该是一样的。因此可以得到：

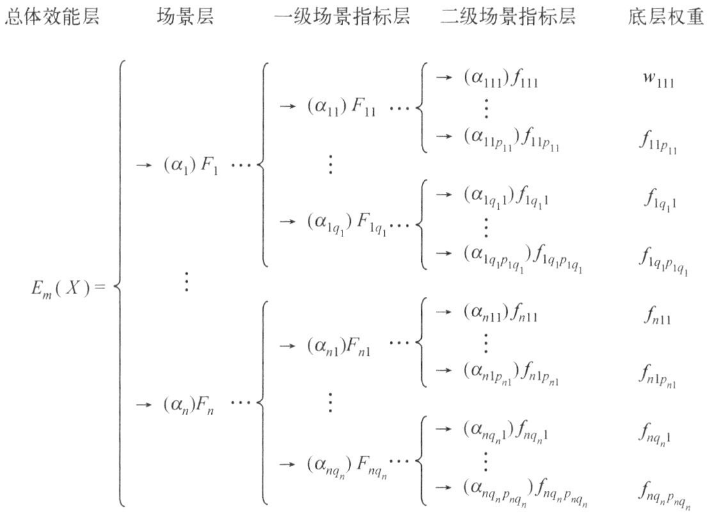

总体效能层　场景层　一级场景指标层　二级场景指标层　底层权重

$$E_m(X)=\begin{cases}\to(\alpha_1)F_1\cdots\begin{cases}\to(\alpha_{11})F_{11}\cdots\begin{cases}\to(\alpha_{111})f_{111} & w_{111}\\ \quad\vdots & \\ \to(\alpha_{11p_{11}})f_{11p_{11}} & f_{11p_{11}}\end{cases}\\ \quad\vdots\\ \to(\alpha_{1q_1})F_{1q_1}\cdots\begin{cases}\to(\alpha_{1q_11})f_{1q_11} & f_{1q_11}\\ \quad\vdots & \\ \to(\alpha_{1q_1p_{1q_1}})f_{1q_1p_{1q_1}} & f_{1q_1p_{1q_1}}\end{cases}\end{cases}\\ \quad\vdots\\ \to(\alpha_n)F_n\cdots\begin{cases}\to(\alpha_{n1})F_{n1}\cdots\begin{cases}\to(\alpha_{n11})f_{n11} & f_{n11}\\ \quad\vdots & \\ \to(\alpha_{n1p_{n1}})f_{n1p_{n1}} & f_{n1p_{n1}}\end{cases}\\ \quad\vdots\\ \to(\alpha_{nq_n})F_{nq_n}\cdots\begin{cases}\to(\alpha_{nq_n1})f_{nq_n1} & f_{nq_n1}\\ \quad\vdots & \\ \to(\alpha_{nq_np_{nq_n}})f_{nq_np_{nq_n}} & f_{nq_np_{nq_n}}\end{cases}\end{cases}\end{cases}$$

图 10-7　评估值的层次结构图

$$E_m(X)=a_1F_1+\cdots+a_nF_n=w_{111}f_{111}+\cdots+w_{11p_{11}}f_{11p_{11}}+\cdots+w_{1q_11}f_{1q_11}+\cdots+w_{1q_1p_{1q_1}}f_{1q_1p_{1q_1}}+\cdots+w_{nq_1p_{nq_n}}f_{nq_1p_{nq_n}} \tag{10-2-6}$$

因为$f_1,f_2,\cdots,f_m$相互独立，故$X\left(\overset{m}{\underset{j=1}{\vee}}f_j\right)=X(f_1)\times X(f_2)\times\cdots\times X(f_m)$可视作$m$维的坐标空间。上式对任意状态向量$\boldsymbol{X}\triangleq(f_1,f_2,\cdots,f_m)$均成立，则对应系数相等，于是得到方程组：

$$\begin{cases}\alpha_1\alpha_{11}\alpha_{111}=w_{111}\\ \qquad\cdots\cdots\\ \alpha_1\alpha_{11}\alpha_{11q_{11}}=w_{11q_{11}}\\ \qquad\cdots\cdots\\ \alpha_1\alpha_{1q_1}\alpha_{1q_11}=w_{1q_11}\\ \qquad\cdots\cdots\\ \alpha_1\alpha_{1q_1}\alpha_{1q_1p_{1q_1}}=w_{1q_1p_{1q_1}}\\ \qquad\cdots\cdots\\ \alpha_n\alpha_{nq_n}\alpha_{nq_np_{nq_n}}=w_{nq_np_{nq_n}}\end{cases} \tag{10-2-7}$$

利用权重的归一性，经整理，得

$$\begin{cases}\alpha_1=w_{111}+\cdots+w_{11q_{11}}+\cdots+w_{1q_11}+\cdots+w_{1q_1p_{1q_1}}\\ \alpha_{11}=\dfrac{w_{111}+\cdots+w_{11q_{11}}}{\alpha_1}\\ \quad\cdots\cdots\\ \alpha_{1q_1}=\dfrac{w_{1q_11}+\cdots+w_{1q_1p_{1q_1}}}{\alpha_1}\\ \quad\cdots\cdots\\ \alpha_{111}=\dfrac{w_{111}}{\alpha_1\alpha_{11}}=\dfrac{w_{111}}{w_{111}+\cdots+w_{11q_{11}}}\\ \quad\cdots\cdots\end{cases} \tag{10-2-8}$$

对上面的结果进行分析，不难发现其中的规律。将其推广到任意层的情形，则有在场景常权综合中，设底层基本指标 $f_1, f_2, \cdots, f_m$ 关于总决策的常权向量为 $\boldsymbol{W}=(w_1,w_2,\cdots,w_m)$。若中间层某指标 $F^{(k)}=\bigvee_{j=1}^{p}F_j^{(k+1)}$，将 $F^{(k)}$ 的状态值视为综合考虑其下一层子指标 $F_1^{(k+1)},\cdots,F_p^{(k+1)}$ 时的决策值。则指标 $F_1^{(k+1)},\cdots,F_p^{(k+1)}$ 关于 $F^{(k)}$ 的权重 $w_1^{(k+1)},\cdots,w_p^{(k+1)}$ 可按以下方法计算：先将指标 $F_j^{(k+1)}$ $F(k+1)j$所包含的底层子指标关于总决策的权值相加，设和为 $b_j(j=1,2,\cdots,p)$，然后将 $b_1,b_2,\cdots,b_p$ 进行归一化，归一化的结果即所求。对场景变权综合，首先考虑场景常权综合，然后确定各层指标的权值并将其作为变权综合中各层指标的常权。这样，问题的关键归结为如何科学地确定底层诸基本指标关于总决策的权重。

10.3 典型应用案例

本节以常规导弹打击海上移动目标为背景，利用上面给出的场景变权评估模型，分析天基信息系统的效能，说明基于场景的武器系统效能评估方法的一般思路。

1. 案例背景

地地常规导弹具有突防能力强、精度高、威力大、突袭能力强、作战运用灵活等特点，与其他反海上移动目标武器系统相比，具有不可替代的优势和特点。因此地地常规导弹将成为打击海上移动目标编队的“撒手锏”武器。其主要依靠弹载的导引头设备，完成对海上移动目标的精确跟踪与打击，武器系统对目标信息依赖性较强，需要目标图像数据、目标电磁辐射特性参数以及目标区海情等数据。

红方作战目标设定为“阻止敌方海上大型慢速移动目标进入特定作战海域、一旦进入，对其实施有效打击”，其作战过程可分为预警侦察、打击准备、打击实施以及打击效果评估四个阶段，天基信息系统由于其平台的高远特征与时空覆盖优势，可以为地地常规导弹远程精确打击提供多方面的关键信息保障。关键需求包括三个方面：一是对目标以及特定海域进行不间断侦察监视，能够及时从海量的信息中筛选出海上慢速移动目标的信息并快速传输打击所必需的图像信息与电磁信息，以供导弹武器系统确定瞄准点与目标特征；二是能够快速及时提供阵地和目标区的气象信息、环境信息等作战保障信息，以便导弹武器系统实施有效的弹道修正；三是对卫星导航能够提供发射阵地的快速定位定向以及导弹飞行制导服务。

2. 天基信息系统的应用场景分析

根据天基信息参与作战的过程，针对导弹武器系统火力打击典型作战样式的一般过程，分析天基信息系统是在什么作战环节以何种方式参与到作战中，由此，归纳出典型作战样式中的天基信息系统的作战应用场景分类，形成典型应用场景集，见表 10-3。

3. 两类典型场景下的效能计算

原则上，基于以上的场景分析，给出场景下的指标结构，就可以利用 10.1 节提出的评估框架进行效能评估。然后在多场景分析的基础上，综合计算天基信息系统的效能，说明在支持导弹远程精确打击背景下，天基信息系统完成信息保障任务的程度。简单起见，这里仅给出对两个场景进行分析评估的示例。

表 10-3　天基信息系统作战应用场景集

编号	场景名称	天基信息平台	天基信息需求	支持作战单元
1	活动对象探测与态势、威胁评估	成像侦察卫星	对象结构属性，对象运动属性，对象编队属性	指挥所
		电子侦察卫星	海上移动目标信息，包括海上移动目标战斗群的位置、电磁辐射特征参数等信息	
		气象卫星	目标区、发射区、航迹区雨、雪、风、能见度等情况	
		测绘卫星	进行地形测量，生成、更新军用电子地图	
2	态势、预警信息分发	通信卫星	通信频段 通信带宽	指挥所

续表

编号	场 景 名 称	天基信息平台	天基信息需求	支持作战单元
3	活动对象监视与情况收集	成像侦察卫星	接收、汇集图像侦察情报信息（确定慢速移动对象编队情况）；情报整编，融合处理	一级指挥所 二级指挥所
		电子侦察卫星	接收、汇集电子侦察情报信息，电磁辐射特征参数分析，辐射源信号定位，数据入库管理，信息查询检索辐射源精确定位、测速、测向	
		通信卫星	中继转发电子侦察和图像侦察信息	
4	气象测绘信息获取与分发	气象卫星	目标区、发射区、航迹区雨、雪、风、能见度等情况	指挥所 作战部队
		测绘卫星	进行地形测量，生成、更新军用电子地图	
		通信卫星	中继转发气象测绘信息	
5	火力打击计划生成与分发	通信卫星	提供数据通信传输服务	指挥所 作战部队
6	部队行动监控与生存防护	通信卫星	信息分发；态势广播，提供数据通信传输服务	指挥所 作战部队 武器平台
		导航定位卫星	接收、分发导航定位信息	
		电子侦察卫星	提供敌方导弹预警信息和敌方侦察卫星过顶时间预报	
7	活动对象信息采集装订	电子侦察卫星	提供对象位置信息、海上气象和海洋参数、高精度的图像信息、电子侦察信息	指挥所 作战部队 武器平台
		成像侦察卫星		
		通信卫星	提供数据通信传输服务	
8	火力打击实施信息保障	导航定位卫星	接收、分发导航定位信息	指挥所 武器平台
		通信卫星	提供各级指挥所与作战单元间的通信链路服务	
9	打击效果侦查与评估	电子侦察卫星	导弹武器突防信息、弹头落点信息和目标毁伤信息	指挥所
		成像侦察卫星		
		通信卫星	提供数据通信传输服务	

选取表10-3中的场景3和场景8，分别成为场景一（活动对象监视与情况收集）和场景二（火力打击实施信息保障），然后分析给定两个场景下的天基信息系统评估一级指标、场景下不同指标的初始权重，如表10-4所列。

表 10-4　天基信息系统作战应用场景与评估指标

场景编号	场景名称	场景权重	一级指标	指标编号	初始权重
场景一	活动对象监视与情况收集	0.6	目标搜索能力	f_1	0.10
			目标定位能力	f_2	0.25
			目标测速能力	f_3	0.25
场景二	火力打击实施信息保障	0.4	平台定位能力	f_4	0.12
			信息处理能力	f_5	0.06
			信息传输能力	f_6	0.08
			机动通信能力	f_7	0.10
			通信抗干扰能力	f_8	0.04

进一步根据天基信息系统的技术可能和发展趋势，选择两种可能出现的能力指标组合，形成天基信息系统的两种备选能力方案，见表 10-5。

表 10-5　天基信息系统能力方案

方案	f_1	f_2	f_3	f_4	f_5	f_6	f_7	f_8
方案 1	0.49	0.45	0.65	0.6	0.6	0.6	0.48	0.6
方案 2	0.5	0.5	0.5	0.6	0.45	0.5	0.45	0.7

考虑到无论是在场景一中还是在场景二中都不应出现较大偏差，所以采用惩罚性变权。取指标 $f_1 \sim f_8$ 的值，根据 10.2 节场景变权方法的结论，两种方案的效能计算式如下：

$$E(X) = 0.6\sum_{i=1}^{3}\frac{w_j^{(0)}x_j^{\alpha}}{\sum_{j=1}^{3}w_j^{(0)}x_j^{\alpha-1}} + 0.4\sum_{i=4}^{8}\frac{w_j^{(0)}x_j^{\alpha}}{\sum_{j=4}^{8}w_j^{(0)}x_j^{\alpha-1}}$$

将方案 1 与方案 2 的相关数据代入上式，得

$$E_1(X) = 0.54,\ E_2(X) = 0.63$$

可见方案 2 的总体效能大于方案 1，这个结论与常权加和的结论是不同的。因为场景一是整个作战行动有效实施的前提，其所占权重较高，而方案 1 在这个场景下指标差异较大，在评估过程中受到惩罚，所以总体效能低于方案 2。

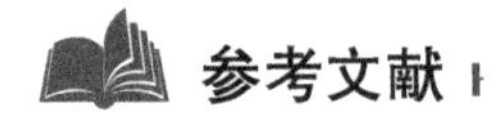

参考文献

[1] 辞海编辑委员会．辞海［M］．上海：上海辞书出版社，2001.

[2] CARROLL J M. The Scenario Perspective on System Development［M］. Scenario-Based Design：Envisioning Work and Technology in System Development，New York：John Wiley & Sons，1995.

[3] 程勇．基于场景和形式化方法的软件需求建模研究［D］．合肥：合肥工业大学，2002.

[4] 古天龙．软件开发的形式化方法［M］．北京：高等教育出版社，2005.

[5] DAMAS C H，LAMBEAU B，DUPONT P et al. Generating Annotated Behavior Modelsfrom End-User Scenatrios. IEEE Trans. on Software Engineering，2005，31（12）：1056-1073.

[6] 总参谋部．中国人民解放军军语［M］．北京：军事科学出版社，1997.

[7] NATO. Code of Best Practice for C2 Assessment，Revised 2002，NATO CCRP.

[8] 毛赤龙．战争设计工程中战法与装备集成分析方法研究［D］．长沙：国防科技大学，2008.

[9] 徐钰华．基于情景规划的项目不确定性管理研究［D］．南京：东南大学，2005.

[10] US DoD. Universal Joint Task List Version 4.0［R］. DoD. CJCSM 3500.04B，1999.

[11] 李洪兴·因素空间理论与知识表示的数学框架（Ⅸ）［J］．模糊系统与数，1996，10（2）：12-18.

[12] 刘文奇·均衡函数及其在变权综合中的应用［J］．系统工程理论与实践，1997，17（4）：58-64.

[13] 李德清，李洪兴．状态变权向量的性质与构造［J］．北京师范大学学报（自然科学版），2002，38（4）：455-461.

[14] 李洪兴．因素空间理论与知识表示的数学框架（Ⅶ）［J］．模糊系统与数学，1995，9（2）：16-24.

[15] ZACHMAN J A. A Framework for Information Systems Architecture［J］. IBM Systems Journal，1987，26（3）：276-292.

第11章 武器装备体系效能评估的粗糙集分析法

武器装备体系效能评估的核心问题是分析武器装备体系与作战效果之间的逻辑关系，而这一问题的研究在很大程度上依赖相关数据的质量，实际评估数据中存在大量不确定因素，如部分因素的模糊性、数据的不准确性以及因素间影响关系的复杂性等，粗糙集理论是一种处理含糊、不精确性问题的新型数学工具，核心优势是其能够从大量的、不精确的、不完全可靠的信息中，发现与挖掘出潜在的、新颖的、正确的、有价值的“因果”关联知识，这为武器系统，特别是难以完全量化系统的效能评估提供了崭新的解决思路与具体方法。

本章研究利用粗糙集方法进行武器装备体系效能评估的问题，首先对粗糙集理论进行了简单介绍，然后提出了一种基于粗糙集的武器系统效能评估框架，给出了相关指标的模糊化处理方法，综合应用了粗糙集中的属性重要性评判、属性约简以及规则推理等方法，并最终通过一个具体案例演示这些方法，给出具体结果，说明了这些方法的有效性。

11.1 粗糙集理论概述

粗糙集（rough set）理论是波兰数学家 Pawlak Z 于 1982 年提出的，是一种新的处理含糊性和不确定性问题的新型数学工具。相对于概率统计、模糊集等处理含糊性和不确定性的数学工具而言，粗糙集理论有独特的优越性。比较而言，统计学需要概率分布、模糊集理论需要隶属函数为基础，而粗糙集理论的一个很大的优势在于它不需要关于数据的任何预备的或额外的信息。粗糙集自理论问世以来，无论是在理论上还是在应用上都是一种新的、最重要的并且迅速发展的研究领域。它在知识发现、机器学习、知识获取、决策分析、专家系统、决策支持系统、归纳推理、矛盾归结、模式识别、模糊控制等方面都获得了成功的应用。

下面简单介绍 Pawlak 粗糙集的基本概念与一般方法，为基于粗糙集的效能评估方法的叙述奠定基础。

11.1.1 基础理论简介

本章基本概念包括近似空间、不可区分关系、知识库、粗糙集等定义。

定义 11.1 设 U 为所讨论对象的非空有限集合，称为论域；R 为建立在 U 上的一个等价关系，称二元有序组，$AS=(U,R)$ 为近似空间。

近似空间构成论域 U 的一个划分；若 R 是 U 上的一个等价关系，以 $[x]_R$ 表示 x 的 R 等价类，U/R 表示 R 的所有等价类构成的集合，即商集；R 的所有等价类构成 U 的一个划分，划分块与等价类相对应。等价关系组成的集合为等价关系族。

例如：论域 $U=\{x_1,x_2,x_3,x_4,x_5\}$，$R_1$、$R_2$ 是等价关系，根据这两个等价关系可以对论域 U 进行划分：

$U/R_1=\{\{x_1,x_2\},\{x_3,x_4\},\{x_5\}\}$， $U/R_2=\{\{x_1,x_3\},\{x_2\},\{x_4,x_5\}\}$

U/R_1 中的 $\{x_1,x_2\}$，代表 $[x_1]_{R_1}$ 的等价类。若记 $\boldsymbol{R}=\{R_1,R_2\}$，即 $\boldsymbol{R}$ 为等价关系族，包含两个等价关系。

定义 11.2 令 $\boldsymbol{R}$ 为等价关系族，设 $\boldsymbol{P}\subseteq\boldsymbol{R}$，且 $\boldsymbol{P}\neq\varnothing$，则 $\boldsymbol{P}$ 中所有等价关系的交集称为 $\boldsymbol{P}$ 上的不可区分关系，记作 $\mathrm{IND}(\boldsymbol{P})$，即有 $[x]_{\mathrm{IND}(P)}=\bigcap\limits_{R\in \mathrm{P}}[x]_R$

显然 $\mathrm{IND}(\boldsymbol{P})$ 也是等价关系。可以根据此等价关系，进行论域的划分：$U/\mathrm{IND}(\boldsymbol{P})=\{\{x_1,x_2,x_3\},\{x_4,x_5\}\}$。

不可区分关系是 Pawlak 粗糙集理论中最基本的概念。若 $\langle x,y\rangle\in\mathrm{IND}(P)$，则称对象 x 与 y 是不可区分的，即 x、y 存在于不可区分关系 $\mathrm{IND}(\boldsymbol{P})$ 的同一个等价类中。依据等价关系族 $\boldsymbol{P}$ 形成的分类知识，x、y 无法区分。$U/\mathrm{IND}(P)$ 中的各等价类称为 $\boldsymbol{P}$ 基本集。

有了近似空间和不区分关系的定义后，可以进一步对知识与知识库作出定义。粗糙集理论将分类方法看成知识，将分类方法的族集看成知识库。等价关系对应论域的一个划分，即关于论域中对象的一个分类，所以通过一个等价关系可以形成与之对应的论域知识（等价类的集合——商集）。

定义 11.3 称论域 U 的子集为 U 上的概念，约定 $\varnothing$ 也是一个概念，概念的族集称为 U 上的知识；U 上知识的族集构成关于 U 的知识库。

近似空间对应 U 的一个划分，因此近似空间形成关于论域 U 的知识。

定义 11.4 设 U 为论域，$\boldsymbol{R}$ 为等价关系族，$\boldsymbol{P}\subseteq\boldsymbol{R}$，且 $\boldsymbol{P}\neq\varnothing$，则不可区

分关系 IND($\boldsymbol{P}$)的所有等价类的集合，即商集 U/IND(P)称为 U 的 $\boldsymbol{P}$ 的基本知识，相应等价类称为知识 $\boldsymbol{P}$ 的基本概念。特别地，若等价关系 $Q \in \boldsymbol{R}$，则称 U/Q 为 U 的 Q 初等知识，相应等价类称为 Q 初等概念。

给粗糙集下定义，必须给出近似的概念，因为含糊概念无法用已有知识精确表示。例如，在知识 $U/R_1=\{\{x_1,x_2\},\{x_3,x_4\},\{x_5\}\}$中，概念$\{x_1,x_2,x_3\}$就不能用其中的知识精确表示。

定义 11.5 设集合 $X \subseteq U$，R 是一个等价关系，称$\underline{R}X=\{x \mid x \in U$，且$[x]_R \subseteq X\}$为集合 X 的 R 下近似集；称$\overline{R}X=\{x \mid x \in U$，且$[x]_R \cap X \neq \varnothing\}$为集合 X 的 R 上近似集。称集合 $\mathrm{BN}_R(X)=\overline{R}X-\underline{R}X$ 为 X 的 R 边界域；称 $\mathrm{POS}_R(X)=\underline{R}X$ 为 X 的 R 正域；称 $\mathrm{NEG}_R(X)=U-\overline{R}X$ 为 X 的 R 负域。

由上述定义可以知道，下近似集$\underline{R}X$ 是由必定属于 X 的对象组成的集合；而上近似$\overline{R}X$ 集是由可能属于 X 的对象组成的集合；$\mathrm{BN}_R(X)$表示既不能明确判断属于 X，也不能明确判断不属于 X 的对象组成的集合；$\mathrm{NEG}_R(X)$则表示一定不属于 X 的对象组成的集合。

定义 11.6 当$\mathrm{BN}_R(X)=\varnothing$时，即$\overline{R}X=\underline{R}X$，称 X 是 R 的精确集；当$\mathrm{BN}_R(X) \neq \varnothing$ 时，即$\overline{R}X \neq \underline{R}X$，称 X 是 R 的粗糙集。

知识库中的知识可能会有冗余的现象，所以需要进行约简，所谓知识约简，就是在保持知识库分类能力不变的条件下，删除其中不相关或不重要的知识。这里面有两个基本概念：约简与核。

定义 11.7 令 $\boldsymbol{R}$ 为等价关系族，$R \in \boldsymbol{R}$，如果有 $\mathrm{IND}(\boldsymbol{R})=\mathrm{IND}(\boldsymbol{R}-\{R\})$，则称 R 为 $\boldsymbol{R}$ 中不必要的；否则称 R 为 $\boldsymbol{R}$ 中必要的。如果每个 $R \in \boldsymbol{R}$ 都为 $\boldsymbol{R}$ 中必要的，则称 $\boldsymbol{R}$ 为独立的；否则称 $\boldsymbol{R}$ 为依赖的。

定义 11.8 设 $\boldsymbol{Q} \subseteq \boldsymbol{R}$，若 $\boldsymbol{Q}$ 是独立的，且 $\mathrm{IND}(\boldsymbol{R})=\mathrm{IND}(\boldsymbol{Q})$，则称 $\boldsymbol{Q}$ 是等价关系族 $\boldsymbol{P}$ 的一个约简，记作：RED($\boldsymbol{P}$)。$\boldsymbol{P}$ 中所有不必要关系的集合称为等价关系族 $\boldsymbol{P}$ 的核，记作：CORE($\boldsymbol{P}$)。

定理 等价关系族 $\boldsymbol{P}$ 的核等于 $\boldsymbol{P}$ 的所有约简的交集，即 $\mathrm{CORE}(\boldsymbol{P})=\cap$ RED （$\boldsymbol{P}$）

这个定理说明了约简与核的关系：一方面，核是所有约简的计算的基础；另一方面，核可以看作知识库中最重要的部分。

此外，还有相对约简和相对核的概念，用来分析一个分类（知识）相对于另一个分类（知识）的关系。

定义 11.9 设 P 和 Q 为论域上的等价关系，Q 的 P 正域记作 $\mathrm{POS}_P(Q)$，

$$\mathrm{POS}_P(Q)=\bigcup_{X \in U/Q} \underline{P}X \tag{11-1-1}$$

定义 11.10 设 $\boldsymbol{P}$ 和 $\boldsymbol{Q}$ 为论域上的等价关系族，$R\in\boldsymbol{P}$，若有

$$\mathrm{POS}_{\mathrm{IND(P)}}(\mathrm{IND(Q)})=\mathrm{POS}_{\mathrm{IND(P-\{R\})}}(\mathrm{IND(Q)}) \tag{11-1-2}$$

则称 R 为 $\boldsymbol{P}$ 中 $\boldsymbol{Q}$ 不必要的，否则称 R 为 $\boldsymbol{P}$ 中 $\boldsymbol{Q}$ 必要的。若 $\boldsymbol{P}$ 中的任一关系 R 都是 $\boldsymbol{Q}$ 必要的，则称 $\boldsymbol{P}$ 为 $\boldsymbol{Q}$ 独立的。

定义 11.11 设 $\boldsymbol{S}\subseteq\boldsymbol{P}$，称 $\boldsymbol{S}$ 为 $\boldsymbol{P}$ 的 $\boldsymbol{Q}$ 约简，当且仅当 $\boldsymbol{S}$ 是 $\boldsymbol{P}$ 的 $\boldsymbol{Q}$ 独立子族，且 $\mathrm{POS_S(Q)}=\mathrm{POS_P(Q)}$。$\boldsymbol{P}$ 中所有 $\boldsymbol{Q}$ 必要的原始关系构成的集合称为 $\boldsymbol{P}$ 的 $\boldsymbol{Q}$ 核，记作：$\mathrm{CORE_Q(P)}$。

定理 $\boldsymbol{P}$ 的 $\boldsymbol{Q}$ 核等于 $\boldsymbol{P}$ 的所有 $\boldsymbol{Q}$ 约简的交集，即 $\mathrm{CORE}_Q(P)=\cap\mathrm{RED}_Q(P)$。

$\boldsymbol{P}$ 的 $\boldsymbol{Q}$ 核是知识 $\boldsymbol{P}$ 的本质部分。$\boldsymbol{P}$ 的 $\boldsymbol{Q}$ 约简是 $\boldsymbol{P}$ 的子集，且是独立的。它具有与知识 $\boldsymbol{P}$ 相同的分类能力。

一般约简是在不改变对论域中对象的分类能力的前提下消去冗余知识，而相对约简是在不改变将对象划分到另一个分类中去的分类能力的前提下消去冗余知识。

在粗糙集中，信息系统是一种知识的表达方式，知识的表达方式在智能数据处理中有十分重要的地位。信息系统有时也称知识表示系统。

定义 11.12 形式上，四元组 $S=(U,A,V,f)$ 称为一个信息系统，其中：

U：对象的非空有限集合，即论域；

A：属性的非空有限集合；

$V=\bigcup\limits_{a\in A}V_a, V_a$ 是属性的值域；

f：$U\times A\rightarrow V$ 是一个信息函数，它为每个对象的每个属性赋予一个信息值，即 $\forall a\in A$，$x\in U$，$f(x,a)\in V_a$。

信息系统可以用数据表格来表示，表格的行对应论域中的对象，列对应对象的属性。一个对象的全部信息由表中一行属性的值来反映。

设 $P\subseteq A$ 且 $P\neq\Phi$，定义由属性子集 P 导出的二元关系如下：

$\mathrm{IND}(P)=\{(x,y)\mid(x,y)\in U\times U$ 且 $\forall a\in P$，有 $f(x,a)=f(y,a)\}$，可以证明 $\mathrm{IND}(P)$ 是等价关系，称其为由属性集 P 导出的不可区分关系。

若 $(x,y)\in\mathrm{IND}(P)$，则称 x 和 y 是 P 不可区分的，即依据 P 中所含各属性无法区分 x 和 y。

若定义由属性 $a\in A$ 导出的等价关系为

$$\tilde{a}=\{(x,y)\mid(x,y)\in U\times U,\quad f(x,a)=f(y,a)\} \tag{11-1-3}$$

则 $P\subseteq A$ 且 $P\neq\Phi$ 导出的不可区分关系可定义为：$\mathrm{IND}(P)=\bigcap\limits_{a\in P}\tilde{a}$。

给定一个信息系统 $S=(U,A,V,f)$，A 的每个属性对应一个等价关系，而属性子集对应不可区分关系。信息系统与一个知识库相对应，因此一个数据表

格可以看成一个知识库。

决策表是信息系统的一个特例，它是信息系统中最常用的一个决策系统。多数决策问题可以用决策表形式表达。它可以根据信息系统定义。

定义 11.13 $S=(U,A,V,f)$是一个信息系统（知识表达系统），$A=C\cup D$，$C\cup D=\Phi$，C 称为条件属性集合，D 称为决策属性集。具有条件属性和决策属性的信息系统称为决策表。

决策表分成以下两类。

（1）决策表是一致的当且仅当 D 依赖 C 时，即 $C\Rightarrow D$；

（2）决策表是不一致的当且仅当 $C\Rightarrow_k D$ 时。

11.1.2 面向知识发现的应用示例

知识发现是指从大量数据中提取有效的、新颖的、潜在有用的、最终可被理解的模式的非平凡过程，目前比较普遍的是基于数据库的知识发现。

知识发现是一个反复迭代的人-机交互处理过程。它可以应用在很多不同的领域，而这些领域的数据与系统具有一些公共特征：海量数据集和数据利用严重不足等。

粗糙集理论对给定的对象集合由若干个属性描述，对象按照属性的取值情况形成若干等价类，统一等价类中的对象不可区分。给定集合 A，粗糙集基于不可区分关系，定义集合 A 的上近似集和下近似集，用这两个精确集合表示给定的集合。粗糙集还可以利用对信息系统中的属性进行约简，即求出原有属性集合的一个极小子集，该子集具有与原属性集合相同的分类能力。

下面给出一个粗糙集用于知识发现的实例：表 11-1 为一个关于 8 位患者的决策表，其中 $U=\{x_1,x_2,x_3,x_4,x_5,x_6,x_7,x_8\}$，属性集 $A=C\cup D$，条件属性集 $C=\{$流鼻涕,咳嗽,发烧$\}$，决策属性集 $D=\{$流感$\}$。

表 11-1 粗糙集用于知识发现的实例

U	条件属性			决策属性
	流鼻涕	咳嗽	发烧	流感
x_1	是	是	正常	否
x_2	是	是	高	是
x_3	是	是	很高	是
x_5	否	是	正常	否
x_5	否	否	高	否

续表

U	条件属性			决策属性
	流鼻涕	咳嗽	发烧	流感
x_6	否	是	很高	是
x_7	否	否	高	是
x_8	否	是	很高	否

根据决策表可以得出：令 a=流鼻涕，b=咳嗽，c=发烧，d=流感，有

$$U/\{a\}=\{\{x_1,x_2,x_3\},\{x_4,x_5,x_6,x_7,x_8\}\}$$
$$U/\{b\}=\{\{x_1,x_2,x_3,x_4,x_6,x_8\},\{x_5,x_7\}\}$$
$$U/\{c\}=\{\{x_1,x_4\},\{x_2,x_5,x_7\},\{x_3,x_6,x_8\}\}$$
$$U/\{a,b\}=\{\{x_1,x_2,x_3\},\{x_4,x_6,x_8\},\{x_5,x_7\}\}$$
$$U/\{a,c\}=\{\{x_1\},\{x_2\},\{x_3\},\{x_4\},\{x_5,x_7\},\{x_6,x_8\}\}$$
$$U/\{b,c\}=\{\{x_1,x_4\},\{x_2\},\{x_5,x_7\},\{x_3,x_6,x_8\}\}$$
$$U/C=\{\{x_1\},\{x_2\},\{x_3\},\{x_4\},\{x_5,x_7\},\{x_6,x_8\}\}$$
$$U/D=\{\{x_3,x_2,x_6,x_7\},\{x_1,x_4,x_5,x_8\}\}$$

根据相对约简和依赖度的定义，可以得到：

$$\mathrm{POS}_C(D)=\{x_1,x_2,x_3,x_4\}$$
$$k=\frac{|\mathrm{POS}_C(D)|}{|U|}=0.5$$

所以可得出结论：D 部分依赖 C。

$$\mathrm{POS}_{(C-\{a\})}(D)=\{x_1,x_2,x_4\}\neq\mathrm{POS}_C(D)$$
$$\mathrm{POS}_{(C-\{b\})}(D)=\{x_1,x_2,x_3,x_4\}=\mathrm{POS}_C(D)$$
$$\mathrm{POS}_{(C-\{c\})}(D)=\Phi\neq\mathrm{POS}_C(D)$$
$$\mathrm{POS}_{(C-\{a,b\})}(D)=\{x_1,x_4\}\neq\mathrm{POS}_C(D)$$
$$\mathrm{POS}_{(C-\{b,c\})}(D)=\Phi\neq\mathrm{POS}_C(D)$$
$$\mathrm{POS}_{(C-\{a,c\})}(D)=\Phi\neq\mathrm{POS}_C(D)$$

可知属性 b 是不必要的，$C-\{b\}=\{a,c\}$ 是 C 的 D 约简，C 的 D 核也是 $C-\{b\}=\{a,c\}$。

得到一个约简后的决策表（表 11-2），对于一个复杂的知识系统，已经进行了简化：

表 11-2 约简后的决策表

U	条件属性		决策属性
	流鼻涕	发烧	流感
x_1	是	正常	否
x_2	是	高	是
x_3	是	很高	是
x_5	否	正常	否
x_5	否	高	否
x_6	否	很高	是
x_7	否	高	是
x_8	否	很高	否

11.1.3 粗糙集方法对效能评估的适用性评价

一般认为，粗糙集理论作为研究不确定性问题的新型数学工具，其核心在于可以用来解释不精确数据间的关系，发现对象和属性间的依赖性，评价属性对分类的重要性，并进一步通过去除冗余数据，从而对体现因果关系的相关数据进行约简，发现本质联系。其具体特点包括以下几点。

（1）粗糙集处理不确定性问题不需要先验知识。

传统上模糊集和概率统计方法是处理不确定信息的常用方法，但这些方法需要一些数据的附加信息或先验知识，如模糊隶属函数和概率分布等，这些信息有时并不容易得到。粗糙集分析方法仅利用数据本身提供的信息，无须任何先验知识。

（2）粗糙集是一个强大的数据分析工具，有着严密的数学基础。

它能表达和处理不确定信息；能在保留关键信息的前提下对数据进行化简并求得知识的最小表达；能识别并评估数据之间的依赖关系，揭示简单的描述模式；能从经验数据中获取易于证实的规则知识。

（3）粗糙集与模糊集分别刻画了不确定信息的两个方面。

粗糙集以不可分辨关系为基础，侧重分类；模糊集基于元素对集合隶属程度的不同，强调集合本身的含糊性。从粗糙集的观点看，粗糙集不能精确定义的原因是缺乏足够的论域知识，但可以用一对精确集合逼近。

对于武器系统的效能评估问题而言，性能参数与效能之间的关系存在很大的不确定性，对于任意一类武器来说，其性能指标高并不必然体现出较高的作战效能，这一特点特别是在体系化作战背景下尤其明显，也就是说作战中影响效能的相关因素越来越复杂，效能评估中往往出现了大量的不确定性或具有模糊性的数据，导致了评估信息的不精确、不完全可靠和不完备性。因此，迫切需要一种有效的数据分析方法，对武器系统效能评估过程中产生的评估数据进行处理，能够从大量的、不精确的、不完全可靠的、不完备的不确定信息中，挖掘潜在的、新颖的、正确的、有价值的卫武器系统效能评估信息。粗糙集理论方法很好地满足了这一要求。

11.2 评估框架和一般过程

本节集中研究基于粗糙集的武器系统效能评估问题，给出适用于这一评估思路的指标层次结构，提出了对评估数据进行预处理的评估框架，最后阐述了武器系统效能评估的粗糙集方法的一般过程，共分为六个步骤。

11.2.1 指标层次结构

从系统论观点看，任何武器系统其实都不过是一个复杂大系统——战争系统中不同层次的子系统，系统的层次性决定了能力的层次性。建立武器系统效能评估的指标层次结构，是实施效能评估的基本条件。而实际上，由于不同效能评估方法的区别，考虑的指标层次结构并不尽然一致。

考虑粗糙集方法的特点，这里将武器系统的效能评估指标分为作战效果/效能层、能力层和系统性能层三个层次，具体说明如下。

（1）作战效果/效能层。

这一层次的指标分为效果指标与效能指标两类，其中效果指标度量的是行动结束后对事物产生的影响，也就是影响系统而产生的状态变化，常见的效果指标包括作战任务完成概率、敌我兵力损失比例等。效能指标根据对象不同分为武器系统的效能与作战行动的效能，作战行动的效能指标度量执行作战行动任务所能达到的预期可能目标的程度，武器系统的效能指标度量在特定条件下武器系统被用来执行规定任务所能达到预期可能目标的程度。效果指标与效能指标之间的关系主要体现为用途不同，前者用来度量作战的结果，后者用来测度兵力完成指定任务的程度，根据需要，有时武器系统的效能直接使用作战效果指标来度量，但很多武器系统的效能指标，特别是信息保障类武器系统的效能指标无法直接使用效果指标。

（2）能力层。

能力是武器系统遂行作战任务的水平的度量，由人员和武器装备的数量、质量、编制体制的科学化程度、组织指挥和管理的水平、各种保障勤务的能力等因素综合决定。能力指标是对能力及能力之间关系的度量准则，是对能力主体完成任务可能程度的评估基准。如航天装备系统的能力主要表现在侦察监视、时空基准保障、环境探测和通信中继等方面，各方面又有不同的能力指标要求，如时空基准保障能力又包括战场覆盖能力、定位能力、测速能力、授时能力等。

（3）系统性能层。

系统性能层是能力指标体系的最底层，描述实现系统能力所应有的性能度量指标集合。它是系统行为属性的定量化描述，是系统单个因素或属性对于系统能力贡献的数量化描述，与系统的物理或结构参数密切相关。如航天装备的性能指标有发现概率、定位精度、导航精度、通信延迟等。

武器系统各层次功能之间的联系决定了指标体系各层次之间的联系，系统性能参数的优劣决定了系统能力的大小；系统能力的大小决定了武器系统效能的大小，而最终体现在完成作战任务的效果上，保障任务的完成效果决定了各级作战任务的完成效果。

11.2.2 评估数据预处理

1. 性能指标的等级化度量方法

对于性能指标来说，对其指标数值的优劣评价，除了一些比较明确的结论，很多时候需要用人们对此类指标的效用来分析。例如，可以把指标的评价统一为满意程度的大小，如最满意、较满意……最不满意等，即用满意度等级反映人们对指标的满意程度。

假设指标属性的值域 V_r 为区间[0,1]上的模糊集，用 $r=0$ 表示最不满意，$r=1$ 表示最满意。这样可以在论域 V_r 上定义 N（一般 $5 \leqslant N \leqslant 9$）个指标模糊级别。例如，取 $N=5$，则有 $V_r=\{r_1,r_2,r_3,r_4,r_5\}=\{$最不满意，较不满意，满意，较满意，最满意$\}$。指标的模糊级别由隶属函数确定，隶属函数可根据指标特点选择梯形、三角形或正态分布形等，由领域专家给出函数参数。评估指标可分为越小越好型、越大越好型和中间型三种类型，比如定位精度，它是越小越好型指标，设满意度级别有 $\{x_1,x_2,x_3,x_4,x_5\}=\{$最高，较高，中等，较低，最低$\}$，其隶属函数如图 11-1 所示，函数形式为

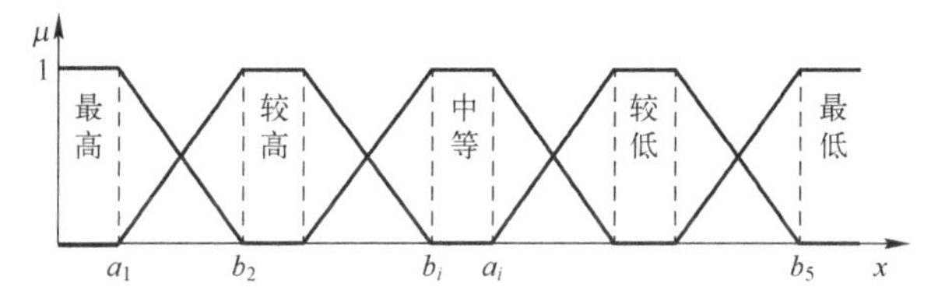

图 11-1　越小越好型指标的满意度等级隶属函数

$$A_1(x)=\begin{cases}1, & 0\leqslant x<a_1\\ \dfrac{b_2-x}{b_2-a_1}, & a_1\leqslant x<b_2\\ 0, & x\geqslant b_2\end{cases}\qquad A_i(x)=\begin{cases}0, & x\leqslant a_{i-1}\\ \dfrac{x-a_{i-1}}{b_i-a_{i-1}}, & a_{i-1}<x<b_i\\ 1, & b_i\leqslant x\leqslant a_{i-1}\ (i=2,3,4)\\ \dfrac{b_{i+1}-x}{b_{i+1}-a_i}, & a_i<x<b_{i+1}\\ 0, & x\geqslant b_{i+1}\end{cases}$$

$$A_5(x)=\begin{cases}0, & 0\leqslant x\leqslant a_4\\ \dfrac{x-a_4}{b_5-a_4}, & a_1\leqslant x\leqslant b_2\\ 1, & x\geqslant b_5\end{cases}$$

由上式可知，通过领域专家给出 a_i、b_i 的数值，便可得到单项指标的满意度隶属函数。显而易见，这比直接给出一个确定的定量数值更加可信。类似地，对越大越好型指标、中间型指标可采用相同的方法给出满意度等级及其隶属度函数，从而达到单项指标的模糊等级。

2. 综合性指标的模糊评估方法

综合性指标是可以分解为单项指标的指标，一般通过对武器系统单项性能指标的聚合得到，很多时候，这类指标也称能力指标。对此类指标的评估需要在单项指标评估的基础上进行，关键是选择合适的指标综合方法，现有的指标综合模型与方法可分为三种：①利用指标间的相对重要程度，计算各指标的权重，最后利用和加权或积加权进行指标综合；②当某些权重分配出现极端的情况时，如某个指标比别的指标极端重要，则综合采用条件概率式的解析模型法；③在指标权重不易量化时，即很难进行指标权重比较的情况下，采用模糊推理的方法进行综合。根据 11.2.1 节卫星信息应用能力的不确定性分析可知，要让领域专家给出指标体系中综合指标各组成指标权重的精确值是非常困难的，同时，指标权重本身具有动态性，不是一成不变的，即使勉强给出各权值，其可信度也不一定满足要求。因此，本书采用模糊推理的方法对指标体系中的综合性指标进行评估，根据下层指标的模糊等级获得上层综合性指标的模糊等级。

设综合指标 X 由 m 个下层指标构成，即 $X=\{x_1,x_2,\cdots,x_m\}$；评价集为 $Y=$

$\{y_1,y_2,\cdots,y_n\}$，它表示对综合指标 X 可能取的评价等级。现假定对每个组成指标 x_i 都有一个模糊评价 $R_i=\{r_{i1},r_{i2},\cdots,r_{in}\}\in F(X\times Y)$。于是，对 m 个指标属性有 m 个模糊评价 $R_1,R_2,\cdots,R_m$，它们总可以用以下矩阵来表示：

$$\boldsymbol{R}=\begin{bmatrix}R_1\\R_2\\\vdots\\R_m\end{bmatrix}=\begin{bmatrix}r_{11}&r_{12}&\cdots&r_{1n}\\r_{21}&r_{22}&\cdots&r_{2n}\\\vdots&\vdots&&\vdots\\r_{m1}&r_{m2}&\cdots&r_{mn}\end{bmatrix}$$

$\boldsymbol{R}$ 为指标综合评价矩阵。若已知模糊关系矩阵 $\boldsymbol{R}$ 和组成指标的权重分配为 $A=\{a_1,a_2,\cdots,a_m\}$，其中 $a_i\geqslant 0$ 且 $\sum\limits_{i=1}^{m}a_i=1$，则可由 A 和 $\boldsymbol{R}$ 求模糊综合评价 B。这一运算可写成如下形式：$B=\boldsymbol{A}\circ\boldsymbol{R}$。

常用的指标综合模型包括以下几种：

模型一：$M(\wedge,\vee)$。

$b_j=\bigvee\limits_{i=1}^{m}(a_i\wedge r_{ij})$，即 $b_j=\max\{\min(a_1,r_{1j}),\cdots,\min(a_m,r_{mj})\}$，式中 $\wedge$ 和 $\vee$ 分别表示取小（min）运算和取大（max）运算。

模型二：$M(\cdot,\vee)$。

$b_j=\bigvee\limits_{i=1}^{m}(a_i\cdot r_{ij})$，即 $b_j=\max\{a_1\cdot r_{1j},\cdots,a_m\cdot r_{mj}\}$，式中“·”表示普通实数乘法。

模型三：$M(\cdot,\oplus)$。

$b_j=\min\left\{1,\sum\limits_{i=1}^{m}a_i\cdot r_{ij}\right\}$，这里 $a\oplus r=\min(1,a+r)$ 为对上界 1 求和。

模型四：$M(\cdot,+)$。

$b_j=\sum\limits_{i=1}^{m}a_i\cdot r_{ij}$。

模型一适用于“主因素决定型”综合性指标的聚合；模型二适用于“诸因素突出型”综合性指标的聚合，此模型中 a_i 虽与性能指标 x_i 的重要性有关，但没有权系数的含义，故向量 $\boldsymbol{A}$ 不必归一化；模型三和模型四均适用于“加权平均型”综合性指标的聚合。在进行综合指标聚合时，应根据具体情况选择合适的指标聚合模型。

3. 作战效果指标的处理方法

上面给出的是输入参数的处理方法，这里对武器系统的作战应用效果指标也就是输出结果进行分析，最终得到关于作战效果指标的等级化数据。

一般先选取武器系统的一个基准水平（平均值或底限值），将基准水平下的作战应用效果指标数据作为参考基准，记为 R_a，然后再将其他情况下的作战应用效果指标 R_b 与参考基准进行对比，可以采用直接作差的方法，也可以先对作战效果指标进行归一化，然后作差，这样最终得到的是作战效果指标的相对数值，可直接用于作为粗糙集模型构建时的决策属性值。

最终得到作战效果指标的相对量化值：

$$r=f_r(R_b)-f_r(R_a) \tag{11-2-1}$$

式中　f_r——指标的归一化函数。

11.2.3　评估过程

基于经过预处理的评估数据，利用粗糙集方法进行效能评估，综合利用粗糙集中的属性重要性评判、属性约简以及规则推理等方面的方法，探索分析武器系统相关性能与应用效果指标之间的关系。将其评估过程分为如图 11-2 所示的六个步骤。

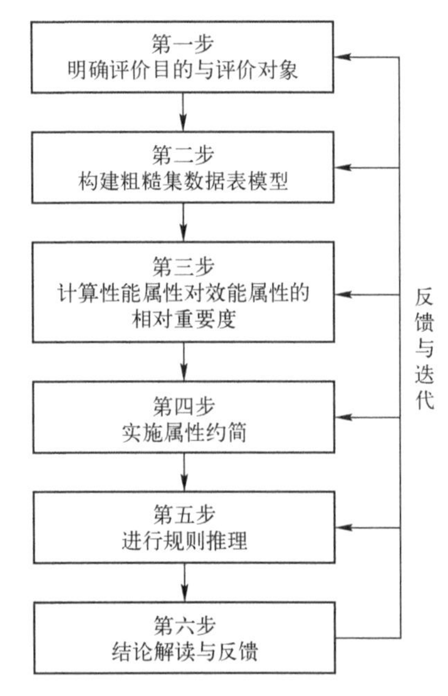

图 11-2　基于粗糙集的武器系统效能评估过程

第一步：明确评价目的与评价对象。根据实际评价的需求，明确评价的具体目的与边界，在此基础上，完成数据的获取工作，实际评价数据可能来自实际使用、应用测试或者仿真模拟，无论何种来源，必须根据评价目的对数据进行初期分析，对数据满足评价的可能性进行判断，必要时补充数据。根据评价目的与数据的实际情况，明确系统的性能属性与效果指标。

第二步：构建粗糙集数据表模型。对获取的评价数据进行深入分析，将评估数据转化为粗糙集中具有单一决策属性的完备决策系统信息表形式的表达模型，即 $S=(U,C\cup D,V,f)$，其中 U 为论域，$C\cup D\triangleq R$ 为属性集合，其中 C、D 分别表示条件属性和决策属性，分别对应性能指标与应用效果指标，V 是属性值的集合，即属性的值域，f 是属性集合 R 到属性值 V 的映射。实际转化时其中要注意处理三个问题：

第一，数据预处理问题。作为效能评估自变量的性能指标种类往往是多样的，实际处理时，需要对变量进行离散化和单调化处理，由于指标值的复杂性，模糊化处理是一个有效的办法，上面对此已经进行了说明。

第二，多个决策属性处理问题。由于效果往往不是一个方面，可能存在多个效果指标，这里需要转化为单一决策属性问题，可以采用将多个决策属性综合为单一决策属性的办法，如存在决策属性的 d^1 和 d^2，可以令 $d=\lambda_1 d^1+\lambda_2 d^2$，其中 λ_1、λ_2 是权系数，反映评价者对两类效果重要性程度的认识。

第三，数据不协调问题。由于实际数据产生的复杂性，评估数据往往并不完美，可能存在内在的逻辑不一致性或者形式上数据的不完整（包括缺失或者明显的异常），这是可以利用粗糙集相关理论构造不完备系统 $S=(U,C\cup D,V,f)$ 的协调近似表示空间，然后进行规则融合，构造方法可参考文献［4］。

经过以上处理的效能评估相关数据可得到如表 11-3 所列的信息表，具有完备性、单一决策属性等性质，称为效能评估数据表，其中一条统计表示一种能力方案对应的性能参数和应用效果指标值，以此表为基础，就可以应用粗糙集的理论方法进行效能分析。

表 11-3　武器效能评估数据表示例

序号	性能 C_1	性能 C_2	…	性能 C_k	应用效果
1	c_{11}	c_{12}	…	c_{1k}	d_1
2	c_{21}	c_{22}	…	c_{2k}	d_2
⋮	⋮	⋮	⋮	⋮	⋮
n	c_{n1}	c_{n2}	…	c_{nk}	d_n

第三步：计算性能属性对效能属性的相对重要度。按照式（11-2-2）计算决策属性 D 对条件属性 C 的依赖度：

$$k=\gamma_C(D)=\frac{|\mathrm{pos}_C(D)|}{|U|} \tag{11-2-2}$$

式中 $pos_C(D)$——D 的 C 正域；

算子 $|\cdot|$——相应集合中对象的个数。然后计算单个航天装备性能 $c_i \in C$ 对于效果属性 D 的重要度：

$$\sigma_{CD}(c_i)=\gamma_C(D)-\gamma_{C-\{c_i\}}(D) \tag{11-2-3}$$

对所有性能属性关于效能的重要性进行归一化处理，就得到各性能属性对应用效果重要性的权值因子 λ_i：

$$\lambda_i=\frac{\sigma_{CD}(c_i)}{\sum_{i=1}^{k}\sigma_{CD}(c_i)} \tag{11-2-4}$$

第四步：实施属性约简。给出一个属性约简阈值 δ，若 $\lambda_i \leqslant \delta$，认为相应的性能属性对效果没有重要影响，将其约简，得到简化后的性能属性集合 C^*，特别地，所有权值因子性能属性均是可以约简的，由此得到新的数据表 $S*=(U,C*\cup D,V*,f*)$。

第五步：进行规则推理。在约简后得到的数据表中利用粗糙集中集合包含度的概念进行规则推理，并计算相应规则的可信度，过程如下：

首先，对已知的效能评估数据形成的论域 U，按照效果 D 的等级对 U 进行划分，$U/\mathrm{R}_d=\{D_1,D_2,\cdots,D_r\}$，对于 $D_j(j\leqslant r)$，记 $M_j=\{(\{f_1(x_i)\},\{f_2(x_i)\},\cdots,\{f_m(x_i)\})\mid[x_i]_A\subseteq D_j\}$，其中 x_i 表示第 i 条结论。

其次，将 M_j 中的向量取并运算，即每个分量取并运算，得到 $F_j=(F_1^j,F_2^j,\cdots,F_m^j)(j\leqslant m)$。

最后，对于任意 $v_l\in V_l(l\leqslant m)$，记 $E=(\{v_1\},\{v_2\},\cdots,\{v_m\})$。计算 $D(F_j/E)(j\leqslant r)$，并取 $D(F_{j0}/E)=\max\limits_{j\leqslant m}D(F_j/E)$，得到效能评估结论：“If $\bigwedge\limits_{l=1}^{m}(r_l,v_l)$，then $D_{j0}(D(F_{j0}/E))$”，其中 $D(F_{j0}/E)$ 为该效能规则的可信度。

第六步：结论解读与反馈。对相应数据结论进行解读，验证实际合理性，若认为结论不理想，重新设定相应参数，重复以上步骤，直到达到满意效果。

11.3 典型应用案例

本节以空中进攻作战为背景，应用 11.2 节提出的粗糙集效能评估框架对一类军事信息系统——天基信息系统进行效能评估，验证所提出的理论和方法。

作战双方分为红方和蓝方，红方决定在空间信息系统支持下使用空军兵力对蓝方地面目标实施远程打击，从政治上、精神上震慑敌人，动摇其战争意志，削弱敌战争潜力。

红方作战力量有突击飞机、护航飞机、天基信息系统、指挥控制系统等，作战任务是突击蓝方 5 个地面目标。作战过程的约定如下：突击编队、护航编队和拦截编队各有 5 个；每个地面目标分配一个突击编队；每个突击编队至多有一个护航编队；一个由突击编队和护航编队组成的混合编队，受到敌方一个拦截编队和一个防空导弹系统的拦截，除此之外不再受到其他打击；对于突击编队、护航编队和拦截编队，同一编队中的机型相同。

作为评估对象的天基信息系统提供有关目标情报、导航定位、地理环境、通信传输等方面的信息服务，确定天基信息系统的作战应用效果指标与能力指标如图 11-3 所示。

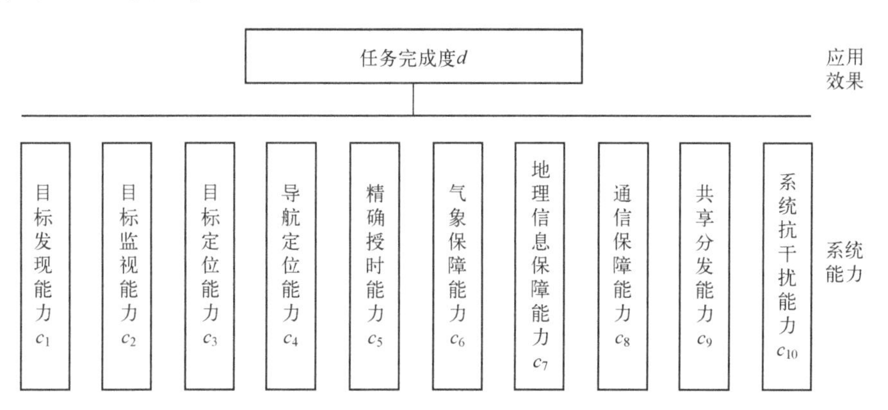

图 11-3　天基信息系统支持空中进攻作战应用效果指标和能力指标

其中，对系统性能属性的研究还包括更下层指标的分析，这里不作细述，经过数据预处理，将所有系统性能指标定为[高,中,低] = [a,b,c]三个等级，而任务完成度这一效果指标分为 a、b、c、d、e 五个等级，相应的完成度值的主区间为(0.8,1]、(0.6,0.8]、(0.4,0.6]、(0.1,0.4]、[0,0.1]。

经过以上处理，得到效能评估数据表。进而计算性能属性集合 C 对应用效果 D 的重要度为 $\gamma_C(D)=\dfrac{|\mathrm{pos}_C(D)|}{|U|}=1$，分别计算性能属性 C_i,($i=1,2,\cdots,10$)对应用效果的重要度，得

$\sigma_{C_1D}(C_1)=\gamma_C(D)-\gamma_{C-\{C_1\}}(D)=0.35$，$\sigma_{C_2D}(C_2)=\gamma_C(D)-\gamma_{C-\{C_2\}}(D)=0.14$，

$\sigma_{C_3D}(C_3)=\gamma_C(D)-\gamma_{C-\{C_3\}}(D)=0.31$，$\sigma_{C_4D}(C_4)=\gamma_C(D)-\gamma_{C-\{C_4\}}(D)=0.35$，

$\sigma_{C_5D}(C_5)=\gamma_C(D)-\gamma_{C-\{C_5\}}(D)=0.09$，$\sigma_{C_6D}(C_6)=\gamma_C(D)-\gamma_{C-\{C_6\}}(D)=0.18$，

$\sigma_{C_7D}(C_7)=\gamma_C(D)-\gamma_{C-\{C_7\}}(D)=0.06$，$\sigma_{C_8D}(C_8)=\gamma_C(D)-\gamma_{C-\{C_8\}}(D)=0.28$，
$\sigma_{C_9D}(C_9)=\gamma_C(D)-\gamma_{C-\{C_9\}}(D)=0.16$，$\sigma_{C_{10}D}(C_{10})=\gamma_C(D)-\gamma_{C-\{C_{10}\}}(D)=0.12$

对重要度进行归一化处理，算得权重因子：

$$\lambda_1=0.172,\lambda_2=0.068,\lambda_3=0.152,\lambda_4=0.172,\lambda_5=0.044,$$
$$\lambda_6=0.088,\lambda_7=0.029,\lambda_8=0.137,\lambda_9=0.078,\lambda_{10}=0.059$$

考虑相关因素，认为属性约简阈值 $\delta=0.1$ 较为合适，由此，属性约简为 C_1、C_3、C_4、C_8，即对于效能分析的数据来说，目标发现能力、目标定位能力、导航定位能力以及通信保障能力较其他属性更为重要（实际占总比重的63.3%），这里将得到决策信息如表11-4所列（部分数据）。

表11-4　属性约简后的评估数据表

U	C_1	C_3	C_4	C_8	D	U	C_1	C_3	C_4	C_8	D
x_1	a	a	a	a	a	x_{11}	b	c	a	b	c
x_2	a	a	a	b	a	x_{12}	c	c	b	a	d
x_3	a	b	a	a	a	x_{13}	c	b	b	c	d
x_4	b	a	a	a	a	x_{14}	b	c	c	b	d
x_5	a	b	b	a	b	x_{15}	c	a	b	c	d
x_6	b	a	a	b	b	x_{16}	b	a	c	c	c
x_7	a	c	a	b	b	x_{17}	c	c	c	c	e
x_8	c	b	a	a	b	x_{18}	c	c	c	b	e
x_9	b	b	b	b	c	x_{19}	b	c	c	c	e
x_{10}	c	a	b	b	c	x_{20}	c	c	b	c	e

以表11-4中20组数据为例进行规则推理，假设想知道上面中并没有出现的性能属性组合 $X_i=\{C_1=a,C_3=b,C_4=a,C_8=c\}$ 时的应用效果情况，可进行以下计算：

$$U/D=\{\{x_1,x_2,x_3,x_4\},\{x_5,x_6,x_7,x_8\},\{x_9,x_{10},x_{11},x_{16}\},\{x_{12},x_{13},x_{14},x_{15}\},\{x_{17},x_{18},x_{19},x_{20}\}\}$$

于是有

$F_1=(\{a(0.75),b(0.25)\}\{a(0.75),b(0.25)\}\{a(1)\}\{a(0.75),b(0.25)\})$

$F_2=(\{a(0.5),b(0.25),c(0.25)\}\{a(0.25),b(0.5),c(0.25)\}\{a(0.75),b(0.25)\}\{a(0.5),b(0.5)\})$

$F_3=(\{b(0.75),c(0.25)\}\{a(0.5),b(0.25),c(0.25)\}\{a(0.25),b(0.5),c(0.25)\}\{b(0.75),c(0.25)\})$

$F_4=(\{b(0.75),c(0.25)\}\{a(0.25),b(0.25),c(0.5)\}\{b(0.75),c(0.25)\}\{a(0.25),c(0.75)\})$

$F_5=(\{b(0.25),c(0.75)\}\{c(1)\}\{b(0.25),c(0.75)\}\{b(0.25),c(0.75)\})$

则 $D(F_1|X_i)=0.5$，$D(F_2|X_i)=0.44$，$D(F_3|X_i)=0.19$，$D(F_4|X_i)=0.25$，$D(F_5|X_i)=0.19$。

得到效能评估结论，当 $C_1=a,C_3=b,C_4=a,C_8=c$ 时，即目标发现能力高，目标定位能力中等，导航定位能力高，通信保障能力较低时，能以50%的置信度达成任务完成度 a，以44%的置信度达成任务完成度 b，以19%的置信度达成任务完成度 c，以25%的置信度达成任务完成度 d，以19%的置信度达成任务完成度 e。综合来看，期望达成的任务完成度在 c 与 b 之间，根据前面对任务完成度的定级标准，认为达成的任务完成度在0.6左右。

参考文献

[1] 张文修，仇国芳．基于粗糙集的不确定决策［M］．北京：清华大学出版社，2005.

[2] PAWLAK Z. Rough Sets：Theoretical aspects of reasoning about data［M］. Boston，Kluwer Academic Publishers，1991.

[3] 韩祯祥，等．粗糙集理论及其应用综述［J］．控制理论与应用，1999，16（2）：153-157.

[4] 曾黄麟．粗糙集理论及其应用［M］．重庆：重庆大学出版社，1998.

[5] ZHANG W Y，LEUNG Y. Theory of including degrees and its applications to uncertainty inference［M］.//Soft Computing in Intelligent Systems and Information Processing. New York：IEEE，1996.

[6] 杨军．基于模糊理论的卫星导航系统综合效能评估研究［J］．宇航学报，2004，25（2）：147-151.

[7] 陈浩光，等，军事卫星信息支援下飞机攻地作战效能评估的数学模型［J］，指挥技术学院学报，2001，12（3）：76-79.

第12章　武器装备体系效能评估的偏最小二乘回归方法的通径模型法

偏最小二乘回归方法（partial least-squares regression，PLS）是一种应用广泛的新型多元统计分析方法，它计算简单、解释性强，具有很多传统回归方法不具备的优点。偏最小二乘通径模型结合了 PLS 方法的算法优点和结构方程模型（structural equation modeling，SEM）的直接建模的优势，是处理多因素复杂影响问题的有效工具，为复杂武器装备体系的效能评估奠定了新的方法论基础。

本章研究基于 PLS 通径模型的武器装备体系效能评估方法，首先介绍了基础概念和相关模型，然后说明了利用 PLS 通径模型进行武器装备体系效能评估的思路和一般框架，最后给出一个应用案例。研究表明，PLS 通径模型对分析理解武器系统“能力—效果”之间的关系具有独特优势。

12.1　PLS 通径模型方法简介

偏最小二乘回归方法由 Wold S 和 Albano C 在 1983 年提出，最早用于解决分光镜产生的红外区反射光谱预测化学样本的组成问题[1-2]。经过几十年的发展，偏最小二乘回归方法已经发展为应用广泛的新型多元统计分析方法，它意义明确，计算简单，建模效果好，解释性强。具有传统的回归方法不具备的许多优点。应用范围从最早的化工领域逐渐扩展到经济领域、管理领域，乃至社会科学领域。

由于它针对的是因变量与自变量之间多重共线性难以使用传统最小二乘回归方法的问题，同时又比传统的主成分回归分析等缩减解释变量个数的办法含义更明确、计算量更小，较好地解决了许多以往用普通多元线性回归难以解决的问题。其基本特点综述如下[3-4]：

（1）偏最小二乘回归提供了一种多因变量对多自变量的回归建模方法。

特别是变量之间存在高度相关性时，用偏最小二乘回归进行建模，其分析结论更加可靠，整体性更强。

（2）偏最小二乘回归可以有效地解决变量之间的多重相关性问题，适合在样本容量小于变量个数的情况下进行回归建模。

偏最小二乘回归采用对数据信息进行分解和筛选的方式，有效地提取对系统解释性最强的综合变量，剔除多重相关信息和无解释意义信息的干扰，同时偏最小二乘回归方法也可以得到较好地解决样本点个数小于变量个数的情况。

（3）偏最小二乘回归实现了多种多元统计分析方法的综合应用。

将建模类型的预测分析方法与非模型式的数据分析方法有机地结合起来。在一个算法框架下，可以同时实现回归建模、数据结构简化以及变量间的相关分析。这为多维复杂系统的分析带来了极大便利。

总体而言，偏最小二乘回归方法较好解决了在变量多重相关的条件下，两组变量集合（如本文中仿真输入变量与仿真输出变量）之间的线性回归建模问题（或者可以转化为线性的非线性回归建模问题）。更为一般地，偏最小二乘回归方法的首创者 Wold HOA 于 1985 年和 Lohmöller JB 于 1989 年提出了偏最小二乘通径模型（PLS path model）[5-6]，用于分析多组变量集合之间的统计关系。该方法在形式与功能上类似于经典的结构方程模型（structural equation modeling，SEM），其中关于隐变量、显变量等核心概念更是来源于 SEM。下面先对 SEM 做一个简单说明，重点说明 PLS 通径模型的原理。

1. 结构方程模型原理

结构方程模型是一种较新的统计建模方法，主要采用线性建模技术，结合传统的因子分析和回归分析，对现实生活中经常出现的所谓可测变量与隐含变量的交互关系进行分析，比如学生的语言学习能力是难以直接测量的变量，但可以通过研究体现语言学习能力的相关课程测验成绩来替代解释。结构方程模型通过建立类似可测变量与隐含变量的关系测量模型以及更为复杂的隐含变量之间的结构模型来考察它们的定量关系。目前，结构方程模型已经广泛应用于经济学、社会学、新型力学等研究领域，结构方程模型有时也称协方差结构模型（covariance structural model，CSM）、线性结构方程模型（linear structural relations model，LISREL）[7-9]。

结构方程模型的核心概念是两类性质不同的变量。一类为显变量（observed variable），或称可测变量，它是具体对象可以直接测量的变量；另一类是隐变量（latent variable），是不可直接测量的变量。在结构方程模型中，通常假设隐变量决定着显变量，而显变量是隐变量的体现。此外，根据变量是否受到其他变量的影响，又分为外生变量（independent variable，不受其他变量影响，相当于函数的自变量）与内生变量（endogenous variable，受到其他变量影响，相当于函数的因变量）。因此结构方程模型共有四种变量：外生显变量、内生显变量、外生隐变量、内生隐变量。

每个结构方程模型由两部分构成：测量模型（measurement model）和结构模型（structural model）。测量模型描述显变量与隐变量之间的关系，用来识别要研究对象的相关要素；结构模型描述隐变量之间的关系，用来反映系统内部的交互关系。

任何结构方程模型都可以用通径图表示，通径图直观地描述各类变量之间的关系，也为模型的参数估计与修正提供了辅助手段。在通径图中，显变量一般用矩形框表示，隐变量用椭圆形框表示，用带箭头（包括单向箭头和双向箭头）的直线或者曲线表示变量间的影响关系，箭头的方向指向被影响变量，图 12-1 所示为结构方程模型通径图示例。

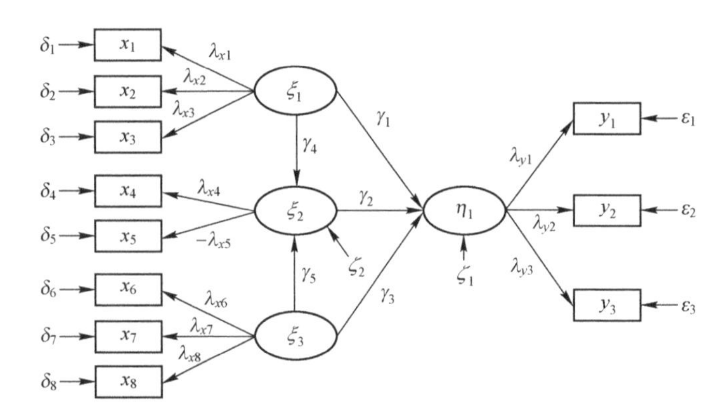

图 12-1　结构方程模型通径图示例

图 12-1 中，各符号的含义如表 12-1 所列。

表 12-1　结构方程模型符号的含义

符　号	含　义
$x_1 \sim x_3$	对应隐变量 ξ_1 的显变量
$x_4 \sim x_5$	对应隐变量 ξ_2 的显变量

续表

符　号	含　义
$x_6 \sim x_8$	对应隐变量 ξ_3 的显变量
$y_1 \sim y_3$	对应隐变量 η_1 的显变量
$\xi_1 \sim \xi_3$，η_1	一组隐变量，其中 ξ_1、ξ_3 为外生隐变量，ξ_2、η_1 为内生隐变量
$\delta_1 \sim \delta_8$	显变量 $x_1 \sim x_8$ 的测量误差项
$\varepsilon_1 \sim \varepsilon_3$	显变量 $y_1 \sim y_3$ 的测量误差项
ζ_1、ζ_2	内生隐变量 ξ_2、η_1 的误差项
$\boldsymbol{B}$	内生隐变量之间的关系描述矩阵

2. 偏最小二乘通径模型原理

上面介绍的结构方程模型，通常对样本数据有多方面的限定，例如：①结构方程模型的求解必须根据变量间的协方差矩阵进行；②各个显变量均需服从正态分布；③样本容量要足够大，必须通过 t 值法则检验。而实际上，很多应用场合无法有效满足以上条件，限制了结构方程模型的使用范围。

Wold 等提出的偏最小二乘通径模型的工作目标与结构方程模型是类似的，核心概念体系也是一致的，不同点是克服了结构方程模型存在的问题，采用了偏最小二乘回归而不是协方差估计的求解思路，无须对显变量做正态分布假设，也不存在模型不可识别的问题，对样本点个数的要求也更为宽松，是一种比结构方程模型更为实用有效的方法。

类似于结构方程模型，偏最小二乘通径模型也由测量模型和结构模型组成，测量模型也称外部模型，结构模型也称内部模型。为方便描述，设有 K 个隐变量，分别记为 $\xi_k(k=1,2,\cdots,K)$，每个隐变量都对应着一组显变量，设第 k 个隐变量对应着 p_k 个显变量，记为 $X_k=(x_{k1},x_{k2},\cdots,x_{kp_k})$。

1）偏最小二乘通径模型中的测量模型

不同于结构方程模型，偏最小二乘通径模型中的测量模型中显变量与隐变量的关系可以用两种方式表现：反映方式（reflective ways）和构成方式（formative ways）。

反映方式是指用隐变量表示显变量的方式，由于每个显变量都与唯一的因变量关联，所以可以用一元线性方程表示：

$$x_{kl}=\lambda_{kl}\xi_k+\delta_{kl} \quad k=1,2,\cdots,K;l=1,2,\cdots,p_k \tag{12-1-1}$$

其中，残差 δ_{kl} 的均值为 0，且与隐变量 ξ_k 不相关，λ_{kl} 称为外部负载（outer loadings）。在这样的条件下，偏最小二乘通径模型把显变量理解成隐变

量固定情况下的条件数学期望，即

$$E(x_{kl} \mid \xi_k) = \lambda_{kl}\xi_k \tag{12-1-2}$$

需要强调的是，偏最小二乘通径分析认为在反映方式中，每个显变量只反映事物某一方面的特征，对应的隐变量要求是唯一的，称为唯一维度假设，并采用各种办法对此进行检验，通用三种方式，分别是显变量组的主成分分析、科隆巴奇系数 α（Cronbach's α）以及迪侬-高德斯丹系数 ρ（Dillon-Goldstein's ρ），其中最常用的是科隆巴奇系数。当显变量不满足唯一维度要求时，可以通过删除变量或者拆分变量等方法来改进。

另外，构成方式是指用显变量表示隐变量的方式，隐变量表示为相应的显变量组中所有变量的线性组合：

$$\xi_k = \sum_{l=1}^{p_k} \varpi_l x_{kl} + \varepsilon_k, \quad k = 1,2,\cdots,K \tag{12-1-3}$$

其中假设残差 ε_k 的均值为 0，且与显变量不相关，ϖ_l 称为外部权重（outer weight）。同上，偏最小二乘通径模型把隐变量理解成显变量固定情况下的条件数学期望，即

$$E(\xi_k \mid x_{k1}, x_{k2}, \cdots, x_{kp_k}) = \sum_{l=1}^{p_k} \varpi_l x_{kl}, \quad k = 1,2,\cdots,K \tag{12-1-4}$$

值得说明的是，偏最小二乘通径模型的这种理解与本书对能力与效果的关系理解是一致的，即效果是能力的体现，能力的量可以通过效果来反映，这也是本书采用偏最小二乘通径模型的基本考虑。

2）偏最小二乘通径模型中的结构模型

结构模型描述不同隐变量之间的因果关系，可用一组线性方程组表示，即

$$\xi_k = \sum_{i \neq k} \beta_{ki}\xi_i + \zeta_k, \quad k = 1,2,\cdots,K \tag{12-1-5}$$

其中，残差 ζ_k 的均值为 0，且与隐变量 ξ_k 无关，β_{ki} 表示隐变量之间的相互关系，可以取正值、负值或者零。同结构方程模型中一样，在隐变量中，从不作为被解释变量的隐变量称为外生隐变量，不然称为内生隐变量。

3）模型中参数的估计方法（迭代算法）

如上面测量模型的构成方式所示，隐变量可以用显变量的线性组合来估计，记 ξ_k 的估计值为 $\hat{\xi}_k$，不考虑残差项，用显变量的值对隐变量进行估计，有

$$\hat{\xi}_k \triangleq \sum_{l=1}^{p_k} \varpi_l x_{kl} \triangleq \boldsymbol{w}_k \cdot X_k, \quad k = 1,2,\cdots,K \tag{12-1-6}$$

其中 ϖ_l 为外部权重向量，式（12-1-6）的估计也称外部估计。

同时，隐变量 ξ_k 还可以利用结构模型通过与之关联的其他隐变量来估计，

记为 Z_k，有

$$Z_k = \sum_{i:\beta_{ki}\neq 0} (e_{ki}\hat{\xi}_i), \quad k = 1,2,\cdots,K \tag{12-1-7}$$

式中　β_{ki}——式（5.7）中的系数。

e_{ki}为内部权数，按照以下方式计算：

$$e_{ki} = \mathrm{sign}[r(\hat{\xi}_k,\hat{\xi}_i)] = \begin{cases} 1, & r(\hat{\xi}_k,\hat{\xi}_i)>0 \\ -1, & r(\hat{\xi}_k,\hat{\xi}_i)<0 \\ 0, & r(\hat{\xi}_k,\hat{\xi}_i)=0 \end{cases} \tag{12-1-8}$$

式中　sign——符号函数；

$r(\hat{\xi}_k,\hat{\xi}_i)$——外部估计量$\hat{\xi}_k$与$\hat{\xi}_i$的相关系数。

式（12-1-8）的估计也称内部估计。

而对于式（12-1-6）中权重向量 $\boldsymbol{w}_k$，Wold 提出了两种办法，这里介绍常见的一种，表示为 Z_k 对 X_k 作偏最小二乘回归的第 1 个轴向量，即

$$\boldsymbol{w}_k = X_k^{\mathrm{T}} Z_k / n, \quad k=1,2,\cdots,K \tag{12-1-9}$$

偏最小二乘通径模型采用迭代算法来计算隐变量，然后根据隐变量的估计值，计算测量模型和结构模型，分为四步进行：

第一步：取向量$\hat{\xi}_k$的初始值等于 x_{k1}；

第二步：通过式（12-1-7）计算 Z_k 的估计值；

第三步：根据 Z_k 的估计值，利用式（12-1-6）计算权重向量 $\boldsymbol{w}_k$；

第四步：利用第三步中得到的 w_k，通过式（12-1-6），计算新的$\hat{\xi}_k$。然后返回到第二步，直到计算收敛为止（两次相近迭代间的误差小于一定范围即可，一般取小于 10^{-4}的数）。

以最终得到的$\hat{\xi}_k$为隐变量 ξ_k 的估计值，最终有

$$\hat{x}_{kl} = \lambda_{kl}\hat{\xi}_k, \quad k=1,2,\cdots,K; \quad l=1,2,\cdots,p_k \tag{12-1-10}$$

然后再用多元回归模型估计结构模型中的各项参数。对于内生隐变量 ξ_k，有

$$\hat{\xi}_k = \sum_{i:c_{ki}\neq 0} \beta_{ki}\hat{\xi}_i \quad k = 1,2,\cdots,K \tag{12-1-11}$$

式中　c_{ki}——隐变量 ξ_k 与 ξ_i 之间的相关性，等于 0 表示没关联。

上述参数估计的迭代算法有一个十分重要的问题，算法是否收敛？如果不收敛，上面的迭代是没有意义的。实际上，上述计算过程的收敛性在 2 组变量

集的情况下得到了严格的理论证明，而在多组变量集的情况下的确可能是不收敛的，Henseler J 构造6个不收敛的案例[10]。但大量的应用经验表明，在多组变量情况下，碰到不收敛的情况的可能性是很小的，算法的收敛性一般是令人满意的[4]。针对具体使用情况，所有的显变量都可转化到[0,1]区间，同时因为单场景下直接应用目标的单一性，服务能力项均只有一个，也就是说隐变量之间的关系都是“多对一”的，不存在 Henseler J 给出的反例的情况。在实践应用中，取得了良好的收敛效果。

12.2 评估框架与一般过程

本节首先对应用 PLS 通径模型进行武器装备体系效能评估的适用性进行分析，其次给出了一个一般过程来支持利用 PLS 通径模型进行效能评估，最后讨论了利用多场景下不同 PLS 通径模型进行效能综合分析的思路。

12.2.1 适用性分析

武器装备体系的效能评估可以归结为三个层次指标之间的关系问题：性能指标、能力指标与效果指标，其中能力指标是武器系统效能分析的桥梁。而所谓能力，是指武器系统遂行作战任务的平均水平，对能力概念的理解，一般包括三个要点：一是能力概念的规范性，是指在规定条件下达到一定标准的预期效果；二是能力与任务的关系不是直接的，也不是一对一的，能力往往反映在支持多个相关任务上；三是能力是通过完成任务的效果来体现的。

也就是说，能力的概念其实有两个层次：首先，武器系统以及作战应用的相关保障条件的“综合体”具有客观固有的“本领”，正如四肢健全的人有运动的能力一样，这一层面的能力具有潜在性、客观性和抽象性，不能因为“没有去运动”而否认运动能力的存在，可称这一层面为能力的第一层面，或直接称为能力“本体层”；其次，武器装备体系通过完成任务的固有本领，本领的大小用完成任务的效果来度量，正如专业运动员通过比赛体现出比一般人更强的运动能力。但能力的大小与效果的大小并不是简单的正比关系，后者还与任务类型、具体背景及随机因素等相关。本书称这一层面为能力的第二层面，或直接称为能力的“认识层”。对照于12.1节所述的 PLS 通径模型中的隐变量和显变量的概念，后者为武器系统能力与效果之间的分析无疑提供了及其恰当的视角，体现在两方面。

（1）在方法论层面上具有良好的一致性。

首先在核心概念方面，偏最小二乘通径模型中核心概念是显变量和隐变量，对于显变量，可以理解为可观测变量或者外显变量，比较容易理解；而对于隐变量，往往并不对应实际的现象，而是假设构想，可理解为“……是具有启发性的设计，用来揭示可观测的事物”，比如，并不存在“生活质量”对应的实际对象，而用这一构造性的概念来理解与度量人们生活的实际水平。这种理解与武器系统能力概念的理解是较为一致的，这就决定着应用显变量和隐变量概念分别对应武器系统的效果指标与能力指标是十分合适的，如图 12-2 所示。

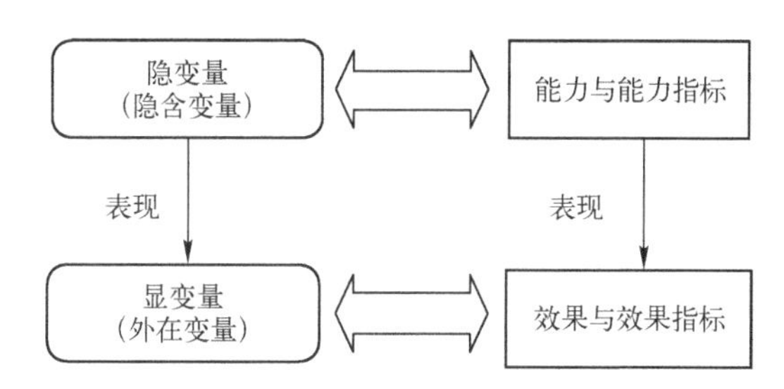

图 12-2 PLS 通径模型中的变量概念与“能力—效果”概念的对比

其次，偏最小二乘通径模型使用概率含义解释隐变量与显变量之间的关系，认为隐变量是显变量在数值取定情况下的条件数学期望。这种理解与武器系统能力与效果之间的关系理解是一致的，即效果是能力的体现，能力具体的量可以用效果在不同场景下的综合来反映。这种一致性决定着利用偏最小二乘通径模型分析能力与效果之间的定性定量关系在基本逻辑上是适用的。

最后，偏最小二乘通径模型提供有效的形式（通径图）来描述与分析显变量与隐变量之间、隐变量与隐变量之间的关系，为分析描述武器系统各类能力，以及能力与效果之间的关系提供了有力工具。

（2）偏最小二乘通径模型的若干优点适于评估武器系统效能。

偏最小二乘通径模型能够有效处理存在多重共线性的数据，且在样本点数量要求上较为宽松，这两方面的优点正好针对效能评估相关数据处理时可能会出现的问题。

一是因为同一能力项对应的多个显变量是同一方面的效果指标，而作为反映战果的所有效果指标具有自然的整体性，所以武器系统的作战应用效果指标数据往往存在严重的多重共线性关系。使用一般的回归模型很难稳健性地分析效果与能力之间的关系，偏最小二乘通径模型利用最小二乘回归方法估计相关参数，具有更高的可靠性，有效克服了变量之间的多重共线性问题。

二是在现实中，很多时候需要通过仿真获取评估数据，而仿真数据量依赖仿真设定、仿真运行的效率以及可用时间等多方面的因素，很难确保最后得到的有效样本点数据的规模。一般回归方法对样本点的最小数量都有严格要求，上面介绍的结构方程模型一般要求样本点总数要在变量数的10倍以上。偏最小二乘通径模型对样本点数据规模的要求要宽松得多，在样本点规模较小时也可以进行有效的分析，十分适用于仿真数据的统计分析。

当然，使用偏最小二乘通径模型支持武器系统效能评估并不是完全没有问题，其中一个明显的问题是，偏最小二乘通径模型设定的隐变量与显变量之间的关系是线性的，这是因为线性形式直观、计算方便，在实际应用中在很多问题上取得很好的效果。但对于武器系统能力与应用效果之间的关系，并不能直接认为这种线性设定总是能够成立的，在研究中，仍然使用基于线性假设的模型来实施评估工作，基于三方面的考虑：一是具体的武器系统能力项都作为偏最小二乘通径模型中的隐变量看待，均是“构造性概念”，其取值的绝对值并没有明显含义，相对值才是重要的，而通过“效果”以及线性关系来评估能力值可以体现其相对变化；二是在很多情况下，非线性关系在一定程度上可以转化为线性关系，如果多项式分解、对数转换、线性插值等方法，这样在方法层面上，使用线性模型是合理的；三是现在虽然已经开展了非线性相关模型的研究，但在实际应用层面上，还很不成熟，本书是对相关模型的迁移应用，所以选用了理论与算法较为成熟的线性模型。

12.2.2 一般过程

如12.2.1节的分析，由于偏最小二乘通径模型有多方面的优点，因此在方法论层面保障了其对于武器系统效能评估问题的适用性。其包括两个方面：一是PLS通径模型的内部与外部模型形式，为效果与能力之间的关系描述提供直观形象的描述工具；二是PLS通径模型的迭代算法，提供了定量分析武器系统能力与效果以及能力与能力之间关系的方法。

使用偏最小二乘通径模型实施武器系统效能评估，包括五个步骤，如图12-3所示。

第一步：明确评估目标、评估对象与评估指标。分析作为评估背景的武器系统应用场景，明确场景下的几类关键要素，包括需要达成的评估目标、评估的主要对象以及评估的相关指标。评估指标包括各项能力指标、应用效果指标，最终形成指标内涵清晰、度量方法明确、指标间关系准确的评估指标体系，特别是要明确能力直接反映在哪些应用效果指标上，为实施基于偏最小二乘通径模型的指标计算奠定基础。

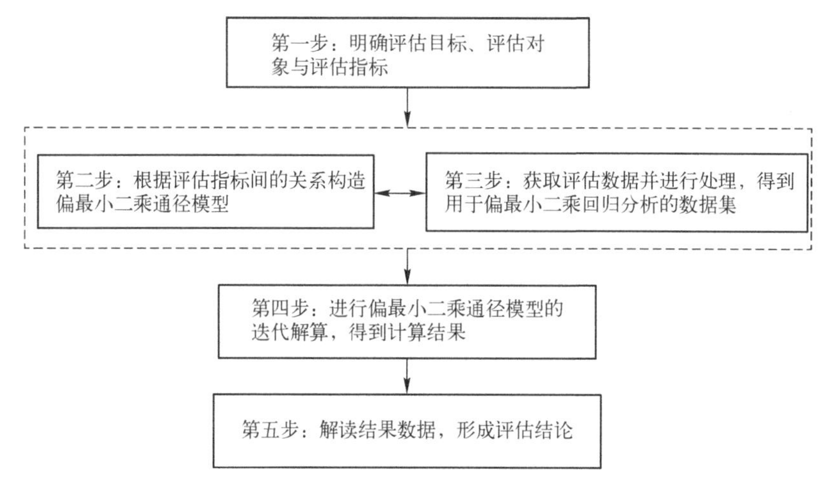

图 12-3　基于偏最小二乘通径模型的武器系统效能评估过程

第二步：根据评估指标间的关系构造偏最小二乘通径模型。基于第一步得到的评估指标体系，清晰界定能力指标之间、能力指标与应用效果指标之间的影响关系，将能力指标视为隐变量，将效果指标视为显变量，构造应用场景下评估相应的偏最小二乘通径模型，其中测量模型部分对应于能力指标与应用效果指标之间的关系，而结构模型部分对应于应用能力指标之间的关系。

第三步：获取评估数据并进行处理，得到用于偏最小二乘回归分析的数据集。根据评估目标的要求，获取评估数据，如实施仿真，记录仿真数据，对相同设定下的多次仿真数据进行统计处理，必要时对数据进行完整性检查，提高数据的可靠性和有效性。同时进一步对统计得到的数据实施处理，处理后的数据集用于偏最小二乘通径模型的解算。

第四步：进行偏最小二乘通径模型的迭代解算，得到计算结果。以第三步中经过处理的评估数据作为输入，利用偏最小二乘通径模型参数的估计方法进行迭代解算，得到收敛解以及其他计算结果，并对偏最小二乘通径模型进行唯一维度假设检验，如果通不过相应检验还需要对第二步中构建的通径模型以及第三步中得到的数据进行反馈完善。

第五步：解读结果数据，形成评估结论。基于第四步得到的计算结果，写出能力指标与效果指标之间的量化表达式，以及能力指标之间的影响关系表达式，分析不同设定方案下各类能力的大小排序等。深入研究这些定量关系，形成能力状态排序、各类能力因素的影响、不同类型能力对效果的贡献度等方面的具体结论。

上面的五步评估过程是针对单一场景的武器系统的效能评估，多场景的评估需要对场景集中每个场景都完成这一过程，然后再进行综合评估。

12.2.3 多场景下综合分析思路

单场景下的武器系统效能评估解决了从效果指标反向解算出能力指标的问题，得到的是各单一场景下能力项与效果指标之间以及各能力项之间的定量影响关系表达式。在单场景评估的基础上，往往还需要进行多场景下的能力综合分析与评估，以便形成对武器系统作战应用能力的更为全面的认识。

这里简单介绍一下进行综合分析的思路，多场景下的综合分析与评估的目的是通过对多个场景下的效能对比与综合，得到更一般性的结论，包括三方面的具体工作：①对不同场景下能力进行对比分析，了解在不同应用场景下同一能力发展状态完成不同作战应用任务时的表现，或者反向确定不同场景下对能力的需求；②对多个场景下相同类别能力进行综合计算，进一步可以根据综合计算结果开展多方面的深入研究，如量化度量不同发展阶段上武器系统整体状态间的能力差距、具体分析不同的应用类型对具体能力的影响程度等；③将多场景下的综合评估结论与传统综合评价方法得到的评估结论进行对比与反馈验证，提高评估工作的可靠性与可信性。

12.3 典型应用案例

以常规地地弹道导弹打击机场目标为背景，以天基信息系统为评估对象，演示单场景下武器系统效能评估的过程。

12.3.1 案例背景

常规弹道导弹打击机场是典型的导弹远程精确打击作战样式，其最终目的是毁伤机场、压制敌方飞机起飞。由于导弹武器数量的限制，一般不会对所有机场或者高速公路等可供飞机起降的场所实施全面打击，需要重点选取一定的目标，并明确对不同目标打击的优先级和预期打击程度（是彻底瘫痪还是一般毁伤等），并根据打击前卫星侦察的情况，动态选定瞄准点。

打击过程简述为：首先，通过侦察卫星获得预定攻击目标的最新信息，并通过接收与处理卫星信息辅助生成目标的最新情报，为导弹打击前目标点的确定提供直接依据；其次，通过卫星战场环境探测获知有关导弹飞航区与目标区的关键气象参数，导弹武器平台完成发射前的阵地定位定向；再次，在发射前将这几方面信息综合生成导弹装订参数，在接到打击命令后发射导弹，并在飞行中段实施卫星辅助制导；最后，在飞行结束后母弹解爆，实施对机场的打击。通常打击完成后需要通过侦察卫星来获得目标毁伤情况的信息，并视需要决定是否进入新的一波攻击。

天基信息系统的作战支持作用体现在三方面：一是卫星侦察监视提供机场目标最新数据，对机场这类固定大型目标来说，一般平时均有信息的积累，战时需要的是对其信息进行及时的更新；二是卫星气象环境探测辅助进行导弹弹道修订，主要是飞航区中影响导弹飞行的大气密度、风场等参数；三是卫星导航提供的发射阵地位置精度以及导弹飞行中的制导服务。

这一场景下天基信息系统的直接应用目标是增强导弹对机场目标的精确打击，体现在目标机场受打击后的毁伤情况以及我方导弹的打击效率上。对机场的打击中一般使用侵彻爆破子母弹，这类弹对机场类大型固定目标打击十分有效，导弹在到达目标上空时抛洒大量子弹，子弹利用下落过程的动能侵彻到机场表面下，在地下爆炸后形成带有隆起的大范围弹坑，当机场跑道上弹坑多到飞机不能升降时，跑道就被看作完全破坏。度量跑道的破坏标准时，采用所谓“最小升降窗口”的概念，即对于某个特定的机场，必须在跑道上存在一个最小的未被破坏的矩形区域，使得飞机从该矩形区域升降，此矩形区域为最小升降窗口。可以用长度、宽度的矩形来描述最小升降窗口，最小升降窗口的大小是由机场所升降的飞机类型来确定的，飞机类型不同，所对应的最小升降窗口的大小也就不同，本书设定机场为“U”字形，最小起降窗口为 800m×15m。

12.3.2 PLS 通径模型的构建

考虑本场景下天基信息系统的具体作用，总结出 5 个能力指标：卫星侦察资源能力、卫星侦察信息处理与作战保障能力、战场环境信息保障能力、卫星导航保障能力、卫星信息增强精确打击能力，其中最后一项能力为综合保障能力，并相应给出 5 组共 10 个天基信息系统作战应用效果指标，构成如图 12-4 的评估指标影响关系图。

根据上面评价指标体系中确定的能力项与效果指标之间的关系，设定卫星侦察资源能力、卫星侦察信息处理与作战保障能力、卫星战场环境探测保障能力、卫星导航保障能力以及卫星信息增强精确打击能力作为隐变量，将仿真中可以直接记录或统计计算得到的应用效果指标作为显变量，构建如图 12-5 所示的偏最小二乘通径模型。增强精确打击能力作为综合保障能力受其他 4 项能力的影响。

图 12-5 中各符号的含义如表 12-2 所列。

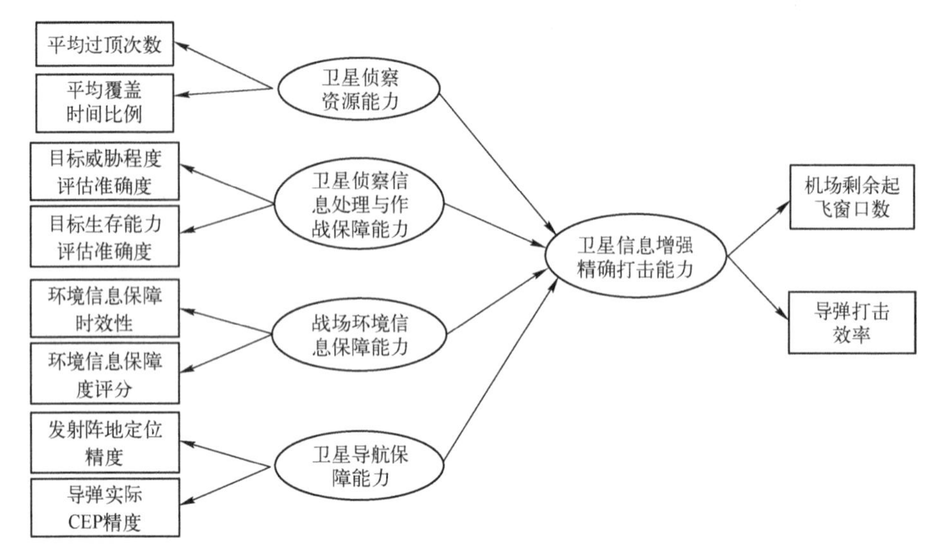

图 12-4　案例背景下能力指标与效果比表关系图

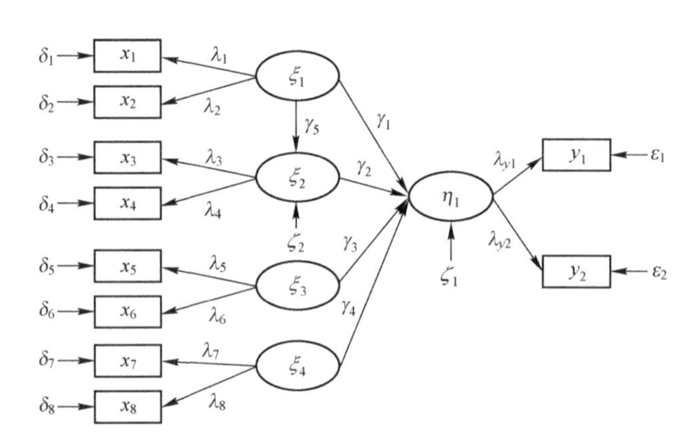

图 12-5　打击机场作战天基信息系统效能评估的 PLS 通径模型

表 12-2　PLS 通径模型中符号的含义

符　　号	含　　义
ξ_1：卫星侦察资源能力	ξ_2：卫星侦察信息处理与作战保障能力
ξ_3：战场环境信息保障能力	ξ_4：卫星导航保障能力
η_1：卫星信息增强精确打击能力	ζ_1、ζ_2：内生隐变量 η_1，ξ_2 的误差项
x_1：平均过顶次数	x_2：平均覆盖时间比例
x_3：目标威胁程度评估准确度	x_4：目标生存能力评估准确度

续表

符　　号	含　　义
x_5：环境信息保障时效性	x_6：环境信息保障度评分
x_7：发射阵地定位精度	x_8：导弹实际 CEP 精度
y_1：机场剩余起飞窗口数	y_2：导弹打击效率
$\delta_1 \sim \delta_8$：$x_1 \sim x_8$ 的测量误差项	$\varepsilon_1 \sim \varepsilon_2$：$y_1 \sim y_2$ 的测量误差项

模型的测量方程（反映方式）可表示为

$$X = \Lambda_X \xi + \delta \tag{12-3-1}$$

$$\begin{bmatrix} x_1 \\ x_2 \\ x_3 \\ x_4 \\ x_5 \\ x_6 \\ x_7 \\ x_8 \end{bmatrix} = \begin{bmatrix} \lambda_1 & 0 & 0 & 0 \\ \lambda_2 & 0 & 0 & 0 \\ 0 & \lambda_3 & 0 & 0 \\ 0 & \lambda_4 & 0 & 0 \\ 0 & 0 & \lambda_5 & 0 \\ 0 & 0 & \lambda_6 & 0 \\ 0 & 0 & 0 & \lambda_7 \\ 0 & 0 & 0 & \lambda_8 \end{bmatrix} \begin{bmatrix} \xi_1 \\ \xi_2 \\ \xi_3 \\ \xi_4 \end{bmatrix} + \begin{bmatrix} \delta_1 \\ \delta_2 \\ \delta_3 \\ \delta_4 \\ \delta_5 \\ \delta_6 \\ \delta_7 \\ \delta_8 \end{bmatrix} \tag{12-3-2}$$

$$Y = \Lambda_y \eta_1 + \varepsilon \tag{12-3-3}$$

$$\begin{bmatrix} y_1 \\ y_2 \end{bmatrix} = \begin{bmatrix} \lambda_{y1} \\ \lambda_{y2} \end{bmatrix} [\eta_1] + \begin{bmatrix} \varepsilon_1 \\ \varepsilon_2 \end{bmatrix} \tag{12-3-4}$$

模型的结构方程可表示为

$$\xi_2 = \gamma_5 \cdot \xi_1 + \zeta_2 \tag{12-3-5}$$

$$\eta_1 = \gamma_1 \cdot \xi_1 + \gamma_2 \cdot \xi_2 + \gamma_3 \cdot \xi_3 + \gamma_4 \cdot \xi_4 + \zeta_1 \tag{12-3-6}$$

一旦取得关于所有显变量 $x_1 \sim x_8$ 的测量值，就可以根据 12.2 节中提供的 PLS 通径模型的迭代求解算法算出关于能力指标 $\xi_1 \sim \xi_4$ 以及 η_1 的数值。

12.3.3　评估数据获取与处理

通过作战仿真获取相关评估数据，分别针对卫星侦察能力水平、卫星环境探测能力以及卫星导航能力设定仿真输入，综合考虑可用的卫星资源裕度、卫星信息的可达度、与作战应用终端的交链度以及作战环境的复杂度，共设定了 11 个变量，每个变量设为 2~3 个等级，进一步考虑上面设定的具体含义与可能组合，经过评审共形成43组仿真方案。

在仿真结束后，对仿真数据进行统计处理，得到效果指标的具体数值，将得到的卫效果的数据集以及描述能力指标与应用效果指标关系的偏最小二乘通径模型输入偏最小二乘法计算软件 Smart PLS 2.0 中，经过四步迭代，数据就收敛到稳定解，5个隐变量对应的科隆巴奇系数 α 均大于0.9，通过了偏最小二乘通径算法要求的唯一维度假设，得到图12-6所示的计算结果。

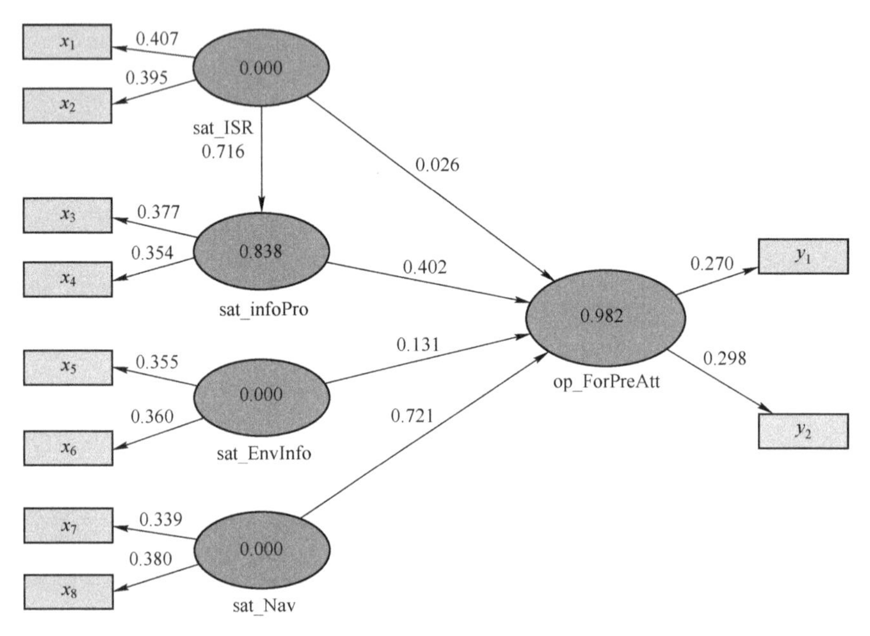

图12-6　PLS 通径模型解算结果

图12-6中各隐变量的含义如表12-3所列。

表12-3　图12-6中隐变量的含义

sat_ISR：卫星侦察资源能力（ξ_1）	sat_InfoPro：卫星侦察信息处理与作战保障能力（ξ_2）
sat_Nav：卫星导航保障能力（ξ_4）	sat_EnvInfo：战场环境信息保障能力（ξ_3）
op_ForPreAtt：卫星信息增强精确打击能力（η_1）	

图12-6中各有向箭头上的数字表示对应隐变量与显变量之间的负荷系数。而以反映方式得到的外部模型结果如表12-4所示。

表 12-4　案例场景下隐变量与显变量之间的负荷系数

变量	η_1	ξ_1	ξ_2	ξ_3	ξ_4
x_1		0.406627			
x_2		0.394628			
x_3			0.377033		
x_4			0.353599		
x_5				0.355075	
x_6				0.360228	
x_7					0.338711
x_8					0.379941
y_1	0.270407				
y_2	0.298087				

用构成方式表达的显变量与隐变量的关系式，如表 12-5 所示（经过了标准化处理，式中各显变量都是经过“增益化”处理后的数值）。

表 12-5　案例场景下隐变量与显变量之间关系的构成方式表达

能力项	用显变量表达的评估公式
卫星侦察资源能力	$E(\xi_1 \mid x_1, x_2) = 0.492x_1 + 0.508x_2$
卫星侦察信息处理与作战保障能力	$E(\xi_2 \mid x_3, x_4) = 0.497x_3 + 0.503x_4$
战场环境信息保障能力	$E(\xi_3 \mid x_5, x_6) = 0.486x_3 + 0.514x_4$
卫星导航保障能力	$E(\xi_4 \mid x_7, x_8) = 0.458x_3 + 0.542x_4$
卫星信息增强精确打击能力	$E(\xi_4 \mid y_1, y_2) = 0.469y_1 + 0.531y_2$

结构模型可表达为

$$\xi_2 = 0.716 \cdot \xi_1 \tag{12-3-7}$$

$$\eta_1 = 0.026 \cdot \xi_1 + 0.402 \cdot \xi_2 + 0.131 \cdot \xi_3 + 0.721 \cdot \xi_4 \tag{12-3-8}$$

上面两个内部模型的标准 R^2 系数分别为 0.838 和 0.982，均超过一般评估标准规定的下限值（一般在 0.5~0.7），表明这两个内部模型均有良好的预测效果。

稳定解中各仿真方案对应的天基信息系统能力指标数值如表 12-6 所列。

表 12-6　PLS 通径模型解算得到的能力指标数值

序号	η_1	ξ_1	ξ_2	ξ_3	ξ_4	序号	η_1	ξ_1	ξ_2	ξ_3	ξ_4
1	0. 000	0. 000	0. 000	0. 000	0. 000	23	0. 788	0. 973	0. 902	0. 554	0. 760
2	0. 259	0. 325	0. 457	0. 000	0. 000	24	0. 696	0. 274	0. 283	0. 834	0. 459
3	0. 184	0. 867	0. 525	0. 000	0. 000	25	0. 869	0. 808	0. 915	0. 833	0. 769
4	0. 238	1. 000	0. 782	0. 000	0. 000	26	0. 614	0. 447	0. 410	0. 557	0. 458
5	0. 278	0. 355	0. 591	0. 000	0. 000	27	0. 598	0. 638	0. 314	0. 552	0. 472
6	0. 245	0. 847	0. 700	0. 000	0. 000	28	0. 724	0. 750	0. 986	0. 542	0. 778
7	0. 393	0. 940	0. 964	0. 000	0. 000	29	0. 746	0. 942	0. 934	0. 555	0. 768
8	0. 158	0. 000	0. 000	0. 276	0. 000	30	0. 714	0. 447	0. 316	0. 826	0. 452
9	0. 138	0. 000	0. 000	0. 446	0. 000	31	0. 849	0. 909	1. 000	0. 841	0. 780
10	0. 145	0. 000	0. 000	0. 807	0. 000	32	0. 740	0. 279	0. 416	0. 689	0. 671
11	0. 121	0. 000	0. 000	0. 441	0. 000	33	0. 724	0. 616	0. 290	0. 690	0. 686
12	0. 082	0. 000	0. 000	0. 632	0. 000	34	0. 830	0. 612	0. 966	0. 685	0. 994
13	0. 145	0. 000	0. 000	0. 933	0. 000	35	0. 888	0. 824	0. 896	0. 694	0. 995
14	0. 418	0. 000	0. 000	0. 000	0. 535	36	0. 807	0. 275	0. 319	0. 972	0. 669
15	0. 496	0. 000	0. 000	0. 000	0. 695	37	0. 984	0. 803	1. 000	0. 995	0. 978
16	0. 579	0. 000	0. 000	0. 000	0. 837	38	0. 757	0. 441	0. 351	0. 688	0. 682
17	0. 537	0. 000	0. 000	0. 000	0. 695	39	0. 761	0. 807	0. 404	0. 681	0. 694
18	0. 574	0. 000	0. 000	0. 000	0. 824	40	0. 880	0. 772	1. 000	0. 690	0. 973
19	0. 572	0. 000	0. 000	0. 000	0. 969	41	0. 895	0. 923	1. 000	0. 683	0. 978
20	0. 632	0. 369	0. 451	0. 275	0. 545	42	0. 802	0. 445	0. 374	0. 968	0. 684
21	0. 597	0. 338	0. 473	0. 435	0. 536	43	0. 986	0. 982	1. 000	0. 997	0. 971
22	0. 698	0. 894	0. 761	0. 790	0. 549	44	1. 000	1. 000	1. 000	1. 000	1. 000

12. 3. 4　评估结论

通过对表 12-6 中计算结果数据的分析，可以得到多方面的定量评估结论，包括天基信息系统能力项与应用效果指标之间的数量关系、能力之间的影响关系，以及天基信息系统能力状态的对比与排序等，下面分三方面说明。

1. 能力状态排序与方案优化

各仿真方案代表的是不同的天基信息系统能力状态，按照增强精确打击能力的大小进行排序，可以从中选取最好的配置方案，对远程精确打击作战中的卫星信息保障能力的配置具有重要意义。表 12-7 给出了评估值大于 0.85 的 7 个方案。

表 12-7　按照服务能力评估值的仿真方案排序

排序	仿真方案	服务能力评估值	方案说明
1	44	1	理想基准点
2	43	0.986	卫星资源裕度为高案、信息可达度为加强水平、终端交链度为成熟级、环境复杂度低，均为理想情况
3	37	0.984	卫星侦察与环境探测环境复杂度高，为非理想环境，其他同 43 号方案
4	41	0.895	卫星导航资源与终端交链度为低案，其余情况同 43 号方案
5	35	0.888	卫星导航资源与终端交链度为低案，卫星侦察与环境探测环境复杂度高，为非理想环境，其余情况同 43 号方案
6	40	0.880	卫星导航资源与终端交链度、卫星侦察与环境探测相应的终端交链度为初始级水平，其余情况同 43 号方案
7	25	0.869	卫星侦察与环境探测环境复杂度高，为非理想环境，有导航对抗，其余情况同 43 号方案

对这些方案进行分析，得到：①卫星资源裕度基本上是高案（仿真设定中的未来水平），只有 40 号方案中导航资源水平为低案。而整体上，卫星资源裕度为低案设定时卫星信息增强精确打击能力均值为 0.678，与这 7 个方案下的能力评估值相差较多，说明高水平的卫星资源是保障精确打击的基础条件，发展高覆盖度与高时效的卫星系统是案例下保障远程精确打击作战的基本前提；②这些方案中卫星信息的可达度均要求为加强水平，而对于终端交链度的要求并不一致，如 3 号、4 号、5 号、6 号的方案终端交链度均不是“完全成熟级”设定，说明本场景下对终端交链度的要求并不特别高，这可能与常规导弹作战过程相对简单、保障流程较为简单相关；③这些方案中，除了排名最后的 25 号方案中有导航对抗，其他均为无对抗情况，同时根据对所有方案的统计可知，所有存在导航对抗情况下的卫星信息增强精确打击能力的平均值为 0.668，所有无导航对抗情况下的平均值为 0.783，说明导航对抗对远程精确打击的影响较大。

这样的排序分析可以对所有的方案进行，或者在指定的范围内进行（如所有卫星资源裕度为低案），可以得到更进一步的结论。

2. 各类能力要素的影响分析

在上面的仿真设定中，给出四类能力因素（卫星资源裕度、信息可达性、终端交链度以及环境复杂度）的具体输入，场景仿真与PLS通径模型算法得到相应的天基信息系统能力项数值，其中增强精确打击能力作为体现最终战果指标剩余起飞窗口与打击效率的隐变量，是本场景下考察卫星信息作战支持能力的主要依据，根据这一能力项的评估数值可以对各类能力要素的影响进行量化分析。

表12-8列出了不同能力要素水平下的服务能力平均值（根据表12-6进行统计得到），其中第三列是增强精确打击能力这一服务能力在不同情况下的平均值，第四列是相应项极大值与极小值之间的差。

表12-8　不同能力要素水平下的服务能力平均值

能力因素	设定水平	服务能力平均值	最值的差额
卫星资源裕度	无卫星侦察资源	0.331	0.199
	无环境探测资源	0.398	
	无导航资源	0.199	
	均设定为低案	0.678	0.244
	均设定为高案	0.922	
信息可达度	均设定为基本水平	0.720	0.021
	均设定为加强水平	0.801	
终端交链度	均设定为初始级	0.707	0.215
	均设定为成熟级	0.922	
环境复杂度	自然环境设为一般，无导航对抗	0.829	自然环境0.016 导航对抗0.133
	自然环境设为理想，无导航对抗	0.847	
	自然环境设为一般，有导航对抗	0.708	
	自然环境设为理想，有导航对抗	0.714	

根据表12-8，四类能力要素中，首先，卫星资源裕度变化时带来的服务能力的变化最大，说明有无卫星信息作战支持以及卫星信息资源的高低水平对于远程精确打击机场作战至关重要。在本书的“能力评估”意义下，低案卫星信息资源对增强精确打击的程度为67.8%（相对于没有卫星信息资源支持的情况），高案卫星信息资源对增强精确打击的程度为92.2%，而高案相对低案则提高了36%。

其次是天基信息系统的终端交链度的提高对服务能力的影响程度，平均意义上，由终端交链的初始级提升到成熟级，可见对服务能力提升三成以上，鉴于终端交链度往往是由指挥与保障体制、训练水平、技术标准一致性等“软”条件决定的，这一影响是比较显著的，说明提高天基信息系统的“软”条件建设意义重大。

再次是环境复杂度的变化对服务能力的影响，其中导航对抗的影响更为显著，最大变化范围为 0.133，而自然环境带来的影响变化范围为 0.016。在战场自然环境设定为理想情况下，有导航对抗相对无导航对抗对于卫星信息增强精确打击能力降低了接近 20%（从 0.847 降至 0.714），而在自然环境复杂度更高的一般环境设定下，导航对抗的影响则相对小一些，为 14.6%。无论哪种情况，在本场景背景下，卫星导航对抗比单纯自然环境复杂度的影响都要显著得多，这和本场景下卫星导航对于导弹打击精度影响比较大是一致的。

最后是信息可达度的影响，仿真设定中的加强水平是在基本水平的基础上加强了信息处理的精度以及送达的速度，从数据来看，这方面的影响不大显著。其原因有两个：一是常规导弹打击机场作战使用的弹型所需的装订参数数据量较小，对信息送达速度不敏感；二是作为打击目标的机场是大型固定目标，平时有较好的目标整编情报储备，卫星侦察信息只是对机场的细节情况进行了及时更新，因而信息处理的精度并不敏感。

3. 不同卫星资源及其应用的贡献度评估

图 12-6 给出了各项天基信息系统能力对应的隐变量之间的内部影响权重系数，这些系数可以直接支持分析各项天基信息系统信息保障能力（对应不同的卫星资源及其应用类型）对天基信息系统服务能力——增强精度打击能力的贡献度。

需要注意的是，关于卫星侦察资源能力 ξ_1 对增强精度打击能力 η_1 的影响，其直接影响权重仅为 0.026，不符合一般认识。这是因为卫星资源能力同时直接影响了卫星侦察信息处理与作战保障能力 ξ_2，又由后者间接影响了卫星信息增强精度打击能力 η_1，因此应该将直接影响与间接影响综合起来考虑，即 $0.026+0.716\times0.402=0.314$。

将影响权重系数列在表 12-9 中，并按照式（12-3-9）计算相对贡献度，结果如表 12-9 中的第三行和图 12-7。

$$g_i = \frac{\gamma_i}{\sum_i \gamma_i} \times 100\% \tag{12-3-9}$$

表 12-9 不同卫星资源及其应用的贡献度排序

战场环境 信息保障能力项	卫星导航 保障能力	卫星侦察信息处理与 作战保障能力	卫星侦察 资源能力	卫星信息增强 精确打击能力
影响权重 γ_i	0.721	0.402	0.314	0.131
贡献度 g_i/%	49.1	27.5	21.5	12.9
排序结果	1	2	3	4

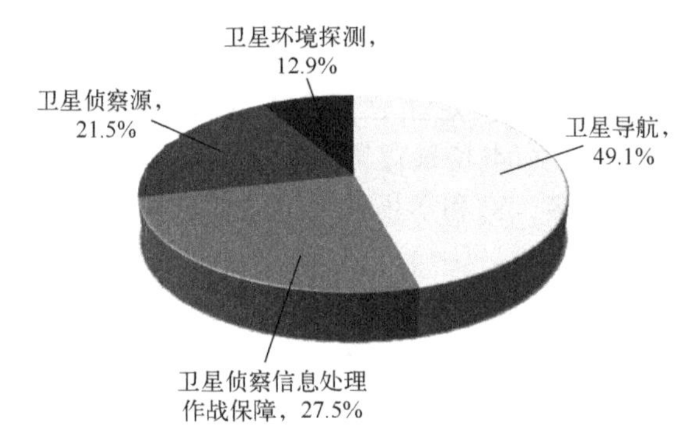

图 12-7 不同卫星资源及其应用的贡献度比例

在几类应用中，卫星导航应用对于增强导弹远程精确打击能力方面贡献最大，有接近50%的贡献，卫星侦察信息处理与作战保障的贡献度其次，稍大于25%，而卫星环境探测方面的贡献度最低，不到13%，这和一些专家的直观判断是一致的。更深层次的意义在于，本书的方法能够给出定量的贡献度评价，为相关装备与技术项目安排与发展规划提供直接依据。

参考文献

[1] WOLD S, ALBANO C, et al. Pattern Regression Finding and Using Regularities in Multivariate Data [M]. In Martens JIn Proc IUFOST Conf "Food Research and Data", London Analysis Applied Science Publication, 1983.

[2] WOLD S, et al. Modeling data tables by principal component and PLS: Class patterns and quantitative predictive relations [J]. Analysis, 1984, 12: 477-485.

[3] 王惠文. 偏最小二乘回归方法及其应用 [M]. 北京：国防工业出版社，1999.

[4] 惠文，吴载斌，孟洁．偏最小二乘回归的线性与非线性方法［M］．北京：国防工业出版社，2006.

[5] WOLD HOA. Partial least squares and LISREL models ［J］//Nijkamp P，Leitner H，Wrigley N（eds）. Measuring the unmeasurable. Nijhoff，Dordrecht，1985（7）：220-251.

[6] Lohmöller J B. Latent variable path modeling with partial least squares［J］. Springer，2013.

[7] 李健宁．结构方程模型导论［M］．合肥：安徽人民大学出版社，2004.

[8] 邱皓政，林碧芳．结构方程模型的原理与应用［M］．北京：中国轻工业出版社，2008.

[9] 侯杰泰，温忠麟．结构方程模型及其应用［M］．北京：教育科学出版社，2006.

[10] HENSELER J. On the convergence of the partial least squares path modeling algorithm［J］. Comput Stat，2010（25）：107-120.

[11] SKRONDAL A. SOPHIA R-H. 广义隐变量模型—多层次、纵贯性以及结构方程模型［M］．陈华珊，等译．重庆：重庆大学出版社，2011.

[12] CETC N J. Validy，reliability and special problems of measurement in evaluation research［M］. London：Sage. Handbook of evaluation research（1），1975.

[13] ZHAO Y，AMEMIYA Y. Maximum likelihood approach for general nonlinear structural equation modeling［D］. Iowa ：IowaState University，2002.

[14] JEDIDI K ，JAGPAL H S，DESARBO W S. Stemm：A general finite mixture structural equation model［J］. Journal of Classification，1997，14：23-50.

[15] 郭芸．一般非线性结构方程模型的贝叶斯因子的计算［J］．苏州大学学报（自然科学版），2005，10（21）：24-26.